Rodney Habib
Dr. Karen Shaw Becker
Der Anti-Aging-Code für Ihren Hund

GOLDMANN
Lesen erleben

Rodney Habib • Dr. Karen Shaw Becker
mit Kristin Loberg

Der Anti-Aging-Code für Ihren Hund

So bleibt Ihr Vierbeiner mit individuellem Ernährungsprogramm und gesunder Lebensweise lange an Ihrer Seite

Aus dem Amerikanischen
von Elisabeth Liebl

GOLDMANN

Die amerikanische Originalausgabe erschien 2021
unter dem Titel »The Forever Dog - How to Build the Oldest Dog in the World«
bei Harper Collins Publishers / Harper Wave, New York.

1. Auflage
Deutsche Erstausgabe März 2022

Umschlag: Uno Werbeagentur, München
Motiv Umschlag-Vorderseite: Stocksy United (587805)
Motiv Umschlag-Rückseite und linke Innenklappe: FinePic®, München
Redaktion: Ralf Lay
Satz: Uhl + Massopust, Aalen
Druck und Bindung: CPI books GmbH, Leck
Printed in Germany
SC · CB
ISBN 978-3-442-22333-6

Für Sammie, Reggie und Gemini –
unsere ersten Lehrer

Inhalt

Vorbemerkung der Autoren

Dieses Buch enthält zahlreiche Zitate und Hinweise auf weitere Informationen. Aber Sie finden keine Quellenangaben mit vollständigen bibliografischen Angaben. Warum nicht? Nun, es sind einfach zu viele, um sie hier aufzunehmen. Es wäre wie eine Lawine. Daher haben wir uns entschieden, sie online unter www.ForeverDog.com unterzubringen. (Spezielle Quellenangaben zur deutschen Ausgabe finden Sie allerdings in den Anmerkungen.) Das hat unter anderem auch den Vorteil, dass wir unsere Referenzen so aktuell wie möglich halten können. Wir werden weitere hinzufügen, wenn neue wissenschaftliche Erkenntnisse publik werden. Alles in diesem Buch, einschließlich der Behauptungen, die manch einen vielleicht erstaunen mögen, können wissenschaftlich untermauert werden durch eindeutige Beweise. Diese Referenzliste ist Ihr magischer Schlüssel zur Entlarvung vieler Desinformationen in der Welt der Heimtierpflege, zur wahren Erkenntnis aufgrund wissenschaftlicher Grundlagen, und sie soll Sie ausstatten mit Werkzeugen, die Ihrem Hund ein langes, glückliches und gesundes Leben ermöglichen.

Einführung

Der beste Freund des Menschen

Eigentlich begleiten wir uns alle einfach nur nach Hause …

Ram Dass

… und wir hoffen, dass dieser Nachhauseweg so lange wie möglich dauert.

Dr. Becker und Rodney

Dr. Curtis Welch machte sich Sorgen. Ende 1924, als der Winter sich langsam in die kleine Stadt Nome in Alaska vorschob, machte er eine Beobachtung, die ihn ausgesprochen beunruhigte: Mandelentzündungen und andere Halsentzündungen traten immer häufiger auf. Dr. Welch erinnerte sich noch gut an die Spanische Grippe von 1918/19, die auch in Nome tausend Menschen das Leben gekostet hatte. Doch das hier war etwas anderes. Einige Fälle sahen nach Diphtherie aus. In den achtzehn Jahren seiner ärztlichen Praxis war ihm diese hoch ansteckende Infektion – die von einem bestimmten Giftstoffe produzierenden Bakterienstamm ausgelöst wird und tödlich verlaufen kann – allerdings noch nicht unter die Augen gekommen. Die Diphtherie war auch bekannt als »Würgeengel der Kinder«: Der Hals schwillt zu, weil sich ein dicker, ledriger Belag bildet, der das Atmen immer mehr erschwert. Ohne Behandlung war der Tod durch Ersticken mehr als wahrscheinlich.

Im Januar des Folgejahres aber gab es keinerlei Zweifel mehr, dass Dr. Welch es mit einem Ausbruch der gefürchteten Krankheit zu tun und kein Gegenmittel zur Hand hatte. Immer mehr Kinder starben. Auf seinen Antrag hin wurden alle Schulen, Kirchen, Kinos und Jagdhütten geschlossen. Alle öffentlichen Versammlungen waren untersagt. Wege und Straßen blieben menschenleer. Wer jetzt noch unterwegs war, brachte die Post oder hatte wirklich notwendige Dinge zu erledigen. Bestand der Verdacht, dass ein Familienmitglied an Diphtherie erkrankt war, wurde die gesamte Familie unter Quarantäne gestellt. Obwohl all diese Maßnahmen sich als wirksam erwiesen, brauchte Dr. Welch, um die 10 000 Menschen in seinem Zuständigkeitsgebiet zu retten, das Gegengift, ein Antikörperserum. Doch dieses Heilmittel gab es nur in mehr als 1000 Meilen Entfernung, nämlich in Anchorage. Es hätten auch Millionen von Meilen sein können, da es keine Möglichkeit gab, die zugefrorenen Häfen anzulaufen oder bei Temperaturen weit unter null Grad ein Flugzeug mit offenem Cockpit zu steuern.

In dieser Situation traten die Schlittenhunde auf den Plan und ihre Hundeführer. Sie ließen sich ein auf das Great Race of Mercy, den Wettlauf der Barmherzigkeit. Ein historischer Rund-um-die-Uhr-Staffellauf über 674 Meilen (1085 Kilometer) quer durch die Wildnis, über gefrorene Flüsse durch die baumlose Tundra. Ein Wettrennen von fünfeinhalb Tagen, doch dann war das kostbare Serum in Nome. Zwei sibirische Huskys namens Balto und Togo wurden die Superstars dieses anstrengenden Laufs. In dem gleißend weißen verschneiten Gelände konnten die beiden sich immer wieder einzig auf ihre Nase verlassen, da weder Weg noch Steg erkennbar war. Die gefährliche Strecke ist heute Teil des berühmten Iditarod Trail, über den eines der bekanntesten Schlittenhunderennen der Welt führt. Diese Geschichte ist nur eine unter vielen, die zeigt, zu welch unglaublichen Leistungen Hunde fähig sein können und wie sehr Hund und Mensch einander beistehen, seit wir uns vor Tausenden von Jahren ineinander verliebt haben.

Es ist nun gut hundert Jahre her, seit diese Schlittenhunde Nome retteten, und wie zum Hohn ist die Welt neuerlich im Würgegriff einer Krankheit, die sich über die ganze Welt ausbreitet, während wir dieses Buch schreiben. Die Gesellschaft sucht eine moderne Version dieser Schlittenhunde, die Rettung vor einem unsichtbaren Feind, der vielen Menschen bereits den Tod gebracht hat. Heute kommt das Antikörperserum vermutlich nicht mit einem Schlittenhund (obwohl es gar nicht mal so unwahrscheinlich ist, dass Schlittenhunde auch den Impfstoff gegen Covid-19 in entlegene Gegenden transportieren werden). Dennoch sind Hunde auch in unseren Tagen zweifelsohne ein wirksames »Antidot«, das uns hilft, die Corona-Pandemie zu überstehen. Mehr als die Hälfte aller US-amerikanischen Haushalte hält sich Haustiere, mehr Hunde übrigens als Katzen. Schätzungen zufolge haben 12 Prozent der Erwachsenen, die Kinder unter achtzehn Jahren haben, aufgrund der Pandemie ein Haustier adoptiert, wohingegen dies über alle Erwachsenen hinweg gerechnet nur 8 Prozent sind. Bei der Haustierhaltung gibt es einen deutlichen Aufwärtstrend zu verzeichnen, und wir glauben, dass dies so bleiben wird.

Viele Hundebesitzer[1] verdanken ihren Tieren kurze, paradiesische Momente auf langen, erholsamen Spaziergängen. Sie sind eine nie versiegende Quelle von Umarmungen und schlabbrigen Bussis. Haustiere schenken uns grenzenlosen Trost und bedingungslose Liebe. Sie kuscheln mit Hingabe – was uns von schlechten Nachrichten ablenkt und ein Lichtstrahl der Hoffnung für das Morgen ist. In kleineren Gemeinden liefern »Weinkeller«- und »Brauerei«-Hunde den himmlischen Nektar aus. Wissenschaftler trainieren bestimmte Hunderassen darauf, Krankheiten zu erschnüffeln, um sie später am Flughafen einzusetzen.

Die Erfahrung der Pandemie hat uns gezeigt, wie wichtig Hunde in unserem Leben sind und welche bedeutsame Rolle sie für den Fortschritt, ja für das *Überleben* der Menschheit spielen. Sie mögen von uns abhängig sein, was die Erfüllung ihrer Bedürfnisse angeht, aber wir verlassen uns umgekehrt auch in vielerlei Hinsicht auf sie. Sie helfen uns, bessere Menschen zu werden: körperlich, geistig, emotional und – wie sich leicht beweisen lässt – auch beruflich. (Nicht wenige Unternehmen halten mittlerweile einen »Betriebshund«.) Tatsächlich ist erwiesen, dass länger lebt, wer einen Hund hat. Immer mehr Studien belegen, dass Hunde sich positiv auf unsere Gesundheit auswirken, und zwar nicht nur, weil sie unser Stressniveau senken und Einsamkeit lindern. Wissenschaftliche Arbeiten zeigen, dass ein Hund im Haus den Blutdruck senkt, uns in Bewegung hält, somit das Risiko für Herzinfarkte und Schlaganfälle minimiert, unsere Selbstachtung steigert, soziales Engagement fördert, uns in die freie Natur lockt und in unserem Körper chemische Stoffe freisetzt, die uns mit einem Gefühl von Sicherheit, Verbundenheit und Zufriedenheit erfüllen. Eine weitere Studie konnte belegen, dass das Leben mit Hund das Risiko, *an irgendetwas* zu sterben (anders ausgedrückt »die Gesamtsterblichkeit«), um immerhin 24 Prozent reduziert. Bei Menschen mit einem gewissen Risiko, eine Herz-Kreislauf-Erkrankung zu entwickeln – was allein in den USA mehrere Millionen sind –, fällt die Risikominderung noch stärker aus. Schottische Wissenschaftler fanden 2014 heraus, dass das Leben mit Hund für ältere Menschen die biologische Uhr um gut zehn Jahre zurückdrehen kann. Und natürlich fühlt man sich dann auch entsprechend jünger. Hunde tragen dazu bei, dass unsere Kinder ein stärkeres Immunsystem entwickeln und sich die Stressfaktoren für Teenager massiv reduzieren, gerade zu einer Zeit also, in der unsere Kinder am meisten unter Selbstzweifeln, emotionalen Achterbahnfahrten, dem Druck ihrer Altersgenossen und den Erwartungen Erwachsener leiden.

Hunde helfen uns auf vielfache Weise: Wir lernen Pünktlichkeit (schließlich müssen wir unsere Fellnasen rechtzeitig füttern und Gassi führen). Aber sie schützen auch unsere Familie und wittern jegliche Gefahr. Sie spüren Minuten vor dem Ausbruch, dass ein Erdbeben bevorsteht. Sie riechen minimale Veränderungen in der Luft, die auf einen Sturm oder einen Tsunami hindeuten. Ihre großartigen Sinnesorgane lassen sie Verbrecher aufspüren, Drogen und Sprengstoffe erschnüffeln und Menschen finden, die verschüttet wurden oder – schlimmer noch – tot sind. Ihr außergewöhnliches Geruchsorgan lässt sie sogar Krebs wittern oder einen niedrigen Blutzuckerspiegel bei Diabetikern. Sie riechen eine Schwangerschaft ebenso wie eine Covid-19-Infektion. Ganz abgesehen davon, dass sie oft unseren Gedankenflug inspirieren. Selbst Wissenschaftler glauben, dass Darwins Neigung zu systematischen Naturstudien damit zusammenhängt, dass er in seiner Jugendzeit Hunde hielt. Polly, eine kluge Terrierdame, kuschelte sich gern in ihrem Körbchen im Studierzimmer zusammen, wo Darwin seine bahnbrechende Studie *Über die Entstehung der Arten* verfasste. Die beiden führten angeregte

Unterhaltungen vor dem Fenster: Polly bellte munter, während Darwin ihr »die unmöglichen Leute« draußen schilderte. In Darwins letztem Buch *Der Ausdruck der Gemütsbewegungen bei dem Menschen und den Tieren* diente die Hündin ihrem Herrn als Modell für seine Illustrationen.

Doch auch in der Welt unserer vierbeinigen Kameraden ist nicht alles Gold, was glänzt. Schon im Laufe unserer Lebenszeit mussten wir zusehen, wie die Lebensdauer unserer Hunde, vor allem der Rassehunde, massiv abnahm. Uns ist durchaus bewusst, dass es sich hier um eine kontroverse Aussage handelt. Denn tatsächlich leben viele Hunde länger als früher. Doch wie bei den Menschen sterben auch mehr Hunde als je zuvor vorzeitig an chronischen Krankheiten. Bei älteren Hunden ist Krebs die vorherrschende Todesursache, doch gleich dahinter kommen Fettleibigkeit, Organversagen, Autoimmunerkrankungen und Diabetes. (Jüngere Hunde sterben eher bei Unfällen, durch angeborene Schäden und Infektionskrankheiten.) Wir jedenfalls kennen unzählige Hundeeltern, die sich wünschen, ihren Hunden ein langes Leben zu ermöglichen. (Vielleicht nicht für immer und ewig, aber zumindest für eine gesunde Lebensspanne beziehungsweise »Gesundheitserwartung«. »Lebenserwartung« und »Gesundheitserwartung« sind zwei wichtige Begriffe, die nicht deckungsgleich sind. Wir werden sie erklären.)

Eines möchten wir von Anfang an klarstellen: Wir werden nicht versuchen, Ihnen zu zeigen, wie Ihr Hund das ewige Leben erlangt. Und wir können auch nicht alle gesundheitlichen Probleme unserer Fellnasen lösen. Dazu gibt es über alle Hunderassen hinweg zu viele verschiedene Einflussfaktoren. (Spezielle Probleme behandeln wir in englischer Sprache auf unserer Webseite: www.foreverdog.com.) Sinn und Zweck dieses Buches ist es, ein wissenschaftlich fundiertes Rahmenwerk bereitzustellen, das es Ihnen ermöglicht, optimal für Ihren Hund zu sorgen. Sie können es natürlich Ihren besonderen Erfordernissen entsprechend anpassen. Dass dieses Buch im Englischen wörtlich übersetzt »Der Immer-und-ewig-Hund« heißt, hat seinen Grund: Zunächst einmal bemühen wir uns, dass unsere Hunde bis zum Tod ein schönes Leben haben – unabhängig davon, wann dieser eintreten mag. Denn sie bleiben uns ja auch über den Tod hinaus erhalten. Unsere Hunde haben sich für ewig in unser Herz geschlichen, auch wenn sie diese Erde längst verlassen haben. Ihr Hund lebt für immer und ewig bei Ihnen, daher wollen Sie doch sicher das Beste daraus machen.

Forever Dog: Ein domestiziertes fleischfressendes Säugetier, das vom Wolf abstammt und sich eines langen und gesunden Lebens erfreut – frei von degenerativen Erkrankungen, weil sein Mensch bewusst weise Entscheidungen getroffen hat, die seiner Gesundheit förderlich sind.

Interessanterweise betrachteten wir unsere Haustiere erst nach dem Zweiten Weltkrieg als Familienmitglieder. Spezialisten für historische Geografie in England untersuchten die Beziehung zwischen Mensch und Tier, zum Beispiel mittels der Analyse von Grabsteinen im Londoner Hyde Park, die bis ins Jahr 1881 zurückreichen. Dieser Friedhof birgt nämlich ein Geheimnis: einen Tierfriedhof. Nachdem die Wissenschaftler 1169 Grabstein-Inschriften aus der Zeit zwischen 1881 und 1991 ausgewertet hatten, stellten sie fest, dass vor 1910 nur auf drei Grabsteinen –

weniger als 1 Prozent – ein Tier als Familienmitglied bezeichnet wurde. Nach dem Zweiten Weltkrieg aber lag dieser Anteil bei fast 20 Prozent, und 11 Prozent davon gaben dem Tier sogar ihren Familiennamen. Die Archäozoologen – wie man diese Leute nennt – stellten auch fest, dass mit der Zeit immer mehr Katzengräber hinzukamen. 2016 erlaubte die Stadt New York die Bestattung von Mensch und Tier in einem gemeinsamen Grab auf einem »Menschenfriedhof«. Wenn unsere Tiere einen Platz im Himmel an unserer Seite verdient haben, dann verdienen sie auch auf der Erde einen Platz – und ein Leben – mit uns.

Wir haben es uns zur Aufgabe gemacht, den Millionen Hundebesitzern und allen, die es werden wollen, Hilfestellung zu leisten: damit Sie sich auf andere Weise um Ihren Hund kümmern können, damit Ihr Tier es besser hat, lange gesund bleibt und sich eines langen Lebens erfreuen kann. Denn unsere Tiere verdienen es, dass wir sie vor chronischen Krankheiten schützen, vor Abnutzungserscheinungen und Behinderungen. Das sind nämlich keineswegs normale »Alterserscheinungen« (wie sie das bei uns ja auch nicht sind). Zu diesem Zweck müssen wir unser Denken verändern. Daher nehmen wir Sie mit auf eine lebendig gestaltete, wissenschaftlich fundierte Führung, bei der Sie all die Schlüsselfaktoren kennenlernen, welche die Lebenserwartung Ihres Hundes beeinflussen. Doch wir versprechen Ihnen, diese wissenschaftlichen Daten so verständlich wie möglich zu präsentieren. Die Forschungsarbeiten, auf die wir uns hier stützen, sollen Sie informieren und inspirieren – damit Sie die wichtigen Änderungen vornehmen können, die Ihrem Hund Gesundheit und ein langes Leben bringen. Wenn Ihnen manche dieser Ideen noch neu sind, kommen unsere Vorschläge Ihnen vielleicht übertrieben vor. Daher haben wir alle Infos in kleine Häppchen verpackt, die Sie Ihrem Liebling, Ihrem Terminkalender und Ihrem Budget entsprechend, »verpassen« können. Wir erhalten täglich Anfragen von Hundehaltern, die nach Möglichkeiten suchen, wie sie die Lebensqualität ihrer Vierbeiner verbessern können. Daher wissen wir, dass unsere Leserschaft ebenso bunt gefächert wie engagiert ist. Doch quer durch alle Bevölkerungsgruppen verbindet uns ein Ziel: Wir wollen das Beste für unseren Hund.

Daher versuchen wir, einen Mittelweg zu beschreiten, um Lesern, die einfach nur ein paar Tipps suchen, ebenso zufriedenzustellen wie die, die neugierig sind auf den wissenschaftlichen Hintergrund. Wenn Ihnen manche Erklärungen nichts sagen, dann machen Sie sich deswegen keine Gedanken. Die Praxistipps fußen auf gesundem Menschenverstand. Sie werden auf jeden Fall viel lernen, auch wenn Sie die wissenschaftlichen Informationen nur überfliegen. Und praktische Anregungen sind überall eingestreut. Es wäre nachlässig von uns, würden wir die faszinierenden biologischen Fakten unterschlagen, die dem Leben unserer Hunde (und auch dem unseren) zugrunde liegen. Aber es wäre auch verantwortungslos, ließen wir schwierige und sensible Themen unberücksichtigt. Zum Beispiel wissen wir heute ja alle, dass unser Gewicht für unsere Gesundheit eine entscheidende Rolle spielt. Und trotzdem sprechen viele Ärzte – und Tierärzte – diesen Punkt in ihrem Praxisalltag nicht an. Das Thema ist ihnen einfach unangenehm, weil es die Patienten meist in Verlegenheit bringt. Aber dieses Gespräch darf nicht unterbleiben. Wir verteilen hier keine Schuldzuweisungen, sondern bieten vielmehr Lösungen an. Da Übergewicht die Gesundheit negativ beeinflusst, ist das so, als würden Sie mit einem scharfen Messer in der ungeschützten Hand zum Joggen gehen. Niemand würde doch seinem Hund beim Spazierengehen ein scharfes Messer ins Maul stecken, nicht wahr? Wenn es eine Lektion gibt, die Sie lernen müssen, dann diese: **Essen Sie weniger. Essen Sie mehr Frischkost. Und bewegen Sie sich öfter.** Diese Binsenweisheit gilt für Sie ebenso wie für Ihren Hund. Und das ist die wichtigste Botschaft, die Sie aus diesem Buch mitnehmen können. Obwohl wir gerade das Fazit des Buches in zwölf Wörtern zusammengefasst haben, heißt dies nicht, dass Sie es jetzt schon weglegen können. Sie müssen ja schließlich wissen, *wie* und *warum* Sie und Ihre vierbeinigen Hausgenossen weniger, aber dafür mehr Frischkost essen können beziehungsweise *wie* und *warum* Sie beide sich mehr bewegen sollten. Wissen Sie erst einmal über das Wie und Warum Bescheid, lässt sich das Ganze auch leichter umsetzen.

Wir leben in aufregenden Zeiten. Das verdanken wir der Schnelligkeit des technologischen Wandels und dem in den letzten hundert Jahren ständig weiter gewachsenen Wissen über die körperlichen Erfordernisse der Säugetiere. Unser Verständnis für die Vorgänge in der Zelle hat exponentiell zugenommen. Wir werden Sie mit diesen Dingen bekannt machen, um unser gemeinsames Ziel zu erreichen: unseren geliebten Hunden ein lebenswertes Dasein an unserer Seite zu ermöglichen.

Viele der hier vorgestellten Erkenntnisse entlarven herkömmliche Mythen, vor allem im Zusammenhang mit der Ernährung. Wie viele Menschen sind auch unsere Hunde überfüttert und zugleich fehlernährt. Sie wissen vermutlich bereits, dass es keine gute Idee ist, zu jeder Mahlzeit industriell verarbeitete Nahrungsmittel zu sich zu nehmen. Das liegt auf der Hand. Was jedoch keiner weiß: Tierfutter ist nichts anderes als hochverarbeitete Industrienahrung. Bitte kommen Sie sich jetzt nicht allzu verhohnepipelt vor. Sie sind nämlich bei Weitem nicht der oder die Einzige, denen das nicht bekannt ist. Andererseits ist es nicht so schlimm, wie es sich anhört. Sie müssen nicht vollständig aufhören, Ihrem Wuffi Dosennahrung oder Trockenfutter zu geben. Sie selbst dürfen ja auch Fertignahrung genießen, nur eben in Maßen. Wir zeigen Ihnen hier, wie Sie Dosenfutter und Brekkies auf einfache Weise durch frischere Nahrungsmittel ersetzen können.

Je frischer, umso besser: In die Kategorie »frisch« fallen selbst hergestellte Nahrung, rohe oder nur sanft gegarte Nahrung aus dem Laden wie auch gefriergetrocknete und einfach getrocknete Nahrungsmittel für Ihren Hund. All das ist besser als Dosennahrung und industriell hergestelltes Trockenfutter. Wir gehen davon aus, dass dies tatsächlich »Frischkost« ist, und wir werden Ihnen zeigen, wie Sie diese Schritt für Schritt in die tägliche Ernährung Ihres Hundes integrieren können.

Wie gesagt: Ein gesundes Hundeleben beginnt mit der Ernährung, aber es endet nicht damit. Viele Hunde bekommen auch nicht genug Bewegung und haben andererseits mit Umweltgiften zu kämpfen und den Nachwirkungen unseres eigenen stressigen Lebensstils. Wir werden auch über die genetische Vergangenheit Ihres tierischen Begleiters sprechen. Dieses Wissen wird Ihnen helfen, Ihrem Hund aktiv eben das zu geben, was seine schwache Genetik ihm versagt.

Die züchterische Praxis des letzten Jahrhunderts hat viele Rassen verbessert, die meisten aber leider Gottes verschlechtert. Die Domestikation des Hundes hat uns Schlappohren und ein sanftes Gemüt gebracht, aber die regellose und chaotische Zuchtwahl ist auch dafür verantwortlich, dass rezessive Gene exprimiert wurden und der Genpool bestimmter Rassen immer kleiner wurde. Die Folge waren »Zuchtfehler«, die genetisch schwache Tiere hervorbrachten. Von drei Möpsen kann einer nicht richtig laufen, und das liegt einzig und allein an der Eitelkeit der Käufer, deren Wünsche zur Züchtung von Hunden führten, die ein erhöhtes Risiko haben, zu lahmen oder Wirbelsäulenprobleme zu entwickeln. Von zehn Dobermännern haben sieben ein oder beide Gene für die dilatative Kardiomyopathie, eine krankhafte Erweiterung des Herzmuskels. (Die dilatative Kardiomyopathie führt dazu, dass das Herz nicht mehr genug Blut pumpen kann, weil die größte Herzkammer krankhaft erweitert ist. Diese Erkrankung tritt auch beim Menschen auf.) Der Grund dafür ist das sogenannte »Popular-Sire-Syndrom«: Wenn ein Hund ideale Rassemerkmale aufweist, wird er häufig zum Decken herangezogen (*sire* ist englisch für »Deckrüde«), was letztlich dazu führt, dass der Genpool wenig diversifiziert ist. Das Gute aber ist, dass wir dagegen etwas unternehmen können. Hunde sind heute das, was früher die Kanarienvögel für den Bergbau waren. (Man brachte die Vögel hinunter in die Stollen als lebende Gefahrenmelder, damit die Kumpel nicht an eventuellen Ansammlungen von giftigen Gasen starben.) Die Gesundheitsprobleme von Hunden spiegeln die von uns Menschen wider, zumindest trifft dies auf die letzten fünfzig Jahre zu. Sie altern wie wir, nur wesentlich schneller, daher betrachten viele Forscher Hunde als Modellorganismus für menschliche Alterungsprozesse. Anders als wir aber können Hunde für sich keine gesundheitlichen Entscheidungen treffen. Es ist an den Hundeeltern, eine kluge Wahl zu treffen, damit ihr Tier sich länger guter Gesundheit erfreut. Wir werden Ihnen zeigen, wie Sie entsprechende Maßnahmen so einfach wie möglich in die Praxis umsetzen können.

Teil I des Buches liefert einen Überblick, der aufzeigt, warum der gesunde Hund in heutiger Zeit kaum noch existiert. Wir werden uns auch genauer mit unserem Dasein mit Haushund auseinandersetzen. Hunde haben eine absolute Nische für sich entdeckt, als sie schon in frühen Zeiten herausfanden, wie man den sesshaften Menschen dazu bringt, den Hund ins Haus zu lassen und vor Kälte und Hunger zu schützen.

Andersherum ausgedrückt: Hunde erwärmten sich für uns, nicht umgekehrt. Sie vertrauten sich unserer Fürsorge an, und wir akzeptierten das und nahmen die Herausforderung an. Wir werden in diesem Teil auch die Alarmglocken schrillen lassen und beschreiben, in welch vielfältiger Weise das Vertrauen der Hunde in uns, ihre menschlichen Versorger, sie mittlerweile belastet. Aber wir haben da auch Lösungen parat.

In Teil II beschäftigen wir uns mit den wertvollen Informationen, welche die Wissenschaft uns liefern kann. Wir werden uns mit der Frage beschäftigen, wie wir durch Ernährung und Lebensstil die Voraussetzungen für ein langes Hundeleben schaffen können. Sie werden erfahren, wie Nahrung die Gene triggert, warum die Darmbakterien (das Darm-Mikrobiom) des Hundes für seine Gesundheit genauso wichtig sind wie für uns die Zusammensetzung unserer mikrobiellen Welten. Und Sie werden erfahren, warum es so wichtig ist, dass Sie (zumindest gelegentlich) auf die Vorlieben Ihres Hundes hören. In Teil III schließlich stellen wir Ihnen die Forever-DOGS-Formel vor und zeigen, wie Sie diese im Alltag umsetzen können, damit Ihr Tier sich eines längeren Lebens erfreuen kann. Sie erhalten alle nötigen Praxisinfos, um Ihrem bellenden Begleiter eine lange »Gesundheitserwartung« zu ermöglichen. Und wir glauben, dass Sie sich dabei auch selbst verändern werden. Sie werden darüber nachdenken, was Sie essen, wie viel Bewegung Sie sich gönnen und ob Ihr Umfeld Ihrer Gesundheit förderlich ist.

Die Forever-DOGS-Formel

- **D**iät und Ernährung.
- **O**ptimale Bewegung.
- **G**enetische Anlagen.
- **S**tress und Umwelt.

Um das Ganze noch mehr zu vereinfachen, haben wir am Ende jedes Kapitels die wichtigsten Tipps für den Forever Dog noch einmal übersichtlich zusammengestellt. Hier finden Sie in Kurzform sämtliche Sofortmaßnahmen. Die wichtigsten Punkte werden **fett** hervorgehoben. Kästen fassen andere wichtige Infos zusammen. Sie müssen sich also nicht erst bis Teil III gedulden, um zu erfahren, wie Sie das Leben Ihres Hundes verbessern können. Sie bekommen die wichtigsten Tipps schon vorher beim Lesen präsentiert. Wir haben uns überlegt, was Sie von diesem Buch wohl mitnehmen möchten: auf wissenschaftlichen Erkenntnissen gründende Antworten auf das *Warum* der Forever-Hundehaltung und praktische Hinweise, *wie* Sie das möglichst alltagstauglich umsetzen können.

Unsere hundeverliebte Leserschaft hat dabei recht unterschiedliche Vorstellungen. Wenn eine proaktive Lebensführung für Sie neu ist, dann hoffen wir, dass dies der Beginn einer langen und gesunden Freundschaft ist, die sich auf das Bemühen gründet, das Wohlergehen Ihres Hundes bis ins hohe Alter sicherzustellen. Unsere Community besteht aus Hunderttausenden

»Hundeeltern 2.0« – klugen, findigen Hütern ihrer Tiere, die bewusst nach Strategien suchen, ihre Begleiter fit zu halten. Diese begeisterten Hundeeltern setzen schon seit gut zehn Jahren (oder länger) innovative Gesundheitsstrategien für ihr Tier ein. Sie haben uns gebeten, dieses Buch als Nachschlagewerk zu schaffen, mit dessen Hilfe sie Tierärzte, Freunde und Familie auch wissenschaftlich überzeugen können. Doch es wenden sich auch viele frischgebackene Hundebesitzer an uns, die wissen wollen, wie sie ihr Tier am besten halten (so wie man das bei Familienzuwachs nun mal tut). Unser Ziel ist es, ausreichend Hintergrundinformation einzubauen, sodass unsere Empfehlungen nachvollziehbar werden. Doch wir wollten auch den Langlebigkeits-Fans unter Ihnen die entscheidenden Forschungsergebnisse liefern – den Biohackern, die ständig neue Mittel und Wege suchen, ihren Hund gesund zu halten. Gleichzeitig sollten sich Leute, denen proaktive Gesundheitsstrategien neu sind, nicht davon erschlagen fühlen. Wir wollen Sie ja schließlich inspirieren und nicht entmutigen. Also gehen Sie's langsam an, sodass mehr Lebensqualität für Ihren Hund nicht mehr Belastung für Sie selbst heißt.

Langlebigkeits-Fan: Jemand, der nach Wegen sucht, die eigene Gesundheitsspanne – die Zeit, in der er frei von Krankheiten und anderen Störungen lebt – zu verlängern, indem er grundlegende Entscheidungen für sein Leben (und das seines Haustieres) trifft.

Wir beide haben uns vor einigen Jahren zusammengetan, und Sie werden auf den folgenden Seiten immer wieder Einschübe finden, in denen Sie erfahren, wie diese Zusammenarbeit begann und fortgeführt wurde. Zwei Hundeliebhaber, die anderen Hundebesitzern helfen wollten, sich in der verwirrenden Welt der Tiergesundheit zurechtzufinden. Wir hatten überhaupt keine Vorstellung davon, wie sehr unsere Ziele sich glichen, als wir uns auf Konferenzen und Tagungen immer wieder begegneten. Doch als wir dann zusammenfanden und unsere berufliche Partnerschaft begründeten, wurde uns klar, dass wir gemeinsam einen Traum wahr machen konnten: die Menschen zu motivieren, die Gesundheit ihrer Hunde anders zu denken. Wir wussten, dass dies eine Herausforderung war. Tatsächlich waren wir in den letzten Jahren sehr viel auf Reisen, um die neuesten Erkenntnisse über Gesundheit, Krankheit und ein langes Leben für Hunde zu erfahren. Wir interviewten Fachleute für tierische Genetik, Mikrobiologie, Onkologie, Infektionskrankheiten, Immunologie, Ernährungswissenschaft, Geschichte und Gesundheitsvorsorge. So trugen wir die neuesten Daten zusammen, die unsere Mission unterstützten. Wir sprachen auch mit Menschen, die wirklich alte Hunde besaßen, um herauszufinden, was sie genau getan oder unterlassen haben, um ihren Tieren ein Leben von zwanzig und mehr Jahren zu ermöglichen. Wir haben sogar dreißigjährige Hunde kennengelernt (was in Menschenjahren gerechnet heißt: über hundert). Was wir dabei entdeckten, hat das Potenzial, die Tierhaltung dauerhaft zu revolutionieren. Die Informationen, die wir zusammengetragen haben, werden Sie – wie wir hoffen – erstaunen und entsprechend motivieren, damit Hunde in aller Welt sich länger ihres Lebens erfreuen können. Und vielleicht lernen Sie daraus ja auch etwas für sich selbst. Oder wie wir gern sagen: »Gesundheit setzt sich über die Leine hinweg fort.«

Die Tiermedizin hinkt der Humanmedizin gut zwanzig Jahre hinterher. Die jüngsten senolytischen (Anti-Aging-)Forschungsarbeiten werden am Ende auch unseren Haustieren zugutekommen, aber so lange wollen wir nicht warten. Es gibt höchst kritische Aspekte der Hundegesundheit, über die nicht gesprochen wird, aber das ändert sich gerade – dank *One Health*, einer Bewegung, die begriffen hat, dass die Gesundheit von uns Menschen untrennbar verbunden ist mit der unserer Tiere und unserer Umwelt. Die One-Health-Initiative ist nicht neu, aber sie hat in den letzten Jahren mehr und mehr an Bedeutung gewonnen, weil Ärzte, Osteopathen, Tierärzte, Zahnärzte, Krankenpfleger und Wissenschaftler langsam erkennen, dass wir durch eine Zusammenarbeit, die alle drei Elemente als gleichwertig ansieht, am meisten profitieren. Bei One Health handelt es sich um »einen kollaborativen Ansatz, bei dem man disziplinenübergreifend lokal und transnational zusammenarbeitet, um die bestmögliche Gesundheit für Menschen, Tiere und die Umwelt zu gewährleisten«. Forschung, die sich um die Gesundheit von Menschen und Tieren gleichermaßen kümmert, ist vielleicht noch nicht im Mainstream angekommen, aber sie nimmt zu. Wir werden in diesem Buch auch häufig auf wissenschaftliche Erkenntnisse verweisen, die die Gesundheit des Menschen in den Blick nehmen, weil diese die Basis für die Haustierforschung liefern und umgekehrt.

Die Konzepte der One-Health-Initiative sind vielleicht noch nicht allzu bekannt, nicht einmal bei Tierärzten. Vor allem aber werden sie in Artikeln oder Podcasts über Tiere kaum je erwähnt – *noch nicht*! Wir wollen die Diskussion darüber in Gang bringen und vielleicht eine Bewegung ins Leben rufen. Denn hinsichtlich der Grundlagen, was ein gesundes (beziehungsweise ungesundes) Leben ausmacht, gibt es keinen Unterschied zwischen Mensch und Hund. Die Diskussion darüber ist längst überfällig.

Anmerkung der Autoren: Wir verwenden in diesem Buch das kollektive »wir« und nennen Namen (Rodney oder Dr. Becker) nur dort, wo es nötig ist. Wo es um Ihren Hund geht, sprechen wir meist von »ihm«, auch wenn Hündinnen natürlich mitgemeint sind – und umgekehrt.

Das körperliche und emotionale Wohlergehen unserer Hunde ist abhängig von unseren Entscheidungen. Und umgekehrt hat es Rückwirkungen auf uns, wie wohl sich unser Hund fühlt. Die Leine ermöglicht also einen Informationsfluss in beide Richtungen. Jahrhundertelang pflegten Mensch und Hund eine symbiotische Beziehung, die das Leben des jeweils anderen berührte und bereicherte. Da die Welt der medizinischen Forschung immer weitläufiger geworden ist, zeigt sich, dass Entscheidungen, die wir heute im Hinblick auf die Gesundheit unserer Hunde treffen können, eine ebenso große Tragweite haben, wie sie die Wahl des Lebensstils für uns selbst hat. Wir müssen also eine kluge Wahl treffen, wenn wir einen Forever Dog haben wollen.

TEIL I

Der moderne, also kranke Hund

Eine kurze Geschichte

1

Hundeelend

Warum wir und unsere Gefährten unser langes Leben einbüßen

Bezüglich der Tatsache, dass die einen Lebewesen lang, die anderen kurz leben, und überhaupt bezüglich Länge und Kürze des Lebens müssen wir die Ursachen ins Auge fassen.[2]

Aristoteles: Über die Länge und Kürze des Lebens

Reggie war ein Hund, der ganz sicher zu den Forever Dogs gehörte, zumindest gingen wir davon aus. Mit zehn Jahren war der Golden Retriever immer noch gesund und munter. Er hatte nie eine Ohrinfektion gehabt, nie eine Zahnreinigung gebraucht, nie unter Allergien oder Schweißbläschen gelitten. Ja, er wies noch nicht einmal die klassischen Midlife-Symptome auf, die sich bei vielen Hunden in höherem Alter einstellen. Körperlich war alles bestens, und wir gingen nur alle sechs Monate mal zum Tierarzt, der jedes Mal bestätigte, dass Reggie topfit war. Zweimal jährlich ließen wir ein Blutbild machen, auch dieses fiel immer zufriedenstellend aus. Er zeigte keinerlei Anzeichen für eine eventuelle Herzerkrankung. Reg hatte zeit seines Leben nicht ein gesundheitliches Problem, was er Rodney verdankte, seinem Hundevater. Am 31. Dezember 2018 verweigerte Reggie jedoch sein Frühstück, ein klares Signal, dass etwas nicht stimmte. Innerhalb von zwei Stunden kam es zum Zusammenbruch: ein kardiales Hämangiosarkom, ein Tumor in den Blutgefäßen der Herzgegend. Der Übergang von Gesundheit zum Tod verlief so unvermittelt, dass er uns zutiefst schockierte. Innerhalb eines Monats war Reggie tot.

Der Schmerz über Reggies Ableben war umso heftiger, als zu erwarten war, dass Sammie, Rodneys Weißer Schäferhund, am Ende auch an einer Erbkrankheit sterben würde. Vier Jahre zuvor hatte man bei Sammie eine degenerative Myelopathie diagnostiziert, eine schreckliche Krankheit, die ihre Opfer, beginnend bei den hinteren Gliedmaßen, langsam lähmte. Sam aber strafte alle Vorhersagen Lügen und kämpfte erfolgreich gegen die Krankheit an. Dank intensiver physiotherapeutischer Behandlung in Kombination mit einer innovativen neuroprotektiven Therapie, die sie unmittelbar nach ihrer Diagnose erhielt, blieb sie körperlich immer noch beweglich. Doch das änderte sich mit dem Tag, als Reggie starb. Sam und Reggie waren Kumpels. Nach Reggies Tod gab auch Sammie auf. Ihr Zustand verschlechterte sich rapide, sodass Rodney schließlich zwei Hunde zu betrauern hatte.

Der Verlust von Reggie und Sam ließ Rodneys Leben zum Stillstand kommen, wie der Tod das nun mal tut. Wenn man ein geliebtes Geschöpf verliert, so ist das ein Schlag, der uns nicht nur niederschmettert und aus dem Tritt bringt. Er raubt uns darüber hinaus jeden Wunsch weiterzumachen. Die Trauer ist umso heftiger, je unerwarteter der Tod zuschlägt. Aber Verlusterfahrungen sind nun mal Verlusterfahrungen. Trauerberater und Therapeuten wissen, dass der Verlust eines geliebten Tieres uns ebenso schwer treffen kann wie der Tod eines Menschen.

Er teilt das Leben unwiderruflich in ein Davor und Danach. Ein Zurück ist unmöglich. In solchen Momenten treffen die meisten Menschen eine von zwei Entscheidungen: »Einmal und nie wieder. Das ist einfach zu schmerzlich.« Oder: »Beim nächsten Mal werde ich es besser machen. Ich werde mich informieren, damit mir nicht das Gleiche noch mal passiert, zumindest nicht so.« Wenn Sie zu der zweiten Kategorie gehören, dann halten Sie genau das richtige Buch in Händen.

Dieses Buch zu schreiben war für Rodney eine Art Therapie und für uns beide ein Prozess der persönlichen Entwicklung, vor allem dort, wo es um die Rolle der Genetik geht. Dass wir unseren Hund einmal aufgrund genetischer Merkmale verlieren könnten, daran denkt gewöhnlich niemand, vor allem nicht, wenn er einen knuddeligen Welpen vor sich sieht. Füllen Sie beim Tierarzt die Formulare für Ihren jungen Hund aus, dann stellt man Ihnen gewöhnlich nicht die gleichen Fragen, die man einem Menschen stellen würde. (Zum Beispiel: Woran sind Ihre Großeltern väterlicherseits beziehungsweise mütterlicherseits gestorben? Gab es Fälle von Krebs in der Familie? Welche Krankheiten wurden bei Ihren Geschwistern festgestellt?) Die Antworten auf diese Fragen würden dem Tierarzt ganz entscheidende Informationen liefern. Leider ist sie in den meisten Fällen aber unmöglich. Denn diese Antworten würden zeigen, wie sehr sich das Genom unserer Hunde in einer (unserer Ansicht nach) enorm kurzen Zeit verändert hat.

Reggies Tumorerkrankung ist bei Golden Retrievern recht häufig, und das hängt mit der speziellen Form der Zucht zusammen. Die meisten modernen Golden Retriever tragen Gene, die sie für bestimmte Krebsarten anfällig machen. Ähnlich ist das bei den schokoladenbraunen Labradoren, die ein – um 10 Prozent – kürzeres Leben haben als andere Labradorfarben, weil die selektive Züchtung auf diese Farbe den Tieren gleichzeitig einige schlechte Gene einbrachte. Wie Genetik, fehlende genetische Diversifizierung, züchterische Selektion auf bestimmte Merkmale hin sowie die daraus resultierenden Mutationen die verschiedenen Hunderassen belasten, wäre Stoff für ein eigenes Buch. Wir wollen Ihnen hier nur ein paar Regeln an die Hand geben, wie Sie Kummer infolge genetischer Probleme, wie wir ihn erleben mussten, vermeiden können. Für all jene Leser, die sich einen Hund kaufen wollen (statt ihn aus dem Tierheim zu holen), haben wir eine lange Liste von Fragen zusammengestellt, die Sie den Züchtern stellen können. So bekommen Sie einige *unglaublich zufriedenstellende* Antworten, bevor Sie auch nur einen Cent bezahlt haben. Wenn Sie Geld für einen Hund ausgeben, sollten Sie auch Geld in Informationen über seine Gene investieren.

An die Adresse all derer jedoch, die nicht wissen, wie es um das Genom ihres Hundes bestellt sein mag (und daran, warum auch immer, nichts ändern können) oder die ihren Hund tatsächlich aus einer »Welpenfabrik« bezogen haben, sei gesagt: Es besteht kein Grund zur Verzweiflung! Wir haben mit den besten Hundegenetikern in aller Welt gesprochen, die übereinstimmend bestätigen: Es gibt eine *epigenetische* Hoffnung für Ihren Hund (gr. *epí* [daneben, bei, darüber]). Wir können die Trägerin der Erbinformation, die DNS oder DNA (Desoxyribonukleinsäure beziehungsweise *desoxyribonucleic acid*), unserer Hunde zwar nicht ändern, **aber die Forschung besagt, dass wir die *Genexpression* positiv beeinflussen können.** Und genau darum geht es in diesem Buch. In Kürze werden Sie erfahren, wie Sie epigenetisch Wunder wirken können.

Wir sind die Hüter unserer Hunde; das heißt, wir können ihre

Gesundheit fördern, indem wir bestimmte Hindernisse aus dem Weg räumen. Unser Ziel ist es, dass sie sich an jedem einzelnen ihrer Tage einer hohen Lebensqualität erfreuen.

Wie kann es sein, dass es im 21. Jahrhundert um die Gesundheit unserer Hunde immer schlechter bestellt ist, obwohl wir über mehr tierärztliches Wissen verfügen als je zuvor? Natürlich leben Menschen im Normalfall länger als Hunde. Aber wir sollten nicht einfach schicksalsergeben hinnehmen, dass wir einen Hund nach dem anderen durch vorzeitigen Tod verlieren. Lässt sich daran etwas ändern? Können wir, auch wenn unser Hund genetisch vorbelastet ist, seine Lebensqualität dramatisch verbessern? Können wir die Schlacht gegen diese Vorlasten gewinnen? Die Antwort darauf ist ein klares Ja. Selbst Hunde, die einen Sechser im genetischen Lotto hatten, die also erblich nicht vorbelastet sind, können heutzutage vor der Zeit sterben. Auch daran lässt sich etwas ändern, wenn wir das *Warum* verstehen. Zuerst aber müssen wir uns klarmachen, was beim bevorzugten Kompagnon unserer Hunde, beim Menschen, biologisch so abläuft.

Die Ausrottung des gesunden Hundes

Die griechische Philosoph und Wissenschaftler Aristoteles war seiner Zeit weit voraus. Die meisten von uns kennen ihn als Vordenker in Ethik, Logik, Erziehung und Politik, aber er war auch ein naturwissenschaftliches Universalgenie und ein Pionier der Zoologie, sowohl als Beobachter wie auch als Theoretiker. Er schrieb über Hunde und ihre Persönlichkeit. So erwähnt er voller Bewunderung, wie alt Argos, der treue Hund des Odysseus, laut Homers *Odyssee* wurde. Als Odysseus in seine Heimat Ithaka zurückkehrte, nachdem er zehn Jahre in Troja gekämpft und zehn Jahre für die Heimreise gebraucht hatte, verkleidete er sich als Bettler, um die Treue seiner Freunde und Angehörigen auf die Probe zu stellen. Nur sein alter Hund Argos erkannte seinen Herrn und begrüßte ihn mit wedelndem Schweif. Bald darauf ließ er zufrieden sein Leben. Argos war über zwanzig Jahre alt geworden.

Der Mensch versucht seit über 2000 Jahren, den Geheimnissen des Alters auf die Spur zu kommen. Aristoteles lag in der Beziehung zwar nicht ganz richtig, weil er das Alter von Tieren ihrem Flüssigkeitshaushalt zuschrieb. (Er glaubte, Elefanten lebten länger als Mäuse, weil sie größer seien und daher nicht so schnell austrockneten.) Allerdings hatte er in vielen anderen Dingen recht, und so legte er den Grundstein für die moderne Wissenschaft.

Wenn wir Sie fragten, was Sie tun können, um Ihren jugendlichen Elan zu bewahren und ein gesundes Leben zu führen, in dem Sie aktiv, frei von Krankheiten und von den unerwünschten Nebenwirkungen des Alterns blieben, was würden Sie antworten? Vielleicht fallen dabei die folgenden Stichworte:

- Wichtig sind vor allem eine gute Ernährung und viel Bewegung, um das Idealgewicht, einen intakten Stoffwechsel und körperliche Fitness zu bewahren,
- regelmäßiger guter Schlaf in der Nacht,
- Bewältigung von Stress und Ängsten (vielleicht mithilfe eines Hundes),
- Vermeidung von Unfällen ebenso wie Vermeidung von Kontakt mit krebserregenden Faktoren und Giftstoffen oder die Infektion mit einem tödlichen Virus,
- soziale Aktivität und kognitive Fitness (das heißt lernen);
- Eltern mit Langlebigkeits-Genen.

Der letzte Punkt entzieht sich offensichtlich Ihrer Kontrolle, aber wenn Sie nicht zu den Menschen mit einem perfekten Genom gehören (was es im Grunde auch gar nicht gibt), dann werden Sie sich freuen zu hören, dass in Hinblick auf die Lebenserwartung Ihre Gene weit weniger wichtig sind, als man meinen möchte. Dahinter ist die Forschung endlich gekommen, und zwar durch Auswertung umfangreicher Abstammungsdatenbanken, die erst seit Kurzem zugänglich sind. Neuere Berechnungen haben gezeigt, dass unsere Lebenserwartung nur zu etwa 7 Prozent von unseren Genen abhängt, nicht zu 20 bis 30 Prozent, wie man das früher annahm. Das heißt, dass Ihre Lebenserwartung größtenteils in Ihrer Hand liegt und von Ihrem Lebensstil bestimmt wird – davon, was Sie essen, wie häufig Sie schwitzen, wie gut Sie schlafen und welcher Art von Stress Sie ausgesetzt sind (beziehungsweise wie Sie damit umgehen). Auch andere Faktoren sind wichtig, wie beispielsweise die Qualität Ihrer Beziehungen, Ihr soziales Netz und Ihr Zugang zu gesundheitlicher Versorgung und guter Bildung.

In einer Studie aus dem Jahr 2018, bei der die Lebenserwartung von Ehepaaren untersucht wurde, hat man die Daten von mehr als 400 Millionen Menschen ausgewertet, die im 19. Jahrhundert oder bis zur Mitte des 20. Jahrhunderts geboren worden waren. Man fand heraus, dass verheiratete Paare eine vergleichbare Lebenserwartung aufwiesen – ähnlicher als Geschwister jedenfalls. Dieses Ergebnis zeigte, dass nichtgenetische Faktoren einen starken Einfluss auf die Länge des Lebens haben, denn Ehepaare besitzen für gewöhnlich keine gleichen Gene. Gemeinsam sind ihnen aber Ernährung, Bewegungsmuster, der Zugang zu sauberem Wasser, der Schutz vor Infektionskrankheiten, Bildung und die Tatsache, ob sie Raucher oder Nichtraucher sind.

Das lässt sich leicht erklären: Wir suchen uns in der Regel jemanden mit einem ähnlichen Lebensstil. Man wird selten einen qualmenden Couchpotato sehen, der mit einem ehrgeizigen nichtrauchenden Fitnessfan anbandelt. Wir teilen unser Leben mit solchen Menschen, die schätzen, was wir mögen, ob es nun um Ideen, Werte, Hobbys oder Gewohnheiten geht. (Und mit ebendiesen Menschen pflanzen wir uns für gewöhnlich fort.) Dieses Phänomen hat auch einen wissenschaftlichen Namen: »assortative Paarung«. Wir wählen üblicherweise einen Partner, der uns ähnlich ist.

Uns alle verbindet ein Wunsch: so lange es geht, so gesund wie möglich zu bleiben. Die meisten Anti-Aging-Forscher streben nicht nach Unsterblichkeit. Sie vermutlich auch nicht. Was wir uns wünschen, ist die *Verlängerung unserer Gesundheitserwartung*. Wir wollen zehn oder zwanzig Jahre länger in guter Gesundheit verbringen und die Spanne der »Betagtheit« entsprechend verkürzen. In unseren Träumen schlafen wir ganz natürlich ein, nachdem wir unseren letzten wunderbaren Tanz getanzt haben. Keine Schmerzen. Keine chronischen Krankheiten, mit denen wir jahrelang leben müssen. Keine Abhängigkeit von starken Medikamenten, um über den Tag zu kommen. Und dasselbe wollen wir auch für unsere Tiere. Die gute Nachricht ist: **Die Wissenschaft weiß genug über die Biologie des Alterns, um die Lebensspanne unserer Hunde um drei bis vier Jahre zu verlängern.** Wenn wir diese Informationen nur praktisch umsetzen! Drei bis vier Hundejahre sind viel. Natürlich können wir hier keine Garantien abgeben, aber wir sind doch sicher, dass Sie Ihrem Hund dieses Mehr an Lebenszeit ermöglichen können, sofern Sie sich mit bestimmten erprobten Strategien anfreunden.

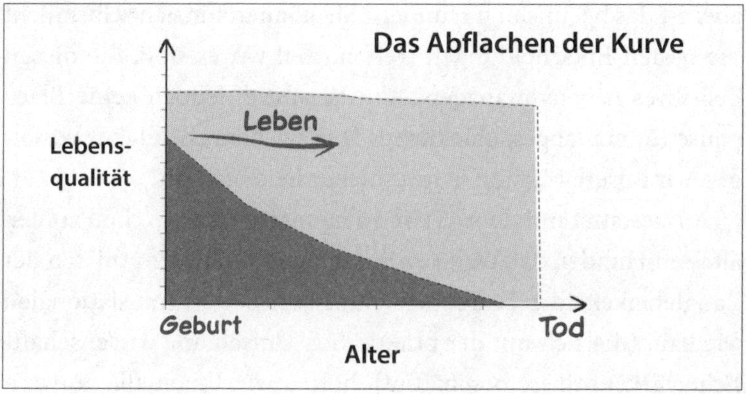

Das »Abflachen der Kurve« ist ein möglicher Weg, die Lebenserwartung zu verlängern. Es bedeutet, dass unser Sterberisiko (das Morbiditätsrisiko) auch im Alter nicht stark zunimmt. Statt mit den Jahren immer gebrechlicher zu werden, bewahren wir uns unsere Gesundheit bis kurz vor dem Tod: »Glücklich und gesund, glücklich und gesund, glücklich und gesund, tot.« So wollen wir leben (und sterben). Das aber steht in massivem Gegensatz dazu, was man uns beigebracht hat (dass nämlich die Kurve ab einem bestimmten Alter scharf nach unten absackt). In der Mitte des Lebens, ganz sicher aber ab der Rente werden sich viele Symptome einstellen, die unsere geistige und körperliche Beweglichkeit einschränken. Wir kriegen immer mehr Medikamente verschrieben, damit unser alternder Körper noch mithalten kann. Und dann bekommen wir Krebs oder Alzheimer, einen Herzinfarkt oder Schlaganfall, oder wir leiden unter Nierenversagen. Wir sind eine Weile krank, und dann sterben wir. Von wegen! Die Wissenschaft besagt, dass wir durchaus Einfluss darauf haben, welches dieser beiden Szenarien für uns Wirklichkeit wird. Und dieser Einfluss hängt mit unserem Lebensstil zusammen. Wie aber ist das bei unseren Hunden? Sie können für sich selbst nicht die besten Entscheidungen treffen, weil wir es sind, die diesen Teil ihres Lebens managen. Aktuell gibt es jedoch keine Blaupause für ein langes, glückliches Hundeleben, ebendaher verfolgen wir unsere Mission ja mit solcher Leidenschaft!

Ausgestattet mit dem Wissen aus unseren Recherchen zu den ältesten Hunden der Welt sowie den neuesten Erkenntnissen der Langlebigkeitsforschung beziehungsweise der translationalen Medizin (die sich mit der praktischen Umsetzung wissenschaftlicher Erkenntnisse beschäftigt), hoffen wir, Ihnen alle notwendigen Informationen zu liefern, damit Sie für Ihren vierbeinigen Freund kluge Entscheidungen treffen können. Dank dieser gut informierten Lebensstilentscheidungen können Sie genetischen Risiken und vorzeitiger Degeneration wirksam begegnen. Statistisch gesehen, führt die Beachtung dieser Empfehlungen automatisch zu einem längeren Leben.

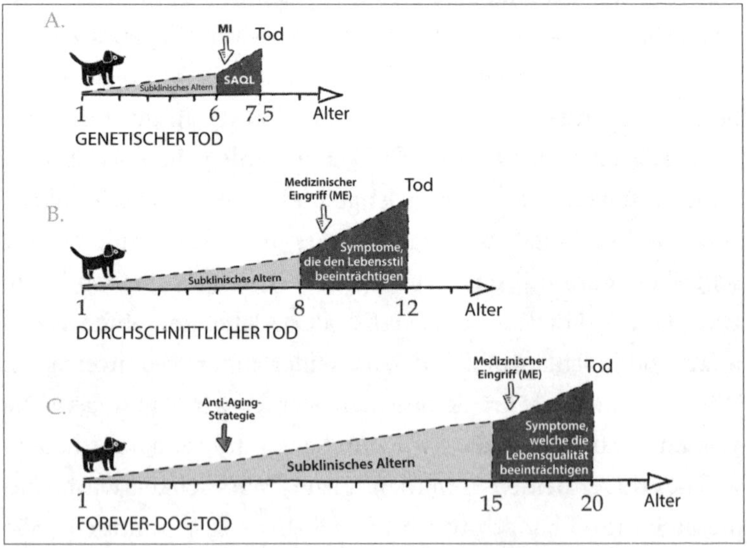

Natürlich gibt es beim menschlichen Altern Faktoren, die auf Hunde nicht übertragbar sind – Hunde absolvieren kein Studium, rauchen oder heiraten nicht. Außerdem spielt bei einigen Hunderassen die Genetik eine größere Rolle in der Lebensspanne-Gleichung. Aber lassen wir diese genetische Komponente mal beiseite, denn die Umwelteinflüsse wirken der Genetik entgegen. Wie wir in einem späteren Kapitel noch sehen werden, reagieren Gene *in Abhängigkeit von den jeweiligen Umweltbedingungen.*

An dieser Stelle möchten wir Ihnen ein Gedankenexperiment vorstellen, denn Hunde haben mit uns tatsächlich viel gemeinsam. Sie leben in unseren Haus, atmen unsere Luft (auch als Passivraucher), trinken unser Wasser, folgen unseren Anweisungen, spüren unsere Gefühle, essen unsere Nahrung und schlafen manchmal sogar in unseren Betten. Es gibt kaum ein Tier, welches das menschliche Umfeld stärker teilt als der Hund. Vielleicht bringt es ja etwas, wenn Sie sich mal vorstellen, wie es ist, jemandes Lieblingstier und dieser Person auf Gedeih und Verderb ausgeliefert zu sein. Auch wenn Sie diese Situation grundsätzlich durchaus zu schätzen wissen.

Sie werden regelmäßig gefüttert und Gassi geführt. Man badet, bürstet, küsst und knuddelt Sie. Sie haben Ihren Lieblingsplatz für das Nachmittagsschläfchen, haben Ihr Lieblingsspielzeug und auch Ihre speziellen Flecken, wo Sie gern herumschnüffeln oder Ihr Geschäft erledigen. Sie haben Freunde im Park und spielen gern mit Ihren Hundekumpels, aber auch mit Ihrem Besitzer. Sie genießen es, sich draußen mal so richtig dreckig zu machen, neue Orte zu erkunden, den Hintern anderer Hunde zu beschnüffeln und neue Freunde kennenzulernen.

Dieses Gedankenexperiment erinnert Sie vermutlich an Ihre Kindheit, wo Sie auch total abhängig von der Fürsorge einiger

Erwachsener waren, die Sie sauber hielten und für Ihre Sicherheit sorgten. Obwohl Sie gelegentlich protestierten, hatten Sie nicht wirklich was zu melden, was Ihr Essen anging, Ihre Badezeiten oder die Ausflüge in den Park beziehungsweise auf den Spielplatz. Aber Sie passten sich an, weil Sie es nicht anders kannten. Sie hatten ein instinktives, vermutlich angeborenes Vertrauen zu Ihren Eltern oder anderen Bezugspersonen. Und Sie wuchsen auf mit Gewohnheiten, die von Ihrer Erziehung geprägt waren. Heute als Erwachsener wird Ihre Gesundheit (oder deren Fehlen) zu einem großen Teil von Ihren alltäglichen Gewohnheiten bestimmt. Und diese unterstützen entweder ein gutes Leben oder chronische Krankheit.

Die meisten Menschen werden mit zunehmendem Alter reifer und entscheiden selbst darüber, ob ihre Gewohnheiten ihren Bedürfnissen und Vorlieben dienen. Unsere Hunde aber sind von uns abhängig. Tatsächlich haben unsere Hunde nur selten die Wahl, was ihr Leben angeht. Und wenn sie krank werden, müssen wir uns fragen: *Was lief da schief?*

Jeder weiß, dass wir Menschen immer mehr unter sogenannten Zivilisationskrankheiten leiden, zum Beispiel Diabetes, Herz-Kreislauf-Erkrankungen oder Demenz. Diese werden durch unseren Lebensstil gefördert (schlechte Ernährung, zu wenig Bewegung und so weiter). Dies ist ein sich langsam aufbauender Tsunami, der Jahre oder Jahrzehnte braucht, bevor er unseren biologischen Strand überrollt. Obwohl wir heute statistisch gesehen länger leben, weil sich unsere Ernährung, unsere sanitäre Versorgung und unsere Medikamente verbessert haben, sei die Frage erlaubt: Leben wir denn auch länger *besser*?

Die Weltgesundheitsorganisation WHO sagt, dass die durchschnittliche Lebenserwartung um 1900 bei nur 31 Jahren lag.

Selbst in den reichsten Ländern überstieg sie nur selten die Fünfzigermarke (in den USA zum Beispiel lag sie bei 47 Jahren). Allerdings ist die Zahl nicht ganz so dramatisch wie befürchtet. Was die »durchschnittliche« Lebenserwartung zu Anfang des 20. Jahrhunderts so massiv nach unten drückte, waren die damals grassierenden Infektionskrankheiten, vor allem unter Kindern. Sobald Antibiotika weltweit verfügbar waren und wir eine große Anzahl dieser Krankheiten behandeln konnten, stieg die durchschnittliche Lebenserwartung stark an. Zu Beginn des 21. Jahrhunderts sind die Hauptgründe für Tod und gesundheitliche Einschränkungen nicht mehr bei Infektionskrankheiten und der Kindersterblichkeit zu suchen, sondern bei nichtinfektiösen – oder chronischen – Erkrankungen im Erwachsenenalter.

Im Jahr 2019 – bevor die Corona-Pandemie zuschlug und die Zahlen veränderte – lag die durchschnittliche Lebensspanne in den USA bei 79, in Japan sogar bei 84,5 Jahren. Und dennoch: Weniger als 50 Prozent der Menschen, die heute in den Vereinigten Staaten leben, werden älter als achtzig. Zwei Drittel derer wiederum, die dieses Alter erreichen, sterben an Krebs oder Herzerkrankungen. Und ein Großteil der »glücklichen Hälfte« leidet unter Sarkopenie (Muskelabbau), Demenz oder Parkinson. Wir scheinen auch den Zugewinn an Lebenserwartung wieder einzubüßen (und das noch vor der Corona-Pandemie). Jedenfalls steigt unsere Lebenserwartung kaum noch an (in mancher Hinsicht stagniert sie sogar). Wir haben im letzten Jahrhundert die Messlatte in puncto Lebenserwartung ständig höhergelegt. Jetzt aber stehen wir vor einem hausgemachten Problem: Wir erreichen kaum je ein gesundes, längeres Leben. Natürlich fordert das Alter seinen Tribut von unserem Körper, aber wir leiden immer öfter unter vermeidbaren Problemen, die sich zu chronischen, nicht behandelbaren Krankheiten auswachsen.

Das muss aber nicht so sein. Krebs, Herzkrankheiten, Stoffwechselprobleme (Insulinresistenz und Diabetes) oder neurodegenerative Erkrankungen wie Parkinson oder Alzheimer sind in vielen Regionen der Welt immer noch äußerst selten. Dazu gehören auch bestimmte Gegenden modernisierter Länder. In diesen »Langlebigkeitszonen«, die man auch »Blaue Zonen« nennt, gibt es dreimal mehr Hundertjährige als bei uns, behalten die Menschen ihr Gedächtnis und ihre Gesundheit viel länger als wir.[3] 2019 veröffentlichte das prestigeträchtigste medizinische Fachblatt der Welt, *The Lancet*, eine beunruhigende Studie: Mittlerweile geht einer von fünf Todesfällen auf ungesunde Ernährung zurück. Die Menschen verzehren zu viel Zucker, zu viel industriell hergestellte Nahrung, hochverarbeitete Fleischerzeugnisse, und das trägt massiv zu unseren modernen »Zivilisationskrankheiten« bei. Dabei geht es nicht nur um die Inhaltsstoffe, sondern auch um die Portionen. Lebensmittel werden heute häufig so produziert, dass sie den Appetit immer weiter anregen. Wir essen zu viel, bekommen aber immer weniger Nährstoffe. Und das gilt ganz besonders für unsere Hunde. Eine englische Studie an 3884 Hunden, die zur Erstuntersuchung beim Tierarzt waren, zeigte, dass 75,8 Prozent der Tiere schon eine oder mehrere gesundheitliche Störungen aufwiesen.

Wie wir alle wissen, ist die Fettleibigkeit in der ganzen Welt zum Problem geworden, vor allem aber in den hochentwickelten Ländern mit hohen Pro-Kopf-Einkommen. Wir verwenden dieses Wort mit Vorsicht, aber in bester Absicht. Ein sensibilisiertes Bewusstsein regt ja meist zu entsprechendem Handeln an. Obwohl wir Billionen für Forschung und Medikamentenentwicklung ausgeben, wissen wir, dass das Risiko, Krebs, eine kardiovaskuläre Erkrankung oder neurodegenerative Krankheiten zu entwickeln, ständig weiter ansteigt. Und das hat mit unserem gefährlichen Übergewicht zu tun. Und wie ist das mit unseren Hunden? Auch sie bringen immer mehr Kilos auf die Waage. Mehr als die Hälfte aller Haustiere in den USA sind übergewichtig oder gar fettleibig. Natürlich tragen viele Faktoren dazu bei, dass unsere Haustiere dick werden, doch die Tatsache, dass die Tierfutterindustrie sich innerhalb von weniger als sechzig Jahren zu einer 60-Milliarden-Dollar-Fast-Food-Maschine entwickelt hat, wirft ein bezeichnendes Licht auf diese Tatsache.

Übergewichtige (und fettleibige) Hunde werden seit Jahren untersucht. Die beiden Faktoren, die am meisten zu ihren Gewichtsproblemen beitragen, sind erstens, wie und was wir ihnen zu fressen geben, und zweitens, wie viel Bewegung wir ihnen verschaffen. Eine holländische Studie aus dem Jahr 2020 belegt, dass eine allzu nachgiebige Erziehung die Hunde fett werden lässt. Das ist wie beim Menschen, wo Laisser-faire auch übergewichtige Kinder hervorbringen kann, die sich dabei alles andere als wohlfühlen. Die Studie zeigt, dass die Besitzer übergewichtiger Hunde die Tiere als ihre »Babys« bezeichnen, sie im Bett schlafen lassen und keinen gesteigerten Wert auf Ernährung und Bewegung legen. Die dicken Tiere legten auch eine ganze Reihe »unerwünschter Verhaltensweisen« an den Tag, häufig zum Beispiel Bellen, Knurren oder gar Schnappen nach Fremden. Sie fürchteten sich im Freien und ignorierten Befehle.

Anders, als gemeinhin angenommen wird, brauchen Hunde nur wenige Kohlenhydrate. **Das übliche Hundetrockenfutter aber besteht häufig zu mehr als 50 Prozent aus Kohlenhydraten wie Getreide oder Kartoffeln, die den Insulinspiegel stei-**

gen lassen. Das ist wie Diabetes aus der Tüte, außerdem kommt noch eine gute Portion an »-ziden« hinzu: Pestizide, Herbizide und Fungizide. Getreide ist also nicht nur reich an Kohlenhydraten und lässt den Blutzuckerspiegel steil ansteigen. Außerdem wird es häufig auch stark gespritzt. In den USA landen 30 Prozent aller in der Landwirtschaft eingesetzten Chemikalien im Getreideanbau. Und selbst angeblich »getreidefreies« Futter enthält im Durchschnitt etwa 40 Prozent Kohlenhydrate in Form von Stärke und Zucker. Lassen Sie sich bitte nicht von dem Etikett »Frei von Getreide« täuschen, das gesundes Futter verspricht. Gerade angeblich »getreidefreies« Futter weist die höchsten Stärkemehl-Anteile im ganzen Tierfutterbereich auf. In Sachen Etikettenschwindel steht Tierfutter den Lebensmitteln, die für den menschlichen Verzehr produziert werden, in nichts nach, wie Sie noch sehen werden. Und eine stärkereiche Ernährung bereitet den Boden für eine ganze Reihe degenerativer Erkrankungen, die Sie vermeiden können, wenn Sie für Ihren Hund zu Futter greifen, das den Stoffwechsel weniger stresst.

Wir befürworten eine Tiernahrung, die nicht industriell verarbeitet ist, sondern frisch und ganzheitlich. (Was wir darunter verstehen, werden Sie bald erfahren.) Und natürlich darf auch die Abwechslung nicht zu kurz kommen. Schließlich wollen Sie ja auch nicht jeden Tag das Gleiche essen. **Wenn Sie Ihrem Hund nur täglich 10 Prozent weniger Industriefutter und dafür mehr frische Nahrung geben, tun Sie seiner körperlichen Gesundheit schon etwas Gutes.** Es ist also gar keine Entweder-oder-Frage. Sie können die Gesundheit Ihrer Fellnase wirklich auf ganz einfache Weise fördern. Sie können beispielsweise die Leckerlis, die Sie Ihrem vierbeinigen Begleiter geben, durch frische Sachen ersetzen. Damit kommen Sie leicht auf die erforderlichen 10 Prozent. Statt der kommerziellen Hunde-Leckerbissen können Sie auch etwas füttern, das Sie selbst gern essen: eine Handvoll Heidelbeeren etwa oder in mundgerechte Stücke geschnittene frische Karotten. Jeder noch so kleine Schritt verbessert die Gesundheit Ihres Tieres. Wir werden diese Umstellung ebenso praktisch wie finanziell und zeitlich machbar gestalten. Sobald Sie verinnerlicht haben, wie wichtig die Ernährung ist, haben Sie die nötige Motivation, bisherige Gewohnheiten zu verändern. Wir werden Ihnen im Weiteren noch viele solcher Tipps für eine schrittweise Ernährungsumstellung mit auf den Weg geben.

Die Nahrung gehört zu den wichtigsten Mitteln, um die Gesundheit unserer Gefährten (und unsere eigene) zu fördern. Ernährung kann ebenso nützen wie schaden. Und es gibt keine Möglichkeit, Lebensmittel mit schlechtem Nährwert durch Nahrungsergänzungsmittel aufzupeppen. Das wäre so, als würden Sie täglich Junkfood essen und zum Ausgleich Multivitamintabletten einwerfen. Dass Sie Ihre Sucht nach zuckrigen Limonaden mit gelegentlichem Saftfasten bekämpfen, wird Ihnen nichts nützen.

Wie viele Studenten der Humanmedizin erfahren auch Tiermediziner wenig über eine sinnvolle Ernährung ihrer Patienten. Mittlerweile aber findet da ein Umdenken statt: Von »Es ist egal, was du deinem krebskranken Hund gibst, Hauptsache, er frisst überhaupt« hin zu »Unsere Nahrungsmittelauswahl spielt eine wichtige Rolle bei der Immunantwort und der Erholung von Erkrankungen«.

Der Schlüssel zur Hundegesundheit ist die Nutrigenomik, das Studium der Zusammenhänge zwischen Ernährung und Genetik, vor allem im Hinblick auf die Vorbeugung und Behandlung von Krankheiten. Mit der Nutrigenomik können wir das genetische Schicksal unserer Hunde wenden. Wir, die Autoren, lernten uns kennen, weil wir uns über Tiernahrung informieren wollten. Sammie, Rodneys weißer Schäferhund, wäre fast noch vor ihrem ersten Geburtstag gestorben. Ihre Nieren wurden kaputt gemacht von verunreinigten Dörrfleisch-Leckerlis, die angeblich »die Gelenke und das Immunsystem stärken und ein schönes Fell verleihen«. Rodney holte eine zweite Meinung ein, bevor er Sam einschläfern lassen sollte. Dieser Arzt empfahl eine spezielle, zu Hause zubereitete Ernährung, die Sams Nieren schließlich rettete. Diese Erfahrung zeigte uns ein für alle Mal, wie wichtig das Arzneimittel Ernährung ist.

Einige Jahre später brachte uns Sams Krebsdiagnose zusammen. Wir beschlossen herauszufinden, welche Nahrung Hunde gesund erhält, und den Zusammenhang zwischen Ernährung und Langlebigkeit zu beweisen. Wir krempelten also die Ärmel hoch und machten uns an die Arbeit. Wir wollten hören, was die Wissenschaft zu dem Thema sagte, und diese Erkenntnisse dann weltweit bekannt machen.

Unsere Vorgeschichte

Ich (Rodney) bekam Sam in einer recht schwierigen Zeit meines Lebens, und sie tröstete mich über meine geplatzten Träume hinweg. Ich bin sozusagen Kanadier der ersten Generation. Ich wuchs in einer traditionellen libanesischen Familie auf, mit vielen Angehörigen, Plastikschonern über den Polstermöbeln und absolut keinem einzigen Haustier. Ich war ein schlechter Schüler, hatte aber auf dem Footballfeld einigen Erfolg für Team Canada. Ich träumte davon, eines Tages für die kanadische Football-Liga zu spielen, bis mein Knie kaputtging.

Damals passierten zwei wirklich entscheidende Dinge: Ich hängte meine Träume vom Football an den Nagel; und während ich mich von meiner Verletzung erholte, sah ich den Film »I Am Legend«. Will Smith spielt darin einen Mann, der sich ganz allein durch eine von einer Viruspandemie zerstörte Welt schlägt. Sein einziger Gefährte, Beschützer und Freund ist der Schäferhund Sam. Die beiden haben eine tiefe, lebenspendende, ja beinah symbiotische Beziehung. Als ich den Film sah, machte irgendetwas in mir klick. Bis dato waren die Worte »Beziehung zwischen Mensch und Tier« für mich ebendas: nur Worte. Nun aber spürte ich, dass es da eine Beziehung gab, die ich nicht kannte: die Möglichkeit einer zutiefst bereichernden Bindung zwischen Mensch und Tier. Mein Knie heilte, meine Träume vom Football verblassten, und so tat ich das einzig Logische: Ich legte mir einen Schäferhund zu. Ihr Name war natürlich Sam, und als ich sie 2008 in mein Haus holte, änderte sich für mich einfach alles.

Meine (Dr. Beckers) Liebe zu Tieren reicht zurück, so weit ich denken kann. An einem regnerischen Tag in Columbus, Ohio, merkten meine Eltern erstmals, dass ich es ernst meinte mit dem Wunsch, Tieren zu helfen. Wir schrieben das Jahr 1973, und ich war gerade mal drei Jahre alt. Ich flehte meine Mutter leidenschaftlich an, mir dabei zu helfen, die Würmer zu retten, die auf dem Gehsteig vor unserem Haus gleichsam gestrandet waren. (Mama machte mit.) Von diesem Tag an förderten meine Eltern meine Begeisterung für Tiere, aber nur unter einer Bedingung: Jedes Tier, das ich mit nach Hause brachte, musste wenigstens durch die Eingangstür passen.

Ich brauchte nicht lange, um meinen Platz in der Welt zu finden. Als ich dreizehn war, half ich bei der Humane Society aus, einem US-amerikanischen Tierschutzverein. Mit sechzehn bestand ich die Prüfung zum Wildlife Rehabilitator, dessen Aufgabe die Auswilderung geheilter Wildtiere ist. Wenige Jahre später studierte ich Tiermedizin und machte so meine Leidenschaft zum Beruf. Ein ganzheitlicher, proaktiver Ansatz der Fürsorge für Tiere vertrug sich am besten mit meinen Überzeugungen, Interessen und meiner Persönlichkeit. Für mich war es selbstverständlich, dass ich immer zuerst die ungiftigsten und am wenigsten invasiven Heilungsansätze wählte. Außerdem suchte ich stets nach Methoden, wie man den Körper eines Tieres vor schweren Krankheiten bewahren kann. Bald machte ich noch eine Zusatzausbildung zur Tier-Physiotherapeutin und -Akupunkteurin. Ich schrieb ein Kochbuch für Tiere und gründete schließlich die erste Klinik für vorbeugende Tiermedizin im Mittleren Westen.

Die Lektionen, die ich den Tieren in unserer Familie verdanke, blieben für mich auch als Tierärztin immer der erste Bezugspunkt. Sooty, unser Familienhund, wurde neunzehn Jahre alt. Das zeigte mir, dass der Lebensstil auch für Tiere ein entscheidender Faktor ist. Wir hatten wenig Geld, daher wurde Sooty hauptsächlich mit Trockenfutter ernährt, aber viele andere positive Dinge übten sicher einen guten Einfluss auf die Dauer seines Lebens aus. Gemini, ein Rottweiler, den ich im ersten Jahr meines Studiums aus dem Tierheim holte, zeigte mir, wie wichtig die Ernährung letztlich ist: Meine Hausmacher-Mahlzeiten holten Gemini aus der Todeszone zurück ins Leben. Gemini war mein erster Forever Dog. Sie lebte sehr viel länger, als man dies ihrer Rasse gewöhnlich zugestand. Und das lag ganz sicher an den positiven Entscheidungen, die ich vom ersten Tag an für sie traf. Bis heute ist Gemini für mich die Patientin, die mir am meisten über Krankheit und Gesundheit beibrachte, obwohl ich insgesamt 28 Haustiere hatte (darunter auch Amphibien, Reptilien und Vögel).

Doch die Gesundheit unserer Tiere hat nicht nur mit dem Futter zu tun. Gute Tiermedizin besteht aus mehr als nur dem Fresschen. Sie berücksichtigt auch, dass unsere Tiere den gleichen Schadstoffen und Karzinogenen ausgesetzt sind wie wir Menschen. Und die gesundheitlichen Optionen, die uns ein längeres Leben ermöglichen, sind dieselben bei unseren Hunden.

Zwei gute Fragen: Leben unsere Hunde heute länger als ihre Vorfahren? Und leben sie *besser*?

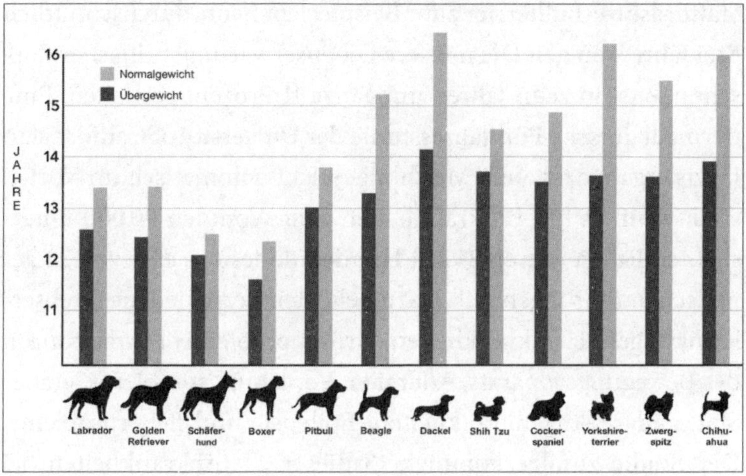

Ein oder zwei Jahre länger zu leben, wenn man normalgewichtig ist, wirkt zunächst mal recht bescheiden; in Hundejahren gerechnet aber ist das viel. Hunde haben tatsächlich an Lebenszeit dazugewonnen, seit sie unsere Begleiter sind. Ihre Lebenserwartung ist gestiegen, seitdem ihr Stammbaum sich vom Vorfahr Wolf abgespalten hat. Genauso wie wir heute länger leben als Menschen vergangener Epochen. Aber dieser Aufwärtstrend scheint an sein Ende gekommen zu sein. Tatsächlich sinkt die

Gesundheitserwartung wieder. Das Leben eines Hundes ist im Moment nicht so lustig, wie es schon mal war. Wir haben zwar noch keine Längsschnittstudien, die belegen könnten, wie sehr die Lebenserwartung von Hunden in den letzten Jahren gesunken ist. Doch es gibt viele Beobachtungen, die in diese Richtung deuten, und eine wachsende Zahl an Studien, die diesen alarmierenden Trend überzeugend belegen. In Großbritannien hat man 2014 Rassehunde untersucht und festgestellt, was sie in den letzten zehn Jahren an Lebenserwartung eingebüßt haben. Ein Staffordshire-Bullterrier zum Beispiel lebt heute durchschnittlich drei Jahre weniger. Die mittlere Lebenserwartung britischer Rassehunde ist in zehn Jahren um ganze 11 Prozent gesunken. Eine tiermedizinische Fünfjahresstudie der University of California in Davis ergab, dass auch Mischlinge nicht automatisch im Vorteil sind, wenn es um Erbkrankheiten geht. Von den 90 000 untersuchten Fällen wiesen 27 254 Hunde mindestens eine von 24 genetischen Störungen auf. Dazu gehörten verschiedene Krebserkrankungen, Herzkrankheiten, Drüsenprobleme, Erkrankungen des Bewegungsapparats, Allergien, Verdauungsprobleme, grauer Star, andere Augenkrankheiten, Epilepsie und Leberprobleme. Der Studie zufolge kommen 13 dieser 24 Erbkrankheiten bei Mischlingen genauso häufig vor wie bei Rassehunden. (Sondermeldung: Mischlinge leben nicht immer länger, im Gegensatz zu dem, was die Volksweisheit besagt.)

Hunde und Menschen scheinen existenziell wirklich gegen eine Wand zu fahren. Obwohl viele Experten die nachlassende Lebenserwartung von Hunden einzig auf zu enge Genpools, die Beliebtheit mancher Deckrüden und die Zucht nach ästhetischen statt gesundheitlichen Kriterien zurückführen, sagen die Wissenschaftler etwas anderes: Umwelteinflüsse, lebenslange Fast-Food-

Ernährung und bestimmte körperliche, emotionale und chemische Stressfaktoren spielen eine entscheidende – lange bekannte – Rolle bei der Frage der Langlebigkeit. Natürlich gibt es darüber hinaus viele Faktoren, die auch bei Menschen das Risiko eines vorzeitigen Todes erhöhen. Doch wir sind recht »monolithische«, homogene Geschöpfe. Wir sind einander recht ähnlich. Hunde hingegen zerfallen in die verschiedensten Größen und Rassen. Ihre gesundheitlichen Risiken sind daher sehr viel schwieriger zu verstehen. Wir müssen uns darüber hinaus klarmachen, worin die Unterschiede zwischen einem guten, langen und gesunden Leben und einem elenden, langen, von Krankheiten geprägten Dasein bestehen.

Bramble war ein Blue-Merle-Collie aus Großbritannien. Sie hielt lange den Rekord für den ältesten lebenden Hund im *Guinness Buch der Rekorde*. Sie wurde 25 Jahre alt, was in Menschenjahren über hundert Jahren entspricht! Bramble wurde gesund mit Hausmacherkost ernährt und führte ein aktives, weitgehend stressfreies Leben. Ihre Besitzerin beschrieb das Leben ihrer Hündin in einem Buch und verriet darin auch die Geheimnisse von Brambles langem Leben: »Hunde sollte man besser erziehen, als sie zu trainieren … Die Kommunikation mit dem Hund zu erlernen ist ein wichtiger erster Schritt.« Das können wir nur unterstreichen. Eine gute Beziehung beruht auf Vertrauen und einer gelingenden *wechselseitigen* Kommunikation, auf gegenseitigem Verständnis. (Das gilt allerdings für alle Beziehungen!) Was uns zu der Frage führt: Wie gut hören wir unseren Hunden zu? Dazu hat Brambles Besitzerin auch einen klugen Satz niedergeschrieben: »Selbst wenn die Besitzer noch so gütig und voll der besten Absichten sind, dürfen wir nicht vergessen, dass die Tiere in unserem Heim uns auf Gedeih und Verderb ausgeliefert sind. Sie haben diesbezüglich keine Wahl.«

Anders als die mittlere Lebenserwartung lässt sich die durchschnittliche Gesundheitserwartung nicht statistisch belegen. Die WHO hat dazu einen Indikator entwickelt: HALE (Healthy Life Expectancy, gesunde Lebenserwartung). Dabei werden behindernde Krankheiten und Verletzungen ausgeklammert, um so auf die Anzahl guter Jahre »in voller Gesundheit« zu kommen, die ein Neugeborenes erwarten kann. Anders ausgedrückt: Die Rechnung zielt darauf ab, wie lange ein Mensch auf ein gesundes Leben rechnen darf, bevor Krankheiten und Behinderungen seine Lebensqualität einschränken.

Ohne auf die Einzelheiten dieser hochkomplexen Berechnung einzugehen (das überlassen wir lieber Statistikern und Demografen), können wir sagen: HALE wurde letztmals 2015 berechnet. Der weltweite Durchschnittswert für beide Geschlechter lag bei 63,1 Jahren. Das sind 8,3 Jahre weniger als die Lebenserwartung bei Geburt. Das heißt: Eine schlechte Gesundheit raubt uns acht Jahre *gesunden* Lebens. In anderen Worten: Weltweit verbringen wir Menschen gut 20 Prozent unseres Lebens bei mangelnder Gesundheit. Das ist ziemlich viel. Und jetzt überlegen Sie mal, wie es wäre, wenn Sie 20 Prozent mehr gesunde Lebensjahre hinzubekämen. Für unsere Vierbeiner sieht diese Rechnung so aus: Wenn Hunde üblicherweise mit acht Jahren die ersten Krankheiten bekommen und die durchschnittliche Lebenserwartung bei elf Jahren liegt, dann verbringen sie 27 Prozent ihres Lebens bei schlechter Gesundheit. Bei Rassen, deren Lebenserwartung über elf Jahren liegt, steigt dieser Wert schon mal auf gut 30 Prozent.

Die »moderne« Tiermedizin folgt den gleichen reaktiven Mustern, die auch Humanmediziner erlernen: Sie geht davon aus, dass degenerative Erkrankungen unvermeidlich sind und sich in der Lebensmitte einstellen. Und mit zunehmendem Alter werden die Prognosen für unsere Haustiere immer schlechter. Veterinäre lernen, was sie verschreiben müssen, *nachdem* die Störung eingetreten ist. Wie man diese verhindert, lernen sie in aller Regel nicht. In meiner (Dr. Beckers) Zeit an der tiermedizinischen Fakultät jedenfalls war das Einzige, was man uns diesbezüglich beibrachte, dass man das Gewicht im Auge behalten muss. Auch als Assistenzärztin in der tiermedizinischen Klinik lernte ich nur, wie man gesunde Welpen und Kätzchen impft. Doch wie man Arthrose und Muskelschwund in der Mitte des Lebens verhindern kann, wie man die Organgesundheit auch von alten Tieren sicherstellen kann, wie man das Risiko, an Krebs oder Demenz zu erkranken, frühzeitig verringert … davon war nie die Rede.

Professor David Sinclair von der Harvard University forscht auf dem Gebiet der Genetik und der Biologie des Alterns. Er schrieb viel über die Geheimnisse eines langen und gesunden Lebens. In seinen Augen ist das Altern selbst eine Krankheit. Wenn wir es mal so betrachten, können wir für das Altern eine Kur finden oder es zumindest unter Kontrolle bringen. Seiner Ansicht nach ist Altern leichter zu behandeln als Krebs oder Herzkrankheiten. Sinclairs bewundernswerte Leistung führte dazu, dass die Anti-Aging-Medizin Fahrt aufnahm. Das Altern ist ein natürlicher, unvermeidlicher und schöner Part des Lebens, sofern nicht Krankheiten den Abbau beschleunigen – wenn etwa ein vierzigjähriger Nichtraucher plötzlich Lungenkrebs bekommt oder ein fünf Jahre alter Boxer unerwartet an einem angeborenen Herzfehler stirbt. Das Altern ist Teil des Lebens, ganz egal, welches Tier Sie nun sind. Aber vorzeitiges Altern und Tod in jungen Jahren sollten und müssen im 21. Jahrhundert nicht mehr als unausweichliches Schicksal akzeptiert werden.

Der Glückstest

Wir fragten Hundebesitzer, welche Frage sie ihrem Hund am liebsten stellen würden, wenn er das verstehen und antworten könnte. Auf Platz eins landete: »Bist du glücklich?« Gefolgt von: »Was kann ich tun, damit dein Leben glücklicher wird?« Das sind tolle Fragen, aus denen sich automatisch Frage Nummer drei ergibt: »Spiegelt sich in der Gesundheit des Hundes nicht auch die des Besitzers?«

Wir kennen viele Haustiere, welche die gleichen gesundheitlichen Probleme haben wie ihre menschlichen Gefährten. Tiere scheinen häufig quasi Alarmanlagen für unsere eigene Gesundheit zu sein. Wenn Ihr Hund ängstlich ist, sind Sie vielleicht auch ein wenig ängstlich? Wenn er Übergewicht hat und außer Form ist, wie ist es dann um Ihre Fitness bestellt? Leidet Ihr Hund unter Allergien, reagieren Sie dann auch empfindlich auf bestimmte Substanzen? In der Gesundheit unserer Tiere spiegelt sich also tatsächlich häufig unser eigener Gesundheitszustand: Angststörungen, Übergewicht, Allergien, Infektionen des Magen-Darm-Trakts, Schlaflosigkeit… All das sind Leiden, die Hund und Herrchen beziehungsweise Frauchen sich oft teilen.

Es gibt immer noch sehr wenige Studien, die sich mit gesundheitlichen Wechselbeziehungen zwischen Mensch und Hund beschäftigen. Doch diejenigen, die uns bereits vorliegen, liefern uns höchst interessante Aufschlüsse. In den Niederlanden fand man heraus, dass übergewichtige Hunde meist auch übergewichtige Besitzer haben. (Das ist im Übrigen nichts wirklich Neues, da Ähnliches auch für Kinder und ihre Eltern gilt.) Gleichzeitig betonen die Autoren, das Maß an täglicher Bewegung sei der aussagekräftigste Indikator für eventuelles Übergewicht. Eine andere Studie aus Deutschland belegt, dass wir unsere Snackgewohnheiten, unsere Portionsgrößen und unsere Neigung zu Industrienahrung auf unsere Haustiere übertragen. Und das ist ausschlaggebend dafür, wie viele Kalorien pro Tag die Tiere zu sich nehmen.

Eine bemerkenswerte, 2018 veröffentlichte Studie aus Finnland untersuchte Allergien auf ihr Vorkommen bei Hunden und ihren Besitzern. Und siehe da: Es stellte sich heraus, dass Tiere und Menschen, die in der Stadt leben und wenig Kontakt zur Natur haben, ein deutlich höheres Allergierisiko aufweisen als solche, die auf Bauernhöfen leben oder in Haushalten mit vielen Tieren und Kindern oder die zumindest häufiger durch einen Wald streifen dürfen. Allergien bei Hunden werden häufig als »atopische Dermatitis« diagnostiziert. Das entspricht beim Menschen einem Ekzem und stellt einen der häufigsten Gründe dar, warum Hunde in die Tierarztpraxis kommen. Eine andere Studie aus Finnland dokumentiert einen weiteren Risikofaktor für Allergien bei Hunden: den Verzehr von kohlenhydratreicher Industrienahrung. Die Forschergruppe veröffentlichte die Untersuchung 2020 im Online-Fachjournal *PLOS ONE* mit dem Ergebnis, dass eine frische fleischbasierte Ernährung in jungen Jahren Hunde vor der atopischen Dermatitis schützt. Eine kohlenhydratreiche Ernährung hingegen ist ein Risikofaktor. Und es gibt weitere Faktoren, die das Risiko für die Entwicklung einer atopischen Dermatitis senken: »die Entwurmung der Hündin während der Trächtigkeit, Sonnenlicht während der ersten Lebenswochen, eine normale körperliche Entwicklung während der ersten Lebenswochen, die Tatsache, dass der Welpe in die Familie hineingeboren wird, bei der er später auch leben soll, und die Möglichkeit, sich während der Lebensmonate 2 bis 6 regelmäßig im Dreck oder Gras zu wälzen«. Wir fassen zusammen: **Hunde brauchen weniger industriell hergestellte Kohlenhydrate und mehr Dreck!**

Man nennt dieses Phänomen – den Schutz vor Allergien durch Aufwachsen in einem ländlichen Umfeld, das nicht klinisch steril ist – auch den »Bauernhof-Effekt«. Tatsächlich zahlt es sich aus, wenn man sich hin und wieder schmutzig macht. Denn Dreck ist weit mehr als nur der Staub an unseren Fußsohlen. Die Stars unter den Schmutzpartikeln sind die Mikroorganismen, die sich in einem nicht blitzblank gescheuerten Umfeld finden. Diese nämlich spielen eine entscheidende Rolle beim Schutz vor Krankheitserregern. Sie unterstützen den Stoffwechsel und bilden das Immunsystem aus, sodass es keine Überempfindlichkeit gegen Allergene entwickelt. Der Schmutz lehrt den Körper, Freund von Feind zu unterscheiden. Glücklicherweise gibt es mittlerweile eine ganze Reihe wissenschaftlicher Untersuchungen zur Biodiversitätshypothese. Das »Canine Healthy Soil Project« widmet sich der Frage, inwiefern der Kontakt mit gesunden Bodenmikroorganismen einem Welpen hilft, seine ererbten Mikrobiome im und auf dem Körper zu etablieren und somit seine Gesundheitsspanne in den kommenden Jahren entscheidend zu verlängern.

Wir werden uns in den folgenden Kapiteln noch ausführlicher mit diesem Thema beschäftigen, weil es in Wissenschaftlerkreisen eine Revolution auslöste: »Freundliche« Mikroorganismen (und ihre Stoffwechselprodukte) um uns herum halten nicht nur uns gesund, sondern auch unsere Hunde. Immunologen in aller Welt versuchen, die Geheimnisse unserer Mikrobiome offenzulegen. Darunter versteht man die Gesamtheit der förderlichen Mikroorganismen (meist Bakterien), die in symbiotischer Beziehung in und auf uns leben. Diese kommensalen Organismen –

die in uns leben, ohne uns zu schaden – tragen seit Millionen Jahren zu unserer Gesundheit bei und haben sich gemeinsam mit uns entwickelt.

Alle Lebewesen, auch unsere Hunde, haben einzigartige Mikrobiome, die in den Geweben und Flüssigkeiten des Körpers leben. Sie sind überall: in unserem Darm, im Mund, in den Sexualorganen, den Körperflüssigkeiten, den Lungen, den Augen, den Ohren, der Haut und so weiter. Das Ökosystem des Körpers – ob nun beim Menschen oder beim Hund – besteht weitgehend aus Mikroorganismen. Kein Wunder also, dass die Forschung im Mikrobiom von Menschen und Hunden, die unter Allergien leiden, enorme Unterschiede zu ihren gesunden Artgenossen feststellt. Auch bei Hunden, die unter einer chronischen oder akuten Darmentzündung leiden, machen sich massive Unterschiede zu ihren gesunden Pendants bemerkbar. **Zwischen dem Hundemikrobiom und dem Risiko für die Entwicklung gastrointestinaler Erkrankungen besteht ein eindeutiger Zusammenhang.** Es existieren sogar Untersuchungen, die zeigen, dass zwischen unseren Mikrobiomen und denen unserer Hunde eine Beziehung besteht. 2020 entdeckte eine andere Gruppe finnischer Wissenschaftler (der jedoch einzelne Forscher der vorher erwähnten Studien angehörten), dass die Wahrscheinlichkeit für Hund und Herrchen, eine Allergie zu entwickeln, steil anstieg, wenn sie in einer städtischen Umgebung lebten, in der es wenig Kontakt mit förderlichen Mikroorganismen gab. Interessanterweise fand man ebenfalls heraus, dass das Mikrobiom der Haut, das bei der Hautgesundheit eine wichtige Rolle spielt, *bei beiden Arten* vom lebensweltlichen Umfeld abhängt. Wie wir in den Folgekapiteln noch sehen werden, gibt es mehrere Elemente, die dieses Mikrobiom beeinflussen, zum Beispiel Umweltfaktoren, aber auch unsere Ernährung. Was Sie und Ihr Hund essen, wirkt sich auf die Stärke, die Funktion und die Entwicklung Ihrer beider Mikrobiome aus. Und die Beschaffenheit der Mikrobiome hat Auswirkungen auf unser Krankheitsrisiko.

In *Nature*, einer der wichtigsten wissenschaftlichen Fachzeitschriften, wurden mehrere Arbeiten veröffentlicht, die zeigen, dass der emotionale Zustand unserer Tiere, der ebenfalls vom Mikrobiom beeinflusst wird, dem unseren erstaunlich gleicht. Jeder, der einen Hund hat, weiß, dass Mensch und Hund sich gut verstehen. Das scheint auf die lange Zeit zurückzugehen, die diese beiden sozialen Arten während des Domestikationsprozesses miteinander verbracht haben. Die geteilten Gefühle sind sozusagen der »soziale Klebstoff«, der uns hilft, starke soziale Bindungen einzugehen und aufrechtzuerhalten. Wir interviewten Dr. Lina Roth, die auf diesem Sektor zu den führenden Experten gehört. 2019 hat sie ihre Resultate in *Nature* veröffentlicht: Sie untersuchte den Cortisolgehalt (Indikator für chronischen Stress) von menschlichem Haar und Hundehaaren und fand heraus, dass es einen starken Grad an »Synchronisierung zwischen den Arten« gibt. Diese »emotionale Ansteckung« geht vom Menschen aus und greift auf den Hund über, nicht umgekehrt. Das zeigt einmal mehr, wie schädlich sich unser Stress auf unsere Hunde auswirkt, ohne dass wir es überhaupt bemerken. Wenn Hunde unsere emotionalen und geistigen Zustände lesen können, was bedeutet es dann für unsere Tiere, wenn wir unter chronischem Stress leiden, extremen Ängsten oder schweren Traumen? Dass unsere Hunde massiv und dauerhaft mitleiden. Eine alarmierende Studie eines internationalen Forscherteams zeigt, dass Menschen, die vor ihren Gefühlen davonlaufen (also einen »ängstlich-vermeidenden Bindungsstil« pflegen), Hunde haben, die ihrerseits bei sozialem Stress weglaufen oder zu ihren Besitzern auf Distanz gehen.

An der Universität Federico II in Neapel konnten wir beobachten, wie Hunde *innerhalb von Sekunden* auf menschliche Schweißproben reagierten, die genommen wurden, als die Personen gerade Glück oder Angst empfanden. Dr. Biagio D'Aniello offenbarte uns das eigentlich erstaunliche Resultat seiner Forschungsarbeiten: Und das war nicht, dass Hunde mittels der Chemorezeptoren in ihrer Nase menschliche Emotionen unterscheiden können, sondern dass sich dadurch auch die biochemischen Marker der Hunde veränderten. Hund und Mensch sind emotional miteinander vernetzt. Der emotionale Zustand des einen wirkt sich auf die Physiologie des anderen aus. Der Streit im Büro, der Ihren Blutdruck in die Höhe trieb, hat Ihre hormonelle Chemie verändert und klare Spuren von Stresshormonen hinterlassen, die Ihnen buchstäblich aus den Poren quellen. Ihr Hund wird dies registrieren (und darauf reagieren), sobald Sie nach Hause kommen. Ist Ihnen schon mal aufgefallen, dass Ihre Hündin Sie eingehend beschnüffelt, wenn Sie woanders waren? Nun, sie will wissen, wie Ihr Tag war und ob es Ihnen gut geht.

Als wir Dr. D'Aniello fragten, wie wir unseren Hunden helfen können, mit solchen Einflüssen fertigzuwerden, fiel seine Antwort recht eindeutig aus: »Duschen Sie. Auf der Stelle.« Das sagte er mit einem Grinsen. Denn es gibt natürlich noch andere Methoden: Strategien zur Stressreduktion entwickeln, die Sie täglich anwenden können. **Selbstfürsorge (Bewegung, Yoga, Meditation oder was auch immer Ihnen hilft, sich zu entspannen und in einen Zustand der Balance zurückzukehren) ist ein Geschenk für Ihren Körper, Ihre Seele, Ihren Geist – und Ihren Hund.**

Hunde sind wie wir Menschen soziale Wesen. Wie Sie bald sehen werden, haben Hunde sich uns in einem wunderbaren Tanz angeschlossen, um mit uns gemeinsam diesen Planeten zu bewohnen und das Dasein zu genießen. Kein Wunder also, dass die Beziehung zu unseren Hunden von vielen Aspekten unseres Lebens beeinflusst wird wie unseren Gewohnheiten, unserem Stresspegel und unserem Mikrobiom. Die Geschichte unserer gemeinsamen Entwicklung zaubert automatisch ein Lächeln auf unser Gesicht, weil sie so herzerwärmend ist. Und Reggie, Sam, Gemini und all die anderen Hunde, die schon im Hundehimmel sind, lächeln mit uns.

Was für den Forever Dog wichtig ist

- Unabhängig von Rasse und Genetik, was die Gesundheitserwartung Ihres Hundes angeht, bleibt das Ziel immer das gleiche: Er soll sich so lange wie möglich einer hohen Lebensqualität erfreuen. Denn genau das macht den Forever Dog aus.
- Eine ganze Reihe von Forschungsergebnissen zeigt, dass wir auf die Genexpression einwirken können, indem wir die Umwelteinflüsse auf unseren Hund verändern. Man nennt dies auch »Epigenetik«.
- Einer der wichtigsten Faktoren für ein langes Leben ist die Ernährung. Wenn Sie nur 10 Prozent dessen, was Sie Ihrem Hund an Industrie- und Trockenfutter geben, durch frische Alternativen ersetzen, wird sein Körper darauf positiv reagieren. Ein erster Schritt dazu ist es, ihn mit frischen anstelle von industriell hergestellten Leckerlis zu füttern.
- Die gleichen Faktoren, die unser Leben verkürzen, senken auch die Lebenserwartung unserer Hunde: das Fehlen einer ab-

wechslungsreichen, frischen Ernährung, ein Zuviel an Futter, ein sitzender Lebensstil (das heißt zu wenig Bewegung) und Umweltgifte beziehungsweise chronische Überforderung.

- Unsere Hunde übernehmen unseren Stress. Gesunde Aktivitäten und Strategien, die Stress abbauen und emotionales Wohlbefinden schaffen, verbessern nicht nur unser Leben, sondern auch das unserer Hunde.

2

Die Co-Evolution mit unseren Hunden

Vom wilden Wolf zum braven Haustier

Für seinen Hund ist jeder Mensch Napoleon. Deshalb sind Hunde so beliebt.

Aldous Huxley

In dem Bild sehen wir die sterblichen Überreste einer Frau, die zusammengekrümmt in ihrem Grab liegt wie ein Embryo. Ihre Hand streichelt den Kopf eines Hündchens. Dieses 12000 Jahre alte Grab wurde am Chulasee entdeckt, etwa 20 Kilometer nördlich vom See Genezareth, wo eine kleine Gemeinschaft von Jägern und Sammlern lebte. Zu jener Zeit fertigten die Menschen einfache Werkzeuge aus Stein und lebten in strohgedeckten Steinhäusern in quasipermanenten Siedlungen. Dieses Bild unterstreicht die seit frühester Zeit bestehende tiefe Verbundenheit zwischen Mensch und Hund.

Im Jahr 2016 entdeckten Archäologen in der Chauvet-Höhle im Süden Frankreichs 26 000 Jahre alte Pfotenabdrücke eines Hundes neben denen eines Kindes von acht bis zehn Jahren, das 1,30 Meter groß war. Man geht davon aus, dass das barfüßige Kind ging, nicht lief. Möglicherweise rutschte es aber auch einmal im feuchten Lehm aus. Wir wissen, dass dieses Kind eine Brandfackel in der Hand trug, denn es blieb stehen, um sie zu reinigen, was einen dunklen Fleck an der Wand hinterließ. Ein Kind der Steinzeit in Begleitung eines Hundes in einer Höhle, in der sich einige der ältesten Zeichnungen der Welt befinden. In dieser Höhle finden sich über 400 Tierdarstellungen, geschaffen vor etwa 32 000 Jahren, zu einer Zeit, als wir Menschen noch in Höhlen lebten.

Dieser Fund widerlegt die bisherige Annahme, dass Hunde erst vor 12 500 beziehungsweise 15 000 Jahren domestiziert wurden. Diese neue Datierung gibt eine radikal neue Antwort auf die Frage, wie Hunde zum besten Freund des Menschen wurden. Manche Archäologen glauben, dass Hunde schon vor gut 130 000 Jahren mit dem Menschen zusammenlebten, lange bevor unsere Vorfahren sich in Dörfern niederließen und mit der Landwirtschaft begannen. Doch darüber gibt es auch unter Wissenschaftlern noch heftige Debatten. Es bleibt wohl künftigen Funden überlassen, uns hier verlässliche Antworten zu liefern.

(Während wir diese Worte niederschrieben, stießen wir auf eine neue Schlagzeile: »Zu viel Fleisch während der Eiszeitwinter hat Hunde angelockt.« Es wird also weiter heftig debattiert.) Ohnehin ist es schwierig, den Begriff »Domestikation« zu definieren oder festzustellen, ob dieser Prozess in Europa und Asien einmal, zweimal oder noch öfter stattgefunden hat. Doch welche Theorie (oder welche Kombination aus Theorien) sich auch immer als richtig erweisen mag, an einer Tatsache ändert sich nichts: »Die Domestikation des Hundes hat den Erfolg beider Arten gefördert. Heute sind Hunde die zahlreichsten Fleischfresser auf dem Planeten.« Diese Aussage haben wir einem Artikel finnischer Forscher entnommen, der im Jahr 2021 in *Nature* publiziert wurde.

Darüber hinaus sollten wir uns klarmachen, dass auch die menschliche Evolution noch nicht vollständig enträtselt ist. Wir stoßen ständig auf neue Belege, die zeigen, dass weder die Zeitachse noch die geografische Verbreitung der Menschen (bislang) ganz geklärt wurde. Interessanterweise gibt unsere eigene DNS uns keine Aufschlüsse über einige vorgeschichtliche Entwicklungen, die wir aber am Genom der Hunde ablesen können. Pontus Skoglund, ein Populationsgenetiker am Francis Crick Institute in London, der 2020 eine Studie zur Entwicklungsgeschichte des Hundes veröffentlichte, meint dazu: »Hunde sind wie eine Art Marker für die Entwicklung der Menschheit.« Möglicherweise müssen wir das Genom der Hunderassen gründlicher untersuchen und erfahren so etwas über unsere eigene Vergangenheit, über unseren Weg in der Welt.

Aber welche Hunderasse wir auch untersuchen – Labradoodles, Doggen oder Chihuahuas –, sie alle haben etwas gemeinsam: ihre Verwandtschaft zum Wolf, dem Canis lupus.

Wir mögen, was ihr Aussehen angeht, zwischen den einzelnen Hunderassen nicht viele Ähnlichkeiten entdecken (abgesehen vom Fell, den vier Beinen und dem Bellen), aber jeder einzelne Hund auf dieser Erde – alle der über 400 anerkannten Rassen – lässt sich auf eine mittlerweile ausgestorbene Wolfsrasse zurückführen, die auch der heutige Wolf zu seinen Ahnen zählt. Genetische Studien allerdings belegen, dass Hunde keine Wölfe sind. Und dass unsere Partnerschaft mit den vierbeinigen Gefährten weit zurückreicht. Hunde waren die erste Tierart, die eine enge Bindung zum Menschen einging. (Menschen hatten Tiere zu Gefährten, lange bevor wir vor ungefähr 10 000 Jahren anfingen, Nutztiere wie Schafe, Ziegen und Kühe zu halten. Pferde wurden vor etwa 6000 Jahren in Eurasien domestiziert. Sie waren zwar keine Haustiere, doch auch Pferde erweckten in ihren Besitzern eine leidenschaftliche Liebe.)

Einer der ersten bekannten Haushunde der Weltgeschichte trug den Namen Abutiu (oder Abuwtiyuw) und gehörte einem ägyptischen Pharao, der im 3. Jahrtausend v. Chr. lebte. Man geht davon aus, dass es sich um einen Windhund handelte, der für die Jagd gedacht war. Er hatte aufgerichtete Ohren und einen gelockten Schwanz. Nach Abutius Tod ehrte sein Besitzer ihn mit einem königlichen Begräbnis. Die Inschrift in seinem luxuriösen Grab lautet: »Seine Majestät tat dies, damit er [der Hund] geehrt sei [vor dem großen Gott Anubis].«

Auch die Ursprünge der selektiven Zuchtwahl liegen wissenschaftlich betrachtet im Dunkeln. Wir wissen nur von bestimmten Hunderassen, wann und wo sie entstanden sind. So untersuchten Forscher der National Institutes of Health verschiedene Hütehundrassen und machten einige erstaunliche Entdeckungen. Als man nämlich deren Genome verglich, stellte man fest, dass die eine Rasse aus Großbritannien kam, eine andere aus Nordeuropa und wieder eine andere aus Südeuropa. Dabei hatten die Wissenschaftler angenommen, diese Rassen wären sich ähnlicher. Ihre 2017 veröffentlichten Forschungsresultate belegten das Gegenteil. Bei weiteren Untersuchungen fand man heraus, dass jede dieser Rassen ihre Aufgabe auf unterschiedliche Weise erledigte. Dies schien auch genetisch verankert, was die Theorie stützt, dass verschiedene Menschengruppen unabhängig voneinander begannen, Hunde für einen bestimmten Zweck zu kreuzen.

Die meisten Hunderassen, die wir heute kennen, wurden in den letzten 150 Jahren entwickelt. Wir nennen dies auch die »viktorianische Explosion«. Während dieser Zeit intensivierte sich die Hundezüchtung in Großbritannien und wurde zu einer Art wissenschaftlichem Hobby. Das Endergebnis sind die mehr als 400 Hunderassen, die wir heute kennen (und die nicht alle aus Großbritannien stammen, denn Hunde zu züchten wurde zu einer Mode, die sich schnell über die ganze Welt verbreitete). Leider hat der Wunsch nach bestimmten ästhetischen Merkmalen beim Hund einen hohen Preis, da er von massiven gesundheitlichen Folgen begleitet ist. Diese Entwicklung begann zur Blütezeit der Rezeption von Darwins bahnbrechenden Büchern. Darwin selbst war ein begeisterter Hundezüchter und freundete sich mit diversen Hundeliebhabern an. Aber wenn Sie sich einmal Hundebilder aus dem 19. Jahrhundert ansehen und sie mit Fotos heutiger Hunderassen vergleichen, werden Sie feststellen, dass es hier einige dramatische Veränderungen gegeben hat. Die unerbittliche Zuchtwahl hin auf bestimmte Merkmale, die im 20. Jahrhundert stattfand, hat uns Dackel mit noch kürzeren Beinen beschert, Schäferhunde mit massigerem Körperbau und durchhängendem Rücken und Bulldoggen mit stark faltigem Vorgesicht und einem runderen Körper. (Nur wenige Hunde wurden künstlich derart verzüchtet wie die Englische Bulldogge.) Diese Veränderungen blieben nicht ohne Nachteile, vor allem in gesundheitlicher Hinsicht ergab sich ein doppelter Negativeffekt: Zum einen ging die genetische Diversität verloren, zum anderen setzte sich eine Reihe unerwünschter Erbkrankheiten durch.

Viele Leute denken, dass Mischlinge gesünder sind als Rassehunde, aber das ist – wie bereits erwähnt – nicht immer der Fall. So sagt die tierärztliche Epidemiologin Dr. Brenda Bonnett, die mittlerweile Generaldirektorin des Netzwerks International Partnership for Dogs ist: »Viele genetische Erkrankungen sind das Resultat historischer Mutationen und betreffen mittlerweile alle Hunde. Andere Erbkrankheiten sind durch Inzucht einfach häufiger geworden, äußern sich jedoch bei den einzelnen Hunderassen als verschiedene Erkrankungen.« Sie bringt dazu ein gutes Beispiel: Wenn bei der Rassenkreuzung ein durch und durch gesunder und genetisch robuster Pudel mit einem ebenso vollkommenen Labrador gekreuzt wird, dann stehen die Chancen gut, dass der Nachwuchs auch gesund ist (obwohl es nicht einmal da eine Garantie gibt). Doch wenn man einfach zwei beliebige Hunde kreuzt, kann man nicht davon ausgehen, dass die Welpen gesund sind. (Das ist das Problem speziell der »Hundefabriken« und Hinterhofzüchter, die Designer-Mischlinge hervorbringen, deren Gesundheit nie untersucht wurde.) Das trifft vor allem zu auf die allgegenwärtigen historischen Mutationen, die für Krankheiten verantwortlich sind. Als wir Dr. Bonnett fragten, ob es etwas bringen würde, wenn man die DNS der Hunde testen ließe, sodass ihre Besitzer wissen, welche Probleme sie und ihren Hund möglicherweise erwarten, war die Antwort klar:

Genetische Tests können sich als sinnvoll erweisen, doch der Großteil der häufigsten Hundekrankheiten lässt sich (noch) **nicht genetisch nachweisen**.

Dabei werden auch bei Hunden immer mehr Gentests durchgeführt. In Nordamerika bieten *Embark* beziehungsweise *Wisdom* solche Tests an, in deutschsprachigen Ländern *Vetevo* und *Hundelabs*. (Achten Sie darauf, dass Vetevo den Rassetest auch getrennt vom Test auf Erbkrankheiten im Programm hat.) Das Gute an diesen Tests ist, dass Sie Ihr Tier auf mehr als 175 Erbkrankheiten untersuchen lassen können, aber auch über Rasse und Vorfahren etwas erfahren. Verantwortungsvolle Züchter sollten diesen Test auf jeden Fall durchführen lassen, um sicherzustellen, dass sie gesunde Welpen bekommen. Mithilfe solcher Tests können Sie Hunde aus Massenproduktion von Hunden solcher Züchter unterscheiden, denen die Gesundheit des Nachwuchses am Herzen liegt. »Rassehund« bedeutet nicht, dass ein Tier auch aus einer guten Zucht stammt. Wenn Sie also bereit sind, eine größere Summe für einen Welpen auszugeben, dann sollten Sie Ihre Hausaufgaben machen und sich nur an Züchter wenden, welche die Gesundheitsspanne ihrer Tiere verlängern und Ihnen das mit DNS-Tests auch beweisen können. Für Reggie und Sam war es dafür damals schon zu spät: Ihre Züchter achteten weder auf die genetische Gesundheit der Welpen noch darauf, ob die Eltern genetisch zueinander passten. Das Endergebnis: zauberhafte Fellbündel, die nicht so lange lebten, wie sie es verdient hätten.

Wenn Sie als Hundepapa oder -mama einen Hund aus dem Tierheim oder einer Tierhandlung haben und ihn testen lassen, sollten Sie eines unbedingt wissen: Auch wenn der Hund die genetischen Marker für eine bestimmte Krankheit aufweist, muss das noch nicht heißen, dass die Gene exprimiert werden und die Krankheit auch ausbricht. Jeder Tierarzt kann Ihnen heute Horrorgeschichten von Hundebesitzern erzählen, die von irgendwo mit einem Fetzen Papier ankommen, wonach ihr Tier »miese Gene« hat, und dann total verrückte Entscheidungen treffen.[4] Daher reagieren Tierärzte nicht besonders erfreut, wenn Hundebesitzer die DNS ihrer Tiere testen lassen. Das Resultat besagt ja nicht, dass der Hund tatsächlich krank wird.

Manche Leute wollen erst gar nichts wissen von einer möglichen Genbelastung. Wenn der Hund hingegen getestet wurde und sich herausstellt, dass er kritische Genmarker besitzt, dann verbringen die Hundebesitzer ihr Leben in Angst, obwohl sie wie gesagt nicht zum Tragen kommen müssen. Haben Sie also einen Gentest machen lassen und das Ergebnis zeigt, dass Ihr Tier Mutationen aufweist oder bestimmte gesundheitliche Risiken hat, dann bitte keine Panik. Besitzt Ihr Hund tatsächlich eine genetische Prädisposition für eine bestimmte Krankheit, dann sollten Sie diese Information dazu benutzen, einem Ausbruch durch therapeutische Ernährung rechtzeitig vorzubeugen. Mithilfe eines Lebensstil-Planes können Sie Ihren Hund epigenetisch positiv beeinflussen.

Unsere DNS bestimmt fast alles an uns. Marker für bestimmte Krankheiten festzustellen ermöglicht uns, ihnen durch Veränderung unserer Lebensweise gegenzusteuern. Aber das ist nur der Anfang des Weges, wie unsere DNS uns zu einer gesunden Lebenserwartung führt. In Wirklichkeit nämlich tragen wir alle gute und weniger gute Gene in uns. An ebendiesem Punkt setzen die Epigenetik (mehr dazu weiter unten) und die Nutrigenomik an. **Wie beim Menschen, so beeinflussen auch beim Hund Ernährung, krebserregende Faktoren und Lebensstil, ob eine Erbkrankheit zum Vorschein kommt oder nicht.** Wir haben dieses Buch geschrieben, um Ihnen zu helfen, solche gesundheitlichen Hindernisse zu erkennen und zu entschärfen, um die Gesundheitsspanne Ihres Hundes deutlich zu verlängern und damit auch seine Lebenserwartung, ganz egal, welches Blatt er oder sie genetisch bekommen hat.

Wir werden nachbohren, warum unsere vierbeinigen Gefährten spontan die gleichen Krankheiten entwickeln, die auch beim Menschen das Leben verkürzen, wie Krebs, Herzkrankheiten und Fettleibigkeit. Dazu müssen wir uns nur mit unserer eigenen Entwicklungsgeschichte befassen. Seit unserer Zeit als Höhlenmenschen haben wir uns das Leben deutlich einfacher gemacht, doch das hatte seinen Preis. Wir werden uns gleich ansehen, worin dieser Preis besteht, aber nur die Ruhe: In Teil II und III erfahren Sie dann, was Sie dagegen unternehmen können.

Massenmigration und Landwirtschaft

Sicher haben Sie schon mal eine Diät ausprobiert – Low Fat, Paläo, Keto, vegan, nur Fleisch, Fisch oder was auch immer –, um abzunehmen oder etwas für Ihre Gesundheit zu tun. Und jeder von uns war irgendwann mal von der Wunderwirkung solcher Kuren überzeugt. Heute setzen wir auf eine weitgehend fleischlose Ernährung, unterbrochen von Intervallfasten-Perioden. **Die Ernährung ist einer der Grundpfeiler, die über Gesundheit und Krankheit entscheiden.** Denn es stimmt, was unsere Vorfahren uns erzählten: »Der Mensch ist, was er isst.« Aber wie ist das bei unseren Hunden? Was ist das Beste für sie? Jeden Tag das gleiche Futter in möglichst gleicher Menge? (Überlegen Sie mal: Wie würden Sie sich fühlen, wenn Sie jedes Mal, sobald der Hunger Sie packt, dasselbe vorgesetzt bekämen? Auch wenn immer wieder behauptet wird, dass Hunden das egal ist und wir sie zu sehr vermenschlichen würden, machen Sie doch mal folgenden Versuch: Bieten Sie Ihrem Hund zu allen drei Mahlzeiten etwas anderes an, und beobachten Sie, wie er sich verhält. Er wird ganz sicher nicht jedes Mal zu derselben Schüssel zurückmarschieren. Selbst der Pawlow'sche Hund brauchte ein wenig Abwechslung …) Genaueres dazu erfahren Sie in Teil II. Im Moment wollen wir uns mit den Grundlagen befassen und nehmen Sie dazu mit auf eine Tour durch unsere Ernährungsgewohnheiten, wie sie uns über die Jahrhunderte geprägt und geformt haben. Wir werden dabei besonders auf die Entwicklung der Landwirtschaft eingehen.

Vor etwa 12 000 Jahren gab es sozusagen einen »Technologiesprung«. Wir fingen an, uns anders zu organisieren. Wir ließen uns in Siedlungen nieder, betrieben Landwirtschaft und kehrten unserem Dasein als Jäger und Sammler den Rücken. Dieser Übergang führte zu einem starken Anwachsen der Erdbevölkerung. Gleichzeitig aber sank die Qualität unserer Ernährung. Wir lernten, wie wir Feldfrüchte anbauen und lagern konnten, vor allem Getreide wie Weizen und Mais. Bald verzehrten wir mehr Kalorien, als wir wirklich brauchten. Gleichzeitig wurde die menschliche Ernährung weniger vielfältig, wir nahmen weniger unterschiedliche Nahrungsmittel zu uns. Forscher, welche die Auswirkungen der Landwirtschaft auf die menschliche Entwicklung untersuchen, entdeckten neben positiven Folgen auch negative Effekte. Diese negativen Effekte wurden verstärkt, je mehr Fortschritte wir beim Ackerbau machten. Sehr viel später verwandelten wir Getreide und Mais in hochverarbeitete Industrielebensmittel – weißes Brot, Hotdog-Brötchen und Fast Food. Die

Chemikalien, die heute in der Landwirtschaft eingesetzt werden, setzen uns Einflüssen aus, die sich teilweise als krebserregend erwiesen haben.

Jared Diamond, einer der weltweit führenden Historiker, Evolutionsbiologen und Geografen, ist Professor an der University of California in Los Angeles. Für sein Buch *Arm und Reich – Die Schicksale menschlicher Gesellschaften* erhielt er den Pulitzer-Preis. Diamond beschäftigt sich intensiv mit den Auswirkungen der Landwirtschaft auf unsere Gesundheit. Dabei schreckt er auch vor kühnen Aussagen nicht zurück, zum Beispiel nennt er die Landwirtschaft »den schlimmsten Fehler in der Geschichte der menschlichen Spezies«. Denn er stellte fest, dass die Jäger-und-Sammler-Gesellschaften sich sehr abwechslungsreich ernährten – im Gegensatz zu den frühen Bauern, deren Speiseplan sich aus wenigen kohlenhydratlastigen Feldfrüchten zusammensetzte. Diamond weist auch darauf hin, dass die Handelsbeziehungen, die sich im Gefolge der Landwirtschaft entwickelten, zur weltweiten Verbreitung von Parasiten und Infektionskrankheiten beitrugen. Er geht sogar so weit zu sagen, dass die Entwicklung der Landwirtschaft »in vielerlei Hinsicht eine Katastrophe war, von der wir uns nie wieder erholten«. Auch der Historiker Yuval Noah Harari schreibt in seinem mehrfach ausgezeichneten Buch *Eine kurze Geschichte der Menschheit*: »Mit der landwirtschaftlichen Revolution nahm zwar die Gesamtmenge der verfügbaren Nahrung zu, doch die größere Menge an Nahrungsmitteln bedeutete keineswegs eine bessere Ernährung oder mehr Freizeit […] Die landwirtschaftliche Revolution war der größte Betrug der Geschichte.«[5] Vielleicht sind Sie diesbezüglich ja anderer Meinung, aber eines ist klar: Die landwirtschaftliche Revolution hatte massive Auswirkungen auf den besten Freund des Menschen.

Mit der Wahl unserer Nahrung entscheiden wir, welche Informationen wir unserem Körper geben. Ja, genau: **Nahrung ist Information für unsere Zellen und Gewebe, und zwar bis hinunter auf die molekulare Ebene.** Und das trifft nicht nur auf uns Menschen zu, sondern auch auf andere Geschöpfe wie Hummeln, Birken oder Beagles. Professor David Sinclair sagte uns, dass einer der Gründe für das Altern »der Verlust von Information im Körper« ist.

Wenn Ihnen diese Sicht auf unsere Ernährung neu ist, bedenken Sie einmal Folgendes: Essen ist weit mehr als nur Energiezufuhr. Die Nährstoffe senden Signale von der Umwelt zum Code unseres Lebens, unserer DNS. Diese Signale vermögen es, *auf das Verhalten unserer Gene einzuwirken.* Sie bestimmen, wie die DNS in Botschaften übersetzt wird, welche die Funktionalität unserer Körper beeinflussen. Was bedeutet, dass Sie Ihre DNS zum Besseren oder Schlechteren beeinflussen können. Solche genetischen Veränderungen durch Einflüsse von außen involvieren wie gesagt einen Studienbereich genannt »Epigenetik«. Glücklicherweise können wir also aktiv beeinflussen, welche genetischen Schalter im Code umgelegt werden und welche nicht.

Nehmen wir nur ein kurzes Beispiel, das auf Hunde und Menschen gleichermaßen zutrifft: Eine entzündungsfördernde Ernährung, die weitgehend aus hochverarbeiteten Kohlenhydraten besteht, setzt die Aktivität eines für die Gehirnaktivität wichtigen Gens herab, das den BDNF codiert, den »vom Gehirn stammenden neurotrophen Faktor« *(brain-derived neurotrophic factor).* Dieser ist zuständig für Wachstum und Ernährung von Gehirnzellen. Man könnte ihn quasi als »Dünger für unsere grauen Zellen« bezeichnen. Der BDNF lässt sich nicht als Pille schlucken, ja noch nicht einmal mit der Nahrung zuführen.

Aber es gibt bestimmte Maßnahmen, die wir ergreifen können, damit auch der Körper des alternden Hundes noch genug davon produziert. Die richtige Ernährung nämlich fördert die Fähigkeit des Organismus, den BDNF herzustellen. Ernähren wir uns von gesunden Fetten und Proteinen – wie es unsere jagenden und sammelnden Vorfahren (und ihre Hunde) taten –, dann wird die Expression dieses speziellen Gens gefördert, sodass der BDNF vermehrt hergestellt werden kann. Auf diese Weise unterstützen Sie die Gesundheit Ihres Gehirns. Sport fördert ebenfalls die BDNF-Produktion, die auch von Stress und Schlaf beeinflusst wird. Schlaflosigkeit geht mit einem reduzierten BDNF-Spiegel einher. Studien zeigen, dass sich hier ein wahrer Teufelskreis etablieren kann: Ein hohes Stressniveau reduziert die BDNF-Produktion, was wiederum einen gesunden Schlaf unmöglich macht. Wissenschaftliche Untersuchungen zeigen, dass Menschen, die kognitiv abbauen oder unter neurodegenerativen Erkrankungen leiden, einen niedrigen BDNF-Spiegel aufweisen. Wer sich hingegen eines hohen BDNF-Faktors erfreut, kann seine Lernfähigkeit und sein Gedächtnis verbessern und ist besser vor kognitivem Abbau geschützt.

Hunde sind großartige Modellorganismen, die zeigen, dass ein bestimmter Lebensstil den BDNF-Spiegel erhöht und damit auch die kognitive Leistungsfähigkeit. Eine 2012 von einer Forschergruppe an der McMaster University in Ontario, Kanada, veröffentlichte Studie belegt, dass alte Hunde die Uhr gleichsam zurückdrehen können, wenn sie in einem »abwechslungsreichen Umfeld« leben und eine Diät mit vielen Antioxidanzien erhalten. Zu einem abwechslungsreichen Umfeld gehören Begegnungen mit anderen Hunden, viel Bewegung und Aufgabenstellungen, bei denen die Tiere ihr Köpfchen anstrengen müssen. Die

Forscher wiesen nach, dass der BDNF messbar zunahm und ein Niveau erreichte, wie es junge Hunde aufweisen. Anders ausgedrückt: Einfache Lebensstiländerungen wie die eben genannten bewirkten ein De-Aging bei den Tieren.

Kohlenhydrate

Kohlenhydrate lassen sich in die folgenden drei Kategorien einteilen:

- **Zucker**: Glukose, Fruktose, Galaktose, Sucrose. (Hunde können Glukose aus Proteinen herstellen, man nennt diesen Prozess »Glukoneogenese«. Es ist also unnötig, Ihrem Hund Zucker zu geben.)
- **Stärke**: Ketten von Glukosemolekülen, die im Körper in Zucker umgewandelt werden.
- **Ballaststoffe**: sogenanntes »Raufutter«, das unsere Hunde sonst nicht bekommen, das aber ihre Darmbakterien brauchen, damit das Mikrobiom gesund bleibt.

Kohlenhydrate kommen von Pflanzen (das heißt Getreide, Früchten, Kräutern und Gemüse). Diese enthalten unterschiedlich hohe Zuckerdosen (auch »glykämischer Index« genannt) und unterschiedliche Ballaststoffe (die für das Darm-Mikrobiom wichtig sind). Außerdem bekommen Hunde auf diese Weise wichtige phytochemische Stoffe ab (gr. *phýton* [Pflanze]), die ihrer Gesundheit förderlich sind. Hunde brauchen Ballaststoffe und ebendiese phytochemischen Stoffe, um gesund ihre maximale Lebenserwartung zu erreichen. Was sie nicht brauchen, sind hohe Dosen Zucker oder Stärke. **Unser Ziel ist also eine niedrigglykämische, ballaststoffreiche Ernährung mit »guten Kohlenhydraten«,**

welche die Darmgesundheit und das Immunsystem Ihres Hundes fördern. Gleichzeitig wollen wir eine hochglykämische Ernährung aus hochverarbeiteten »schlechten Kohlenhydraten« vermeiden, weil sie den Körper mit zu viel Zucker überfluten und daher den Stoffwechsel unter Stress setzen. Wir werden Ihnen in Kapitel 9 erläutern, wie Sie den Anteil an »schlechten Kohlenhydraten« (das heißt Zucker und Stärke) in der Ernährung Ihres Hundes berechnen können. So sind Sie über den langfristigen Stress im Stoffwechsel, dem Ihr Hund ausgesetzt ist, stets im Bild.

Die Vorstellung, dass unsere DNS mit einem frühzeitlichen Ernährungsstil am besten fährt, ist der beherrschende Grundsatz hinter bestimmten Diäten, die den Kohlenhydratanteil (speziell hochverarbeitete Kohlenhydrate) verringern wollen. Und die den Anteil an gesunden Fetten und Proteinen aus ganzheitlichen Quellen erhöhen möchten. Mehr als 99 Prozent der Zeit, die wir Menschen und unsere Hunde hier auf Erden existieren, nahmen wir weniger verarbeitete Kohlenhydrate zu uns als heute, dafür aber mehr gesunde Fette und Ballaststoffe. Außerdem war unsere Ernährung früher deutlich abwechslungsreicher. Auch haben wir damals seltener Nahrung zu uns genommen, als wir das typischerweise jetzt tun. Die meisten Menschen – und mit ihnen ihre Hunde – haben heute ununterbrochen Zugriff auf Nahrungsmittel. Und wir mögen sie, unsere Snacks und Leckereien, unsere Delivery-Apps und unsere Drive-through-Schalter für Burger und Pommes. Ein Fingertipp genügt, und das Essen steht auf dem Tisch. Doch diese moderne westliche Fertignahrung unterminiert die Fähigkeit unserer DNS, unsere Gesundheit und Langlebigkeit sicherzustellen. Und trotz unserer enormen technischen Fortschritte bekommen wir im 21. Jahrhundert die Konsequenzen unseres Verhaltens durchaus zu spüren. Und unsere tierischen Gefährten natürlich auch. Zu Zeiten der landwirtschaftlichen Revolution haben wir unser Getreide mit unseren Hunden geteilt und so Einfluss auf ihr Genom genommen. Wir wissen nämlich, dass die Bauchspeicheldrüse von Hunden mehr Amylase produziert als die von Wölfen. Amylase wird benötigt, um Kohlenhydrate aufzuspalten.

Wenn Sie immer noch der Meinung sind, die Agrarrevolution habe den Lauf der Menschheitsgeschichte zum Positiven verändert, dann überlegen Sie kurz, was die industrialisierte Landwirtschaft mit uns macht. Die riesigen Betriebe mit Massentierhaltung und pflanzlichen Monokulturen, die mit den Bauernhöfen von einst nicht mehr viel zu tun haben, bescheren uns ebendiese quantitative Fülle an hochverarbeiteten Nahrungsmitteln. Eines müssen wir hier klarstellen: »Hochverarbeitet« heißt *nicht* »gentechnisch verändert«. Eine Gruppe von Ernährungswissenschaftlern und Epidemiologen an der Universität von São Paulo in Brasilien definiert den Begriff »hochverarbeitete Lebensmittel« wie folgt: »Rezepturen, die möglichst billige Quellen für Nahrungsenergie verwenden und dabei auf eine stark industrialisierte Verarbeitung setzen. Daher der Begriff ›hochverarbeitet‹. Hierunter fallen ungesunde Fette, stark raffinierte Stärkeprodukte, freie Zucker, Salz und schlechte Quellen von Proteinen, Ballaststoffen und Mikronährstoffen. Hochverarbeitete Nahrungsmittel sollen gut schmecken und gut aussehen. Sie sollen im Regal lange halten und jederzeit und überall konsumiert werden können. Ihre Rezeptur, Präsentation und ihr Marketing führen häufig zu übermäßigem Konsum.« Wie Sie feststellen, ob das Hundefutter, das

Sie kaufen, zu den hochverarbeiteten Lebensmitteln gehören, erfahren Sie in Teil III.

Denn nicht nur wir essen immer mehr hochverarbeitete Produkte, auch unsere Hunde bekommen ihren Teil Industrienahrung ab. Im Laufe des letzten Jahrhunderts haben wir unsere Hunde komplett auf hochverarbeitete Ernährung umgestellt. Nur ganz wenige von ihnen erhalten heute frische, ganzheitliche oder selbst nur gering verarbeitete Nahrung. In der Tiermedizin lernen die Studenten, dass diese Ernährung ideal ist für Haus- und Nutztiere. Schon die Tiere auf dem Bauernhof erhalten Fertignahrung in Krokettenform, die man häufig noch mit Nahrungsergänzungsmitteln aufpeppt. Bei Haustieren ist es das Gleiche. Und daran ändert sich ihr Leben lang nichts. Viele Tiere (und Kinder) bekommen keine Mahlzeiten mehr, denen man ihre Herkunft noch ansieht. Alles ist raffiniert, gemahlen, verrührt und in mundgerechte Stücke zerteilt oder gleich zu Brei vermanscht. Dass darin genug Nährstoffe enthalten sind, um Krankheiten vorzubeugen, bleibt eine bloße Hoffnung.

Hochverarbeitete Nahrungsmittel

Hochverarbeitete Nahrungsmittel werden mit Zucker (Stärke), Fett und Salz angereichert, um sie länger haltbar zu machen. Solche Lebensmittel werden meist in Fabriken hergestellt. Die ursprüngliche Form wird zerstört und mit Verdickungsmitteln, Lebensmittelfarben, Glasuren, (süchtig machenden) Geschmacksverstärkern und anderen Zusatzstoffen aufgepeppt. Nahrungsmittel, die für den menschlichen Verzehr bestimmt sind, werden meist frittiert, bevor man sie in Dosen oder Plastik verpackt. Für Haustiernahrung bedient man sich zu diesem Zweck der Extrusion: Die Grundstoffe werden bei hohen Temperaturen unter Einwirkung von Druck zu Granulat oder Kroketten verarbeitet. Beides kann Proteinisolate oder umgeesterte Öle (Ersatz für die mittlerweile weitgehend verbotenen Transfette) enthalten. Trockenfutter werden häufig mit gebrauchten Restaurantfetten besprüht. Sie wären vermutlich ziemlich erstaunt, wenn Sie wüssten, wie ähnlich Snausages (Hundeleckerlis) und Käsepops (Menschenleckerlis) im Nährwert sind …

Unzählige wissenschaftliche Untersuchungen belegen, dass Junkfood nicht nur schlecht für die Gesundheit ist. Es führt auch dazu, dass Menschen mehr und mehr essen, dabei massiv an Gewicht zulegen, ohne genügend Vitamine oder Mineralstoffe abzubekommen. Man bringt diese Art Nahrungsmittel auch mit Krebserkrankungen und vorzeitigem Tod in Verbindung. Und doch: Viele Menschen wissen das, übertragen ihr Wissen jedoch nicht auf den Hund.

Tierärzte, die diese Art der Fertignahrung empfehlen, begründen das meist damit, dass dieses Futter immerhin alle nötigen Nährstoffe enthält, was für Fast Food ja eindeutig *nicht* zutrifft. Tatsächlich gibt es auch für den Menschen hochverarbeitete Nahrungsmittel, die »vollwertig« sein sollen: So schreiben manche Hersteller von Frühstücksflocken und -getreide auf ihre Packungen, ihr Produkt enthalte 100 Prozent der täglich empfohlenen Menge an Vitaminen und Mineralstoffen. Dasselbe gilt für Soylent-Astronautennahrung und die Produkte der Firma Ensure. Das ist vermutlich der beste Vergleich mit dem, womit wir unsere Tieren füttern sollen: eine auf wissenschaftlicher Grundlage zusammengestellte Rezeptur, die angeblich »alles« enthält, was der

Mensch so braucht. Zugegeben, viele unserer Artgenossen konsumieren diese Art der Nahrung am Beginn und am Ende ihres Lebens und zwischendrin auch bei Krankenhausaufenthalten. Aber kein Ernährungswissenschaftler wird solche »Komplettnahrungsmittel« als einzige Form der Ernährung empfehlen. Selbst die »wissenschaftlich zusammengestellte« Kindernahrung, die Millionen Babys in aller Welt sättigt, wird nach wenigen Monaten durch echte Lebensmittel ersetzt, die weniger stark verarbeitet sind und mehr Abwechslung bieten. Die einzigen Familienmitglieder, die *ihr Leben lang* mit so etwas ernährt werden, sind tatsächlich unsere Haustiere.

Doch viele Menschen betrachten hochverarbeitetes Hundefutter eben nicht als »hochverarbeitet«. Dabei ist **Hundefutter noch deutlich stärker »industrialisiert« als Menschennahrung,** wie Sie in Kapitel 9 noch sehen werden. Wüssten Sie, wie Trockenfutter hergestellt wird, würden Sie den Unterschied schnell erkennen. Dabei kommen Woche für Woche neue Industrie-Nahrungsmittel für uns und unsere Tiere auf den Markt. Diese Fertignahrung hat meist eine lange Liste von Inhaltsstoffen, die ihrerseits schon hochverarbeitet sind. All diese massiv veränderten Zutaten haben keinerlei Ähnlichkeit mehr mit den Lebensmitteln, welche die Landwirtschaft im Verlaufe der Geschichte je produziert hat. In keinem der Lebens- und Futtermittel gibt es noch Zutaten, die auch nur entfernt als »frisch« bezeichnet werden könnten. Die Hauptingredienzen jeder Haustiernahrung sind wie gesagt bereits stark verarbeitet: Statt Fleisch gibt es Fleischmehl, statt Knochen Knochenmehl, dazu kommen Mark, Maiskleber, Reiskleie und dergleichen mehr. All das landet im Trockenfutter unserer Tiere. Außerdem soll dieses ja ein Jahr lang bei Zimmertemperatur haltbar bleiben. (Und es gibt keine Untersuchungen, wie lange dieses Futter tatsächlich haltbar ist, wenn man die Packung mal geöffnet hat.) Hochverarbeitete Industrienahrung enthält absolut nichts Frisches, ob sie nun für Hunde oder Menschen bestimmt ist.

Durch die industrielle Verarbeitung werden zudem die meisten Vitamine beschädigt und gehen im Produktionsprozess verloren. Dazu kommt, dass auch Unkrautvernichtungsmittel wie Glyphosat im Futter für unsere Tiere landen. Glyphosat ist der Hauptbestandteil der Breitbandherbizide der Firma Roundup, die immer noch in der Landwirtschaft und der Erwerbsgärtnerei zugelassen sind.[6] Obwohl man davon ausgeht, dass dieser Stoff krebserregend ist und massiv zum Bienensterben beiträgt, darf er in Europa noch bis Ende 2023 verwendet werden. Da das Mittel so häufig Anwendung findet, gelangt es sehr oft in Futtermittel. In einer alarmierenden Studie aus dem Jahr 2018 haben Forscher der Cornell-Universität Spuren von Glyphosat in allen achtzehn gängigen Futtermitteln für Hunde und Katzen gefunden (auch in einem Produkt, das damit wirbt, »frei von gentechnisch veränderten Organismen« zu sein). Die Schlussfolgerung der Wissenschaftler: »Tiere laufen eher als Menschen Gefahr, Glyphosat mit der Nahrung aufzunehmen.« Auf das Kilogramm umgerechnet, gehen die Forscher davon aus, dass Tiere den krebserregenden Stoff vier- bis zwölfmal häufiger zu sich nehmen als Menschen.

Ein weiterer, in Hundenahrung häufig zu findender Stoff sind Mykotoxine. Dies sind giftige Chemikalien, die von Getreidepilzen produziert werden. Oft sind sie der Grund für spektakuläre Rückrufaktionen. So wurde 2020 in den USA Trockenfutter zurückgerufen, das genug Aflatoxine enthielt, um siebzig Hunde zu töten und mehrere Hundert schwer erkranken zu lassen. Mykotoxine richten im Körper Ihres Hundes schwere Schäden an, vom Organversagen über die Immunsuppression bis hin zu Krebs. Ihre Auswirkungen sind gut dokumentiert. Und doch müssen Tierfutterhersteller ihre Grundzutaten nicht auf Mykotoxine testen lassen. Eine Studie in den USA deckte auf, dass neun von zwölf getesteten Hundefuttermitteln mindestens ein Mykotoxin enthielten. Ähnliche Resultate lieferten Untersuchungen in Österreich, Italien und Brasilien. Wenn Sie Ihrem Hund Trockenfutter geben, dann füttern Sie ihn höchstwahrscheinlich mit Mykotoxinen. Die Frage ist nur, wie viel davon und welchen Schaden sie anrichten. Keine Panik, wir werden Ihnen zeigen, wie Sie dieser Mykotoxine Herr werden.

Leider gibt es keine Langzeitstudien welche die Effekte von Fertignahrung und frischem, weniger verarbeitetem Futter auf Hunde miteinander vergleichen. Aber irgendetwas stimmt wohl nicht ganz an dem Bild, das uns die Tierfutterindustrie so gern vermittelt. **In den USA schätzt man, dass die Menschen sich zu etwa 50 Prozent von hochverarbeiteten Lebensmitteln ernähren. Bei Tieren sind es mindestens 85 Prozent, wenn nicht noch mehr**.

Man kann es nicht oft genug betonen: Unsere Tiere haben keine Wahl, was ihre Nahrung angeht. Wie kleine Kinder essen sie das, was wir ihnen vorsetzen. Wir aber geben ihnen von der Futtermenge her meist zu viel, aber zu wenig an Nährstoffen. Und dies führt zu einer ganzen Reihe von Gesundheits- und auch Verhaltensproblemen. Ernährungswissenschaftler empfehlen uns Menschen, weniger hochverarbeitete Industrielebensmittel zu verzehren. Tierärzte aber empfehlen immer noch *ausschließlich* Fertignahrung. Wie passt das zusammen?

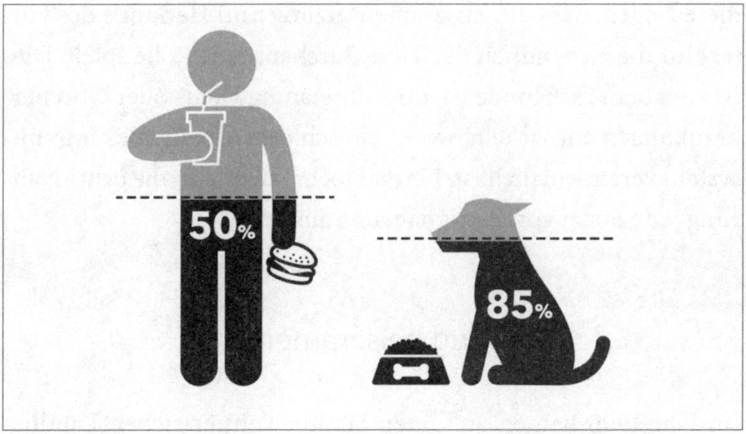

Um den Unterschied zwischen Fertignahrung und frischen oder nur wenig verarbeiteten Lebensmitteln zu verdeutlichen, möchten wir hier eine Studie zitieren: Eine Gruppe von Forschern aus der Schweiz und Singapur verglich im Jahr 2019 zwei Formen der Ernährung und ihre Auswirkungen auf gesunde Beagles. Zunächst einmal stellte man annähernd gleiche Ausgangsbedingungen her, indem man alle sechzehn Hunde drei Monate lang nur mit handelsüblichem Trockenfutter ernährte und dann die Blutfettwerte untersuchte. Anschließend wurden die Hunde nach dem Zufallsprinzip in zwei Gruppen aufgeteilt. Die eine Gruppe erhielt drei Monate lang das gleiche Futter wie in den vorangegangenen drei Monaten, die andere hausgemachte, vollwertige Nahrung mit Zusätzen von Leinsamen- und Lachsöl. Welche Gruppe hatte nach dem Experiment wohl die besseren Blutfettwerte? Die Beagles, die Omega-3-Fettsäuren aus gesunden Ölen erhalten hatten, konnten die guten Fette besser verarbeiten.

Ihr Blut wies deutlich mehr Omega-3-Fettsäuren auf und weniger ungesättigte oder einfach ungesättigte Fette. Studien wie diese zeigen, dass die Zusammensetzung und Herkunft des Futters für die Gesundheit der Tiere durchaus eine Rolle spielt. Dies ist vor allem für Hunde wichtig, die ständig Haut- oder Ohrenerkrankungen entwickeln, wofür ein schlecht arbeitendes Immunsystem verantwortlich ist. Einmal mehr sticht also die echte Nahrung jede Form von Fertignahrung aus.

Eng beisammen

Im Jahr 1900 kamen auf einen Stadtbewohner sieben Landbewohner. Heute lebt gut die Hälfte der Menschheit in Städten, und man geht davon aus, dass es bis 2050 fast 70 Prozent sein werden. Darüber hinaus verbringen wir etwa 90 Prozent unserer Zeit in Innenräumen. Es fehlt uns an Bewegung, weil wir unsere Nahrung nicht mehr durch körperliche Arbeit gewinnen. Fast alles, was wir brauchen, erfordert heutzutage nur noch einen Mausklick oder Swipe. Nahezu die gesamte Interaktion mit der modernen Welt findet hinter Mauern statt, unter künstlichem Licht und in einer Umgebung, die von uns kontrolliert wird, das heißt, die unseren Tag-Nacht-Rhythmus stört. Das hält uns davon ab, Dinge zu tun, die unser Körper – und mit ihm unsere DNS – von uns verlangt. Unser Kontakt mit der Außenwelt findet häufig durchs Fenster statt oder gleich nur über den Computerbildschirm. Wenn wir Glück haben, kommt hin und wieder ein Spaziergang dazu. Das bedeutet, dass auch unsere Hunde immer mehr aufs Haus beschränkt sind und kaum noch Zugang zur freien Natur haben (vom ersehnten Gassigehen mal abgesehen). Wenn sie gar zu Hause bleiben müssen, vielleicht noch hinter zugezogenen Vorhängen, bekommen sie kein Sonnenlicht mehr ab.

Wir kennen unzählige, vor allem kleine Hunde, deren Besitzer uns erzählen, dass ihr Tier noch nie in Kontakt mit der Erde war. Sie durften nie im grünen Gras spielen, die Nase in den Wind halten, sich im Freien entleeren und am Herbstlaub schnüffeln. Das hört sich verrückt an, aber kann durchaus die Realität sein, wenn Sie in einem Hochhaus ohne Hinterhof leben und ständig von Beton umgeben sind.

Wir wissen auch, was die Wissenschaft dazu meint: Im Vergleich zu Hunden auf dem Land sind Stadthunde, die einen Großteil ihres Lebens hinter Mauern verbringen, ängstlicher. Auch ihre Blutwerte zeigen höhere Stressmarker (Entzündungsmarker, die für oxidativen Stress stehen). Sie bekommen nie genug Bewegung und zeigen oft Verhaltensauffälligkeiten (da sie nie mit Hundekumpels oder Menschen spielen durften). Hunde sind immer stärker isoliert – in ihrem Heim eingesperrt, in einem kleinen Raum oder einem Zwinger. Einige von ihnen werden wie Katzen auf eigens bereitgestellte Toiletten trainiert. Und wenn sie draußen sind, müssen sie an der Leine gehen. Statt durch weite Wiesen streifen zu können oder den Hinterhof auf fremde Gerüche abzuschnuppern, sitzen sie fest in kleinen Räumen ohne auch nur einen Hauch Natur. Dabei sind sie Gefahren ausgesetzt, die wir möglicherweise noch gar nicht kennen. So reagieren Hunde beispielsweise sehr sensibel auf elektromagnetische Felder (EMF). Und das verspricht Unheil in unserer vernetzten Welt, wo das WiFi immer stärker wird. Wir gehören nicht zu den Verschwörungstheoretikern, die mit Aluhüten rumlaufen, aber wir wissen, dass Hunde, auch unsere eigenen, sich nicht gern in der Nähe von 5G-Routern aufhalten. Und das zeigt uns, dass wir auf ihre Vorlieben und ihre außergewöhnlich scharfen Sinne achten sollten.

Neben der Sensibilität für Magnetfelder – die es ihnen ermöglicht, mithilfe des Erdmagnetfelds wieder nach Hause zu finden – besitzen unsere Hunde Sinne, die so scharf sind, dass sie die unseren um ein Vielfaches übertreffen. Mein Kindheitshund Sooty Becker lief während eines Umzugs mal durch eine versehentlich offen stehende Garagentür davon. Am nächsten Morgen entdeckten wir ihn vor der Vordertür des Hauses, in dem er aufgewachsen war, mehr als zehn Meilen entfernt. Und zehn Meilen sind gar nichts für einen Hund.

Vielleicht haben Sie ja von Bucky gehört, dem schwarzen Labrador, der über 800 Kilometer marschierte, nachdem sein Herrchen von Virginia nach South Carolina umgezogen war? Offensichtlich zog er sein altes Revier vor. Hunde haben einen »sechsten Sinn«. Dies mag mit magnetotaktischen Bakterien in ihrem Darm zusammenhängen – Mikroorganismen, die sich an den Feldlinien des Erdmagnetfelds ausrichten. Da fragt man sich natürlich schon, was diese armen Tiere anfangen, die Darmprobleme haben, unter Dysbiose leiden oder unbeabsichtigt chemische Stoffe einatmen oder fressen. Dysbiose (wörtlich: »schlechte Lebensweise«) ist ein Zustand, in dem es zu einem Ungleichgewicht zwischen den verschiedenen Bakterienstämmen im Körpermikrobiom kommt, vor allem im Darm. Angesichts ihres unglaublich guten Geruchssinnes (und der bemerkenswerten Fähigkeit, mit der Nase Wärme auf einige Distanz zu spüren) und ihres radargleichen Gehörs stellt sich die Frage: Welche schädlichen Umweltfaktoren wirken negativ auf unsere Tiere ein? Da viele von uns diese Lebenswelt teilen, lautet die Frage, wie wir solche sprichwörtlichen Stolperfallen im Interesse unserer Tiere umgehen können?

Denn wir fangen gerade erst an zu begreifen, was das Leben in einer »bebauten Umwelt« für uns bedeutet – und für unsere pelzigen Freunde. (Der Begriff »bebaute Umwelt« bezieht sich auf vom Menschen gemachte, künstliche Räume, in denen wir leben, arbeiten und spielen. Dazu gehört alles vom Hochhaus über das Einfamilienhaus bis hin zu Straßen und Parks.) 2014 initiierte die Mayo-Klinik in Zusammenarbeit mit dem Wellness-Unternehmen Delos ein Projekt mit dem Namen »Well Living Lab«. Dort werden Fakten gesammelt, wie Gebäude (und das, was darin ist) unsere Gesundheit und unser Wohlbefinden beeinflussen. Die Wissenschaft hat hier bereits Verblüffendes entdeckt. So sind beispielsweise Kinder, die in diese vergleichsweise sterile moderne Welt hineingeboren werden, einem höheren Risiko ausgesetzt, Krankheiten wie Asthma, Autoimmunerkrankungen und Nahrungsmittelallergien zu entwickeln, als dies bei Kindern früherer Jahrhunderte der Fall war. Die »Mikrobiom-Hypothese« besagt, dieser Anstieg in den westlichen Ländern sei darauf zurückzuführen, dass die Kinder dort kaum noch Kontakt zur Natur und ihren Mikroorganismen haben. Das erklärt auch, weshalb wissenschaftliche Untersuchungen über Allergien bei Hunden (vor allem die atopische Dermatitis) einen Zusammenhang zwischen dem Allergierisiko und einer sehr sauberen Lebenswelt aufzeigen.

Die Environmental Working Group (EWG) gehörte zu den ersten Organisationen, die ihre Aufmerksamkeit darauf richteten, welchen Schadstoffen unsere Tiere in unserem Heim und in der freien Natur ausgesetzt sind. Die Resultate waren erstaunlich: Amerikanische Haustiere weisen sogar noch höhere Belastungen mit den gleichen synthetischen und industriellen Schadstoffen auf, die auch Menschen und sogar schon Neugeborene belasten. Dies zeigt, dass Amerikas Haustiere unfreiwillige Indikatoren für die verbreitete chemische Durchseuchung sind, auf welche die Wissenschaft eine wachsende Zahl gesundheitlicher Probleme zurückführt – bei Menschen, Haus-, Nutz- und Wildtieren gleichermaßen.

In der bahnbrechenden EWG-Studie von 2008 untersuchte man Blut- und Urinproben von 20 Hunden und 37 Katzen, die man in einer Klinik in Virginia entnommen hatte, auf Mikroplastik, Verpackungschemie, Schwermetalle, Flammschutzmittel und Fleckschutzchemikalien. Die EWG fand heraus, dass Hunde und Katzen mit insgesamt 48 von 70 Industriechemikalien belastet waren. Bei 43 dieser Chemikalien stellte man höhere Werte fest als beim Menschen. Die durchschnittliche Menge vieler Chemikalien im Blut lag über den beim Menschen gefundenen Werten. Wasser- und fettabweisende Mittel (Perfluorchemikalien) waren bei Hunden um das 2,4-Fache erhöht, Flammschutzmittel (PBDE) bei Katzen um das 23-Fache. Dazu kam noch eine um das 5-Fache höhere Belastung mit Quecksilber – verglichen mit den Werten, die von den Centers for Disease Control and Prevention (Gesundheitsbehörde) und der EWG beim Menschen festgestellt wurden. Perfluorchemikalien (PFC) sind weiter verbreitet, als die meisten Menschen glauben. Sie werden als Oberflächenschutz bei Papier und Pappe benutzt – und sind folglich in unzähligen Verpackungen enthalten, aber auch in Lederprodukten, Teppichen und Textilien, die wasser-, fett- und schmutzresistent sein sollen. PFC findet sich auch in Schäumen zur Brandbekämpfung.

Kein Wunder, dass unsere Hunde PFC und andere Chemikalien aus den Gütern aufnehmen, die wir erwerben. Die EWG-Studie fand in Blut und Urin auch krebserregende Stoffe, Nervengifte und Chemikalien, welche die Fortpflanzung beeinträchtigen. Besonders schlimm wirken sich die krebserregenden Stoffe aus, denn Hunde erkranken an bestimmten Krebsarten ohnehin öfter als der Mensch. Sie bekommen 35-mal häufiger Hautkrebs, viermal häufiger Brustkrebs, achtmal häufiger Knochenkrebs und zweimal häufiger Leukämie. Weiter unten werden wir uns außerdem damit beschäftigen, welche Auswirkungen Phthalate (Bestandteile von Plastik) und Unkrautvernichter auf unsere Haustiere haben. Diese Chemikalien sind überall in unserem Umfeld zu finden, und sie belasten unsere Gesundheit, ob uns das nun bewusst ist oder nicht.

Menschen und ihre Tiere haben in den Industrieländern mittlerweile Hunderte synthetische Chemikalien im Körper, die sie aus der Nahrung, dem Wasser, der Luft und – nicht zu vergessen – dem verunreinigten Staub beziehungsweise dem vergifteten Rasen aufnehmen. Der Großteil dieser Chemikalien wurde nie auf seine gesundheitlichen Auswirkungen hin untersucht. Viele Menschen wissen auch gar nicht, dass in Alltagsgegenständen wie Nahrungsmittelverpackungen, Möbeln, Hundebetten, Haushaltsgegenständen, Kleidung, Kosmetik und Körperpflegeprodukten schädliche Substanzen enthalten sein können. Da sind zum einen die üblichen Verdächtigen wie Pestizide, Herbizide und Flammschutzmittel, aber auch Phthalate, die Weichmacher für Plastik, und Parabene, die als Konservierungsmittel dienen. Auch polychlorierte Biphenyle (PCB) sind immer noch in der Umwelt nachweisbar, weil sie in zahlreichen elektrischen Geräten enthalten sind, aber auch in Kühlmitteln. Dazu kommen noch die Bisphenole, die sich häufig in Plastik finden und damit in den Fress- und Wassernäpfen unserer Haustiere sowie in Plastikspielzeug. Diese chemischen Stoffe wirken im Körper wie Hormone. Das belastet die Fortpflanzungsorgane – aus diesem Grund nennt man diese Stoffe »endokrine Disruptoren« oder »hormonaktive Substanzen« –, weil sie die Tätigkeit der Hormondrüsen blockieren.

Kommen wir früh im Leben in Kontakt mit Bisphenol A (BPA) – einem Stoff, der in allen möglichen Gegenständen zu finden ist, von der Trinkflasche über Spielzeug bis hin zur Innenbeschichtung von Nahrungsmitteldosen –, dann kann das zu Asthma führen wie auch zu neurologischen Problemen wie Hyperaktivität, Angstzuständen, Depressionen und übermäßiger Aggression. Bei Erwachsenen bringt man BPA mit Fettleibigkeit, Typ-2-Diabetes, Herzerkrankungen, abnehmender Fruchtbarkeit und Prostatakrebs in Verbindung. BPA wird immer öfter durch Bisphenol S (BPS) und Bisphenol F (BPF) ersetzt, doch ob das besser ist, wurde noch nicht untersucht. Beide Stoffe könnten die gleichen hormonhemmenden Eigenschaften aufweisen. Kommt der Fötus oder das Kind mit Phthalaten in Kontakt, dann kann auch dies zu Asthma, Allergien und kognitiven beziehungsweise Verhaltensproblemen führen. Beim männlichen Menschen beziehungsweise Hund können diese Stoffe die Entwicklung der Geschlechtsorgane beeinträchtigen. Bei Mensch und Hund bringt man sie mit verringerter Fruchtbarkeit in Verbindung. Tatsächlich haben Forscher PCB und andere Umweltchemikalien in den Keimdrüsen kastrierter Hunde gefunden. Natürlich können diese Hunde die Giftwirkung nicht an eventuelle Nachkommen weitergeben, aber die Tatsache, dass solche Umweltgifte in den Organen unserer Haustiere gefunden werden, sollte uns allen zu denken geben.

Viele der Richtlinien zur Wahrung der menschlichen Gesundheit stammen ironischerweise aus der Beobachtung von Haustieren. Tatsächlich sind sie eine Art Frühwarnsystem, was Umweltgifte in unseren vier Wänden angeht. So hat Professor Ake Bergman von der Universität Stockholm ein neues Verfahren angewandt, um zu prüfen, welche Chemikalien kleine Kinder im Blut haben. Er bat die Eltern nicht etwa, ihren Kindern Blut abnehmen zu dürfen, sondern nahm Proben von den Hauskatzen, die ja einen Großteil ihrer Zeit auf dem Boden verbringen, also mit den Kindern ein ähnliches Umfeld teilen. Die Kinder krabbeln und spielen auf dem Boden, die Haustiere rollen sich auf dem gleichen Boden und atmen die gleiche Luft. Bergman und sein Team fanden heraus, dass die stabilen organischen Schadstoffe, die im Hausstaub gemessen wurden, auch bei den Katzen feststellbar waren.

Ein Team von Wissenschaftlern der North Carolina State University und der Duke University veröffentlichte 2020 einen Aufsatz mit dem Titel »Haushunde sind Frühwarnsysteme für die menschliche Gesundheit«. Auch sie setzten auf eine neue Vorgehensweise, um die gemeinsame Belastung mit Umweltgiften zu eruieren. Sie benutzten Hightech-Arm- beziehungsweise Halsbänder aus Silikon, welche die chemische Belastung von Mensch und Hund messen. Die Wissenschaftler stießen auf bemerkenswerte Ähnlichkeiten zwischen beiden Arten. So war ein bestimmtes PCB in 87 Prozent der Menschenarmbänder vorhanden und in 97 Prozent der Hundehalsbänder. Das ist schon deshalb erstaunlich, weil die US-Regierung PCB bereits 1979 verboten hatte. Offensichtlich bleibt der Stoff lange in der Umwelt und hat weitreichende, nicht immer offen zutage tretende Folgen. Diese Resultate finden sich auch bei anderen Tieren wie Pferden und Katzen. Die Umwelttoxikologin Kim Anderson von der Oregon State University, die bei der Entwicklung der Halsbandmethode mitwirkte, stellte einen Zusammenhang her zwischen

Flammschutzmitteln und der felinen Schilddrüsenüberfunktion (nlat. *felidae* [Katzen]), einer Drüsenerkrankung, deren Häufigkeit in den letzten vierzig Jahren buchstäblich durch die Decke ging. Das mag daran liegen, dass Katzen sich so gern – mit uns – auf Polstermöbeln ausruhen, die meist mit Flammschutzmitteln behandelt worden sind. Die EWG hat Dutzende von Umweltgiften im Blut von Tieren in höherer Konzentration gefunden als in dem von Menschen. Wir hoffen, dass es bald eine ähnliche Studie über die Chemikalien geben wird, mit denen wir die Liegeflächen für unsere Hunde einsprühen sollen.

Doch gegen diesen Mix aus Umweltgiften etwas zu unternehmen ist leichter, als Sie jetzt vielleicht befürchten. Sie müssen nicht losrennen und lauter neue Biomöbel und -sofas kaufen. Arbeiten Sie einfach mit dem, was Sie zur Hand haben. Werfen Sie ein altes Leintuch oder eine Decke aus Naturleinen übers Hundebett, und achten Sie darauf, dass Ihr Tier aus chemiefreien Schüsseln frisst und trinkt.

Obwohl sich das Well Living Lab nicht speziell mit Hunden befasst, gehen wir davon aus, dass sich dessen Erkenntnisse auch auf unsere Hunde anwenden lassen, die mit uns ja eine Lebenswelt teilen. Sie sind der gleichen Verschmutzung ausgesetzt, für die nicht allein nur Industriechemikalien verantwortlich sind. Verschmutzung kann auch Lärm sein oder Licht, das unsere Bildschirme nachts auf unser Haustier werfen. Beides ist eine Belastung für einen gesunden Organismus, zu dem auch die Zusammensetzung und Biologie der Mikrobiome zählt. Bei uns Menschen wirkt sich das auf buchstäblich jedes System aus – auf Stoffwechselprozesse sowie das Immunsystem und damit auf Gesundheit und Glück. Aber dasselbe gilt natürlich auch für unsere Hunde. Jeder von uns hat seine ganz speziellen Mikrobiome, aber natürlich gleichen sich die Mikrobiome von Lebewesen (das heißt Mensch und Hund) an, wenn diese zusammenleben. Tatsächlich teilen wir unter Umständen sogar bestimmte Mikrobiom-Eigenschaften mit unserem Hund und umgekehrt. Das hört sich vielleicht jetzt nicht mega-appetitlich an, aber so liegen die Dinge nun mal. Und diese Tatsache kann dazu beitragen, die Gesundheit von Mensch und Hund zu verbessern.

Denn diese Wechselwirkungen sind für viele Aspekte der Mensch-Hund-Gemeinschaft charakteristisch. Auch wenn wir altern, gehen Hund und Mensch in dieselbe Richtung. Doch dazu mehr im nächsten Kapitel.

Was für den Forever Dog wichtig ist

- Hunde und Menschen leben schon seit Jahrtausenden zusammen. Wie genau dieses Zusammenleben zustande kam, darüber wird in der Wissenschaft immer noch debattiert. Sicher ist: Alle Hunde haben gemeinsame Vorfahren mit dem Wolf und knüpften ein besonderes Band zum Menschen. Wir verlassen uns aufeinander, und uns ist, gerade in gesundheitlicher Hinsicht, vieles gemeinsam.
- Wir haben im Laufe des letzten Jahrhunderts unsere Hunde aggressiv im Hinblick auf bestimmte körperliche Merkmale gezüchtet. Dies brachte zahlreiche Hunderassen mit Genschäden hervor. Doch die Genetik allein bestimmt nicht über die Gesundheit Ihres Tieres. Wie beim Menschen wirken sich auch Ernährung, Bewegung und der Kontakt mit Umweltgiften auf die Genexpression aus.
- Obwohl die Zutatenliste auf den Tierfutterpackungen anderes suggeriert, brauchen Hunde weder Zucker noch Stärkemehle.

Und es gibt einen Riesenunterschied zwischen hochverarbeiteten Kohlenhydraten und den niedrigglykämischen, ballaststoffreichen Kohlenhydraten, die dem Darm-Mikrobiom guttun – den Mikroorganismen im Darm, die unseren Stoffwechsel ebenso beeinflussen wie unsere Stimmung und unser Immunsystem.

- Hunde leben immer stärker isoliert und aufs Haus fixiert, auf ein möglicherweise mit Giftstoffen belastetes Umfeld. Sie haben keinen Zugang zu frischer Luft oder zum mikrobenreichen Erdreich in der freien Natur, das ihrer Gesundheit guttäte, auch weil es ihnen Bewegung ermöglicht.

3

Die Wissenschaft vom Altern

Erstaunliche Erkenntnisse über Hunde und ihre Krankheitsrisiken

Dem Hund einen Knochen hinzuwerfen ist keine Mildtätigkeit. Mildtätig sind Sie, wenn Sie den Knochen mit dem Hund teilen, obwohl Sie genauso hungrig sind wie er.

Jack London

»Wie alt ist mein Hund eigentlich?« – Diese Frage bekommen wir ziemlich oft zu hören. Und uns ist klar, was die Leute wissen wollen: »Angesichts der genetischen Vorbelastung meines Hundes und seines aktuellen Gesundheitszustandes, wie lange wird er da wohl noch leben? Geht es ihm schlechter, als sein biologisches Alter dies vermuten lässt?« Das ist wie bei uns Menschen: Wir alle kennen Leute, die viel jünger oder älter aussehen (und wirken), als sie eigentlich sind. Manche Menschen scheinen ihrem Alter zum Trotz recht fit zu sein, während andere schon früh – innere und äußere – Anzeichen von Verschleiß erkennen lassen.

Die Abbildung zeigt Augie, die mit satten sechzehn Jahren in den Pool springt, wie sie das täglich machte. Ihr Herrchen Steve sagte, sie hätte oft noch den Ball aus dem Pool holen wollen, nachdem viele jüngere Hunde schon ermüdet waren. Zahlreiche Golden Retriever sterben mit zehn Jahren, und die körperlichen Verschleißerscheinungen mit Muskelschwund und Sarkopenie (Verlust der körperlichen Funktionalität) setzen schon weit vorher ein. Augie hingegen schien das Schicksal der Golden Retriever erspart zu bleiben. Sie lebte zwanzig Jahre und elf Monate, bis sie im Frühjahr 2021 starb. Damit gilt sie zurzeit als der neunzehntälteste Hund aller Zeiten und weltweit ältester bekannter Golden Retriever.

Das Altern ist ein außergewöhnlicher Prozess und als solcher seit Jahrhunderten Gegenstand wissenschaftlicher und philosophischer Debatten. Das Alter ist einfach nur eine Zahl, aber auch ein Geschehen, ein Geisteszustand, ein biologisches Faktum, eine Frage der Kondition, eine Realität. Es ist unvermeidlich und zugleich Bürde und Privileg. Es ist so vieles und doch nichts, worauf man klar den Finger legen könnte. Es gibt viele Theorien über das Altern – was es bedeutet, wie es vor sich geht, wann es beginnt, was es mit sich bringt … und wie es schließlich endet. Wo der eine über die Stärke und Länge von Chromosomen spricht (vor allem der Telomere, die wie Käppchen auf den Chromosomen sitzen und das Leben zusammenhalten) oder von den Erneuerungsvorgängen der Zelle, richtet der andere sein Augenmerk auf die Stabilität der DNS und ihre Reparaturmechanismen, die Mutationen beseitigen, um zum Beispiel den Krebs fernzuhalten. Andere Altersforscher kümmern sich um die Stabilität der Proteine – dieser komplexen Moleküle, die nahezu alles im Körper kontrollieren, entweder durch ihre Struktur oder ihre Funktion als Hormon oder Signalmolekül. Wenn die Proteostase verloren geht (also die Qualitätskontrolle der vom Körper hergestellten Proteine und ihrer zellulären Pfade), dann droht Unheil. Im Begriff »Proteostase« ist das Wort »Protein« für ein Molekül enthalten, das die Zelle als Maschine oder als Baustein benutzt (gr. *prõtos* [erster]). Und »-stase« bedeutet so viel wie »Etwas bleibt gleich« (gr. *stásis* [das Stehen, der Stillstand]).

Der Körper, ob nun der eines Hundes oder eines Menschen, bevorzugt die Stase – Gleichgewicht, Stabilität, Gleichheit Tag für Tag –, um die Kontrolle zu behalten. Professor David Sinclair von der Harvard Medical School studiert eine bestimmte Proteinfamilie, die Sirtuine. Sirtuine tragen dazu bei, die Gesundheit einer Zelle zu kontrollieren. Sie sind die großen Stars, wenn es darum geht, die Zelle im Gleichgewicht oder in der Homöostase zu halten und Stress zu bewältigen. Mit ihnen bringt man die positiven Auswirkungen von maßvoller Ernährung und Bewegung auf den Körper in Verbindung. Insofern können sie bestimmte Aspekte des Alterns hinausschieben. Ob sie aktiv werden können, hängt allerdings davon ab, ob andere wichtige Biomoleküle wie Nicotinamid-Adenin-Dinukleotid (NAD), eine Form von Vitamin B, ausreichend vorhanden sind. Daher ist es so wichtig, im Körper die Voraussetzungen für die Nutzung der Sirtuine zu schaffen, sonst setzt bereits an diesem Punkt der Zusammenbruch ein, weil dann plötzlich ein Glied in der Langlebigkeitsgleichung fehlt.

Ein weiterer wichtiger Faktor sind Entzündungen. (Man spricht auch vom »Inflamm-Aging«, vom Altern durch entzündliche Prozesse.) Dazu kommen noch dysfunktionale Mitochondrien und Immunsysteme, fehlende Stammzellen, freie Radikale und die dadurch verursachte Oxidation (eine Art biologisches »Rosten«). Oder eine gestörte Kommunikation zwischen den Zellen beziehungsweise der funktionale Abbau im zentralen Nervensystem – die Liste geht immer weiter. Die Mitochondrien zum Beispiel sind wichtige kleine Strukturen innerhalb der Zelle, die Energie produzieren. Stammzellen sind wie Babyzellen, aus denen buchstäblich *alle* Zellarten entstehen können. Daher sind sie wichtig für die Erneuerung von Zellen und Gewebe. Freie Radikale (auch »hochreaktive Sauerstoffmoleküle«) sind Moleküle, die ein Elektron verloren haben. Sie kennen ja sicher die Werbung der Gesundheits- und Wellnessindustrie, die uns Gegengifte für ebendiese freien Radikale verspricht. Denn freie Radikale richten im Körper tatsächlich einigen Schaden an. Normalerweise treten Elektronen immer paarweise auf, aber Stress, Umweltverschmutzung, Chemikalien, schädliche Stoffe in der Ernährung, UV-Strahlung und manchmal ganz normale körperliche Aktivitäten können ein Elektron von einem Molekül abspalten. Dieses eine Elektron randaliert dann, indem es seinerseits Elektronen von einem anderen Molekül abspaltet. Das Chaos ist der Oxidationsprozess, eine Kette von Ereignissen, die immer mehr freie Radikale freisetzt und zu Entzündungen führt. Da oxidierte Zellen und Gewebe nicht normal reagieren, macht dieser Prozess uns anfällig für eine Reihe gesundheitlicher Störungen. Das ist der eigentliche Grund, weshalb Menschen mit einem hohen Grad an Oxidation (oxidativem Stress) an Entzündungen leiden und gesundheitliche Schäden hinnehmen müssen.

Aber Sie brauchen diese abstrakten Regeln gar nicht alle zu kennen. Wir wollen Ihnen hier nur ein ungefähres Bild vermitteln, warum und wie wir altern, damit Sie im Alltag gute Entscheidungen treffen können und Gesundheit und Vitalität steigern. Und wie wir Menschen altern, so altern auch unsere Hunde.

Das Leben ist ein andauernder Zyklus von Zerstörung und Aufbau, ganz egal, zu welcher Spezies man gehört. Angefangen bei den einfachsten chemischen Reaktionen, bei denen Moleküle auseinandergerissen und wieder zusammengesetzt werden, um neue Strukturen zu formen, drehen sich diese Lebensprozesse um die Bildung, das Wachstum, die Instandhaltung und Replikation der Zelle. Das gilt für Einzeller ebenso wie für Organismen mit Abertausenden von Zellen, von der Hefe über den Hund bis hin zum Menschen. Wenn auch nur ein Teil dieser Prozesse (egal, ob Aufbau- oder Abbauprozesse) gestört wird, so laufen die Lebensfunktionen nicht mehr ordnungsgemäß ab, und falls diese Störung irreparabel ist, geht das Leben zu Ende.

Wie Sie sich vorstellen können, gilt das Alter als der höchste Risikofaktor für Krankheiten (und gleichzeitig der stärkste Prädiktor für die Gesundheitserwartung). Je älter wir sind, desto größer ist die Gefahr, Krankheiten und Abnutzungserscheinungen zu entwickeln. Und das gilt auch für unsere Hunde, die sechs- bis siebenmal schneller altern als wir. (Daher heißt es wie schon angedeutet ja, ein Menschenjahr entspreche sieben Hundejahren. Dass diese Rechnung nicht ganz stimmt, werden wir später noch sehen.) Da Hunde schneller leben und sterben als wir, übersieht man leicht, wann der Alterungsprozess einsetzt.

Obwohl die Lebenserwartung eines Hundes nur ein Sechstel bis zu einem Zwölftel der des Menschen beträgt, lässt sich deren Verlauf, ähnlich wie beim Menschen, massiv durch den Lebensstil beeinflussen. **Hunde durchlaufen nämlich eine ähnliche Entwicklung wie Menschen:** das Welpenalter (von der Geburt bis zum sechsten beziehungsweise achtzehnten Monat), die Jugend (zwischen sechs und achtzehn Monaten), das Erwachsenendasein (fängt im Alter von ein bis drei Jahren an), die Seniorenjahre (zwischen sechs und zehn Jahren) und die geriatrische Phase (sieben bis elf Jahre). Auch die Ernährungsanforderungen von Hunden ändern sich mit dem Alter. Sie hängen außerdem mit ihrem Maß an körperlicher Bewegung zusammen, ebenfalls wie bei uns Menschen. Es kann also kaum überraschen, dass das Übergewicht bei Hunden (seit 2007 um 20 Prozent gestiegen) den Anstieg der Fettleibigkeit beim Menschen widerspiegelt. Ein Hund mit kognitiven Einschränkungen ist nur schwer vorstellbar, aber das kommt doch häufiger vor, als man annehmen möchte. Fast ein Drittel der elf- bis zwölfjährigen Hunde und 70 Prozent der fünfzehn- bis sechzehnjährigen Hunde zeigen solche Beeinträchtigungen mit einer ähnlichen Symptomatik wie bei uns: räumliche Desorientierung, Störungen im Sozialverhalten (das heißt Probleme, Familienmitglieder zu erkennen), stereotypes Verhalten, Apathie, zunehmende Reizbarkeit, Schlafstörungen, Inkontinenz und die nachlassende Fähigkeit, bestimmte Aufgaben auszuführen. Zusammengenommen ergibt das einen typischen altersbedingten Abbau erkenntnismäßiger Fähigkeiten. Man nennt dies auch »kognitive Dysfunktion beim Hund« oder »Hunde-Demenz«.

Hunde haben mehr Gene mit uns gemeinsam als Nagetiere. Das hat natürlich auch eine Schattenseite. Die Ursachen für einen vorzeitigen Tod sind beim Hund häufig die gleichen wie beim Menschen: das Zusammentreffen von genetischen und Umweltbelastungen. Das ist einer der Gründe, warum viele Wissenschaftler **den Hund als Modellorganismus für das menschliche Altern** nehmen. Sie sind sozusagen unser Frühwarnsystem und tragen zur Gesundheit des Menschen bei. Wir untersuchen nachfolgend diesen Belastungsdruck und zeigen, wie Genetik- und Umweltfaktoren auf das Leben eines Hundes einwirken … und wie Sie Ihrem Hund ein langes und schönes Leben bieten können.

Die Lebenserwartung schwankt stark je nach Hunderasse. Sie kann von etwa fünfeinhalb bis ungefähr vierzehneinhalb Jahren reichen. Die Lebenserwartung eines einzelnen Hundes hat mit seiner Genetik zu tun. Sie wird beeinflusst von seiner Lebenswelt und seinen früheren Erfahrungen (eventuelle Traumen eingeschlossen). Das Alter, in dem die Seneszenz (der altersbedingte

Abbau) einsetzt, hängt von Rasse, Größe und Gewicht ab. (Je größer und schwerer der Hund, desto früher setzt der Alterungsprozess ein.) Aber natürlich auch von eventuellen Erbkrankheiten. Der Begriff »Seneszenz« kann die zelluläre Seneszenz meinen oder die Seneszenz des gesamten Organismus (lat. *senescere* [alt werden]; das Wort steckt auch in den Begriffen »Senior« und »senil«). In jüngerer Zeit stößt man in der medizinischen Fachliteratur immer wieder auf den Begriff der »Zombiezellen«, das heißt seneszente Zellen. Bei diesen handelt es sich um zunächst ganz normale Zellen, die dann aber unter Stress geraten, zum Beispiel, weil ihre DNS beschädigt wird oder ein Virus sie angreift. Dann kann die Zelle ihren eigenen Tod programmieren oder zu einer Zombiezelle werden. In diesem Zustand sind sie für den Körper nicht mehr von Nutzen und hängen herum wie vagabundierende Landstreicher.

Das Problem ist, dass Zombiezellen chemische Stoffe freisetzen, die benachbarte Zellen schädigen können. Das ist der Moment, in dem der Ärger losgeht. In Versuchen an Mäusen haben Medikamente, die Zombiezellen zerstören, eine ganze Reihe von Störungen gelindert oder beseitigt: grauer Star, Diabetes, Osteoporose, Alzheimer, Vergrößerung des Herzens, Nierenprobleme, verstopfte Arterien und Sarkopenie (altersbedingter Verlust der Muskulatur). Wir können diese Zombiezellen auch reduzieren, indem wir bestimmte Nährstoffe zu uns nehmen, wie wir in Kapitel 8 sehen werden. Diese Aussichten erklären ebenso, warum David Sinclairs Arbeit die Anti-Aging-Pioniere so fasziniert: Er verwandelt nämlich alte Mäuse in gesunde Mäuse, die deutlich jünger wirken.

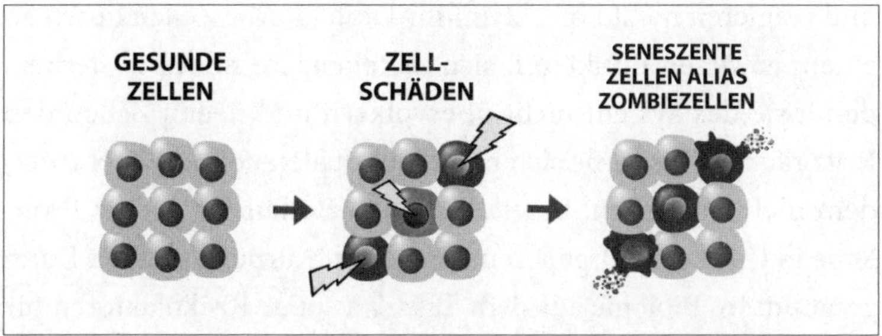

Wenn gesunde Zellen geschädigt werden, hören sie auf, sich zu teilen, und werden zu seneszenten oder Zombiezellen. Diese sondern entzündlich wirkende Moleküle ab. Je mehr Zombiezellen sich anhäufen, desto eher stecken sie die Zellen in der unmittelbaren Umgebung an. Diese werden dann ebenfalls zu Zombiezellen und beschleunigen den Alterungsvorgang.

Tierversuche zeigen einen direkten Zusammenhang zwischen Zombiezellen und dem Alterungsprozess. Wenn man gealterten Mäusen Medikamente verabreichte, die diese Zellen eindämmen, konnten die Tiere besser gehen, hatten mehr Greifkraft und bewiesen im Hamsterrad mehr Ausdauer – all das sind Merkmale jüngerer Organismen. Selbst wenn man damit sehr alte Mäuse behandelte (die in Menschenjahren gerechnet ein Alter zwischen 75 und 90 hatten), verlängerte sich die Lebensspanne noch um 36 Prozent! Umgekehrt konnte die Forschung feststellen, dass jüngere Mäuse schneller altern, wenn man ihnen Zombiezellen verabreicht: Ihre Gehgeschwindigkeit nimmt ab, ebenso wie Muskelkraft und Ausdauer – lauter Merkmale, die gewöhnlich nur auf gealterte Organismen zutreffen. Tests zeigen, dass solcherart verabreichte Zombiezellen andere Zellen zu Zombies machen können.

Vereinfacht ausgedrückt, sind seneszente Zellen alte Zellen, die nicht absterben. Wie ihre Namensgeber im Horrorfilm können sie sich bewegen, haben aber keinerlei logische Fähigkeiten und reagieren nicht korrekt auf ihr Umfeld. Alle Zellen hören an einem gewissen Punkt auf, sich zu teilen. Sie sollten absterben, damit sie das System nicht übervölkern und neuen Zellen den Platz rauben. Wenn sie sich nicht mehr teilen können, aber trotzdem nicht absterben, bereiten sie den Boden für allerlei Probleme in Geweben, Organen und anderen Körpersystemen. Dann gerät unsere Biologie aus dem Takt, was neue Risikofaktoren für Störungen und Krankheiten schafft. So geht man davon aus, dass der funktionale Verfall des Nervensystems auf verlorene Stammzellen und die zelluläre Seneszenz zurückgehen. Es kommt zur fehlerhaften Kommunikation zwischen den Zellen, was zum Beispiel das Immunsystem beeinträchtigt und Entzündungen im Körper fördert. Das ist der Prozess des »Inflamm-Aging«, des Alterns durch entzündliche Vorgänge. Eine steigende Anzahl seneszenter Zellen führt zur Ausbreitung von Entzündungen.

Wissenschaftler haben nun herausgefunden, dass ein natürlicher Pflanzenwirkstoff namens Fisetin (ein Polyphenol) die Anzahl der Zombiezellen im Körper verringert. Behandelt man ältere Mäuse mit Fisetin, dann verbessern sich Lebens- und Gesundheitserwartung massiv. Fisetin ist in vielen Früchten und Gemüsesorten enthalten, zum Beispiel in Erdbeeren, Äpfeln, Kakifrüchten und Gurken. Es sorgt für die ansprechend gelbe Farbe in unseren landwirtschaftlichen Erzeugnissen. Sie werden in Teil III feststellen, dass wir für Ihren Hund fisetinhaltige Leckereien empfehlen, um ihm diesen Anti-Aging-Biohack zur Verfügung zu stellen. Wenn es Zeit für Fiffis Leckerlis ist, versuchen Sie es doch mal mit Erdbeeren und Äpfeln – zusätzlich zu etwas, das er gern frisst. So bekommt Ihr Hund seine Portion von diesem starken Langlebigkeitsmolekül und dazu noch Ballaststoffe, die dem Darm guttun.

Die Kennzeichen des Alterns

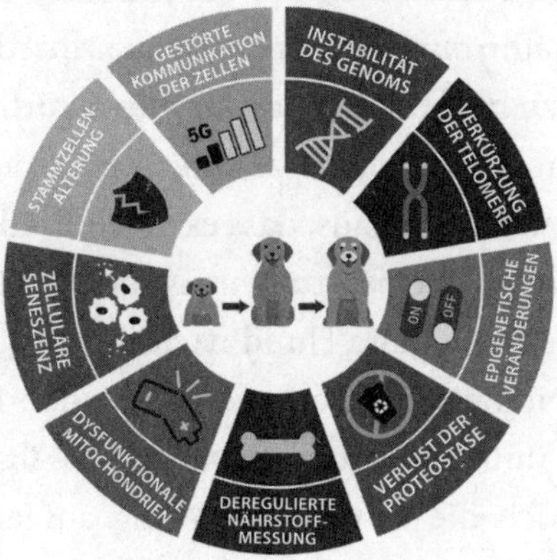

Wie Sie sehen, ist der Alterungsprozess extrem komplex. Die Faktoren, die daran mitwirken, sind eng miteinander verwoben (siehe die Grafik unten). Es ist aber nicht so, dass es nur einen unvermeidlichen Weg in Richtung Alter gibt. Tatsächlich tragen viele Elemente dazu bei, wie schnell oder langsam wir altern.

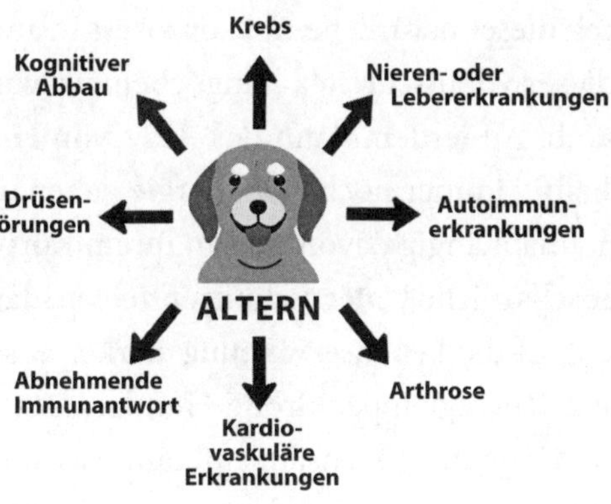

Sie müssen kein Wissenschaftler sein, um die Zeichen des Alterns bei Ihrem Hund zu entdecken. Im Allgemeinen sind wir in der zweiten Lebenshälfte unserer Tiere damit beschäftigt, sie zu diagnostizieren und zu behandeln. Man könnte natürlich auch sagen, dass wir schon mit der Geburt zu altern beginnen. Normalerweise aber geht man davon aus, dass es einen Punkt gibt, an dem das Altern nachweislich einsetzt: Beim Menschen fängt dies nach dem 25. Lebensjahr an, beim Hund nach dem dritten. Dann setzen bestimmte biologische Prozesse ein, die den Körper unweigerlich auf den (anfangs kaum merklichen) Abstieg schicken. Dann machen sich die in der Abbildung aufgezählten Kennzeichen des Alterns immer stärker bemerkbar. Beim Menschen läuft dies so ab: Bestimmte Prozesse in der Zelle verändern sich. Wachstumshormone werden weniger. Der Stoffwechsel schaltet einen Gang runter. Das Gehirn erreicht seine höchste strukturelle Reife. Muskeln und Knochen haben den Punkt ihrer höchsten Stärke erreicht. Sie spüren diese Veränderungen nicht, zumindest nicht vor dem vierzigsten Lebensjahr. Wenn Sie Glück haben, merken Sie bis zum fünfzigsten Lebensjahr gar nichts. Doch das Ganze beginnt schon, wenn wir noch zarte 25 sind. Bei Hunden äußert sich dieser natürliche Abbauprozess in anderer Form. Wie schnell dieser voranschreitet, hängt ebenfalls von verschiedenen Faktoren ab. Außerdem kann das Alter von Hunden täuschen, weil sie häufig immer noch viel Energie haben und supergesund scheinen, unabhängig davon, was in ihrem Körper vorgeht.

Wissenschaftliche Untersuchungen zeigen, dass das Körpergewicht sich auf die Lebenserwartung stärker auswirkt als Größe, Rasse oder Zuchtgruppe. Große Hunderassen altern schneller als kleine. Ganz im Gegensatz zu dem, was sonst bei Säugetieren so üblich ist. Gewöhnlich leben große Säugetiere länger, weil es weniger Raubtiere gibt, die auf sie Jagd machen. (Wale und Elefanten zum Beispiel wachsen langsam heran, weil kein Tier sie angreift. Sie erfreuen sich eines langen Lebens und entgehen selbst Tumorerkrankungen. Doch dazu später mehr.)

Im Hunde-Universum hingegen ist größer nicht immer besser. Große Hunde wie der 150 Pfund schwere Irische Wolfshund werden häufig nur etwa sieben Jahre alt, während es der Kontinentale Zwergspaniel schon auf mehr als zehn Jahre bringt. Außerdem existieren die meisten Hunderassen seit weniger als ein paar Hundert Jahren. Der evolutionäre Druck hatte also kaum Zeit zu greifen. Stattdessen spielen Hormone wie der IGF-1 (insulinähnlicher Wachstumsfaktor 1) eine große Rolle, der Hunde an Größe zulegen lässt. Das Gen, das für den IGF-1 verantwortlich zeichnet, ist das wichtigste im Hinblick auf die Körpergröße eines Hundes. Wissenschaftler haben festgestellt, dass dieses Protein bei einer Reihe von Hunderassen mit einer kürzeren Lebenserwartung in Verbindung gebracht wird. Der Mechanismus dahinter ist allerdings immer noch unbekannt.

Kimberly Greer, Genetikerin am Zentrum für Hundeverhaltensforschung in Texas und Dozentin an der Prairie View A&M University, gehörte zu den Ersten, die vor gut zehn Jahren Serum-IGF-1, Körpergröße und Alter beim Haushund in Verbindung brachten. Als wir mit ihr sprachen, unterstrich sie, dass die Körpergröße bei unseren Hundefreunden ein entscheidender Faktor ist. Große Hunde sterben normalerweise bald. Um im Rennen um die Lebenserwartung zu punkten, muss IGF-1 unter Kontrolle gebracht werden.

Interessanterweise verlängert sich das Leben, wenn im IGF-1-Signalweg eine Mutation auftaucht (eine der seltenen Gelegenheiten, bei denen eine Mutation sich positiv auswirkt). Vereinfacht gesagt ist ein niedriger IGF-1-Spiegel gleichzusetzen mit einem längeren Leben. Wissenschaftler haben dieses Phänomen bei Mäusen, Fliegen, Würmern und Menschen beobachtet. Aber der Preis, den der Mensch dafür bezahlt, ist Kleinwüchsigkeit, denn die Mutation wirkt sich auf die Wachstumshormone des Körpers aus. Interessanterweise weisen jene Menschen, bei denen die IGF-1-Mutation vorkommt, eine kleine Statur auf (unter 1,50 Metern). Man nennt dies auch das »Laron-Syndrom«, nach dem israelischen Kinderendokrinologen Zvi Laron, der diese Störung 1966 als Erster beschrieb. Weltweit soll es nur zwischen drei- und fünfhundert Menschen geben, die diese spezielle Störung entwickelt haben und weiterhin wissenschaftlich untersucht werden.

Dies könnte auch ein Grund sein, warum manche kleinen Hunde – Chihuahua, Pekinese, Zwergspitz und Zwergpudel – weniger häufig an Krebs erkranken als andere Rassen. Viele Zwerg-Tierrassen (Minihunde, Katzen und Schweine), deren geringe Größe auf eine Mutation im IGF-1-Gen zurückgehen, leben deutlich länger als ihre normal großen Vorfahren. Ein Beispiel, bei dem eine Genmutation positive Effekte mit sich brachte.

Wir wissen auch, dass das Körpergewicht Einfluss darauf hat, wann altersbedingte Erkrankungen wie Krebs einsetzen. Das gilt sowohl für Hunde als auch für Menschen. Größere Rassen wachsen schneller. Die Wissenschaftler vom Dog Aging Project nennen dies einen »unsoliden Körperbau«, der für Störungen und Krankheiten anfälliger ist. Kommt dann noch die Kastration vor der Pubertät hinzu, dann haben wir weitere hormonelle Konsequenzen, die sich auf Gesundheits- und Lebenserwartung auswirken.

An diesem Punkt sollten wir uns die Zeit nehmen, uns mit der Frage der Sterilisation zu beschäftigen: Wenn all Ihre hormonproduzierenden Organe (Eierstöcke oder Hoden) entfernt würden, bevor Sie die Pubertät erreicht haben, dann würden Sie sich natürlich fragen, wie sich das auf Ihre Gesundheit auswirkt. Viele Frauen, die sich aus gesundheitlichen Gründen die Gebärmutter entfernen lassen, entschließen sich, die Eierstöcke zu behalten (wenn dies möglich ist), damit ihnen die dort produzierten Hormone weiterhin zur Verfügung stehen. Dieselbe Logik lässt sich auf Hunde anwenden. Die Sterilisation bei weiblichen und männlichen Hunden beseitigt Organe, die Forscher mittlerweile als unverzichtbar für die Gesundheit der Tiere erachten. Wissenschaftliche Untersuchungen zeigen, dass die Wahrscheinlichkeit, gesundheitliche Probleme zu entwickeln, steigt, je früher ein Welpe sterilisiert wird. Das kann zu abnormem Knochenwachstum führen, zu Knochenkrebs, zu einer negativen Reaktion auf Impfstoffe und zu Verhaltensstörungen wie Aggression und übermäßiger Ängstlichkeit. Daher empfehle ich (Dr. Becker) frischgebackenen Hundehaltern statt der Sterilisation immer die Hysterektomie oder Vasektomie, bei denen die Eileiter oder Samenleiter durchtrennt werden. Das führt zum gleichen Ergebnis (nämlich Unfruchtbarkeit), jedoch ohne die negativen physiologischen Nebenwirkungen.

Aber die Gesundheit wird nicht nur von Hormonen beeinflusst. Die Körpergröße spielt auch eine entscheidende Rolle. Viele große Hunde haben eher gesundheitliche Probleme als kleine. Der Deutsche Schäferhund leidet häufig unter Hüftgelenksdysplasie, der Sibirische Husky unter Autoimmunerkrankungen. Diese Probleme gehen, wie wir später noch sehen werden, häufig auf Inzucht und epigenetische Faktoren zurück.

Das Dog Aging Project ist eine von vielen Initiativen, die versuchen, das Zusammenspiel von Genen, Lebensstil und Umwelt beim Altern besser zu verstehen. Zu diesem Zweck analysiert man große Datenmengen. Ein Konsortium von Wissenschaftlern an bekannten Institutionen in aller Welt trägt an der Universität Washington und der Texas A&M University die Daten zusammen. Wir hatten persönlich das Vergnügen, bei diesem biologischen Langzeitprojekt einen Blick hinter die Kulissen werfen zu dürfen. Die Zielsetzung der Initiative ist es, Haustieren und ihren Besitzern – Menschen wie du und ich – zu helfen, ihre Gesundheitserwartung zu verbessern: ein Beispiel mehr, welches zeigt, dass die Hundeleine Information nicht nur im Einwegmodus verarbeitet.

Ein Teil des Projekts untersucht, wie man die Lebensspanne von Hunden pharmakologisch verändern kann. Es wendet sich an alle Hundehalter mit der Bitte, ihre Tiere zu registrieren. Tatsächlich handelt es sich um die weltweit größte Studie zum Thema »Altern bei Hunden«. Finanziert wird es von den National Institutes of Health. Elinor Karlsson gehört zu den teilnehmenden Wissenschaftlern. Sie leitet die Forschung der Vertebrate Genomics Group am Massachusetts Institute of Technology (MIT) und an der Universität Harvard. Ihr Darwin Dogs Project sammelt die Gesundheitsdaten von Hunden. Das Forschungslabor versucht dann, aus diesen Daten einen Zusammenhang zwischen Verhalten und DNS der Tiere zu erkennen. In ihrem Büro in Boston erklärte man uns, das Team untersuche genetisch bedingte Krankheiten und Störungen (vom Krebs über psychiatrische Störungen bis zu neurodegenerativen Erkrankungen). Die so gewonnenen Erkenntnisse sollen zu Durchbrüchen in der Behandlung derselben Krankheiten beim Menschen führen. (Dazu braucht sie nur Speichelproben der Hunde und Antworten auf ein paar grundlegende Fragen.)

Beim National Human Genome Research Institute in Maryland ist es Elaine Ostrander, die das Dog Genome Project leitet. Die Wissenschaftler bauen eine Datenbank auf, die helfen soll, die Genetik von Hunden und deren gesundheitliche Auswirkungen besser zu verstehen. Bislang hat man Gene für Retinopathia pigmentosa, Epilepsie, Nierenkrebs, Weichteilsarkome und das Plattenepithelkarzinom entdeckt. Auch die Resultate dieser Forschergruppe stützen die Theorie der One Health Medicine und sind für die Tiermedizin ebenso nützlich wie für die Heilung von Menschen. Wieso? Die Krankheitsgene beim Hund sind häufig dieselben oder stehen zumindest in engem Zusammenhang mit jenen, die auch beim Menschen zum Ausbruch dieser Krankheiten führen. Im Hundeuniversum haben die gemeinsamen Bemühungen zur Identifikation jener Gene geführt, die für die Schädelform, die Körpergröße, die Beinlänge, die Länge, Farbe und Lockung des Fells verantwortlich sind. Die Wissenschaftler schaffen also ein genetisches Wörterbuch für die Entwicklung der Säugetiere. Das ist revolutionäre Forschung, die mit Sicherheit noch weitere interessante Resultate bringt.

Viele Forscher, die an diesen Projekten beteiligt sind, teilen ihre Daten miteinander und gehen wissenschaftliche Partnerschaften ein: ein Ansatz, der hauptsächlich auf Zusammenarbeit zählt. Nun, da die Gensequenzierung schnell, effizient und vergleichsweise billig ist, beschleunigt sich der wissenschaftliche Fortschritt entsprechend. So haben die Forscher mittlerweile mehr als 360 genetische Störungen ausgemacht, die bei Menschen und Hunden gleichermaßen vorkommen. Etwa 46 Prozent davon betreffen nur eine oder wenige Hunderassen. Eine gut dokumentierte Untersuchung hat sich mit der Mutation im Hundegenom beschäftigt, die Narkolepsie verursacht. Das wiederum hat die Wissenschaftler dazu gebracht, diese Mutation beim Menschen unter die Lupe zu nehmen – wieder ein Beweis mehr, dass Studien zur Genetik unserer Hunde auch dem Menschen von Nutzen sein können.

Es ist nicht weiter überraschend, **dass Alter und Rasse die größten Risikofaktoren sind, von denen die Sterblichkeit von Hunden abhängt.** Alter und die genetischen Karten, die wir zum Ausspielen bekommen haben, sind die beiden wichtigsten Faktoren, die über die Lebenserwartung bestimmen. Weniger bekannt ist, dass die unterschiedlichsten Kräfte auf subtile, aber nachhaltige Weise das Risiko eines vorzeitigen Todes beeinflussen. Dazu gehören: der Schlaf-Wach-Rhythmus, der Stoffwechsel, das Mikrobiom, das Immunsystem und die Umwelt. Sie alle wirken auf unser Genom.

RAGE – eine klebrige Angelegenheit

Wie oft wurden die Zutaten für das Futter Ihres Hundes erhitzt? Einmal? Zweimal? So oft, dass Sie mit dem Zählen gar nicht mehr hinterherkommen? Die Antwort auf diese Frage gibt Ihnen Aufschluss darüber, wie gesund das Futter für Ihren Hund tatsächlich ist. Wie Sie das herausfinden, werden wir Ihnen in Teil III verraten. Hier möchten wir Ihnen zunächst erklären, warum dieser Punkt wichtig ist.

Der insulinähnliche Wachstumsfaktor 1 (IGF-1), den wir soeben definiert haben, ist ein wichtiges Protein. Er wirkt eng zusammen mit zwei Hormonen, die jeder von uns braucht: Wachstumshormone und Insulin. Insulin ist, wie Sie vielleicht wissen, eines der einflussreichsten Hormone im Körper, egal ob beim

Hund oder beim Menschen. Es spielt eine zentrale Rolle für unseren Stoffwechsel, weil es Energie aus Nahrung für die Zelle verfügbar macht. Um aber Glukose aus dem Blutstrom aufnehmen zu können, brauchen die Zellen Insulin. Produziert wird Insulin in der Bauchspeicheldrüse.

Insulin ist quasi eine Art Transportmittel, das die Glukose aus dem Blutstrom in Muskel-, Fett- und Leberzellen bringt, wo sie dann als Brennstoff genutzt werden kann. Normale, gesunde Zellen haben kein Problem mit Insulin, da sie genügend Rezeptoren (Andockstellen) für das Insulin haben. Müssen sie aber ununterbrochen mit einem hohen Insulinspiegel kämpfen, weil ständig Glukose im Blut vorhanden ist – weil wir durch den Konsum hochverarbeiteter Nahrung zu viel Raffineriezucker und einfache Kohlenhydrate zu uns nehmen –, dann passen sich unsere Zellen an: Sie reduzieren die Anzahl der Insulinrezeptoren. Unsere Zellen sind also desensibilisiert, sie werden »resistent« gegen Insulin. Diese Insulinresistenz führt am Ende zu Typ-2-Diabetes, einer Zuckererkrankung, die durch unseren Lebensstil verursacht wird. (Sie kommen ja nicht mit einer »kaputten« Bauchspeicheldrüse zur Welt.)

Die meisten Hunde mit Diabetes kamen auch mit einer perfekt funktionierenden Bauchspeicheldrüse zur Welt. (Anderenfalls würde schon bei Welpen Diabetes diagnostiziert.) Mit der Zeit und mit ständig erhöhtem Insulinspiegel hört die Bauchspeicheldrüse jedoch irgendwann auf, genügend Insulin zu produzieren. Wenn die insulinproduzierenden Zellen ausgebrannt sind, lassen sie sich nicht mehr zum Leben erwecken. Das Endergebnis ist ein dauerhaft zu hoher Blutzuckerspiegel außerhalb der Zellen, wo er nicht mehr in Energie umgewandelt werden kann. Wenn das Blut zu viel Zucker (Glukose) enthält, richtet dieser einigen

Schaden an. Zum Beispiel entstehen dann sogenannte Advanced Glycation Endproducts (deren Akronym passenderweise AGE, englisch für »Alter«, lautet). »Klebrige« Glukosemoleküle heften sich an Proteine (zum Beispiel jene, die Ihre Blutgefäße bilden) und beeinträchtigen deren Funktion. Und passenderweise heißt der Rezeptor für AGE schlicht: RAGE (in diesem Fall am besten zu übersetzen mit »wüten«).

Die Glykation (wie der Prozess der AGE-Bildung heißt) wird immer dann ausgelöst, wenn Wärme, Glukose und Proteine zusammenkommen. Diese chemische Reaktion läuft sowohl innerhalb wie außerhalb des Körpers ab. Im Körper ist sie verantwortlich für Entzündungen und für frühzeitiges Altern. Wir werden uns diese chemische Reaktion später noch genauer ansehen, denn die AGEs entstehen ja wie gesagt nicht nur im Körper, sondern auch im Futter, das unter hoher Hitzeeinwirkung gegart wird. Das ist einer der Faktoren, die wir Sie zu berücksichtigen bitten, wenn Sie sich für eine bestimmte Sorte Hundenahrung entscheiden. **Die Glykation in der Nahrungsmittelproduktion heißt Maillard-Reaktion. Das Endergebnis sind Maillard-Reaktionsprodukte (MRPs).** Wenn wir Nahrungsmittel zu uns nehmen, die voller MRPs stecken, muss unser Körper mit einer erhöhten Menge dieser Schadstoffe fertigwerden: Wir essen sie, *und* wir produzieren sie selbst. Und damit nicht genug. Es gibt noch einen zweiten Typ von MRP, der gebildet wird, wenn Fette zusammen mit Protein erhitzt werden. Das führt nämlich zur Peroxidation dieser Fette. Dabei entstehen weitere Schadstoffe, die Advanced Lipoxidation Endproducts oder ALEs. Diese binden an die gleichen Rezeptoren, was noch mehr RAGE verursacht.

Fette

Wir fürchten das »F-Wort«: Fett ist schlecht. Aber wie bei den Kohlenhydraten gibt es gute und schlechte Fette. Natürlich belasten ranzige und erhitzte, das heißt oxidierte Fette den Organismus. Hierbei entstehen zytotoxische Moleküle, also Zellgifte, die den Körper angreifen: Bauchspeicheldrüsenentzündung, Leberversagen und Versagen der Immunreaktion. Hunde brauchen demnach saubere, unveränderte Fette und Fettsäuren, um zu wachsen und zu gedeihen. Und von diesen benötigen sie auch die richtige Menge, um gesund zu bleiben. Hunde brauchen Fette für eine gesunde Gehirnchemie, eine gute Haut und ein schönes Fell. Sie brauchen sie darüber hinaus für die Aufnahme bestimmter Nährstoffe, für die Herstellung wichtiger Hormone und viele andere Körperfunktionen. Wenn Ihr Hund aber ausgeschmolzenes, oxidiertes, bei hohen Temperaturen gegartes Fett im Futter erhält, dann nimmt er damit Unmengen ALEs zu sich.

Eine 2018 veröffentlichte Studie einer niederländischen Forschergruppe zeigt, dass Hunde 122-mal mehr AGEs (Glykationsendprodukte) aufnehmen als Menschen. Das zu erfahren raubte mir (Dr. Becker) regelrecht den Schlaf. Ich fragte eine Fachärztin für Tierernährung, ob wir nicht eine Studie machen könnten, die den Anteil der AGEs in verschiedenen Typen von Hundenahrung untersucht: rohes, Dosen- und Trockenfutter. Dr. Donna Raditic und ich gründeten zusammen mit anderen das Companion Animal Nutrition and Wellness Institute, eine NGO, die sich zur Aufgabe gemacht hat, objektive, wissenschaftliche Tiernahrungsforschung zu betreiben. Denn tatsächlich ist das Mangelware. Die fünf größten Tierfuttermittelhersteller führen zwar interne Studien durch, doch deren Ergebnisse gelangen nie an die Öffentlichkeit. Es gibt einfach keine von der Regierung finanzierte Gesundheitsbehörde für Haustiere. Niemand finanziert lebenswichtige ernährungswissenschaftliche Forschung für Tiere, die Tierärzten zuverlässig Auskunft geben würde, wie sich welches Futter auf deren Gesundheit auswirkt. Oder welche Folgen die eher willkürlichen, wissenschaftlich nicht fundierten Fütterungstrends haben. Zum Beispiel, wenn man Tiere ihr Leben lang mit hochverarbeitetem »Fast Food« ernährt und den Haltern noch erzählt, das sei die optimale und auch gesündeste Lösung.

Wir wissen jedoch nicht, ob das wirklich so gesund ist wie behauptet. Es existiert nämlich keine einzige Studie, welche die Gesundheit von natürlich gefütterten Hunden und solchen, die nur hochverarbeitetes Futter bekommen, vergleicht. Es gibt keine Grundlagenforschung, welche Antwort geben würde auf die Fragen der Tierhalter, die sich dem gesunden Menschenverstand nachgerade aufdrängen. Tatsächlich sind wir der Auffassung, dass die Industrie das auch gern weiterhin so halten würde. Was würde passieren, wenn wir den Gehalt von AGEs, Mykotoxinen, Glyphosat oder Schwermetallen in Tierfutter überprüften? Und wenn wir dabei entdeckten, dass er weit über dem liegt, was für Menschen als gesund gilt? Einige Tierschützer haben genau das getan, zumindest im kleinen Maßstab. Sie untersuchten eine Reihe bekannter Futtermittel auf Kontamination. Mit erschreckenden Ergebnissen: In manchen Fällen musste das Futter zurückgerufen werden.

Der Kampf ums Tierfutter

Sehen Sie sich einmal die Grafik an, die zeigt, wie viel Tierfutter von 2012 bis 2019 in den USA zurückgerufen werden musste.

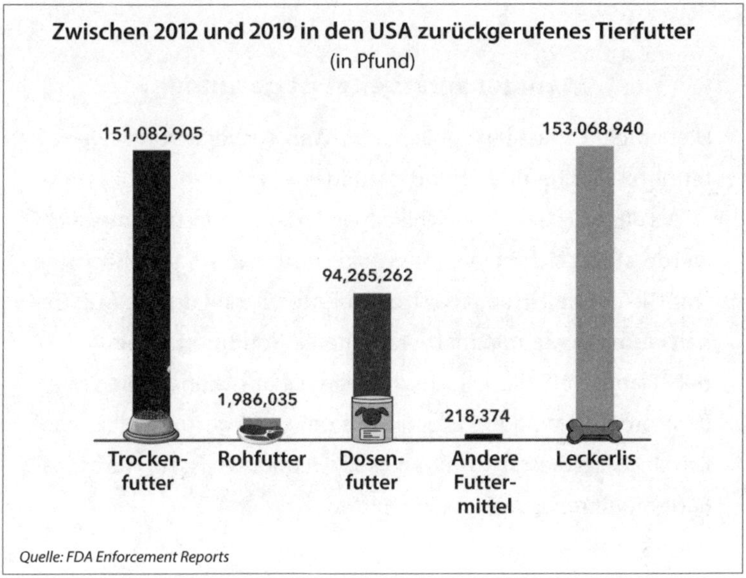

Trockenfutter und Leckerlis machen 80 Prozent der Gesamtmenge aus. Die vier (nach Gesamtmenge) häufigsten Gründe für solche Rückrufaktionen waren bakterielle Verunreinigung (Salmonellen), schädliche Mengen synthetischer Vitamine, verbotene Antibiotika und Verunreinigung mit Pentobarbital (das zum Einschläfern von Tieren benutzt wird). Unter »andere Futtermittel« fallen gefriergetrocknete, gekochte und tiefgefrorene Nahrungsmittel beziehungsweise Futterzusätze. Aber diese Rückrufaktionen beziehen sich nur auf Produkte, die auf bestimmte Inhaltsstoffe untersucht wurden, zum Beispiel zu hohe Dosen synthetischer Vitamine oder Mineralstoffe beziehungsweise krankmachende Bakterien. Da in den USA die Lebensmittelaufsicht FDA von Tierfutterherstellern nicht verlangt, ihre Produkte auf Schadstoffe zu testen, erfolgte noch nie ein Rückruf wegen zu hoher Mengen Glyphosat (Roundup) oder AGEs im Futter.

Weniger verarbeitet ist gesünder

Hier braucht es keinen Spoileralarm: Weniger verarbeitete Tierfuttermittel sind für Ihren Hund gesünder.

Als der AGE-Gehalt verschiedener Futtermittelarten untersucht wurde, stellte sich heraus, dass er in Dosennahrung am höchsten war. Gleich danach kam das Trockenfutter. Der niedrigste AGE-Gehalt wurde in nur minimal verarbeiteten Rohfuttermitteln gefunden. Dabei weiß die Wissenschaft längst, dass hohe Dosen MRPs (Maillard-End, zu denen auch AGEs gehören) gesundheitsschädlich sind. Aus diesem Grund ist es so wichtig zu wissen, wie oft das Futter für Ihren Hund erhitzt wurde.

Das beste Beispiel für ein Komplettnahrungsmittel ist beim Menschen der Muttermilchersatz für Babys. Theoretisch sollen beide Produkte – Muttermilchersatz wie Hundefutter – den gesamten Nährstoffbedarf abdecken. In den Siebzigern überzeugte der Nestlé-Konzern (dem auch die Futtermarke Purina gehört) Millionen von Frauen, statt der natürlichen Muttermilch den vom Konzern hergestellten Ersatz zu verfüttern, weil dieser angeblich besser fürs Baby sei. Viele Frauen folgten dieser Empfehlung, entsorgten ihre Muttermilch und verwendeten stattdessen das Milchpulver von Nestlé. Diese Kampagne rief Fachleute in aller

Welt auf den Plan. Es kam zu einem kollektiven Aufschrei, gefolgt von einigen Gerichtsverfahren und einer weltweit einzigartigen Aufklärungsaktion über die gesundheitlichen Vorzüge der Muttermilch. Die gleiche Revolution findet inzwischen auch bei den Tierfuttermitteln statt: Tierschützer verlangen vollwertige Nahrung, keine Kroketten aus Nahrungsmittelmehlen, die man mit synthetischen Vitaminen und Geschmacksstoffen aufpeppt.

Die Vorstellung vom Alleinfuttermittel für Tiere erfreute sich nicht immer so großer Zustimmung. Tatsächlich ist Tierfutter eine vergleichsweise junge Markterscheinung, die auf einen findigen Unternehmer zurückgeht.

Hundekuchen und Milchknochen

Früher gab es keine Hundekuchen und Milchknochen. Jemand hat sie also erfunden. James Spratt bot 1860 erstmals getrocknetes Hundefutter an. Seine Qualifikation war zweifelhaft: Er kam aus Ohio, hatte Elektriker gelernt und verkaufte Blitzableiter. Doch er besaß das nötige Verkaufstalent, um eine zufällige Beobachtung in ein klug investiertes Vermögen zu verwandeln. Anfangs wandte er sich mit seinem Produkt nur an die Eliten. Auf einer Geschäftsreise hatte Spratt nämlich bemerkt, dass Straßenhunde Schiffszwieback fraßen, diese ewig haltbaren Kräcker aus hochverarbeitetem Getreide, welche die Seeleute auf lange Fahrten mitnahmen (und die häufig voller Würmer steckten, weswegen die Soldaten des Bürgerkriegs sie auch »Wurmschlösser« nannten).

Und schon war die Idee für kommerzielles Hundefutter geboren. Spratt taufte sein erstes Produkt »Patentierte Fleisch-Fibrin-Hundekuchen«. Es wurde aus verschiedenen Zutaten wie

Weizen, Roter Bete und anderen Gemüsesorten hergestellt, mit Rinderblut vermengt und dann gebacken. Vermutlich werden wir nie herausfinden, was wirklich drin war, denn eine andere Zutat waren »getrocknete, ungesalzene Knorpel vom Weiderind«. Interessanterweise bewahrte Spratt sein Leben lang Stillschweigen, was die Herkunft der Fleischkomponente seines Hundekuchens anging.

Die Hundekuchen waren teuer. Ein 50-Pfund-Sack kostete so viel, wie ein guter Handwerker an einem Tag verdiente. Spratt suchte sich seine Zielgruppe genau aus: »englische Gentlemen«, die sich so hohe Preise leisten konnten. In den 1870ern streckte Spratt dann seine Fühler nach Amerika aus. Er wandte sich an gesundheitsbewusste Haustierbesitzer und Hundeshow-Teilnehmer. Im Januar 1889 warb er auf der Titelseite der Erstausgabe der amerikanischen Kennel-Club-Zeitschrift flächenfüllend für sein Produkt (engl. *kennel* [Hundehütte, -pension]). Und schon war die amerikanische Öffentlichkeit angefixt und fütterte ihre Hunde nicht mehr mit dem, was vom Mittagessen übrig blieb, sondern mit Spratts Hundekuchen. Des Weiteren machte er sich die Idee zu eigen, dass Hunde unterschiedlichen Alters eine jeweils andere Ernährung brauchten. Das kommt Ihnen bekannt vor? Spratt war ganz sicher ein guter Verkäufer (sein Unternehmen war das erste, das in London eine Plakatwand aufstellte), und er wusste den Snob-Appeal zu nutzen: Er wandte sich an wohlhabende Freunde, welche die positive Wirkung von Spratts Hundekuchen auf ihre Tiere als Testimonials bezeugen sollten.

Nach Spratts Tod 1880 ging die Firma an die Börse. Sie wurde bekannt als Spratt's Patent Ltd. und Spratt's Patent (America) Ltd. Das Unternehmen ging keineswegs ein. Ganz im Gegenteil: Spratt's war noch zu Anfang des 20. Jahrhunderts eine der Firmen mit der stärksten Marktmacht. Der Wiedererkennungswert ihrer Produkte wurde gefördert durch Logos, Lifestyle-Werbung und andere Werbetricks wie zum Beispiel Sammelkarten in Zigarettenpackungen. In den Fünfzigern kaufte General Mills den US-Anteil von Spratt's.

James Spratts Geschichte ist eine klassisch amerikanische Erfolgsstory. Tatsächlich wirkt er auf den ersten Blick wie ein Held – ein Anbieter ausgezeichneter Hundenahrung für gesundheitsbewusste Fellnasenfreunde. Aber lassen Sie sich nicht täuschen: Im Grunde war er ein cleverer, profitorientierter Verkäufer, der einfach nur zur rechten Zeit am rechten Ort war. Er sah Möglichkeiten in einer Welt, in der es keine leicht verfügbare Fertignahrung für Tiere gab. Aus dieser Idee entstand schließlich das Multi-Millionen-Dollar-Geschäft mit der industriell erzeugten Tiernahrung. Manche der Marketingargumente seiner Zeit werden noch heute (wirksam) eingesetzt. Bald griffen Wettbewerber Spratts Instrumentarium auf und boten eine breitere Palette an Fertignahrung für Haustiere an, wobei sie natürlich auf die Tierliebe der Besitzer abzielten.

Im Jahr 1948 tat sich der Tierarzt Dr. Mark Morris mit Hill Rendering Works zusammen, um die ersten »tierärztlich empfohlenen« Fertignahrungsmittel zu produzieren. Dabei führt der Begriff »tierärztlich empfohlen« in die Irre: Schließlich enthalten diese Futtermittel keine Medikamente oder Ähnliches. Man nennt sie nur so, weil sie ausschließlich von Tierärzten vertrieben werden. Diese heute so beliebten Futtermittel waren nicht immer gern gesehen. Hill's Science Diet hatte in den Siebzigern schwer zu kämpfen, um nicht vom Markt gefegt zu werden. Sein Überleben war gesichert, als der bekannte Zahnpasta-Hersteller Col-

Werbung für Spratt's-Hundekuchen[7]

gate-Palmolive das Unternehmen aufkaufte und die Kunden von der eigenen Markenbotschafter-Werbeabteilung umgarnen ließ. Colgate-Palmolive steigerte seine Verkäufe praktisch über Nacht, als man Zahnärzte dazu brachte, zu lächeln und eine Tube Colgate in die Kamera zu halten. Dazu hieß es dann: »Die Marke, die von den meisten Zahnärzten empfohlen wird.« Mit diesem Marketingansatz hängte Colgate seine Wettbewerber ab. Man wusste also, wie man an die reichen Goldadern herankam … Und wenn es bei Zahnärzten und Zahnpasta funktionierte, weshalb nicht auch bei Tierärzten und Tiernahrung?

Bald machte Hill's Science Diet von diesem Arrangement auch bei Tier- und Tierzahnärzten Gebrauch. Man schloss Verträge mit Universitäten und finanzierte Lehrstühle für Tierernährung. Heute hat fast jedes tiermedizinische Institut der Welt eine Partnerschaft mit einem der fünf großen Tierfutterhersteller. Was durchaus Fragen aufwirft: Was passiert, wenn medizinische oder tiermedizinische Fakultäten Exklusivverträge mit Pharmakonzernen oder Tierfutterherstellern eingehen? Ist dies nicht ein klarer Interessenkonflikt? Beeinflussen diese Allianzen die Forschung an der Fakultät nicht? Oder die Lehre?

Die Forschung zur Tierernährung unterscheidet sich massiv von der zur menschlichen Ernährung. Die ersten Daten über den Nährstoffbedarf der beliebtesten Haustiere wurden 1974 vom US-amerikanischen National Research Council (NCR) veröffentlicht: *Nutrient Requirements for Dogs and Cats*. Dies war der Gipfelpunkt der damaligen Tiernahrungsforschung, die kleine Gruppen Laborhunde und -katzen mit dem Trockenfutter jener Zeit vollstopfte und dabei einem Studienaufbau folgte, den heute jede Ethikkommission ablehnen würde. Diese Publikation blieb das maßgebliche Standardwerk für Tiernahrung, auf dessen Grundlage die Association of American Feed Control Officials (AAFCO) Vorschriften für die Tierfutterhersteller erarbeitete. Dieses Werk wurde nur ein einziges Mal upgedatet, nämlich 2006.

Es kam zu unzähligen Unternehmensehen und -scheidungen, nachdem die Tierfutterindustrie vor gerade mal hundert Jahren gegründet worden war. Nestlé kaufte 2001 Purina auf und hat mittlerweile mehr als zwanzig Tierfuttermarken im Sortiment: Felix, Beneful sowie DentaLife. An erster Stelle aber steht die Mars Petcare Inc. (Ja, genau! Die mit den Schokoriegeln.) Diese

Firma besitzt die Marken Royal Canin, Pedigree, Iams, Eukanuba und Whiskas. Hill's Pet Nutrition steht im Moment an dritter Stelle und ist eng verbunden mit J. M. Smucker – für uns heißt das: Milk-Bone, Natural Balance und Meow-Mix. Möglicherweise gibt es, wenn dieses Buch erscheint, schon neue Umwälzungen, denn das Geschäft mit Tierfutter ist eines der lukrativsten, in dem sich lauter internationale Konzerne tummeln.

Interessanterweise lancieren Tierschutzorganisationen immer wieder Kampagnen gegen Alleinfuttermittel, die ein wenig der Pro-Muttermilch-Kampagne gleichen. Es gibt durchaus Pioniere in der Ecke, die frische Nahrung für Haustiere anbietet: Juliette De Baïracli Levy, Dr. Ian Billinghurst und Steve Brown, um nur ein paar zu nennen. Sie sind der felsenfesten Meinung, dass Trockenfutter nie die Nahrung ersetzen kann, an die ein Hund (oder eine Katze) entwicklungsgeschichtlich gewöhnt ist. Das ist die Keimzelle der neuen Frische-für-Ihr-Tier-Bewegung, die zu den stärksten Wachstumszweigen der Tierfutterindustrie gehört. Die Parteigänger der frischen Tiernahrung haben buchstäblich das ein oder andere Hühnchen mit den Alleinfutter-Fertignahrung-Spezialisten zu rupfen. Ihre Kritik richtet sich unter anderem gegen folgende Punkte:

- Auf den meisten Tierfutterpackungen finden sich nicht genug Informationen, um den Nährwert oder auch nur die Ausgangsstoffe des Futters festzustellen. Wie viel Stärke (oder Zucker) darin enthalten ist, muss man sich gewöhnlich selbst ausrechnen.[8]
- Das Standardwerk für Nährstoffe in Tierfutter ist Eigentum der AAFCO. Um herauszufinden, was man dort unter »Huhn«

DIE GRÖSSTEN TIERFUTTERPRODUZENTEN DER USA NACH JAHRESUMSATZ VON 2019

1. Mars Petcare Inc.
Umsatz: 18 085 000 000 US-Dollar
Marken: Pedigree, Iams, Whiskas, Royal Canin, Cesar, Eukanuba, Sheba, Temptations und Banfield Pet Hospitals.

2. Nestlé Purina Pet Care
Umsatz: 13 955 000 000 US-Dollar
Marken: Alpo, Bakers, Beggin', Beneful, Beyond, Busy, Cat Chow, Chef Michael's Canine Creations, Deli-Cat, Dog Chow, Fancy Feast, Felix, Friskies, Frosty Paws, Gourmet, Just Right, Kit & Kaboodle, Mighty Dog, Moist & Meaty, Muse, Purina, Purina ONE, Purina Pro Plan, Pro Plan Veterinary Diets, Second Nature, T-Bonz and Waggin' Train, Zuke's sowie Castor & Pollux.

3. J. M. Smucker
Umsatz: 2 822 000 000 US-Dollar
Marken: Meow Mix, Kibbles 'n Bits, Milk-Bone, 9Lives, Natural Balance, Pup-Peroni, Gravy Train, Nature's Recipe, Canine Carry Outs, Milo's Kitchen, Snausages, Rachel Ray's Nutrish, Dad's.

4. Hill's Pet Nutrition
Umsatz: 2 388 000 000 US-Dollar
Marken: Hill's Science Diet, Prescription Diet, Bioactive Recipe, Healthy Advantage.

5. Diamond Pet Foods
Umsatz: 1 500 000 000 US-Dollar
Marken: Diamond, Diamond Naturals, Diamond Naturals Grain-Free, Diamond Care, Nutra-Gold, Nutra-Gold Grain-Free, Nutra Nuggets Global, Nutra Nuggets US, Premium Edge, Professional, Taste of the Wild sowie Bright Bites (Snacks).

6. General Mills
Umsatz: 1 430 000 000 US-Dollar
Marken: Basics, Wilderness, Freedom, Life Protection Formula, Natural Veterinary Diet.

7. Spectrum Brands/United Pet Group
Umsatz: 870 200 000 US-Dollar
Marken: Iams (Europe), Eukanuba (Europe), Tetra, Dingo, Wild Harvest, One Earth, Ecotrition, Healthy Hide.

8. Simmons Pet Food
Umsatz: 700 000 000 US-Dollar
Marken: 3,500 SKUs, meist Nassfutter.

9. WellPet
Umsatz: 700 000 000 US-Dollar
Marken: Sojos, Wellness Natural Pet Food, Holistic Select, Old Mother Hubbard Natural Dog Snacks, Eagle Pack Natural Pet Food, Whimzees Dental Chews.

10. Merrick Pet Care
Umsatz: 485 000 000 US-Dollar
Marken: Merrick Grain Free, Merrick ackcountry, Merrick Classic, Merrick Fresh Kisses All-Natural Dental Treats, Merrick Limited Ingredient Diet, Merrick Purrfect Bistro, Castor & Pollux ORGANICS, Castor & Pollux PRISTINE, Castro & Pollux Good Buddy, Whole Earth Farms, Zuke's.

Quelle: Petfood Industry's Top Pet Food Companies Current Data

versteht, muss man das gute Stück für 250 US-Dollar kaufen. (Spoileralarm: »Huhn« auf einer Tierfutterpackung ist *nicht* das Gleiche wie das Huhn, das wir im Supermarkt kaufen und zu Hause braten.)

- Studien über Verträglichkeit sind nicht zwingend vorgeschrieben.
- Die Tierfuttermittel werden nicht regelmäßig auf Nährstoffgehalt, Verunreinigungen oder gar Schadstoffe getestet.
- Die US-amerikanische AAFCO hat zwar Mindestanforderungen für den Nährstoffgehalt definiert, jedoch werden keine Höchstgrenzen genannt. Man kann dort also Tierfutter auf den Markt bringen, das viel zu viele Nähr- und Vitalstoffe (zum Beispiel Vitamine) enthält. Das kann zu Organschäden führen.
- Viele Studien zeigen, dass Tierfutter nicht korrekt ausgezeichnet ist. So werden immer wieder hochwertige Zutaten oder Proteine durch Billigware ersetzt, ohne dies auf dem Etikett zu verdeutlichen.[9]

Dass hochverarbeitete Tiernahrung so beliebt ist, braucht uns nicht zu wundern. Es ist nun mal sehr bequem – ähnlich wie Fast Food für uns Menschen. Aber wir müssen uns schon fragen: Wie weit verzichten wir auf Gesundheit, weil wir es möglichst leicht haben wollen? Auch was die menschliche Ernährung betrifft, werden diejenigen, die gesunde Nahrung bevorzugen, immer mehr. Glücklicherweise wünschen sich immer mehr Hundebesitzer für ihren Fido das Gleiche – vor allem, weil wir mittlerweile ja wissen, dass die Bequemlichkeit unsere Gefährten Lebensjahre kostet. Bessere Ernährung heißt weniger Stress für den Körper. Und weniger Stress für den Körper lässt sich übersetzen in ein längeres Leben.

Die drei Faktoren des altersbedingten Abbaus

Jedes Geschöpf auf dieser Erde steht unter ständigem Druck, der letztlich zum Altern führt. Wie jeder von uns altert, hängt von drei starken Kräften ab:

- den direkten genetischen Auswirkungen der DNS, die Sie von Ihren biologischen Eltern geerbt haben,
- den indirekten genetischen Auswirkungen des tatsächlichen Verhaltens unserer Gene, wie wir dies bereits besprochen haben, und
- den Umweltfaktoren (Ernährung, Bewegung, chemischen Schadstoffen, Schlaf und so weiter).

Diese Einflüsse sind komplex, interaktiv und dynamisch. Zusammengenommen erklären sie, warum Ihr Gesundheitszustand so ist, wie er ist, und ob Sie hundert Jahre alt werden oder nicht. Ihre DNS, das tatsächliche Verhalten Ihrer DNS und die Umwelt, in der Sie leben, bilden eine einzigartige Kombination, die nur Sie aufweisen. Und für Ihren Hund gilt natürlich dasselbe.

Wir haben bereits erklärt, dass unsere DNS und ihr Verhalten letztlich von Umweltfaktoren abhängig sind. Ein schönes Beispiel dafür ist etwa, wenn Sie einen Hund aus dem Tierheim zu sich nach Hause holen. Er ist unterernährt, schwach, außer Form und ängstlich, weil man ihn auf der Straße ausgesetzt hat. Sie pflegen den Hund, bis er seine Vitalität wiedererlangt. Innerhalb weniger Wochen strotzt er nur so vor Lebensfreude – er spielt, ist fit und hat sein Selbstvertrauen zurückerlangt. Und dieser Prozess funktioniert natürlich auch umgekehrt: Ein Tier (oder Mensch oder Hund) bringt vielleicht keinerlei genetische Risikofaktoren für die Entwicklung einer bestimmten Krankheit mit … und kann sie trotzdem bekommen, weil seine täglichen Gewohnheiten sie auslösen. Wir alle kennen Menschen, die Diabetes oder Krebs bekommen, obwohl es keine familiäre Vorbelastung gibt. Auch Hunde können gesundheitliche Probleme entwickeln, ohne dass die Genetik eine Rolle spielt.

In solchen Fällen sind *epigenetische* Kräfte am Werk.

Die Epigenetik ist eines der heißesten Forschungsgebiete von heute. Sie untersucht bestimmte Mechanismen, die Teile Ihres Genoms (Ihrer DNS) beeinflussen. Diese Mechanismen sagen Ihren Genen, wann und wie stark sie sich exprimieren, das heißt ausdrücken, sollen. Man kann sich das so vorstellen wie Verkehrszeichen für Ihre Gene. Sie geben der DNS Stopp- und Go-Signale. Sie halten gleichsam die Fernbedienung für Ihre Gesundheit und Lebenserwartung in der Hand und bestimmen, wie Ihre Gene an die nächste Generation weitergegeben werden. Unser Lebensstil hat massive Auswirkungen auf die Aktivität unserer Gene. Heute wissen wir, dass unsere Ernährung, unser Stressniveau, die Art und das Ausmaß unserer Bewegung, unser Schlaf und auch unsere Beziehungen letztlich dafür verantwortlich sind, welche unserer Gene »an« oder »aus« sind. Und das Tolle daran ist: **Wir können die Expression vieler Gene beeinflussen, die sich direkt auf Gesundheit und Lebenserwartung auswirken.** Das Gleiche gilt für unsere bellenden Freunde. Mit einer bereits mehrfach angesprochenen Ausnahme: *Diese Art weiser Entscheidungen müssen* wir *für sie treffen*. Wenn Sie auch nur annähernd so gestrickt sind wie wir, dann empfinden Sie das als Druck, vor allem, weil weder Human- noch Tiermediziner in der Ausbildung lernen, wie man Gesundheit positiv beeinflusst, bevor Erkrankungen entstehen, und wie man individuell angepasste Gesundheitsstrategien entwickelt, die bei uns und unseren Familienmitgliedern für mehr Wohlbefinden sorgen. Solange dieser medizinische Paradigmenwandel nicht stattgefunden hat, ist es an uns, dass wir uns das nötige Wissen verschaffen, damit wir für uns und unsere Tiere eine kluge Wahl treffen können.

Die Antwort der Zelle auf Gefahr: Zellschäden beschleunigen die Alterung schon bei jungen Hunden

Gewöhnlich kommt man nicht durchs Leben, ohne Blessuren davonzutragen: durch Umweltgifte, Infektionskrankheiten oder Verletzungen. Oder wie der brillante Anti-Aging-Wissenschaftler David Sinclair gern sagt: »Schäden beschleunigen das Altern.« Aber was geschieht da? Wird eine Zelle geschädigt, dann durchläuft sie drei Stadien der Heilung, die man unter dem Stichwort »Cell Danger Response (CDR)« zusammenfasst – ein metabolischer Zustand, der den Organismus schützen soll. Dieser Heilungsprozess verläuft bei alten Hunden unvollständig und weniger effizient. Infolgedessen entstehen seneszente Zellen, die wiederum viel mit vorzeitiger Alterung zu tun haben. Deswegen beschäftigt sich die Wissenschaft nun mit den Bedingungen, die den Heilungsprozess auf molekularer Ebene schon in jungen Jahren beeinträchtigen und so die Voraussetzungen für vorzeitiges Altern und chronische Krankheiten schaffen.

Die erwähnten drei Heilungsstadien werden von den Mitochondrien gesteuert. Sie müssen erfolgreich durchlaufen werden, wenn die Zelle durch Stress oder chemische beziehungsweise physikalische Einflüsse beschädigt wurde. Denn dysfunktionale

Zellen führen zu dysfunktionalen Organsystemen. Anders ausgedrückt: Ist eine Zelle nicht vollständig geheilt, bevor sie neuerlich geschädigt wird, kommt es zu schwerwiegenderen Erkrankungen. Chronische Krankheiten entstehen, wenn Zellen in einer Wiederholungsschleife aus Störungen und unvollständigen Heilungsprozessen festhängen. Wir haben diesbezüglich noch keine statistischen Daten für Hunde, aber Sie als Hundebesitzer kennen die Symptome unvollständiger Heilungsprozesse, die zu systemischen Erkrankungen führen: chronische Allergien, organische Probleme, Abbau von Muskeln und Knochen, Ungleichgewichte im Immunsystem (von chronischen Infektionen bis hin zur Krebserkrankung). Auf diese mikroskopische und verbreitete Weise nehmen intrazelluläre Krankheiten ihren stillen, schleichenden Anfang, wenn Ihr Hund noch jung ist und äußerlich gesund wirkt.

Zellschalter

Eine andere Art, die Geschwindigkeit der Zellalterung respektive -teilung zu kontrollieren, ist die Aufrechterhaltung innerer Signalwege. Ein genetischer, von Nährstoffen abhängiger »Schalter«, den die Wissenschaft zu diesem Zweck erkundet, ist das Enzym mTOR. Die Abkürzung steht für *mechanistic* (früher: *mammalian*) *target of rapamycin*, zu Deutsch: »mechanistisches Ziel von Rapamycin (in Säugetieren)«. Stellen Sie sich mTOR vor wie den Schuldirektor, der in all unseren Zellen tätig ist (ausgenommen die Blutzellen). Als wir Dr. Enikő Kubinyi interviewten, Forschungsleiterin des Senior Family Dog Project an der Eötvös-Loránd-Universität in Budapest, wies sie darauf hin, dass die genetischen Pfade des Alterns bei Mensch und Hund sehr ähnlich sind. Deshalb sind daran auch viele der gleichen Biomoleküle wie mTOR und AMPK (Adenosin-Monophosphat-aktivierte Proteinkinase) beteiligt.

AMPK ist ein Anti-Aging-Enzym. Wenn es aktiviert ist, kontrolliert es einen wichtigen Signalweg für die Autophagie (den Selbstverzehr) innerhalb von Zellen. Dieser Prozess ist verantwortlich für die Reinigung der Zellen, die dann sozusagen »jugendlicher« agieren. Dieser Signalweg dient dem Körper in vielerlei Hinsicht. Unter anderem regelt er, wie der Körper gefährliche, beschädigte Teile beseitigt oder recycelt. Dazu gehören zum Beispiel nutzlose Zombiezellen oder Krankheitserreger. Dabei wird das Immunsystem angekurbelt und senkt das Risiko für Krebserkrankungen, Herz-Kreislauf-Probleme, Autoimmunerkrankungen und neurologische Störungen. Außerdem ist dieser Prozess wichtig für die Energiegewinnung in der Zelle. AMPK kann auch unsere »antioxidativen Gene« einschalten, welche die natürliche Produktion von Antioxidanzien bewirken. Wir werden später noch sehen, dass es besser ist, das antioxidative System des Körpers zu aktivieren, als Antioxidanzien einzunehmen.

Wie beim Menschen ist dieser Stoffwechselpfad auch bei Hunden für gesundes Wachstum und die Ausdifferenzierung von Zellen verantwortlich (das heißt, ob die Zelle zur Muskelzelle wird oder ihren Platz im Auge einnimmt). Durch unseren Lebensstil – Ernährung, Timing der Mahlzeiten und Bewegung – kann er auf- oder abgedreht werden wie ein Dimmer. Wenn Sie fasten, wird mTOR gehemmt, und AMPK macht Frühjahrsputz im Körper. Das erklärt die positiven Auswirkungen des Fastens beim Menschen oder des Intervallfütterns beim Hund (*time-restricted feeding*, mehr dazu in Kapitel 4). Außerdem wirkt sich dieser Prozess auf den Blutzucker aus, denn weniger Insulin und IGF-1 reduzieren den mTOR-Spiegel und kurbeln so die Autophagie an. Wenn Sie den ganzen Tag über sitzen (oder sich ausruhen) und sich von hochverarbeiteten Produkten ernähren, die Entzündungen auslösen, dann schießt nicht nur der Insulinspiegel in die Höhe. Es sammelt sich auch allerhand Müll in Ihren Zellen an, weil die Autophagie nicht funktioniert. Das ist zwar sehr vereinfacht ausgedrückt, aber die Autophagie ist eines der Schlüsselelemente des Alterns (das heißt des Lebens). Es tut gut zu wissen, dass uns all diese Mechanismen zur Verfügung stehen, damit unsere Zellen sich erneuern und wieder besser funktionieren können. Wenn Sie die Strategien anwenden, die wir Ihnen in diesem Buch vorstellen, geben Sie Ihrem Hund sozusagen ein Schweizer Armeemesser gegen das Altern in die Pfote.

Rapamycin: Medizin der Zukunft?

Das »R« in mTOR steht für »Rapamycin«, einen Stoff, der von einem Bakterium produziert wird. Es wurde benannt nach dem Ort, wo es in den frühen Siebzigern im Boden entdeckt wurde: auf der Osterinsel oder Rapa Nui. Diese liegt 3000 Kilometer vor der Küste von Südamerika. (Heute ist die Osterinsel, die zu Chile gehört, UNESCO-Welterbe. Sie ist berühmt für ihre archäologischen Schätze, vor allem für die mehr als 900 monumentalen Steinskulpturen, die Moai, die von den Bewohnern der Osterinsel zwischen dem 13. und 16. Jahrhundert geschaffen wurden.)

Rapamycin wirkt ähnlich wie ein Antibiotikum. Es zeigt starke antibakterielle, antimykotische und immunsuppressive Effekte. Anfang der Achtzigerjahre begannen mehrere Labore, die Substanz zu untersuchen. In den folgenden zehn Jahren erschien eine ganze Reihe von wissenschaftlichen Aufsätzen über ihre Wirkung auf das Zellwachstum von Hefen, Fruchtfliegen, Fadenwürmern, Pilzen, Pflanzen und – für uns am wichtigsten – Säugetieren. Erst 1994 entdeckten Wissenschaftler die Säugetierversion des Enzyms TOR dank der Arbeit von Dr. David Sabatini und seiner Kollegen an der medizinischen Fakultät der Johns Hopkins University in Baltimore und dem Memorial Sloan Kettering Cancer Center in New York. MTOR fungiert als Dreh- und Angelpunkt des Zellsignalsystems, sozusagen als Kommando- und Kontrollzentrum der Zelle. Dass das Molekül über zwei Milliarden Jahre Evolution überstand, hat seinen Grund: Es regelt meisterlich das Zellwachstum und ist eines der Geheimnisse, wie der Stoffwechsel im Inneren der Zelle – ihr Leben – orchestriert wird.

Die US-Gesundheitsbehörde FDA hat ein Rapamycin-Medikament genehmigt, das nach Organtransplantationen die Abstoßung des Fremdorgans verhindern kann. Aber der Stoff gehört auch zu den heißesten Anwärtern auf ein wirksames Anti-Aging- beziehungsweise Krebsmedikament. Auch die Wirkung von Rapamycin auf Hunde wird aktuell untersucht. Diese Erkenntnisse werden nicht nur die Gesundheit unserer Lieblinge fördern, sondern auch unsere eigene. Eines aber ist klar: Wir möchten Sie *nicht* dazu animieren, Ihrem Hund Rapamycin zu geben. Doch unserer Ansicht nach sind diese neuen Forschungsergebnisse eine Erwähnung wert, denn Sie werden sicher bald darüber lesen. Das Beste aber ist: Sie können die Funktion von mTOR durch Ernährung und Lebensstil beeinflussen.

Ein Wort zum Thema »Krebs«

Die Angst vor der Diagnose »Krebs« belastet viele Menschen. Hunde können eine ganze Reihe von Tumoren bekommen: Melanom, Lymphom, Osteosarkom und Weichteilsarkom, aber auch Karzinome an Prostata, Gesäuge, Lunge und Darm beziehungsweise Rektum. Etwa einer von drei Hunden bekommt im Laufe seines Lebens Krebs. Die Hälfte der über zehn Jahre alten Hunde stirbt an oder mit dieser Krankheit. Und was wir über Krebserkrankungen beim Hund wissen, lässt sich mit denen beim Menschen vergleichen.

Krebs ist eine hochkomplexe Krankheit bei beiden Arten. Sie ist teilweise genetisch verursacht, aber nicht alle Mutationen, die zu Tumoren führen, sind vererbbar. Es gibt auch andere Theorien zur Entstehung von Krebs, zum Beispiel Schäden an den Mitochondrien, den Kraftwerken der Zelle. Für den Augenblick aber wollen wir uns mit dem genetischen Aspekt beschäftigen. Im Laufe seines Lebens kann sich die DNS eines Hundes spontan verändern. Solche genetischen Mutationen werden langsam mehr, oder sie treten bei besonders wichtigen Genen auf. Wenn sich in einer Zelle mehrere Mutationen bilden oder die Mutation ein entscheidendes Gen betrifft, kann die Zelle beginnen, sich unkontrolliert zu teilen. Dann wächst und wächst sie, kann aber ihre Funktion nicht mehr ausüben, und es kommt zur Krebserkrankung. Man nennt dies »die somatische Mutationstheorie«. In den letzten Jahren haben Onkologen in aller Welt diese Theorie allerdings infrage gestellt. Sie gehen davon aus, dass Krebs durch eine Störung des Stoffwechsels der Mitochondrien entsteht. Jüngere Forschungsarbeiten konnten zeigen, dass eine normale Zelle auch dann normal bleibt, wenn man ihr den Zellkern einer

Krebszelle einpflanzt. Transplantiert man jedoch die Mitochondrien einer Krebszelle in die normale Zelle, fängt diese an, sich unkontrolliert zu teilen.

Die Stoffwechseltheorie der Krebsentstehung hat Raum für die Idee, dass wir selbst einiges tun können, um unsere Mitochondrien zu unterstützen. Dies wiederum kann sich auf unser Krebsrisiko positiv auswirken, aber möglicherweise auch die Behandlung von Tumorerkrankungen verändern. Doch welcher Theorie Sie auch zuneigen, das Resultat ist letztlich immer das gleiche: mutierte DNS. Mittlerweile hat man Gene entdeckt, die diesen Prozess einleiten können, manchmal mit nur einer einzigen Mutation. Die Gene, die für das Mammakarzinom verantwortlich sind, sind BRCA1 und BRCA2. Auch fehlende Gene können Krebs auslösen. Berner Sennenhund und Flat-Coated Retriever sind Hunderassen, denen bestimmte Tumorsuppressor-Gene wie CDKN2A/B, RB1 und PTEN fehlen, was dazu führt, dass sie für histiozytäre Sarkome anfällig sind. Und dann kommen noch Umweltfaktoren hinzu wie das Passivrauchen (Lungenkrebs) oder Unkrautvernichtungsmittel im Rasen, die beim Hund Lymphome auslösen.

Ob die Grundursache nun genetischer Natur ist, mit Umweltfaktoren zu tun hat oder ob es sich vielleicht um eine Kombination aus beidem handelt: Krebs entsteht, wenn unkontrolliertes Wachstum eine große Anzahl entarteter Zellen hervorbringt. Ärzte nennen dies »Neoplasie« (gr. *plássein* [bilden, gestalten]). Neoplasie führt zu einer Masse von gut- oder bösartigen Zellen. Sie ist das Produkt einer ganzen Reihe von Fehlfunktionen im Körper, beginnend mit einer unvollständigen Zellreparatur und endend mit einer total außer Kontrolle geratenen Zelle, die dysfunktionale Mitochondrien und dauerhaft geschädigte DNS enthält. Jede Zelle dieses Zellhaufens enthält die mutierte DNS, die identisch mit der ursprünglich mutierten Zelle ist. Tumorzellen können sich auf andere Organe ausbreiten und dort weiterwachsen. Man spricht dann von »Tochtergeschwulsten« oder »Metastasen« (gr. *metástasis* [Umstellung, Veränderung, Wanderung]). Ziel der Krebstherapie ist es, alle Tumorzellen eines Organismus abzutöten, denn schon eine einzige überlebende Zelle kann den Tumor neu entstehen lassen. Die Strahlentherapie ist eine »lokale« Therapie, die Zellen dort abtöten soll, wo der Krebs besteht. Ähnlich lokal wirkt die Operation, mit der der Tumor beseitigt werden soll. Die Chemotherapie hingegen ist eine »systemische« Therapie, die schnell wachsende Zellen tötet, sowohl im Tumor als auch dort, wo Tumorzellen möglicherweise hingewandert sind. Leider tötet die Chemotherapie ebenso schnell wachsende *gesunde* Zellen ab. Und das ist ein Problem.

Bis heute wird die Therapie von Krankheiten (auch der Krebserkrankung) aus der Rückschau gesteuert, nachdem die Diagnose gestellt wurde. Bei Hunden heißt das, dass man sie erst in einem weit fortgeschrittenen Stadium therapiert, weil der Hund ja nicht sagen kann, dass es ihm nicht gut geht. Fortschritte in der genetischen Forschung schaffen da Abhilfe. Einfache diagnostische Methoden wie der NuQ VetCancer Screening Test sind mittlerweile erhältlich, zumindest in Nordamerika. Eine der wichtigsten Forschungsrichtungen im Kampf gegen den Krebs ist tatsächlich die Genomanalyse, die uns erlaubt, Mutationen und damit Krebszellen zu erkennen, bevor die Krankheit problematisch wird. Wir hoffen, dass der Gentest irgendwann Standard wird und wir schädliche Mutationen schon erkennen, bevor der Hund erkrankt ist. Und die Forschung erhofft sich von den

Züchtern, dass sie darauf hinarbeiten, schädliche Mutationen aus dem Hundegenom herauszuzüchten. Dies sind genau die Ziele von Dr. Brenda Bonnett und der International Partnership for Dogs.

Glückliche, gesunde Hunde

Die gesunde Lebenserwartung zu steigern heißt letztlich, dass wir drei Arten des Abbaus verhindern: kognitiven, körperlichen und emotionalen/mentalen. Gerade den letzten Punkt möchten wir hervorheben, eben weil er häufig übersehen wird. Wir alle wissen, dass Dauerstress der Gesundheit schadet, aber was ist mit dem Stresspegel unserer Hunde? Kein Scherz! Eine Studie aus Finnland zeigt, dass 72,5 Prozent der Hunde zumindest eine Form von Unruhezuständen kennen – neben anderen psychischen Belastungen, die wir gewöhnlich nur mit dem Menschen in Verbindung bringen, wie Zwangsneurosen, Ängste, Phobien und Aggression. Und glauben Sie ja nicht, das sei Kinderkram. Studien an Hunden, die als Welpen kein angemessenes Sozialverhalten erlernen oder vielleicht sogar seelisch gequält werden, zeigen, dass dies meist schwerwiegende gesundheitliche Folgen hat. Einmal mehr gibt es große Ähnlichkeiten zu Befunden bei uns Menschen. Traumen und Ängste wirken sich sehr negativ auf unser langfristiges Wohlbefinden aus. Ein stilles, aber durchaus tödliches Problem. Millionen solcher Hunde landen weltweit Jahr für Jahr im Tierheim und werden wegen »Verhaltensauffälligkeiten« eingeschläfert. Doch dieses Fehlverhalten geht einzig auf einen verkehrten Umgang mit den Tieren in jungen Jahren zurück, mitunter aber auch auf unprofessionelles »korrektives«

Training später. Unbehandelte emotionale Traumen rauben uns und unseren Hunden jede Lebensfreude.

Viele Tiere bekommen heute Psychopharmaka verabreicht. 2017 ergab eine landesweite Studie eines Marktforschungsinstitutes, dass 8 Prozent der Hundebesitzer und 6 Prozent der Katzenbesitzer ihren Tieren im Vorjahr Medikamente gegen Ängste oder Stimmungsschwankungen verabreicht hatten. Das heißt, dass in den USA Millionen von Tieren Medikamente für Verhaltensauffälligkeiten bekommen. Eine 2019 in Großbritannien durchgeführte Umfrage ergab, dass 76 Prozent der Hundebesitzer eine oder mehrere Verhaltensweisen ihres Tieres korrigiert sehen wollten. Die soeben zitierte Studie aus Finnland zeigte, dass Geräuschempfindlichkeit das verbreitetste Angstsymptom bei Hunden ist: Man fand es bei 32 Prozent von 23 700 Tieren. Manche für den Menschen entwickelte Medikamente wurden von der amerikanischen Gesundheitsbehörde FDA auch für die Behandlung von Tieren zugelassen: der Wirkstoff Clomipramin (Clomicalm) für Trennungsangst bei Hunden; der Wirkstoff Dexmedetomidin (Sileo) für die Beruhigung geräuschempfindlicher Hunde. Traurigerweise führt die Behandlung mit diesen verhaltensverändernden Medikamenten nicht dazu, dass ein Hund nun von einer nie da gewesenen Seelenruhe erfüllt wäre. Diese Mittel verleihen Ihrem Hund keine neue Persönlichkeit. Sie müssen immer noch selbst tätig werden, um die Stressreaktion Ihres Hundes zu regulieren.

Die Wahrheit ist: Der Großteil der Hunde mit Verhaltensauffälligkeiten bekommt einfach zu wenig geistige Anregung, zum Beispiel durch eine für Hunde interessante Umgebung. Es fehlt ihnen an angstfreiem, beziehungszentriertem Training und an sozialen Bindungen. Rein ethisch betrachtet, befinden wir uns hier auf unsicherem Boden, denn wir haben es mit Patienten zu tun, die sich nicht in unserer Sprache ausdrücken können und deren Verhalten daher häufig fehlinterpretiert wird. Wir verlangen von ihnen, dass sie eine Fremdsprache erlernen, damit sie begreifen, was wir von ihnen wollen.

Jeder Hundetrainer und Verhaltensspezialist, der diese Zeilen liest, wird uns zustimmen: Viele der Verhaltensstörungen, die wir bei Hunden sehen, gehen auf fehlende oder schlechte Erziehung der Welpen zurück, die häufig aus Familien kommen, bei denen sie nicht genug Bewegung hatten. Dazu kommen die fehlende Kommunikation zwischen Hund und Besitzer (Sie müssen Ihren Hund verstehen lernen) und zu wenige Hobbys für Ihren Hund (»Hundejobs«). Die berühmte Hundetrainerin Suzanne Clothier, die seit 1977 mit Tieren arbeitet, formuliert dies so: »Die entscheidenden Erfahrungen, die uns im Leben am meisten beeinflussen, machen wir, wenn wir noch jung und beeindruckbar sind. Bei Hunden ist das ganz genauso.« Waren unsere Kindheitserfahrungen sicher, kalkulierbar und freudvoll? Oder waren sie erschreckend, unberechenbar, von Einsamkeit oder Schmerz geprägt? Die Antwort auf diese Fragen ist letztlich entscheidend.

Ich (Dr. Becker) habe immer wieder mit Klienten zu tun, die mir erzählen, dass sie in einer dysfunktionalen Familie aufgewachsen sind und dass sie die Fehler, die ihre Eltern bei ihnen gemacht haben, keinesfalls wiederholen möchten. Dabei behandeln sie ihre Hunde genauso – körperlich grob, ohne jede Geduld bei einem Konflikt oder einem Verhaltensproblem. Wenn etwas sie frustriert, dann brüllen sie einfach los. Hunde sind genauso hilflos, abhängig und ohnmächtig wie wir, als wir noch kleine Kinder waren. Sie sind verletzlich, haben keinen Einfluss auf ihre Lebenswelt, haben Sprachprobleme und können ihre Emotionen nur bedingt mitteilen. Wir waren auch mal zu jung, um unsere Gefühle in Worte zu fassen, wir konnten nicht ausdrücken, was wir dachten, aber wir hatten trotzdem intensive Emotionen, die übersehen oder nicht beachtet wurden. Angst. Unruhe. Frustration. Verwirrung. Ihr Hund empfindet die gleichen Gefühle und hat zusätzlich mit Sprachproblemen und sozialen Differenzen zu kämpfen.

Dass ein Hund knurrt, wenn er Angst hat und sich bedroht fühlt, ist absolut normal. Auf diese Weise kommuniziert er. Doch viele Menschen bestrafen Welpen, wenn sie knurren. Es ist ein Unterschied, ob sie Ihren Hund abrichten oder ihn lehren, was Sie von ihm wollen. Beim Abrichten findet die individuelle emotionale Erfahrung des Tieres keine Berücksichtigung. Bei der Erziehung hingegen suchen Sie aktiv nach dem besten Weg, ihm das Gewünschte beizubringen. Kinder verarbeiten Informationen unterschiedlich. Hunde ebenfalls! Es liegt in unserer Verantwortung, Kinder so zu erziehen, dass sie verstehen, was wir wollen. Stellen Sie sich vor, ein Fremder reißt Sie aus Ihrer Familie heraus und schreit Sie in einer Ihnen fremden Sprache an oder schlägt Sie sogar, wenn er Ihnen etwas wegnehmen möchte und Sie Ihren Besitz verteidigen. Das ist die verwirrende Welt von Haustieren: Wir erwarten von ihnen, dass sie sich benehmen wie wohlerzogene Kinder. Kinder, die einen Doktor in guten Manieren haben, dabei haben wir sie noch nicht mal in einen Montessori-Welpengarten geschickt. Wir hören ihnen nicht aktiv zu und machen uns gar nicht erst die Mühe, ihnen etwas beizubringen.

Es reicht nicht, wenn unsere Kinder einmal pro Woche eine Stunde Vorschulerziehung bekommen. So erfahren sie nie genug von dem, was sie über ihre Welt wissen müssen. Falls wir sie nicht täglich unterrichten, dann werden sie nie lernen, auf uns zu hören oder mit uns zu kommunizieren. Ähnlich ist es bei unseren Welpen: Erziehen wir sie nicht täglich, werden die süßen Fellknäuel ein oder zwei Jahre später immer noch ihren Kopf durchsetzen wollen und sich unmöglich benehmen. Eine gute Beziehung zum eigenen Hund aufzubauen braucht Zeit, Vertrauen, Beständigkeit und einen guten Kommunikationskanal, der in beide Richtungen funktioniert. Aber der Lohn dafür ist immens: ein gut erzogener Hund, der wenig Stress hat und länger lebt.

Wie Sie Ihren Hund in die Lehre nehmen können, erläutern wir Ihnen später. Für den Augenblick möchten wir uns – wie bereits angekündigt – mit einem weiteren Mythos beschäftigen, der viel mit dem Alter zu tun hat: dass nämlich ein Hundejahr sieben Menschenjahre entspricht. Wenn es denn so einfach wäre!

Wie »alt« ist mein Hund? – Wie Sie die Uhr neu lesen lernen

Wir versuchen seit Jahrhunderten, das Lebensalter von Hunden und Menschen zu vergleichen. 1268 sagten Handwerker in einem Bodenmosaik der Westminster Abbey den Tag des Jüngsten Gerichts mittels folgender Gleichung voraus: »Wenn der Leser alles, was hier niedergelegt ist, aufmerksam erwägt, wird er das Ende des Primum Mobile finden: Ein Igel lebt drei Jahre, dann kommen Hunde, Pferde und Menschen, Hirsche und Raben, Adler, die gewaltigen Wale, die Welt: Mit jedem verdreifachen sich die Lebensjahre.« Nach dieser Rechnung lebt ein Mensch 81 Jahre und ein Hund neun. Zum Glück für Hund und Mensch können wir auch länger hier verweilen, wenn wir die richtigen Entscheidungen treffen.

Die Gleichung »7 Menschenjahre = 1 Hundejahr« hat vermutlich ihren Ursprung in der Beobachtung, dass Menschen um die siebzig Jahre alt werden und Hunde etwa zehn. Manche Experten glauben, diese Gleichung sei dem Wunsch geschuldet, die Menschen möchten ihre Hunde wenigstens einmal jährlich zum Tierarzt bringen, da sie doch so viel schneller altern als der Mensch. Was stimmt. Aber genauer lässt sich die Altersentsprechung zwischen Mensch und Hund bestimmen, wenn wir Folgendes beachten: Das erste Lebensjahr eines mittelgroßen Hundes entspricht etwa fünfzehn Menschenjahren, das zweite Jahr immerhin noch neun, und jedes Jahr danach kommt fünf Menschenjahren gleich.

Viele grafische Darstellungen der Altersrelation Mensch-Hund beziehen die Größe der Tiere mit ein, werden allerdings recht häufig geändert, da die Forschung hier mit Siebenmeilenstiefeln voranschreitet. Es gibt Studien, wonach das erste Lebensjahr eines Hundes dreißig Jahren beim Menschen entspricht, sodass ein vierjähriger Hund dann etwa 54 Menschenjahre auf dem Buckel hätte. Ein Hund von vierzehn Jahren entspricht einem Mittsiebziger. Aber der Knackpunkt ist natürlich: Wie sind diese »Menschenjahre« definiert? (Und warum müssen wir das Alter unserer Hunde unbedingt in »Menschenjahre« umrechnen?)

Denn wer das Alter seines Hundes – oder auch eines Menschen – berechnet, sollte zwischen dem chronologischen und dem biologischen Alter unterscheiden. Wir alle kennen schließlich Zeitgenossen, zu denen ihr Alter nicht zu passen scheint. Die Siebzigjährige, die zehn Jahre jünger wirkt. Der neunjährige Deutsch-Kurzhaar, der herumspringt, als wäre er gerade mal vier. Alter ist relativ – und hängt davon ab, wie unser Körper funktioniert, wie gut wir auf uns achtgeben und wie wir uns in der Welt bewegen. Vor einigen Jahren gab es den *RealAge*-Test, der von Dr. Michael Roizen entwickelt wurde. Er ist heute der führende Wellness-Experte der Cleveland Clinic. Dieser Test zielt (völlig unwissenschaftlich) darauf ab, die Lebenserwartung zu prognostizieren. Dazu fragt er nach Bewegung, Rauchen, Ernährung, Blutwerten (das heißt Cholesterin), Blutdruck, Gewicht und Vorerkrankungen. Natürlich kann nichts und niemand auf der Welt wirklich vorhersagen, wie lange Sie leben werden. Aber zumindest kann solch ein Test zeigen, was Sie an Ihrer Lebensführung verbessern können, um die Gesundheitsgleichung zu Ihren Gunsten zu beeinflussen.

Die Wissenschaft ihrerseits hat neue, datengestützte Methoden gefunden, das wahre biologische Alter festzustellen. Auch diese Tests können keine exakten Vorhersagen treffen. Faszinierend sind sie trotzdem. So soll beispielsweise die Länge unserer Telomere Aufschluss geben, wie gut wir altern. Telomere sind die Käppchen auf den Enden der Chromosomen, die unsere Zellen vor dem Altern bewahren. Sie verkürzen sich mit der Zeit. Schon in jungen Jahren verkürzte Telomere zu haben ist also kein gutes Zeichen. Eine der neuesten Methoden – die uns wieder auf den Unterschied zwischen Hund und Mensch zurückbringt – ist die sogenannte »epigenetische Uhr«. Entwickelt hat sie der Genetiker Steve Horvath von der University of California in Los Angeles. Sie betrachtet das Epigenom des Körpers, also jene chemischen Modifikationen, die unsere DNS sozusagen etikettieren. Das Muster dieser Etiketten verändert sich im Laufe des Lebens und zeigt das biologische Alter einer Person. Im Verhältnis zu unserem chronologischen Alter kann unsere biologische Uhr vor-, aber auch nachgehen.

Diese epigenetischen Marker sind wichtig für Gesundheit und Lebenserwartung und können auch an künftige Generationen weitergegeben werden. Selbst die Nahrung, die Sie zu sich nehmen, die Luft, die Ihr Hund atmet, der Stress, dem Sie beide ausgesetzt sind, beeinflusst die DNS (Ihre Hardware) durch das Epigenom (die Software, die bestimmt, welche Gene aktiviert werden).

Das ist vor allem für jene von Belang, die Unsummen für einen genetisch perfekten Hund ausgeben – der aber dann Umwelteinflüssen ausgesetzt ist, die sein Epigenom negativ beeinflussen. Die Gesundheit des Hundes kann durch solche epigenetischen Trigger leiden. Andererseits muss sich auch eine genetische Variation – wie eine genetisch bedingte Anfälligkeit für eine bestimmte Krankheit – nicht automatisch verwirklichen. Der Hund muss nicht erkranken, denn Sie haben einen enormen Einfluss auf sein Epigenom. Ihr Hund kann genetisch eine Katastrophe sein und trotzdem nie krank werden. Mehr Fakten braucht es hoffentlich nicht, um Sie davon zu überzeugen, dass der Lebensstil und die unmittelbare Umgebung Ihres Hundes zu DNS-Flüsterern werden können. Es ist unsere Aufgabe sicherzustellen, dass diese Lebenswelt dem Epigenom nur Worte der Gesundheit, Vitalität und Resilienz zuflüstert.

Das Wissen darum, wie man das Epigenom beeinflusst, ist für die Hüter unserer Haustiere von entscheidender Bedeutung. Die Epigenetik liefert uns die nötigen Instrumente, um die Lebensqualität unserer Tiere zu verbessern, den Ausbruch einer Krankheit zu verhindern oder ihren Verlauf zu verlangsamen. Alle bekannten epigenetischen Register zu ziehen ist die einzige Möglichkeit, das Altern zu verlangsamen, damit wir lange Freude an unseren Tieren haben. Natürlich können wir hier nicht alle epigenetischen Einflüsse so erschöpfend beschreiben, dass ein Züchter sich danach richten könnte. Aber wenn Sie die von uns vorgeschlagenen Maßnahmen umsetzen, können Sie eine positive Genexpression bewirken. (Mehr Tipps finden Sie auf unserer englischsprachigen Webseite www.foreverdog.com.)

Die wichtigsten Epigenom-Trigger

Nährstoffgehalt der Tiernahrung
Polyphenolgehalt des Futters
Chemische Verunreinigung des Futters
Körperliche Aktivität
Stress
Übergewicht
Pestizide
Schwermetalle
Hormonaktive Substanzen
Feinstaub (Passivrauchen)
Luftverschmutzung

Im Jahr 2019 veröffentlichten Wissenschaftler der University of California in San Diego eine Studie über das Altern, die sich auf die Veränderung der DNS bei Hund und Mensch stützt. Alle Hunde – egal, welcher Rasse – weisen eine ähnliche Entwicklung auf: Sie erreichen die Pubertät mit ungefähr zehn Monaten und sterben, bevor sie zwanzig Jahre alt sind. Weil sie an den genetischen Faktoren interessiert waren, die sich aufs Altern auswirken, untersuchten die Forscher nur eine Rasse: den Labrador Retriever.

Sie analysierten die Methylierungsmuster in der DNS von 104 Hunden, die zwischen vier Monaten und sechzehn Jahren alt waren. (Bei der DNS-Methylierung handelt es sich um eine Modifikation an den Grundbausteinen der Erbsubstanz einer Zelle, die durch die Übertragung von Methylgruppen durch Enzyme auf Nukleobasen an bestimmten Stellen der DNS bewirkt wird.) Wie diese Analysen ergaben, zeigen Hunde (also Labrador Retriever) und Menschen ähnliche altersbedingte Methylierungsmuster, und bestimmte entwicklungsrelevante Gengruppen werden bei beiden Arten altersabhängig ähnlich methyliert. Das legt die Vermutung nahe, dass einige Aspekte des Alterns schlicht eine Fortschreibung der allgemeinen Entwicklungsprozesse sind und kein eigener Vorgang – und dass einige dieser Veränderungen bei Säugetieren entwicklungsgeschichtlich bedingt sind.

Das Forscherteam formulierte eine neue »Uhr« für das Hundealter, die etwas komplexer ist als die schlichte Multiplikation mit 7, die wir kennen. Die neue Formel, die man nur auf Hunde anwenden kann, die älter sind als ein Jahr, lautet:

$$16 \times \ln(\text{Hundealter}) + 31$$

Um herauszufinden, wie alt Ihr Hund in »Menschenjahren« ist, brauchen Sie einen wissenschaftlichen Taschenrechner (kostenlos im Internet!). Sie tippen das Alter Ihres Hundes ein, dann drücken Sie die Taste »ln« für den natürlichen Logarithmus dieser Zahl. Die Zahl, die dabei herauskommt, multiplizieren Sie mit 16 und addieren dann 31 dazu.

Unsere einzelnen Lebensphasen korrespondieren mit denen unserer Hunde. Ein Welpe mit sieben Wochen entspricht in etwa einem neunmonatigen Baby – beide fangen gerade an, Zähne zu bekommen. Die Formel passt auch gut zur Lebenserwartung von Labrador Retrievern (zwölf Jahre) und zu der des Menschen

WIE MAN HUNDE- IN MENSCHENJAHRE UMRECHNET

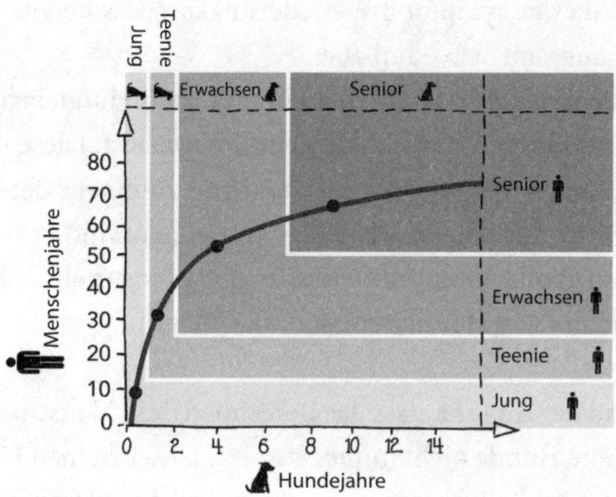

Diese Grafik zeigt die Unterschiede der Alterungsprozesse von Hund und Mensch. Sie stützt sich auf einige komplexe Berechnungen und mehrere Forschungsarbeiten, vor allem von Dr. Trey Ideker an der University of California in San Diego. Von ihm haben wir die Abdruckgenehmigung für diese Grafik erhalten. Die einzelnen Felder zeigen, in welchen Lebensjahren welche Lebensphasen durchlaufen werden. Mit »jung« wird die Zeit nach der Babyzeit und vor der Pubertät bezeichnet (2 bis 6 Monate bei Hunden, 1 bis 12 Jahre beim Menschen). Mit »Teenie« ist die Zeit von der Pubertät bis zum Ende der Wachstumsphase gemeint (6 bis 24 Monate beim Hund, 12 bis 25 Jahre beim Menschen). Die »Erwachsenenzeit« umfasst das 2. bis 7. Lebensjahr des Hundes und das 25. bis 50. beim Menschen. »Senior« ist alles, was danach kommt: bis zum 12. Lebensjahr beim Hund, bis zum 70. beim Menschen. Die Angaben zu den Hundejahren wurden den Mortalitätsdaten aus der Tiermedizin entnommen. Die Werte für den Menschen stammen aus der Literatur über die Lebenszyklen und die Lebenserwartung des Menschen.

(siebzig Jahre). Gerade zu Anfang tickt die Uhr für den Hund schneller als für den Menschen – ein zweijähriger Labrador verhält sich manchmal zwar immer noch wie ein Welpe, doch tatsächlich hat da der symptomfreie Alterungsprozess bereits begonnen, verlangsamt sich dann aber.

Wie Sie sich vielleicht vorstellen können, sind Hundeliebhaber von diesen Erkenntnissen nicht gerade begeistert. Diese Forschungsresultate ließen die Telomermessung zu einem der beliebtesten Mittel der Altersvorhersage werden, zumindest beim menschlichen Biohacking. Mittlerweile gibt es sogar ein Labor, das die Telomere von Hunden misst.

Auch wir sind der Ansicht, dass das Berechnen des »Menschenalters« für unsere Hunde nicht immer stimmt. Die einzelnen Hunderassen altern schließlich unterschiedlich, und diese Daten wurden in der o. g. Studie nicht mit einbezogen. Aber diese neue, wissenschaftlich begründete Methode liefert auf jeden Fall bessere Ergebnisse als die schlichte Multiplikation mit 7.

Amyloid und der Alterungsprozess

Die meisten Menschen kennen das: Mit fortschreitendem Alter kommt es zu Steifheit, Gelenkproblemen und Arthrose. Auch alte Hunde gehen mitunter sehr steif, als hätten sie Holzbeine. Abnutzungserscheinungen können sich auch im Gehirn zeigen. Wir beginnen gerade erst, den Zusammenhang zwischen der Amyloidproduktion und dem Alterungsprozess zu verstehen. Sie haben vielleicht schon von den Beta-Amyloiden gehört, die sich – wenn sie falsch gefaltet sind – im Gehirn verklumpen und »Plaques« bilden, die ein eindeutiges Anzeichen für eine Alzheimer-Erkrankung sind. Auch Hunde können solche Plaques entwickeln, und diese stehen in Zusammenhang mit kognitivem Abbau unserer Tiere. Aus diesem Grund untersucht die Wissenschaft Hunde – um ihr Wissen über Alzheimer und dessen Behandlung zu vermehren. Es besteht zudem ein Zusammenhang zwischen kardiovaskulären Erkrankungen und den Plaques im Gehirn. Jedenfalls hat man bei älteren Patienten – selbst solchen ohne Demenzerscheinungen – Plaques nicht nur im Gehirn, sondern auch in den Arterien gefunden. Diese Resultate lassen vermuten, dass es zwischen den Plaques in den Gefäßen und denen im Gehirn eine Verbindung gibt. Was heißt: Wenn Sie Ihr Gehirn und Ihre Beweglichkeit retten wollen (keine Holzbeine), dann müssen Sie sich um Ihre Cardio-Fitness kümmern. Was gut für die Gesundheit des Herzens ist, ist auch gut für ein gesundes Gehirn – egal, ob Zwei- oder Vierbeiner.

Durch Methylierung wird die DNS ständig repariert. Wenn man in der DNS da oder dort eine Methylgruppe einsetzt oder wegnimmt, hat dies massive biochemische Auswirkungen auf unseren Körper. So wird der Code des Lebens aktiviert oder deaktiviert, auch beim Hund. Misslingt die Methylierung aber, dann gibt es Ärger. So bringt man Methylierungsdefekte in Verbindung mit Herz-Kreislauf-Erkrankungen, kognitiven Einschränkungen, Depressionen und Krebs. Studien haben gezeigt, dass dies bei Hunden ähnlich ist. Aber natürlich sind hier noch eine Menge Fragen offen. Sind die Methylierungsdefekte nun Ursache oder Wirkung der Alterungsprozesse? Vielleicht wirken sie auch anderweitig auf diesen Vorgang ein? »Niemand weiß das genau. Im Moment ist all das nur Spekulation«, sagt Trey Ideker, Professor für Genetik an der University of California in San Diego, der die Studie leitete. Als Augie, der Golden Retriever aus Tennessee, 2020 zum damals ältesten Hund der Welt gekürt wurde, gingen Idekers Resultate um die ganze Welt. Jeder wollte wissen, wie es zuging, dass Augie so alt werden konnte. Das aktuelle Forschungsziel ist es herauszufinden, was die Methylierungsrate bewirkt und warum dieser Vorgang bei manchen Tieren schneller voranschreitet als bei anderen. Wenn wir diese genetische Uhr verstanden haben, können wir den Alterungsprozess möglicherweise kontrollieren – bei unseren Haustieren und bei uns selbst.

Die Superwissenschaft von den DNS-Veränderungen

Der Einzel-Nukleotid-Polymorphismus steht für eine Variation in der DNS-Sequenz. SNPs – wie das Akronym (Single Nucleotide Polymorphism) für die Ergebnisse lautet, gesprochen »Snips« – sind verschiedene Variationen in der DNS, die durchaus solche Genabschnitte betreffen können, welche die Reaktion auf Krankheiten, Umweltfaktoren und Medikamente codieren. Diese Änderungen im DNS-Code können in spezifischen Fellfarben resultieren, aber auch in einer höheren Anfälligkeit für Krebs beziehungsweise der Unfähigkeit, Histamine abzubauen (bei Hund und Mensch).

Manche der SNPs und andere Genvariationen beeinflussen die Fähigkeit des Körpers, Nährstoffe aufzunehmen und zu verarbeiten. Nährstoffe, die für viele Prozesse wichtig sind, zum Beispiel für die Bekämpfung von Entzündungen, normale Entgiftungsmechanismen, die Funktion unseres Immunsystems oder die Produktion von Neurotransmittern. Bestimmte genetische

Variationen haben zur Folge, dass der Körper falsche oder widersprüchliche Instruktionen an die Zellen weitergibt. Wenn bei der Proteinbiosynthese eine andere Aminosäure eingebaut wird als ursprünglich programmiert, verändert das die Form des entstehenden Proteins. Das wiederum betrifft die Funktion von Zellen, Organen und Geweben – all das wegen einer Veränderung in den Genen. Was, wenn die Nahrung nicht genügend verfügbare Aminosäuren für die erste, zweite oder dritte Stelle im Protein liefert? An diesem Punkt beeinflusst die Ernährung die DNS. Wir werden uns später noch mit der Frage auseinandersetzen, wie Qualität und Quantität bestimmter Aminosäuren (der Proteinbausteine), die in hochverarbeiteter Industrienahrung nicht zu finden sind, den Körper beeinflussen. Genetische Variationen und die schlechte Qualität der Tiernahrung gehören mit zu den Gründen, weshalb Hunde unserer Ansicht nach viel zu früh (also vor dem Alter von zehn Jahren) degenerative Erkrankungen bekommen.

Solche Variationen in der DNS verursachen nicht unbedingt eine Krankheit, aber sie signalisieren, welches Risiko für bestimmte Erkrankungen besteht. Wenn Ihr Hund keine genetischen Risikofaktoren für bestimmte Krankheiten aufweist, heißt das keineswegs, dass er sie nicht bekommen kann. Es bedeutet einfach, dass sein Risiko geringer ist als das von Tieren, welche diese Risikofaktoren haben. Seit das Human Genome Project abgeschlossen ist, das menschliche Genom entschlüsselt, werden ständig neue Studien veröffentlicht, die zeigen, wie diese SNPs mit bestimmten Krankheiten, Merkmalen und Zuständen zusammenhängen. Einige davon beschäftigen sich dabei auch mit dem Hund. Da unsere Ernährung sich auf unser Genom auswirkt, gehen Wissenschaftler den SNP-Mustern nach, die bei

Hunden und Menschen die Methylierung beeinflussen. So können wir bessere Ernährungsentscheidungen treffen. Dieser neue Zweig der Forschung heißt »methylgenetische Ernährung«.

Die DNS eines Hundes bestimmt seine Physiologie. Sie prägt, wie er Nährstoffe verarbeiten kann, welche Enzyme sein Körper herstellt und wie er mit Schadstoffen fertig wird. Wenn Sie oder Ihr Hund viele solcher SNPs im Genom haben, welche die Physiologie, den Stoffwechsel und die Entgiftung beeinflussen, dann ist es kein Wunder, dass der Körper zusammenbricht, wenn er nicht durch eine gute Ernährung gezielt unterstützt wird. Andere Forschungsprojekte suchen nach genetischen Variationen, die möglicherweise auf das Verhalten eines Hundes einwirken, zum Beispiel ob er außergewöhnlich ängstlich ist.

Die Medizinergemeinde reagiert recht schnell, was die genetische Diagnostik angeht. Viele Biohacker, Sportler und andere gesundheitsbewusste Menschen suchen Wege, mithilfe von methylgenetischer Ernährung beziehungsweise funktioneller, nährstoffbezogener Genomanalyse ihre Gesundheit ganz individualisiert zu verbessern. Eine einfache Speichelanalyse lässt Rückschlüsse auf unsere individuellen Genvariationen zu. Geben Ärzte und Ernährungswissenschaftler diese Daten in eine spezialisierte Software ein, dann können sie in Verbindung mit Ihren Blutwerten erkennen, welcher Teil Ihres Stoffwechsels Unterstützung braucht. Dank dieses einzigartigen genetischen Profils kann Ihr ganz persönlicher Nährstoffbedarf ermittelt werden, sodass Sie Ihrem Körper alles zuführen können, was er braucht und auch verarbeiten kann.

Das ist tatsächlich personalisierte Medizin und Ernährung! Wir können auf unser Genom zurückgreifen, um zu erfahren, welche Medikamente, welche Chemotherapie für uns passen und welche Vitamine, Mineralstoffe und andere Nahrungsergänzungsmittel in unserem Körper das beste Resultat bringen – oder welche wir im Gegenteil vermeiden sollten. Das wird unser ganzes Leben verändern. Im Moment können wir bei Hunden nur Tests auf genetische Krankheitsmarker vornehmen lassen. Aber auch die Tiermedizin strebt dankenswerterweise in die Richtung personalisierter Empfehlungen für medikamentöse Behandlung und Ernährung. In einigen Jahren wird die genomische Nahrungsanalyse beim Tierarzt gang und gäbe sein. Dann werden noch mehr Arten von speziell auf sie zugeschnittenen Behandlungs- und Ernährungsplänen profitieren. Einige Unternehmen sind schon dabei, nutrazeutische Programme auszuarbeiten, welche die DNS Ihres Hundes berücksichtigen, seine Rasse, seinen Lebensstil und sein Lebensalter.

Was für den Forever Dog wichtig ist

- Das Leben ist ein fortlaufender Prozess, bei dem Zerstörung und Aufbau sich abwechseln. Auch das Altern ist eine normale, langfristige Entwicklung, die im Körper viele verschiedene Vorgänge auslöst, welche von der Genetik ebenso gesteuert werden wie von Umwelteinflüssen.
- Die verschiedenen Signalpfade des Alterns, die verschiedenen Wege zur zellulären, organischen und systemischen Fehlfunktion, sind für Mensch und Hund die gleichen. Obwohl Hunde ähnliche Entwicklungen durchlaufen wie der Mensch, altern sie schneller. Dies gibt uns die Möglichkeit, sie als Modellorganismus zu studieren, um herauszufinden, wie optimales Altern verlaufen kann.
- Genetische Mutationen und/oder Nährstoffmangel können

die Methylierungsrate des Hundes positiv oder negativ beeinflussen, sodass er langsamer oder schneller altert.

- Die Größe ist entscheidend: Größere Hunde sterben eher als kleinere. Das liegt unter anderem an den Unterschieden im Stoffwechsel und an den mit dem Körpergewicht verbundenen Risiken für degenerative Erkrankungen. Alter und Rasse sind die stärksten Risikofaktoren für Hunde.
- Wenn Sie Ihren Hund zu früh kastrieren lassen, hat dies langfristige Auswirkungen auf seine Gesundheit und sein Verhalten. Wollen Sie einen Welpen tatsächlich vor der Pubertät kastrieren oder sterilisieren lassen, entscheiden Sie sich lieber für eine Hysterektomie (Entfernung der Gebärmutter) oder eine Vasektomie (Durchtrennen der Samenleiter), statt die Keimanlagen komplett entfernen zu lassen.
- In aller Welt untersucht man mittlerweile das Genom des Hundes, um Gene zu erkennen, die ein Krankheitsrisiko darstellen.
- Es kommt zur Schadstoffbildung, wenn Glukose (Zucker) und Proteine in einer warmen Umgebung (Körper) miteinander reagieren oder wenn dies bei der Futtermittelherstellung geschieht. Stoffe wie MRPs (Maillard-Reaktionsprodukte, zu denen AGEs [Advanced Glycation Endproducts] und ALEs [Advanced Lipoxidation Endproducts] gehören) richten im Körper einigen Schaden an. Kombiniert mit anderen schädlichen Stoffen wie Mykotoxinen, Glyphosat und Schwermetallen, machen sie kommerzielle Tierfuttermittel zu einem Gesundheitsrisiko.
- Sie können auf einfache Weise herausfinden, ob das von Ihnen ausgewählte Hundefutter gesund ist, wenn Sie nachzählen, wie oft es bei der Herstellung erhitzt wurde (mehr dazu in Teil III).

- Obwohl Forschung, Prüfung und Vorschriften für Menschen- und Hundenahrung sich massiv unterscheiden, setzen sowohl Tierfutter- als auch Nahrungsmittelindustrie auf die gleichen Tricks. Beide fördern massiv den Verzehr hochverarbeiteter Lebensmittel.
- Unsere DNS ist statisch, aber wie sie sich verhält, das heißt, wie sie exprimiert wird, ist ein hochgradig dynamischer Prozess – und hängt von epigenetischen Schaltern ab. Epigenetische Trigger, die das Verhalten der DNS verändern können, sind zum Beispiel falsche Ernährung, Umweltbelastungen und das Fehlen von ausreichender Bewegung.
- Die Autophagie ist ein wichtiger biologischer Prozess, bei dem der Körper gereinigt wird. Es gibt Zeiten, in denen Sie die Autophagie ankurbeln sollten. Auch dies geschieht durch Ernährung, das Timing der Mahlzeiten und körperliche Bewegung.
- Hunde sind wie Kinder. Sie brauchen das richtige Zuhause und müssen zu gesundem Verhalten angeleitet werden, vor allem in sozialer Hinsicht. Nur so reifen sie zu hinreißenden Fellknäueln heran, die sich auch noch zu benehmen wissen und mit Stress umgehen können.
- Das Verhältnis von Hunde- zu Menschenjahren lässt sich nicht einfach durch Multiplikation mit 7 feststellen. Es gibt verschiedene Möglichkeiten, das entsprechende »Alter« eines Hundes festzustellen. Letztlich aber geht es um Kraft und Beweglichkeit, und diese werden von den epigenetischen Schaltern gesteuert, den wichtigsten Faktoren für das Wohlbefinden unserer bellenden Begleiter.

Teil II

Die Geheimnisse der ältesten Hunde der Welt

Die lange Version

4

De-Aging durch Ernährung

Nahrung ist Information für Gesundheits- und Langlebigkeits-Gene

Was du isst, wird buchstäblich zu dem, was du bist.
Du hast also in der Hand, wer du sein möchtest.

Anonym

Jeder von uns trägt seinen Arzt in sich. Wir müssen ihn nur bei seiner Arbeit unterstützen. Die natürliche Heilkraft in jedem von uns ist beim Gesundwerden die größte Kraft. Unsere Nahrung sollte unsere Arznei sein und unsere Arznei unsere Nahrung. Isst du aber, wenn du krank bist, nährst du nur die Krankheit.

Hippokrates zugeschrieben

Im Jahr 1910 kam im australischen Bundesstaat Victoria ein Australian Cattle Dog namens Bluey zur Welt. Er wurde 29 Jahre und fünf Monate alt und vom *Guinness Buch der Rekorde* zum ältesten Hund der Welt gekürt. Er lebte auf einem Bauernhof und half beim Hüten von Schafen und Rindern. 2016 starb eine Australian-Kelpie-Hündin namens Maggie sanft im Schlaf. Auch von ihr heißt es, dass sie dreißig Jahre alt gewesen sein soll. Maggie lebte wie Bluey auf einem Bauernhof, konnte aber keinen Anspruch auf den Titel »Ältester Hund der Welt« erheben, weil ihr Besitzer die Papiere verloren hatte, die das hätten belegen können. Diesen beiden außergewöhnlichen Hunden war einiges gemeinsam. Sie brachten ihre Tage damit zu, in der freien Natur umherzulaufen, hatten also viel Bewegung und Kontakt mit einem natürlichen Umfeld. Ein Häkchen, zwei Häkchen. Brian, Maggies Besitzer, meinte, sie hätte Tag für Tag mehrere Meilen zurückgelegt, weil sie immer neben ihm und seinem Traktor hergelaufen sei. Auf einem Bauernhof zu leben heißt, frische, vollwertige Nahrung zu bekommen. Maggies ausgewogene Ernährung bestand meist aus rohem Futter, also viel Protein und mehr Fett. Nichts aus der Dose. Noch ein Häkchen. Und ihr Lebensstil war weitgehend stressfrei. Und noch ein Häkchen.

Sowohl Bluey als auch Maggie gelten in der Hundewelt als »Methuselah Dogs«. Diese ausgesprochen langlebigen Hunde sind Sonderfälle. Daher machen sie in aller Welt Schlagzeilen. Das liegt auch an Enikő Kubinyi und ihrem Forscherteam in Budapest. Methusalem war ein biblischer Patriarch, der im Judentum ebenso bekannt ist wie im Christentum beziehungsweise im Islam. Er soll 969 Jahre alt geworden sein, der älteste Mensch, der in der Bibel erwähnt wird. Auch in der Humanforschung werden Menschen über hundert »Methusalem« genannt. In der Hundewelt muss ein Tier mindestens siebzehn Jahre alt sein, um in diese Kategorie zu fallen. (Auch wenn, wie bereits gesagt, enorme Unterschiede bestehen, was Rasse und Größe angeht.) Bei Mischlingen gelten Hunde über 22½ als »Methusalems«. Studien zeigen, dass einer von 1000 Hunden das biblische Alter von 22 bis 25 Jahren erreicht. Der Großteil unserer Hunde aber stirbt in jüngeren Jahren an Krankheiten, die sich mit Ernährung und Bewegung unter Umständen positiv hätten beeinflussen lassen.

Einmal mehr soll hier betont werden, dass Hunde von der Forschung verstärkt als Modellorganismen herangezogen werden, um die verschiedenen Signalwege des Alterns zu untersuchen sowie die Auswirkungen, die unser Lebensstil darauf hat – weil die Wissenschaftler nach Wegen suchen, Qualität und Dauer des Lebens zu verbessern. Die Forschung funktioniert hier also symbiotisch: Hunde zeigen uns, wie das Altern funktioniert, und wir lernen daraus, wie wir ihr Leben verlängern können.

Wir werden oft gefragt: Was können wir tun, um das Leben unserer Haustiere zu verlängern? Sie wären vermutlich erstaunt über die Antwort, weil diese nämlich auf uns ebenfalls zutrifft: für eine gesündere Ernährung sorgen. Oder anders gesagt: **Iss besser, iss weniger und nicht so oft.** Das ist in der Theorie zwar einfach, aber praktisch gar nicht so leicht umzusetzen. Schließlich ziehen ständig die schönsten und buntesten Lebensmittelverpackungen unsere Aufmerksamkeit auf sich. Und das sind meistens genau die, von denen wir tunlichst die Finger lassen sollten. Überlegen Sie doch nur mal: Wie viele Diäten haben Sie schon ausprobiert, entweder um Gewicht zu verlieren oder um Ihre Gesundheit zu stärken? Ob Sie nun Kohlenhydrate zählen oder Kalorien, ob Sie sich beim Mittag- oder Abendbrot einen Nachschlag erlauben oder ob Sie einer strengen Diät folgen und ständig Ihren Verzehr protokollieren: Wir, die Autoren, würden jede Wette eingehen, dass Sie wenigstens einmal in Ihrem Leben versucht haben, Ihre Essensgewohnheiten zu ändern. Die meisten Menschen versuchen das irgendwann mal, nur um es dann wieder sein zu lassen, zumindest bis zum nächsten Neujahr.

Anders als wir haben unsere Hunde kein Mitspracherecht, was ihre Ernährung angeht. Sie sind da ganz auf uns angewiesen, ihre Hüter. Wir müssen *für* sie die richtige Wahl treffen. Versetzen Sie sich doch mal in die Lage Ihres Hundes: Sie werden zu jeder Essenszeit von Ihrem geliebten Menschen gefüttert, haben aber bei der Zusammenstellung der Mahlzeiten nichts mitzureden. Der schiere Hunger treibt alles hinein, was man Ihnen vorsetzt. Wenn Sie nichts anderes bekommen als hochverarbeitete Industrienahrung, wie lange würde es Ihrer Meinung nach dauern, bis sich die Folgen körperlich (vor allem an Ihrer Taille) bemerkbar machen würden? Von der Wirkung auf Ihre geistigen Fähigkeiten oder aufs Immunsystem mal ganz abgesehen. Vermutlich nicht allzu lange. Ein paar Tage, vielleicht auch Wochen. Sie würden zunehmen. Sie würden sich träge fühlen und im Kopf vernebelt. Guter Schlaf würde sich nicht mehr einstellen. Sie würden sich ständig gestresst fühlen und auch immer ängstlicher. Das führt zu einem erhöhten Cortisolspiegel. Bis Sie irgendwann nur noch an eines denken können: eine gute Mahlzeit aus vollwertigen, frischen, nichtverarbeiteten Zutaten direkt aus der Natur. So haben unsere Vorfahren sich ernährt. Daher ist der Appetit auf Nährstoffe, die aus einer breiten Spanne frischer Lebensmittel stammen, in unsere DNS eingebrannt. Der Stammvater des Hundes, der Wolf, musste einiges an Schläue aufbieten, um an Futter zu kommen. Und er musste viel laufen.

Die alten wie die modernen Wölfe sind klassische Fleischfresser. Sie bevorzugen große Huftiere wie Rotwild, Wapitis, Bisons und Elche. Aber sie jagten auch kleinere Tiere wie Biber,

Nager und Hasen. Ihre Ernährung bestand primär aus Protein und Fett – unverarbeitet! Unsere menschlichen Vorfahren (die keine moderne Nahrungsmittelindustrie zur Verfügung hatten und keine globalen Lieferketten) waren Jäger und Sammler. Sie ernährten sich von Wild, Fisch und essbaren Pflanzen, darunter auch Nüsse und Samen. Wölfe fraßen ebenfalls Beeren, Gras, Samen und Nüsse. Trotzdem waren sie keine Allesfresser. Der frühe Mensch hatte Glück, wenn er mal jahreszeitlich angemessen süße Früchte fand. Ohnehin zeigen Studien, dass selbst sie noch vergleichsweise sauer und bitter schmeckten. Wir aber züchten seit mehr als 200 Jahren Obstsorten, die immer mehr Zucker enthalten. Die alten Apfelsorten haben mit den modernen kaum etwas gemeinsam. Wir züchten Hunde, sodass sie unseren Wünschen entsprechen. Genauso haben wir Obst nach unseren Vorlieben gezüchtet: Und es schmeckt wie Bonbons mit Multivitaminpaste von bescheidener Qualität.

Auch aßen unsere Vorfahren nicht so viel oder so häufig, wie wir es heute gewohnt sind. Sie mussten hart arbeiten (körperliche Bewegung), um sich ihr täglich Brot zu verschaffen. Das Frühstück war vermutlich nicht die wichtigste Mahlzeit des Tages, weil es wohl einen ganzen Tag – manchmal auch mehrere – dauerte, überhaupt genug zu essen zu finden. Manchmal blieb der Magen tagelang leer, aber das machte nichts, denn der menschliche Körper hatte sich so entwickelt, dass er gewisse Hungerperioden gut wegsteckte. Das musste er auch, um überleben zu können. Unsere Biotechnik ist so ausgelegt, dass wir längere Zeit mit sehr wenig Nahrung zurechtkommen. Problematisch wurde es erst, als diese Steinzeit-Biotechnik in der Moderne landete, mit all den ständig verfügbaren Fertignahrungsmitteln. Das Gleiche gilt für unsere Hunde. Sie wurden in der Steinzeit bei uns groß, leben jetzt aber im 21. Jahrhundert. Auf Hunde und Katzen trifft die biologische Definition des Fleischfressers immer noch zu: ein kurzer Verdauungstrakt, keine Möglichkeit, aus Sonnenlicht Vitamin D zu bilden, und keine Amylase im Speichel (die Kohlenhydrate aufspaltet). Da der moderne Haushund mittlerweile mehr Amylase in der Bauchspeicheldrüse bildet, glauben viele Tierärzte, man könnte Hunde auch vegan ernähren. Wir sind da anderer Meinung.

Kalorie ist nicht gleich Kalorie, sagt Dr. Jason Fung, Ernährungsexperte, der zum Beispiel über Intervallfütterung beim Hund schreibt und über den Unterschied zwischen einer Kalorie aus einer Ladung Pfannkuchen mit Ahornsirup und einer aus einem Veggie-Omelett. Seine Erkenntnisse, die in puncto menschliche Ernährung mittlerweile weltweit anerkannt sind, widersprechen fast allen Ernährungsempfehlungen für Tiere. Eine nur aus Kohlenhydraten (Sacchariden) bestehende Nahrung wird im Körper ganz anders verstoffwechselt als eine ausgewogene Mahlzeit aus Proteinen und gesunden Fetten. Außerdem sind ja Kohlenhydrate auch nicht gleich Kohlenhydrate. Wie Ihr Körper auf eine kohlenhydratreiche Mahlzeit reagiert, hängt ganz davon ab, wie Ihre Biochemie damit umgeht. Letztlich geht es darum, ob Sie diese Kohlenhydrate langsam oder schnell verarbeiten. Ein Mensch, der langsam verstoffwechselte Saccharide wie gegrilltes Gemüse isst, fühlt sich anders als einer, der eine Schüssel Cornflakes verzehrt. Langsam verstoffwechselt, machen sie länger satt. Werden sie hingegen schnell in Zucker verwandelt, haben wir bald wieder Hunger. Alle Tierärzte sind sich einig, dass Hunde (anders als Katzen) von der Evolution auf längere Hungerphasen eingestellt wurden. Hunde waren nicht so erfolgreich dabei, jeden Tag in der Morgen- oder Abenddämmerung etwas zu erlegen. Sie hatten manchmal tagelang nichts zu fressen und nahmen dann auf, was sie finden konnten – Aas, Pflanzen, Eicheln, Beeren.

Der Krebsforscher Dr. Thomas Seyfried lehrt an der Universität Yale und am Boston College seit mehr als dreißig Jahren Neurogenetik und Neurochemie mit Bezug auf Krebstherapien. Er erzählte uns von einem Hund namens Oscar, der im Rahmen eines Experiments an der Universität von Illinois hundert Tage lang nichts zu fressen bekam (lange bevor Ethikkommissionen Tierversuche genehmigen mussten). Oscar wurde anschließend auf seinen Bauernhof zurückgebracht und konnte trotzdem noch den einen Meter hohen Zaun zu seinem Zwinger überspringen. Wir erwähnen dieses doch recht brutale Experiment nur, um zu zeigen, dass ein gesunder Hund Fastenperioden erfolgreich überstehen *kann*. Wir empfehlen allerdings keine Fastenzeiten für Hunde, denn so eine Kur müsste individuell auf die Gesundheit und das Alter jedes Tieres abgestimmt werden. Wir werden Ihnen aber Strategien vorstellen, wie Ihr Hund die positiven Effekte des Fastens bekommt, ohne dass deshalb ganze Mahlzeiten ausfallen müssen.

Stellen Sie sich vor, Sie machen eine Zeitreise in Begleitung Ihres Hundes. Mit Ihrer prall gefüllten Einkaufstasche gesellen Sie sich ein paar Leuten zu, die um ein prasselndes Lagerfeuer sitzen und ihren jüngsten Fang verzehren. Diese Menschen würden den Inhalt Ihrer Einkaufstasche vermutlich nur verständnislos ansehen. Sie würden nichts davon erkennen, nicht einmal, wenn Sie den Inhalt aus seiner hübschen Verpackung befreiten. Schon das Nährstoffetikett wäre ein völliges Rätsel, denn sie würden die einzelnen Begriffe nicht kennen (vorausgesetzt, diese Leute könnten lesen). Und das Hundefutter? Nehmen wir mal an, Sie haben für dieses Experiment eine Packung Trockenfutter eingesteckt und ein paar Dosen Nassfutter. Die Hunde am Lagerfeuer würden das Zeug nicht anrühren. (Sie ernähren sich von den Abfällen, die ihre Gefährten ihnen hinwerfen.) Sie aber setzen sich ans Feuer, verzehren Ihre Mahlzeit aus einer anderen Epoche, und Ihr Hund beneidet seine Ahnen um die im Familienkreis genossene Mahlzeit.

Die Macht der Nahrung

Wir müssen die Macht der Nahrung verstehen lernen, wenn wir selbst gesünder leben und auch unsere Hunde gesund erhalten wollen. Die Ernährung ist einer der Grundpfeiler einer Lebensstilmedizin. Wie bereits gesagt: Nahrung ist nicht nur Brennstoff für Ihren Körper. Sie ist vielmehr *In-form-ation*! (Das signalisiert: Sie bringt Ihren Körper *in Form*.) Nahrung als Energielieferanten zu sehen, als Mixtur aus Mikro- und Makronährstoffen (Bausteinen), wäre grob vereinfacht. Ganz im Gegenteil: Unsere Ernährung hat entscheidenden Einfluss auf die Genexpression. Was Sie essen, spricht zu Ihren Zellen. Und diese Kommunikation beeinflusst Ihre DNS in funktionaler Hinsicht. **Da unsere Nahrung einen dauerhaften, lebenslangen Einfluss auf uns ausübt, ist sie vermutlich der wichtigste Umweltfaktor für unsere Gesundheit.** Dementsprechend ist sie auch unser wichtigstes und einflussreichstes Instrument, wenn es um die Gesundheit unserer Haustiere geht. Ernährung kann beides: heilen oder schaden. Die molekulare Ernährungswissenschaft versucht, diesem Zusammenhang auf die Spur zu kommen. Die Nutrigenetik (zusammen mit der Nutrigenomik) untersucht das Zusammenspiel zwischen Ernährung und Genetik (insbesondere in Bezug auf Vorbeugung und Behandlung von Krankheiten). Sie ist der *Schlüssel* zur Gesundheit aller Hunde.

Leider kommt die Ernährungswissenschaft sowohl in der Human- als auch in der Tiermedizin meist zu kurz. Zumindest wird sie nicht so ausführlich gelehrt wie andere Disziplinen, zum Beispiel Physiologie, Histologie, Mikrobiologie und Pathologie. Verstehen Sie uns bitte nicht falsch: All dies sind wichtige Fachgebiete. Aber für die Tierernährung gibt es eben noch keine »-ologie«, und so findet sie bei der Ausbildung von Tierärzten entsprechend wenig Beachtung. Vielleicht ändern sich die Zeiten für künftige Ärzte und Tierärzte, denn langsam kommen wir zu der Erkenntnis, dass dies ein Fehler ist. Insgesamt aber sind die Fakultäten für Medizin und Tiermedizin immer noch recht traditionell aufgestellt: Wir lernen biologische und physiologische Grundlagen, und man bringt uns bei, wie man Krankheiten erkennt und behandelt. *Wie man ihnen jedoch vorbeugt*, lernen wir nur ausschnitthaft. Im Grunde ist es wie in der Humanmedizin: Es geht seit Jahrzehnten um den Umgang mit Krankheiten und die Kontrolle von Symptomen, nicht darum, sie von vornherein zu verhindern. Ihr Tierarzt enthält Ihnen dieses Wissen keineswegs bewusst vor. Er oder sie hat einfach nicht gelernt, wie man mit dem richtigen Lebensstil Risiken reduziert und Krankheiten vorbeugt.

Aber es gibt noch ein weiteres Problem auf diesem Gebiet: Ähnlich wie in der Humanmedizin sind jene Lehrkräfte, die Ernährungsseminare geben, oft mit irgendeinem der großen Futtermittelkonzerne verbandelt. Auch der Tierarzt erhält seine Informationen meist von einem dieser Konzerne – die ebenjenes Futter herstellen, das für die schlechte Gesundheit unserer Tiere verantwortlich ist. Das ist, als würde man den Fuchs zum Wächter über den Hühnerstall machen! Eigentlich noch schlimmer: Denn in diesem Fall sitzt der Fuchs schon *mittendrin*!

Das fehlende Wissen über eine gesunde Ernährung ist ein globales Problem. Eine 2016 veröffentlichte Studie ergab, dass 97 Prozent der befragten Dekane und Fakultätsangehörigen von 63 tiermedizinischen Fakultäten in Europa glauben, die Überprüfung der Ernährung von tierischen Patienten stelle eine wichtige Kompetenz von Tierärzten dar. Aber nur 41 Prozent erklärten sich zufrieden mit den Fähigkeiten und Leistungen ihrer Absolventen im Hinblick auf tiermedizinische Ernährungswissenschaft.

Mittlerweile erkennen immer mehr Tierärzte die Vorteile einer frischen Ernährung an, aber nicht, weil die Universitäten ihren Studenten beibringen, wie man den Nährstoffgehalt von hausgemachter Nahrung berechnet. Oder weil die Studenten in kleinen Kursen lernen, wie die Techniken der Futtermittelherstellung (Extrusion, Backen, Eindosen, Trocknen, Gefriertrocknen, sanftes Garen und Rohbelassen) die Nahrung beeinflussen. Der Trend geht ausschließlich *von den Tierhaltern* aus. *Sie* wollen wissen, wie frische Nahrung wirkt. Die Tierärzte müssen sich also selbst kundig machen, wenn sie ihre Klienten nicht verlieren wollen. Da Tierärzte häufig nicht über entsprechende Informationen verfügen, suchen Tierhalter im Internet danach und werden fündig. Mittlerweile gibt es nämlich immer mehr Unternehmen, die Ihr Tier gesund versorgen wollen, etwa Pets Deli.

Als Planet Paws im Jahr 2012 mit seiner Facebook-Seite online ging und veröffentlichte, was tatsächlich in einer Packung gängiger industrieller Hundenahrung steckt, wurde diese Seite über Nacht mehr als eine halbe Million Mal geteilt. Und die Seite gewann immer mehr Follower, was zeigt, wie sehr die Menschen an diesem Thema interessiert sind. Sie wollen wissen, wie sie ihre Haustiere füttern und behandeln sollten. Einer der populärsten Posts über Rawhide-Kausnacks wurde von mehr als einer halben Milliarde Menschen gelesen. Das Video, das die Herstellung dieser Snacks beschreibt, klickten 45 Millionen User an. Im Jahr 2020 verzeichnete Rodneys Planet-Paws-Seite 3,5 Millionen Follower, und die Threads, die am häufigsten geteilt werden, drehen sich um die Ernährung unserer Tiere.

Offensichtlich wünschen sich Haustierbesitzer mehr Informationen. Sie wollen wissenschaftlich bestätigte Fakten über Tiernahrung und tierisches Wohlbefinden. Keine Gimmicks, keine Werbung. Es ist also kein Wunder, dass einer der meistgesehenen TED-Talks über Hunde von einem von uns (Rodney) kam. Und die andere (Dr. Becker) wurde zur ersten Tierärztin weltweit, die einen TED-Talk über artgerechte Tierernährung hielt. Wir beobachten mit Genugtuung, wie die Tierfutterindustrie sich verändert, weil immer mehr transparent und ethisch arbeitende Tierfutterhersteller das hochverarbeitete Billigfutter verdrängen, das Leben und Wohlbefinden unserer Fellnasen und Samtpfoten beeinträchtigt. Hier findet gerade eine Revolution statt. Wenn Sie noch nicht zu einem Teil davon geworden sind, dann am Ende des Buches (vielleicht sogar schon am Ende dieses Kapitels). Und wir sind mit dieser Idee nicht allein. Die amerikanische Ernährungsexpertin Marion Nestle sagt: »Wir stecken mittendrin in einer gewaltigen Ernährungsrevolution.« Und das gilt nicht nur für uns Menschen, sondern auch für unsere Gefährten. Nestle nennt dies »Gutes-Tierfutter-Bewegung«. Alternative Ernährung für den Hund folgt den gleichen Grundsätzen wie für uns Menschen: vollwertige, möglichst natürliche, frische, vor Ort gewachsene Nahrung, die frei von gentechnisch veränderten Organismen ist und auf ethisch verantwortliche Weise erzeugt wurde.

Stellen Sie sich vor, Sie würden zeit Ihres Leben die für Sie optimale Ernährung aus einer einzigen Futterpackung erhalten. Unmöglich? Allerdings! Sie können nicht Ihr Leben lang zu einem Proteinshake greifen, der Ihren gesamten Nährstoffbedarf deckt. Wie wir in Teil I erklärten: Wenn Menschen zu Alleinnahrungsmitteln greifen, die ihnen alle Nährstoffe auf einmal liefern sollen, dann tun sie dies nur kurzfristig (zum Beispiel während eines Krankenhausaufenthalts). Solche hochverarbeiteten Drinks (das heißt Astronautennahrung) sind keineswegs dazu gedacht, die Ernährung ein ganzes Leben lang sicherzustellen, obwohl sie in jeder Hinsicht die empfohlene Menge an Nährstoffen liefern. Niemand – weder Sie noch Ihr Hund – kann von solch einer eintönigen Ernährung leben.

Wir kommen langsam zu der Einsicht, dass Hunde mehr brauchen als getrocknete Kroketten, damit ihr Körper gesund bleibt. 2020 enthüllte eine Studie, dass nur 13 Prozent der Tierbesitzer ihrem Tier ausschließlich hochverarbeitete Nahrung geben. Das ist großartig, denn es heißt, dass 87 Prozent der Tierhalter ihren Gefährten daneben anderes zuführen. Manche Länder sind anderen hier absolut voraus. Die Australier geben ihren Tieren mehr frische Nahrung als Dosen- oder Trockenfutter.

Ein Grund, warum die Debatte über Frischfutter Tierärzte und Tierbesitzer in zwei Lager spaltet, ist die Tatsache, dass dies die einzige Do-it-yourself-Option ist, die Tierhaltern zur Verfügung steht. Sie können das Futter für Ihren Hund zu Hause herstellen, was heißt, dass Sie dabei möglicherweise Fehler machen. Was auch passiert. Liebevolle Tierhalter haben in bester Absicht ihren Tieren so manche ernährungstechnische Katastrophe zugemutet, weil sie bei der Zusammenstellung der Nahrung ganz ihren persönlichen Vorstellungen folgten. Jeder Tierarzt, den wir kennen, hat zumindest eine Geschichte auf Lager, die zeigt, was frisches, aber falsches Futter auslösen kann: Durchfall (zu schnelle Futterumstellung) oder ernährungsbedingter sekundärer Hyperparathyreoidismus (Knochenkrankheit infolge eines über Jahre zu geringen Kalziumspiegels im Blut). Es gibt unzählige Geschichten darüber, was alles schiefgehen kann, wenn die Hausmachermahlzeit fürs Tier nicht alle nötigen Nährstoffe in ausgewogener Zusammensetzung enthält. Das ist einer der Gründe, warum die Tierfutterindustrie in den letzten fünfzehn Jahren ein absolutes Boomgeschäft war. **Heute aber ist Frischfutter der größte Wachstumsmarkt,** sehr zum Missfallen der großen Futtermittelkonzerne. Fünf Großkonzerne dominieren den 80-Milliarden-Dollar-Markt für Tierfutter, und kein einziger bietet im Moment frisches Futter aus Zutaten an, die auch wir Menschen essen würden. (Mars Petcare, das mit großem Abstand auf dem ersten Platz steht, liefert drei der weltweit meistverkauften Marken: Pedigree, Whiskas und Royal Canin. Der Gigant vereint unter seinem Dach insgesamt fünfzig Tierfuttermarken.) Je mehr Gewinn diese Konzerne an die mittlerweile überall aus dem Boden sprießenden Kleinunternehmen verlieren, die frisches Tierfutter aus auch für Menschen geeigneten Zutaten herstellen, desto mehr werden die Horrorstorys über die Frischfutterlieferanten. Wir werden Ihnen weiter unten zeigen, wie Sie sicherstellen, dass das kommerzielle Hundefutter für Ihre Fellnase alles enthält, was sie braucht. Denn wenn es um Hausmachernahrung geht, kann dies die beste oder aber die schlechteste Option sein, die Sie Ihrem Hund bieten. Das hängt letztlich ganz davon ab, ob Sie die Nährstoffe richtig ausbalancieren.

Wenn beim hausgemachten Hundefutter etwas schiefgeht, so immer dann, wenn gute Absichten auf wenig Information treffen, die Leute also Pi mal Daumen operieren. Und das ist ein weiterer Grund, warum wir dieses Buch geschrieben haben: Wir wollen Ihnen vernünftige, wissenschaftlich fundierte Grundrezepte liefern, die Sie befolgen können. Interessanterweise liest man ja nie von den Zehntausenden Tierbesitzern, die ihren Lieblingen vollwertige Nahrung geben, alles richtig machen und die Gesundheit ihrer vierbeinigen Begleiter in Eigenregie aufmöbeln. Ein Grund, warum die Forderung nach frischer Tiernahrung bei Tierärzten immer mehr auf offene Ohren stößt, ist die Zahl von beinahe wundersamen Heilungen in fast hoffnungslosen Fällen. Diese Resultate kann man nicht ignorieren. Viele Tierärzte haben sich überzeugen lassen, wenn ihre Hundepatienten nach Einführung einer Frischnahrung Krankheiten überwinden konnten und zu neuer Gesundheit fanden. Für jede Horrorstory über Hyperparathyreoidismus und so weiter, die Ihre Tierärztin auf Lager hat, kennt sie vermutlich auch Geschichten von Hunden, die diese »alternative Fütterung« bekamen und sich großartig erholten … auch wenn sie diese vermutlich nicht gern erzählt. Die zertifizierte Tiernahrungsspezialistin Dr. Donna Raditic meint ohnehin, dass Tierärzte, die hochverarbeitete Fertignahrung als Alleinfutter für ihre Patienten empfehlen, das Vertrauen der Halter in den Veterinär untergraben. Eine 2020 durchgeführte Befragung von 3673 Tierhaltern in Australien, Kanada, Neuseeland, Großbritannien und den USA ergab, dass 64 Prozent von ihnen ihren Lieblingen Hausmachernahrung geben. Wir gehen davon aus, dass viele dies vor ihrem Tierarzt verheimlichen, um möglichen Ärger aus dem Weg zu gehen.

Wir fragen uns schon lange, wie viele solcher Erfolgsgeschichten (zu denen sie gar nichts beitragen) Tierärzte noch erleben müssen, bevor sie neugierig werden oder zumindest die Frischfutternahrung nicht mehr rundweg ablehnen. Das Gute ist, dass Millionen von Tierhaltern in aller Welt mittlerweile so umfassend informiert sind, dass sie im Alleingang ihre Tiere besser ernähren und damit ihr Leben deutlich optimieren. Auch Erkrankungen lassen sich so positiv beeinflussen. Wir sehen immer mehr Tierärzte, die sich über neue Trends in der Tiergesundheit informieren. Tatsächlich haken viele nach, wenn es bei ihren Patienten zu Verbesserungen kommt, an denen sie selbst keinen Anteil haben. Aber wie bei jedem Paradigmenwechsel stehen sich die alten und neuen Parteien zunächst verständnislos gegenüber. Die Raw Feeding Veterinary Society, eine Vereinigung von Tierärzten, die mehr über Frischnahrung erfahren wollen, ist nur eine von vielen ähnlichen NGOs, die aus dem Druck der Hundeeltern auf die Tierfutterindustrie entstanden sind.

Weltweit betraten Dutzende kleiner, unabhängiger Anbieter von Frischnahrung den Schauplatz. Ihre Gründer sind bestens informierte Ernährungsspezialisten, die auf Zutaten aus der Lebensmittelproduktion setzen, die lediglich minimal bearbeitet wurden. Natürlich teilen diese Unternehmen nur einen winzigen Teil des Tierfuttermarktes unter sich auf, aber sie werden wachsen, da Tierhalter wie Sie immer besser Bescheid wissen darüber, welche Risiken eine lebenslange Fast-Food-Ernährung für Ihr Tier mit sich bringt. Ein willkommener Wandel nach den Jahrzehnten der Kritik, der gesundheitsbewusste Tierliebhaber und die Unternehmen, die sie unterstützen, ausgesetzt waren. Dabei ist der Begriff »roh« ohnehin irreführend. Daher benutzen wir ihn nur spärlich, denn »roh« ist *nur eine Möglichkeit,* Tierfuttermittel mit minimalem Verarbeitungsgrad zur Verfügung zu stellen. Der Begriff erweckt bei vielen Menschen Assoziationen zu faulendem, verrottendem Fleisch. Niemand denkt dabei an den Metzger nebenan. Diese Assoziationen haben die Revolution ausgebremst und viele Tierhalter davon abgehalten, ihren puschligen Gefährten das zu geben, was sie schon rein genetisch tatsächlich brauchen. (Wenn Sie Zweifel haben sollten, machen Sie den Futterschüsseltest und beobachten Sie, was Ihr Hund bevorzugt.) In Teil III werden Sie erfahren, dass es eine ganze Reihe von Futtermitteln gibt, die als »Frischfutter« zählen, ohne roh zu sein. Und selbst bei der Rohfütterung haben Sie mehrere Möglichkeiten, zum Beispiel pasteurisierte Nahrung.

Wir sollten auch nicht vergessen, was wir Menschen in Sachen Ernährung schon erlebt haben! Hieß es nicht einst, Transfette seien gut? (Margarine bestand lange Zeit hauptsächlich aus Transfetten.) Und Ärzte halfen der Tabakindustrie, ihre Produkte zu verkaufen. (Kein Witz: 1946 lancierte Reynolds einen Werbefeldzug, in dem es hieß: »Ärzte rauchen Camel – mehr als jede andere Marke.«) Wenn Sie auf die neuesten wissenschaftlichen Erkenntnisse hören, gibt es keine Gegenargumente. Und wenn Sie nicht bereit sind, Rohes zu verfüttern, ist das auch kein Problem. Sie können sanft gegarte Futtermittel kaufen. Die gesundheitlichen Vorzüge, die sich einstellen, sobald Sie hochverarbeitete Industrienahrung weglassen, werden Sie und Ihren Hund überzeugen.

Ist schon klar: Wir selbst würden ja auch kein rohes Huhn essen beziehungsweise einen Teller Austern aus einer verseuchten Meeresbucht und dazu ein Glas nicht abgekochtes Wasser trinken. Daher wollen wir auch unseren Hunden nichts geben, was sie krank machen könnte. Aber hier geht es um vollwertige Zutaten, die sicher, wohlschmeckend und nährstoffreich sind, damit Ihr Hund beim Langlebigkeitsspiel bessere Karten hat. Hunde wissen zwar durchaus unsere Nahrungsmittel zu schätzen, aber Mensch und Hund weisen nun mal Unterschiede im Stoffwechsel auf. Wir werden Ihnen zeigen, wie Sie diese berücksichtigen können. Und noch etwas: Wir wollen nicht, dass Sie Ihren Hund füttern, als wäre er ein Wolf. Auf unzähligen Verpackungen für Hundenahrung prangt nämlich tatsächlich ein Wolf. Das ist so ähnlich wie mit den gesunden, glücklichen Menschen, die uns von der Verpackung fettiger oder stark zuckerhaltiger Lebensmittel anlächeln. Wir alle wissen, dass diese Nahrungsmittel auf Dauer der Gesundheit nicht förderlich sind. Aber das Marketing zielt nun mal darauf ab, unsere Schwächen auszunutzen und unsere Geschmacksknospen maximal zu reizen. Unsere Hunde brauchen gesunde Proteine und naturbelassene, gesunde Fette, aber nur wenig Kohlenhydrate. So haben sich ihre Vorfahren ernährt. Und ebendas ist *nicht* drin in den glänzenden, mit Wolfsbildchen verzierten Hundefutter-Packungen.

Rohe, naturbelassene Nahrung gilt als die entwicklungsgeschichtlich korrekte Ernährung für den Hund. Aber das ist nicht die einzige Möglichkeit, Fertignahrung zu vermeiden. Natürlich wollen wir den Anteil an hochverarbeiteter Industrienahrung verringern, den unsere Familie verzehrt. Aber längst nicht alle Verarbeitungstechniken sind gleich schädlich. In Teil III zeigen wir Ihnen, wie Sie das Angebot der Futtermittelindustrie auf einfache Weise prüfen können (Verarbeitungsmathematik!). So wissen Sie schnell, welche Futtermittel für Ihren Hund geeignet sind. Selbstverständlich wissen die Herrschaften von den Futtermittelkonzernen, dass Sie gering verarbeitete Nahrung suchen. Also hat man sich dort Begriffe gesichert wie »natürlich«,

»frisch« oder »roh«. Oder »minimal verarbeitet«. Alles in dem Bestreben, besorgte Hundeeltern hinters Licht zu führen.

Es ist mitunter schwierig herauszufinden, ob Futter nun »minimal verarbeitet«, »verarbeitet« oder »hochverarbeitet« ist. Verglichen mit Beutetieren oder Heidelbeeren aus Ihrem Garten, ist natürlich jede Nahrung irgendwie verarbeitet. Selbst Gemüse zu waschen und klein zu schneiden ist ja eine Form der Verarbeitung. Wir halten uns hier an folgende Definitionen:

- **Naturbelassene (rohe) oder »frische und minimal verarbeitete« Nahrungsmittel:** Das sind frische, rohe Zutaten, die nur minimal bearbeitet wurden, um die Haltbarkeit zu verlängern, ohne dass es zu Nährstoffverlusten kommt. Unter »minimale Verarbeitung« fallen zum Beispiel Mahlen, Kühlen, Fermentieren, Einfrieren, Lufttrocknen, Vakuumverpacken und Pasteurisieren (nach den NOVA-Gruppen der Lebensmittelverarbeitung).
- **»Verarbeitete Nahrungsmittel«:** Darunter fallen alle Lebensmittel der vorherigen Kategorie, wenn sie durch Erhitzen weiterverarbeitet wurden. (Hier finden also kurz gesagt zwei Verarbeitungsschritte statt: siehe oben plus Hitzeeinwirkung, die den Inhalt verändert.)
- **»Hochverarbeitete Nahrungsmittel«:** Damit sind industriell bearbeitete Nahrungsmittel gemeint (die Sie zu Hause gar nicht herstellen können). Sie werden in mehreren Schritten produziert, wobei die einzelnen Zutaten schon hochverarbeitet daherkommen können. Häufig werden Geschmacksverstärker zugesetzt, aber auch Stoffe, welche die Konsistenz und die Farbe verändern. Die Verarbeitungsmethoden umfassen Backen, Räuchern, Eindosen und Extrudieren. Extrudie-

ren heißt, dass sie ein pumpfähiges Produkt – in diesem Fall das Hundefutter – mit hohem Druck durch Düsen pressen, um das Material in die gewünschte Form zu bringen. Das Extrudieren wurde in den Dreißigerjahren entwickelt, zunächst, um damit Nudeln herzustellen und die Pellets für unser Frühstücksgetreide (Smacks und Honeypops). In den Fünfzigern begann man dann, das Verfahren in der Tierfutterproduktion einzusetzen.

Noch einmal zusammengefasst zum besseren Verständnis: Frisches, nur kurz verarbeitetes Hundefutter wurde einmal *verändert*. Darunter fallen: rohes Futter, gefrorenes Futter, unter hohem Druck pasteurisiertes Rohfutter, gefriergetrocknetes und luftgetrocknetes Futter aus rohen, vorher nicht bearbeiteten Zutaten. Man spricht hier von »kurz verarbeitet« oder »minimal verarbeitet«, weil der verändernde Prozess nur kurzer Natur ist und auch nur einmal stattfindet. Theoretisch könnte man diese Futtermittel auch als »hochgradig nichtverarbeitet« bezeichnen, da sie am anderen Ende des Spektrums stehen und das Gegenstück zur Fertignahrung sind.

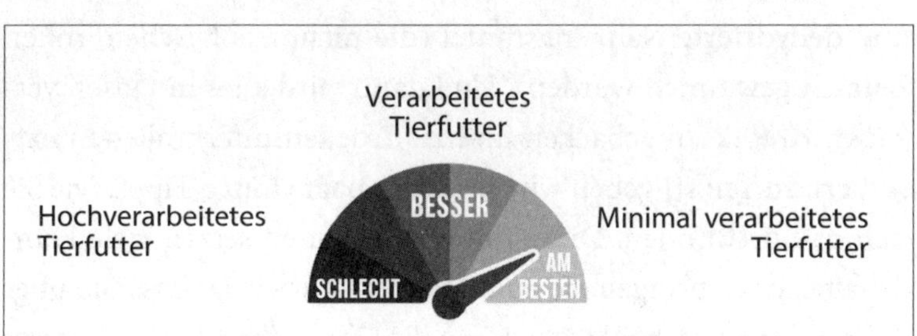

Verarbeitetes Hundefutter hat zusätzlich noch eine längere Hitzebehandlung erfahren oder enthält Zutaten, bei denen das der Fall war. In diese Kategorie fallen sanft gegarte, gefrier- oder luftgetrocknete Futtermittel, die aus verarbeiteten (nicht rohen) Zutaten bestehen. Diese Kategorie Futtermittel ist gesünder als hochverarbeitete Tiernahrung, weil die Zutaten nicht mehrfach erhitzt oder anderweitig bearbeitet wurden.

Hochverarbeitetes Hundefutter wurde mehrfach erhitzt, enthält hocherhitzte Zutaten und industrielle Zusatzstoffe, die einem normalen Haushalt nicht zur Verfügung stehen. Wir können beispielsweise keinen Maissirup mit hohem Fruktosegehalt kaufen oder Hühnermehl (oder überhaupt Fleischmehl). Nur die Nahrungsmittelindustrie hat auf solche Zutaten Zugriff. Putrescin und Cadaverin (glauben Sie uns, Sie wollen nicht wissen, was es mit diesen Geschmacksverstärkern auf sich hat) sind nur zwei von vielen Zusatzstoffen, die Konzerne verwenden, um den Hunden ihr Trockenfutter schmackhaft zu machen. Auch diese Zutaten stehen dem normalen Konsumenten nicht zur Verfügung. Maiskleber, der in vielen Futtermitteln enthalten ist, kann der Konsument nicht im Lebensmittelhandel kaufen. Und eine Trockenfuttermaschine gibt es auch nicht für den Hausgebrauch. Hochverarbeitete Hundenahrung enthält meist »entfeuchtete« und dehydrierte Nahrungsmittel (die nicht aus frischen, rohen Zutaten gewonnen wurden). Und dann wird alles in Dosen verpackt, zu Keksen gebacken und zu Trockenfutterkroketten extrudiert. In Teil III geben wir Ihnen ein paar simple Tipps, wie Sie sich da durchfinden. Diese Informationen entsetzen viele Hundehalter oder bringen sie auf. Aber es ist wichtig, dass Sie über diese Fakten Bescheid wissen, um die Gesundheit Ihres Tieres zu schützen.

Eine der interessantesten und immer wiederkehrenden Erfahrungen, die wir machten, während wir die führenden Langlebigkeitsexperten interviewten, war ihre Reaktion, wenn sie zwei und zwei zusammenzählten. Wir hatten tolle Interviews mit Wissenschaftlern, die uns erklärten, wie massiv sich unsere Ernährung auf das menschliche Epigenom auswirkt, auf unsere Darmgesundheit und so weiter. Wenn wir dann fragten, was die Forscher ihren eigenen Hunden zu fressen haben, hieß es meist: »Ach du liebe Zeit, ich hätte nie gedacht, dass das auch auf andere Säugetiere zutrifft.« Und dann folgte unweigerlich: »Bitte schicken Sie mir das Buch, wenn es fertig ist. Aber ich muss jetzt schon wissen, was ich da machen kann!« Sonnenklar: Es ist schockierend, wenn wir realisieren, dass wir der Fast-Food-Industrie erlaubt haben, uns zu diktieren, was »gesunde« Nahrungsmittel und Snacks sind – ob nun für uns oder für unsere Haustiere.

Die Ärzte ermahnen uns ständig, unsere Essgewohnheiten zu ändern. Wir möchten, dass diese Forderung auch auf unsere Haustiere ausgeweitet wird. Was unsere Hunde angeht, könnten wir das Ansinnen umsetzen, indem wir ihnen grundlegende »Langlebens-Superfoods (LLS)« geben. Genau darum geht es im nächsten Abschnitt. Das Tolle an unserer langen Liste an Superfoods ist, dass Sie damit jede Form von Ernährung aufwerten können (selbst hochverarbeitetes Tierfutter) und auf diese Weise die Gesundheit Ihres Hundes in jedem Fall verbessern werden. So müssen Sie nicht auf einen Schlag die gesamte Ernährung umstellen. Sie brauchen noch nicht mal die Hauptmahlzeiten zu verändern. Vielleicht genügt es schon, wenn Sie sich nur die »Leckerlis« vornehmen. Allein indem Sie die teuren, nährstoffarmen Industriehappen gegen unsere GLS austauschen, haben Sie bereits viel für Ihren Hund getan. Möglicherweise entdecken

Sie beim Weiterlesen, dass Ihr kommerzielles Hundefutter nicht so gut ist, wie die Industrie, Ihr Nachbar oder der Tierarzt behaupten. Möchten Sie deswegen die Marke wechseln, dann erfahren Sie hier, worauf Sie achten müssen, um eine wissenschaftlich fundierte, kluge Wahl zu treffen, ohne auf Marketingtricks hereinzufallen.

Die meisten Sorten roher, gefriergetrockneter, sanft gegarter und luftgetrockneter Tiernahrung sind weniger hitzegeschädigt als das Trocken- und Dosenfutter der großen Konzerne. Von nun an werden wir die weniger verarbeiteten Marken als »Frischkost« oder »minimal verarbeitet« bezeichnen. Mit wie viel und mit welcher Frischkost Sie Ihren Hund füttern wollen, liegt allein bei Ihnen. In Teil III lernen Sie, wie Sie den Übergang sinnvoll gestalten.

Das Wissen um Tiernahrung ist der Anfang zu einer gewaltigen Revolution. Wir hoffen, dass wir Sie dazu bringen können, die Ernährung von Mensch und Tier mit anderen Augen zu sehen. Es gibt viele Wege, wie Sie Schritt für Schritt den Ernährungsstatus Ihres Hundes zum Besseren verändern können. Wenn Sie Ihrem Hund diese Langlebens-Superfoods (LLS) geben, wird dies dessen Gehirnfunktion, Haut, Fell, Atmung, Organfunktion, Entzündungsmarker und Mikrobiom-Gleichgewicht verbessern. **Jeder Bissen frische, lebendige Nahrung anstelle von Fast Food (hochverarbeitetem Tierfutter) ist ein Schritt mehr in Richtung langsames Altern.**

Die beiden T: Typ und Timing

Wenn es um das Futter für Ihre Fellnase geht, zählen letztlich nur zwei T:

- **Typ:** Welche Nährstoffe sind ideal?
- **Timing:** Wann sollte ich meinen Hund füttern?

Typ: 50/50 Protein und Fett

Anders, als allgemein angenommen wird, braucht ein Hund absolut *null* Kohlenhydrate. Das hört sich widersinnig an in einer kohlenhydratverrückten Ernährungswelt wie der unseren. Schließlich besteht das übliche Tierfutter zu einem großen Teil aus Kohlenhydraten. Wie in Teil I beschrieben, haben unsere Hunde ihre Fähigkeit zur Verdauung von Stärke hochgeschraubt, als wir Menschen uns von Jägern und Sammlern zu Getreidebauern entwickelten. Entwicklungsgeschichtlich ist das ziemlich bemerkenswert: Sobald wir anfingen, Getreide anzubauen und unsere Nahrung mit den Hunden zu teilen, veränderten wir ihr Genom. Hunde produzieren mehr Amylase – das Enzym, das Kohlenhydrate aufspaltet – als Wölfe. Dies ist ein ganz entscheidender Unterschied zwischen Wolf und Hund. Die Natur ist mitunter grausam: Pass dich an oder stirb. Auch Tiere haben einen Vorteil, wenn sie sich an Ernährungs- und Umweltveränderungen anpassen können, um zu überleben und ihre Gene weiterzugeben. Die Hunde des Altertums passten sich dem zunehmenden Kohlenhydratgehalt der Nahrung an, indem sie die Amylaseproduktion in der Bauchspeicheldrüse ankurbelten. So konnten sie weiterhin an der Seite des Menschen leben und die damit verbundenen Vorteile genießen.

Dr. Richard Patton, Experte für die Tierfutterproduktion, meint, dass noch vor 150 Jahren der Kohlenhydratanteil in der Hundenahrung bei höchstens 10 Prozent lag, was ein Hund bei einem aktiven Lebensstil gut verkraftet. In den letzten hundert Jahren aber, in denen Fertignahrung für Hunde immer mehr Freunde fand, stieg der Kohlenhydratanteil massiv an, was den Stoffwechsel der Tiere belastet. Hunde können Saccharide verdauen, aber das ist nicht die Frage. Wie beim Menschen zieht ein hoher Gehalt an leicht verfügbaren Kohlenhydraten auch beim Hund gesundheitlich schwere Konsequenzen nach sich.

Auch wenn die Bauchspeicheldrüse des Hundes Enzyme herstellt, die Saccharide aufspalten, heißt das nicht, dass der Hauptteil der Hundenahrung aus Stärke bestehen sollte. Dies wird den Metabolismus auf jeden Fall belasten und zu systemischen Entzündungen und Übergewicht führen. Das Banfield Pet Hospital, das mehrere Tierkliniken in den USA, Mexiko und Großbritannien betreibt, gibt an, dass allein in den letzten zehn Jahren das Übergewicht bei Hunden um 150 Prozent zunahm.

Im Laufe unserer Recherchen führten wir ein höchst interessantes Gespräch mit Dr. Mark Roberts, der über Makronährstoffe beim Wolf und beim Hund forscht. Roberts arbeitet am Tiermedizinischen Institut der Universität Massey in Neuseeland. Er untersucht unter anderem, für welche Nahrung Hunde sich instinktiv entscheiden, wenn sie die Wahl haben. Niemals für Kohlenhydrate. Ganz im Gegenteil: Sie bevorzugen – wie Wölfe – *Kalorien aus Fett und Proteinen.* Kohlenhydrate fressen sie nur, wenn nichts anderes verfügbar ist. Aus diesem Grund geben Frischfutterhersteller meist an, dass der Kaloriengehalt (nicht die Menge!) zu 50 Prozent aus Protein und zu 50 Prozent aus Fett stammen sollte. Das ist die »ursprüngliche Ernährung«, die domestizierte und wilde Hundetiere bevorzugen und brauchen.

Hunde sind keine Wölfe. In den Studien, bei denen Hunde freie Nahrungswahl hatten, nahmen sie etwas mehr Kohlenhydrate zu sich als der Wolf. (Haben sie diese Vorliebe etwa während der landwirtschaftlichen Revolution entwickelt?) Die in der Übersicht angegebenen Werte für Protein, Fett und Kohlenhydrate stellen bei diesen beiden Angehörigen der Hundefamilie ein »artgerechtes Verhältnis von Makronährstoffen« dar. Und ebendas sollten Sie für Ihren Forever Dog anstreben.

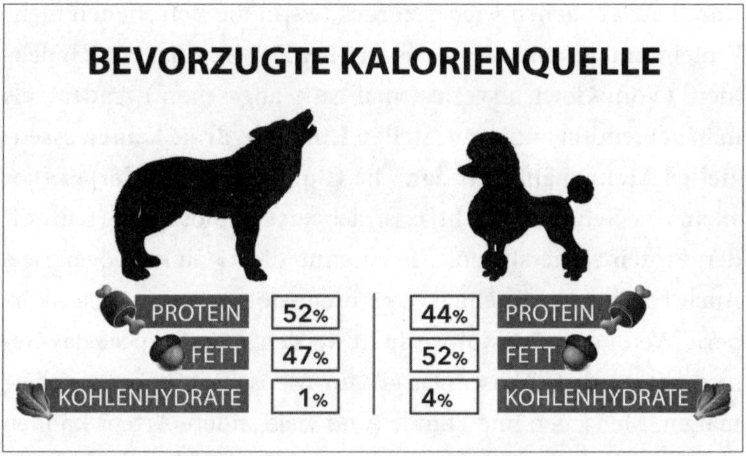

Nun nehmen Sie das Trockenfutter, das Sie Ihrem Hund geben, unter die Lupe: Suchen Sie die Nährstoffangaben (»Analytische Bestandteile«). Suchen Sie die Prozentangaben für Rohprotein, Rohfett, Rohfaser, Feuchtigkeit und Rohasche (fehlt diese Angabe, zählen Sie 6 Prozent hinzu, was dem Mineralstoffanteil entspricht), und zählen Sie alles zusammen. Diese Zahl ziehen Sie dann von 100 ab. Dieser Wert ist der Stärkegehalt Ihres Futtermittels. Da die unverdaulichen Faserstoffe extra berechnet werden, entspricht Ihr Ergebnis exakt dem Anteil der stärkehaltigen Kohlenhydrate (die schnell in Zucker umgesetzt werden). Artgerecht wäre eine Zahl von unter 10 Prozent. Als Tierärztin habe ich (Dr. Becker) festgestellt, dass die meisten Hunde auch noch mit 20 Prozent Stärkekalorien gut fertigwerden. Füttern wir aber ein Leben lang mit 30 bis 60 Prozent Stärke, die der Hund nicht braucht, müssen wir mit negativen Konsequenzen rechnen.

Menschen, die sich hauptsächlich von stark ausgemahlenen Kohlenhydraten ernähren, haben alle möglichen gesundheitlichen Probleme, die vor allem durch Entzündungen verursacht sind. Letztere gehen wieder zurück, wenn die Betroffenen mehr Protein und gesunde Fette aus frischer Zubereitung zu sich nehmen. (Vom Gewichtsverlust mal ganz abgesehen.) Anders, als man gemeinhin annimmt, **stellen Kohlenhydrate keinen essenziellen Makronährstoff dar.** Die Glukose, die der Körper (vor allem das Gehirn) braucht, lässt sich aus Aminosäuren (Baustoff der Proteine) herstellen. Man nennt dies »Glukoneogenese«. Auch Fett liefert uns einen Superbrennstoff namens »Ketonkörper«. Wenn diese verstoffwechselt werden, versorgen sie das Gehirn besser als Glukose. Das gilt für Mensch und Tier gleichermaßen. Menschen und Hunde (und viele andere Arten) können also ihren Nährstoffbedarf problemlos ohne Saccharide decken – obwohl die meisten Menschen sich durchaus Kohlenhydrate in Maßen gönnen dürfen. Hier sei ergänzt, dass diese für unsere Entwicklung eine wichtige Rolle spielten. So lässt sich unser Kiefer seitlich bewegen, und wir verfügen über Backenzähne, die wir zur Zerkleinerung von Getreide brauchen. Hunde nicht. Ohne Kohlenhydrate und qualitativ hochwertige Proteine und Fette hätten wir nie ein so ausgefeiltes Gehirn entwickeln können. Wir wollen Ihnen auch keineswegs empfehlen, alle Kohlenhydrate aus der Ernährung zu streichen. Allerdings sollten wir aufpassen, welchen Stärkeanteil im Futter wir unseren Hunden zumuten, wenn wir ihnen ein langes Leben bereiten wollen.

Geld spricht und bellt eine laute Sprache

Der durchschnittliche Konsument in den USA gibt im Monat 21 Dollar für Tiernahrung aus. Das ist natürlich nicht genug, um Fleisch und Fett guter Qualität zu kaufen. Daher verwenden Tierfutterhersteller Fleisch minderer Qualität, ausgeschmolzenes Fett und viele billige Futter-Kohlenhydrate, um dem Verbraucher günstige Tiernahrung anbieten zu können. Kohlenhydrate machen auch deshalb einen so großen Teil der Tiernahrung aus, weil sie eben *billig* sind, und nicht, weil sie gesund wären. Da artgerechtes Tierfutter unbezahlbar scheint, hat die Tierfutterindustrie die Menschen überzeugt, dass Hunde Allesfresser sind (und daher auch vegan ernährt werden können). Eine derartige Ernährung hat aber ihren Preis: die Gesundheit Ihres Tieres. Von den Tierarztkosten mal ganz abgesehen.

Mittlerweile gibt es nicht nur Studien am Menschen über die Auswirkung von hochverarbeiteter Industrienahrung. Wir wissen auch, was sie mit Hunden macht: Wenn sie hauptsächlich mit Trockenfutter ernährt werden, leiden sie häufiger unter Entzündungen und entwickeln mehr Übergewicht als Hunde, die Frischkost bekommen. Einmal mehr wurde dies 2020 festgestellt, als die Forscher der Universität von Florida zusammen mit einem Frischfutterproduzenten die körperliche Fitness von insgesamt

4446 Hunden untersuchten und zu diesem Zweck Daten zu deren Lebensstil, Ernährung und Alter erhoben. 1480 Hundebesitzer (33 Prozent) gaben an, dass ihre Hunde Übergewicht hätten. 356 der Tiere (8 Prozent) waren fettleibig. Die Frischkostalternativen in dieser Studie umfassten handelsübliches Frischfutter, TK-Futter und Hausmacherkost. LeeAnn Perry, die Leiterin der Studie, meinte: »Diese Art der Tiernahrung besteht üblicherweise aus vollwertigen Zutaten, die nur sanft gegart oder anderweitig minimal verarbeitet wurden, bevor man sie einfror oder kühlte … Von den 4446 Hunden in unserer Studie wurden 22 Prozent ausschließlich mit Frischkost ernährt, weitere 17 Prozent erhielten Frischkost zusammen mit anderen Futtermittelarten.«

Die Resultate der Studie sprechen eine klare Sprache: Hunde, die nur Trocken- oder Dosenfutter erhielten, waren mit hoher Wahrscheinlichkeit übergewichtig. Und wie vorherzusehen, führte es zu Gewichtsverlust, wenn man den Hund Schritt für Schritt zu mehr Bewegung anhielt.

Wir hatten das Glück, Anna Hielm-Björkmann sprechen zu können, Professorin an der tiermedizinischen Fakultät im finnischen Helsinki. Sie erforscht die Stoffwechselvorgänge beim Hund. Das DogRisk-Programm an der dortigen Lehrklinik ist Avantgarde, da es mehrere innovative Forschungsansätze verfolgt, um die Auswirkungen der verschiedenen Arten von Hundefutter auf die Gesundheit unserer Gefährten zu testen. Prof. Hielm-Björkmann fand heraus, dass Rohfutter den Stoffwechsel weniger belastet als Trockenfutter. Roh gefütterte Hunde weisen im Vergleich mit Trockenfutter-Tieren weniger Entzündungs- und andere Krankheitsmarker auf, vor allem niedrigere Homocysteinspiegel. Das gilt selbst für äußerlich schlanke und gesund wirkende Tiere. Das Aussehen ist nun mal beileibe nicht alles. Sie können ja nicht sehen, was sich stoffwechseltechnisch, physiologisch und epigenetisch in Ihrem Hund abspielt. Unseren Recherchen zufolge kann es gut sein, dass Millionen Menschen und Hunde mit chronischen Entzündungen umherlaufen, auch wenn sie keinerlei Anzeichen dafür aufweisen. Denn in dieser Hinsicht waren sich alle von uns interviewten Experten einig: Chronische minimale Entzündungen sind der Ausgangspunkt zahlreicher Krankheiten.

Wie sich Entzündungen bei Hunden äußern

Entzündungskrankheiten können Sie erkennen an der Endung »-itis«. Entzündungen bringen mehr Hunde in die tierärztliche Praxis als irgendein Grund sonst. Dazu gehören beispielsweise:

NAME	KÖRPERTEIL	SYMPTOME
Gingivitis	Zahnfleisch	Schlechter Atem, Entzündung im Maul, übermäßiges Speicheln
Uveitis	Augen	Blinzeln, Jucken, Augenreiben
Otitis	Ohren	Ohrinfektionen, Rötungen
Ösophagitis	Speiseröhre	Übelkeit, Lippen lecken, häufiges Schlucken, verminderter Appetit
Gastritis	Magen	Magensäure-Reflux, Erbrechen, Übelkeit, verringerter Appetit
Hepatitis	Leber	Erbrechen, Übelkeit, Lethargie, viel Durst
Enteritis	Dünndarm	Übelkeit, Erbrechen, Reizdarm, Darmentzündung, Durchfall, Blähungen

NAME	KÖRPERTEIL	SYMPTOME
Colitis	Dickdarm	Durchfall (teils blutig), Verstopfung, Analdrüsenprobleme, Schwierigkeiten beim großen Geschäft
Cystitis	Blase	Harnwegsinfekte, Harnsteine, Schwierigkeiten beim kleinen Geschäft
Dermatitis	Haut	wunde Stellen, Krusten, Hautinfektionen, Jucken, Lecken des Fells oder Nagen am Fell
Pankreatitis	Bauchspeicheldrüse	Erbrechen, Übelkeit, Lethargie, starke Gewichtsabnahme
Arthritis	Gelenke	Steifheit, Gelenkschmerzen, Hinken, verringerte Beweglichkeit
Tendinitis	Sehnen	Knie, Schulter, Ellbogen, Pfotengelenke schmerzhaft und angeschwollen, Hinken

Was haben all diese Erkrankungen gemeinsam? Den »itis«-Teil! Dieser wird durch entzündlich wirkende Nahrungsmittel verschärft, vor allem durch Stärke. Der übermäßige Stärkeanteil in der üblichen Hundenahrung verursacht einen erhöhten Blutzuckerspiegel, was wiederum Entzündungen fördert. Mais, Weizen, Reis, Kartoffeln, Tapioka, Hafer, Linsen, Kichererbsen, Gerste, Quinoa, »alte Getreide« (Emmer, Dinkel et cetera) und andere Kohlenhydrate in der Hundenahrung befeuern die Produktion von AGEs (ebenjenen Advanced Glycation Endproducts), was zu einer dauerhaften systemischen Entzündung führt.

Als wir unseren sechsstündigen Dokumentarfilm »Dog Cancer Series« drehten, kontrollierten wir den Blutzuckerspiegel von Dutzenden Hunden, während sie von einer Ernährung ausschließlich mit Trockenfutter auf eine rohe, ketogene Diät umgestellt wurden. Ihr Nüchternblutzucker fiel massiv ab, und zwar so sehr, dass die behandelnden Tierärzte manchmal die Besitzer anriefen und ihrer Sorge Ausdruck verliehen, der Hund könne an Unterzucker leiden. So wie Sportler einen niedrigeren Ruhepuls aufweisen als ihre faulen Freunde, haben roh gefütterte Hunde einen niedrigeren Nüchternblutzucker als ihre stärkegefütterten Kumpels.

Aber das ist kein Problem, sondern ein Vorteil. Schließlich ist es unser **Bestreben, den Insulin- und Glukosespiegel im Körper niedrig zu halten.** Dies ist eines der Ziele einer »artgerechten« Ernährung, die diesen Namen verdient, da so der Stoffwechsel weniger belastet wird. Der Körper eines Hundes produziert mehr Insulin, wenn die Glukose im Blut einen Wert von 110 mg/dl (6 mmol/dl) überschreitet. Hatte ein Hund eine Schüssel Trockenfutter verzehrt, schoss dieser Wert nicht selten auf 250 mg/dl hinauf. Noch besorgniserregender sind die Daten über die Verweildauer von Insulin im Blut. Nach *einer* einzigen stärkelastigen Mahlzeit verbleibt das Insulin ganze *acht Stunden* im Hundekörper. Nach einer stärkearmen Mahlzeit ist dagegen fast kein Anstieg des Insulins zu messen. Wenn Sie jetzt noch bedenken, dass der Hund innerhalb der acht Stunden nach der ersten Mahlzeit vielleicht noch eine zweite mit demselben Trockenfutter bekommt und dazwischen noch ein paar stärkehaltige Leckerlis, dann ist klar, woher diese ganzen Entzündungserkrankungen kommen, die häufig in chronischen degenerativen Krankheiten enden.

Unterzuckerung

Ist niedriger Blutzucker ein Risikofaktor, wenn ich meinen Hund so ernähre, wie es seiner Art angemessen ist? Glücklicherweise sind nur sehr kleine Welpen (unter fünf Pfund) anfällig für Unterzucker. Deshalb empfiehlt der Tierarzt auch, winzige Welpen mit vielen kleinen Mahlzeiten zu füttern. Ein gesunder erwachsener Hund hat, selbst wenn er nicht groß ist, genügend Glykogen- und Triglyzeridspeicher, um seinen Energiebedarf auch zwischen den Mahlzeiten zu sichern, ohne dass es zur Unterzuckerung kommt.

Domestizierte Hunde sind entwicklungsgeschichtlich darauf ausgelegt, dass sie mal mehr, mal weniger zu fressen bekommen. Der Hundekörper produziert mehrere Hormone, die seinen Blutzuckerspiegel auch in Fastenperioden hoch halten, aber nur ein Hormon – Insulin –, das den Blutzuckerspiegel senkt. Die meisten modernen, innig geliebten Hunde haben nie eine Mahlzeit versäumt oder mehr als einen Tag gehungert oder gar keine Kohlenhydrate bekommen. Tatsächlich werden die meisten ständig gefüttert, und das Tag für Tag. Diese häufigen Mahlzeiten haben sie zu überfütterten Tieren werden lassen, deren Körper ständig Insulin produzieren muss, was die Bauchspeicheldrüse und den Stoffwechsel belastet. In Kapitel 9 werden wir Ihnen zeigen, wie Sie optimale Zeitfenster für die Fütterung festlegen, die den Stoffwechselstress vermeiden helfen und dem Körper des Hundes Gelegenheit geben zu heilen.

Die Entstehung und Entwicklung handelsüblichen Tierfutters

Seit James Spratt seinen patentierten Fleisch-Fibrin-Hundekuchen auf den Markt brachte, ist die Tierfutterindustrie enorm gewachsen. Heute fressen die meisten Hunde ihre hochverarbeiteten Erzeugnisse, die in der Regel aus Abfallprodukten der menschlichen Nahrungsmittelerzeugung gefertigt werden. Die konventionelle Hundefutterindustrie führte erfolgreich Krieg gegen die Fütterung von Tischabfällen, als wir begannen, Hunde immer häufiger als Familienmitglieder zu betrachten. Das führte zur Erfindung der »Alleinfuttermittel«, die extra für den Hund gekauft wurden. Schon früh bemühten sich die Unternehmen um die Unterstützung von Tierärzten, die dann ihren Klienten empfahlen, ihre Tiere *ausschließlich* mit handelsüblichem Futter zu ernähren. Da es ja nun Futter »speziell für den Hund« gab, galt menschliche Nahrung für den Hund plötzlich als ungesund. Auch soziale Veränderungen begünstigten den Siegeszug der Fertignahrung. Als Mitte des 20. Jahrhunderts immer mehr Frauen anfingen zu arbeiten, hatten sie weniger Zeit als vorher, für Tiere und Familie Mahlzeiten zuzubereiten. Die Industrialisierung der Landwirtschaft brachte Innovationen (das heißt Düngemittel und Traktoren), und so standen Rohstoffe wie Fleisch und Getreide (sowie deren Nebenerzeugnisse) den Futtermittelherstellern in ausreichender Menge und zu günstigen Preisen zur Verfügung.

Dann kamen die CAFOs auf (Concentrated Animal Feeding Operations), wie man die Intensivhaltung von Tieren wie Milchkühen, Schweinen und Hühnern nennt. Und es wurden Cash Crops gezüchtet, Getreidearten, die möglichst viel Profit abwerfen sollen: Weizen, Mais, Zuckerrohr und Soja belegten unsere Felder mit Beschlag. Die Landwirte in aller Welt steigerten ihren Ertrag, und die Preise fielen ins Bodenlose. Die Tierfutterproduzenten kauften überschüssige Rohstoffe aus der menschlichen Nahrungskette auf, aber auch deren Nebenerzeugnisse. So wurde Tierfutter immer billiger und billiger. Der Wirtschaftsboom der Nachkriegszeit sorgte dafür, dass man Extra-Hundefutter nicht mehr als Luxus betrachtete, sondern als praktisches und günstiges Angebot. Die Tierfutterproduzenten nutzten die Tatsache aus, dass die Verbraucher das Verfüttern von Tischabfällen an Tiere nicht länger für sicher hielten. Es waren ja schließlich »Abfälle«. Die Herstellung einer ausgewogenen Komplettnahrung, so hieß es, solle doch besser den »Experten« überlassen werden.

Obwohl die Tierfutterproduzenten Ihnen einreden wollen, dass ihre Produkte sicher seien und darüber hinaus regelrechte Nährstoffbomben, ist das alles andere als gesichert. Für den Fall, dass Sie sich hier das erste Mal mit der Problematik industrieller Tiernahrung beschäftigen, möchten wir Sie auf einige wichtige Punkte hinweisen, die Sie beachten sollten, wenn Sie eine wohlinformierte Entscheidung treffen wollen:

- Es besteht ein gravierender Unterschied zwischen Zutaten in »Lebensmittelqualität« und solchen in »Futtermittelqualität«. Fleisch wird in den USA vom Landwirtschaftsministerium geprüft und entweder für den menschlichen Verzehr zugelassen oder für ungeeignet befunden, was bedeutet, dass es dennoch als Futtermittel für Haus- und Nutztiere verwendet werden darf.[10] Realistischerweise sollte man hier nicht von Tierfutter, sondern von »Tierfraß« reden, denn was derart deklariert wurde, würde kein Mensch jemals essen. Tierfutterproduzenten verwenden ausschließlich Zutaten in Futtermittelqualität, außer sie geben ausdrücklich etwas anderes an. Wir schätzen, dass höchstens 1 Prozent der Dosen- und Trockennahrung für unsere Haustiere aus Zutaten besteht, die auch der Mensch essen würde. Und das sagt schon eine Menge darüber aus, was sich im Großteil der Futtermittel für unsere Haustiere so finden kann. Nicht alle Zutaten in Futtermittelqualität sind schlecht. Das Problem ist nur, dass es hier keine öffentlich einsehbare Qualitätskontrolle gibt. Was die Qualität angeht, kann man nur raten.

- Die Leitlinien für den Nährstoffbedarf von Hunden und Katzen werden für die USA von der Association of American Feed Control Officials (AAFCO) herausgegeben, für Europa von der European Pet Food Industry Federation (FEDIAF). Die Unternehmen sind gehalten, diesen Leitlinien zu folgen, um ihre Produkte als »nährstofftechnisch ausgewogen« bezeichnen zu können. Außerdem müssen sie sogenannte »Analytische Bestandteile« und »Zusatzstoffe« auf der Packung ausweisen. Dazu kommt noch die Zusammensetzung, wobei die erstgenannte Zutat in der höchsten Konzentration vorkommt, die letztgenannte in der niedrigsten. Nirgendwo wird verlangt, dass die Verträglichkeit getestet oder das Endprodukt auf seinen Nährstoffgehalt untersucht wird.
- Die Angabe »mindestens haltbar bis« bezieht sich auf die *ungeöffnete* Packung. Wie lange das Futter haltbar ist, sobald diese geöffnet ist, wird meistens nicht angegeben.
- Chemische Konservierungsstoffe oder andere synthetische Zusatzstoffe neben den Hauptzutaten müssen nicht extra ausgewiesen werden. Bei den »Zusatzstoffen« werden gewöhnlich nur Vitamine und Spurenelemente angegeben.

- Kein Gesetz zwingt die Futtermittelhersteller, ihre Erzeugnisse auf Schwermetalle, Pestizide, Herbizide oder andere Verunreinigungen zu testen.
- Hunde haben wie Menschen je nach Alter einen unterschiedlichen Nährstoffbedarf. Der Großteil unserer »Alleinfuttermittel« aber ist für »alle Altersgruppen« ausgewiesen (das heißt ein Produkt für alle Tiere vom Welpen bis zum Hundesenior). Selbst wenn auf der Packung steht: »Regelmäßig geprüft« durch verschiedene Lebensmittelanalytik-Institute, müssen die Ergebnisse nicht veröffentlicht werden. Haken Sie ruhig mal nach, und bitten Sie um die Resultate für die Charge, die Sie gekauft haben. Die Partiennummer ist hier der entscheidende Faktor.

Gute versus schlechte Fette

Wie bei den Kohlenhydraten gibt es auch gute und schlechte Fette. Schädlich für den Stoffwechsel sind beispielsweise gesättigte oder Transfette. Sie schüren Entzündungen im Körper und werden häufig in hochverarbeiteter Industrienahrung gefunden. Gesund sind einfach oder mehrfach ungesättigte Fette, die reich an den antientzündlichen Omega-n-Fettsäuren sind. Gute Quellen gesunder Fette sind Nüsse, Samen, Avocados, Eier, fetthaltige Kaltwasserfische wie Lachs und Hering sowie bestimmte Pflanzenöle wie Olivenöl extra vergine. Fette sollten möglichst unraffiniert, nicht erhitzt und naturbelassen sein. Erhitzte Fette führen zu den gefürchteten ALEs (Advanced Lipoxidation Endproducts).

Tierfutterproduzenten vermarkten Kohlenhydrate, vor allem Kartoffeln, Reis, Hafer oder Quinoa, als gute »Energielieferanten« (das heißt Kalorien). Aber Kalorien aus unnötigen Kohlenhydraten verringern gleichzeitig den Gehalt an gesunden Proteinen und qualitativ hochwertigen Fetten, aus denen die Hundenahrung eigentlich bestehen sollte. Dabei enthalten sogenannte »getreidefreie« Futtermittel häufig mehr Stärke als solche mit Getreide. Getreidefreie Futtermittel bestehen häufig aus Hülsenfrüchten, die wiederum bioaktive Substanzen wie Lektin und Phytat enthalten. Diese Substanzen hindern den Körper daran, Nährstoffe aufzunehmen, die er braucht. Nicht alle bioaktiven Substanzen sind schlecht. Es ist ohnehin schwierig, sie zu vermeiden, wenn Sie sich weitgehend pflanzlich ernähren. Trotzdem sollten Sie darauf achten, dass nicht zu viel davon in der Nahrung steckt.

Ein weiteres Problem der getreidehaltigen Futtermittel ist, dass sie häufig Spuren von Giftstoffen enthalten. Wie wir schon in Teil I sagten, gingen im Jahr 2020 94 Prozent der Tierfutter-Rückrufaktionen in den USA (volle 1374405 Pfund) auf Aflatoxine zurück, Gifte eines Pilzes, die bei manchen Tieren Nierenversagen, Leberversagen und Krebs verursachen können. Wir selbst haben vegane Hundenahrung getestet und festgestellt, dass sie unter allen Futtermitteln den höchsten Glyphosatgehalt aufweist. Und Glyphosat wird in der Nahrungskette weitergegeben. Daraus kann ein Leaky-Gut-Syndrom (undichte Darmwand) entstehen oder ein gravierendes Ungleichgewicht des Darm-Mikrobioms, was man auch »Dysbiose« nennt – beides fördert systemische Entzündungen (doch dazu später mehr).

Eine Studie aus dem Jahr 2019 entdeckte im Urin von dreißig Hunden und dreißig Hauskatzen vier- bis zwölfmal so viel

Glyphosat wie beim Menschen. Hunde, die ausschließlich mit Trockenfutter ernährt wurden, hatten die höchsten Werte. Zu ähnlichen Ergebnissen kommt die Studie aus dem Jahr 2018, die wir schon in Teil I angeführt haben: Forscher der Cornell University haben achtzehn konventionelle Hundefuttermarken auf Glyphosatrückstände untersucht und den krebserregenden Stoff in sage und schreibe allen achtzehn Produkten gefunden. Aus diesem Grund führen die Health Research Institute Laboratories (HRI) eine Langfriststudie zum Glyphosatgehalt im Körper von Hunden und Katzen durch. Einige Resultate wurden bereits veröffentlicht und erschrecken buchstäblich jeden Tierhalter: **Der Glyphosatgehalt bei Hunden war 32-mal so hoch wie beim Menschen.** Diese chemisch verseuchten, überflüssigen Kohlenhydrate haben außerdem noch eine weitere unerwünschte Nebenwirkung: Sie sind schuld daran, dass ein Hund nie satt wird. Tierärzte, die Frischkost befürworten, wissen, dass viele mit Trockenfutter ernährte Hunde ein Fass ohne Boden sind, was das Füttern angeht. Sie haben ständig Hunger, was die Frage aufwirft: Versuchen sie vielleicht nur, die notwendige Menge Protein und Fett zu bekommen, indem sie sich mit Unmengen von kohlenhydratreichem Futter vollstopfen, das ihre einzige Energiequelle ist?

Die Anzahl der Tierfutterhersteller, die ihr Produkt aus Zutaten in »Lebensmittelqualität« fertigt, wächst. Und damit auch der Wettbewerb. Schauen Sie ruhig mal auf der Webseite Ihres Futtermittelherstellers nach. Wenn dort »Lebensmittelqualität« verarbeitet wird, werden Sie dies gleich auf der ersten Seite lesen. Das Marketing pflastert Webseiten, Fernsehwerbung und Verpackungen mit diesem Hinweis voll. Das muss auch sein, sonst versteht der Verbraucher nämlich nicht, warum das Produkt so viel teurer ist. Transparenz ist hier ein Wettbewerbsvorteil. Diese Unternehmen präsentieren häufig die Ergebnisse von unabhängigen Analyse-Instituten. So findet man bei ihnen auch Angaben zum Gehalt an Glyphosat, Mykotoxinen und anderen Umweltgiften. Das ist ein großer Schritt vorwärts, was den Aufbau von Verbrauchervertrauen angeht.

Wenn Sie auf der Webseite Ihres Futtermittelproduzenten keine solchen Angaben entdecken, scheuen Sie sich nicht, die Nummer des Kundenservice anzurufen oder eine E-Mail zu schreiben. Hersteller, die auf Transparenz setzen, werden Ihnen hier sofort Rede und Antwort stehen. Sie sind ja stolz darauf, die Herkunft der Zutaten für ihre Futtermittel nennen zu können. Und sie wissen, dass diese Angaben ihre Erzeugnisse von denen ihrer Wettbewerber abheben. Manche Frischkosthersteller verwenden zwar Zutaten in Lebensmittelqualität, aber sie stellen ihre Produkte nicht mit Fertigungsmaschinen her, die für die Erzeugung von Nahrungsmitteln für den menschlichen Verzehr zugelassen sind. Daher können sie auch nicht mit »Lebensmittelqualität« werben. Einige Frischkosthersteller verwenden auch Zutaten, die nicht für den menschlichen Verzehr hergestellt wurden (zum Beispiel frischgemahlenes Knochenmehl als Kalziumquelle). Auch dann darf nicht mit »Lebensmittelqualität« geworben werden, obwohl das Futter qualitativ hochwertig ist. Diese Produkte sind sicher und gesund. Das werden Ihnen die Hersteller auch so erklären, wenn Sie nachfragen.

Nahrung bestimmt unser Mikrobiom

Nochmals in Kürze: Die meisten Hunde werden mit 20 Prozent Stärkeanteil in der Nahrung fertig, ohne dass es zu schweren Entgleisungen des Stoffwechsels kommt. Der Großteil der Hunde, die wir bisher kennengelernt haben, zeigte sich sehr resilient (widerstandsfähig). Nur wenn wir ständig mehr hochraffinierte Kohlenhydrate verfüttern, die den Blutzuckerspiegel hochschnellen lassen, gibt es Schwierigkeiten. Denn dann wird auch das Mikrobiom des Hundes in Mitleidenschaft gezogen. Die Nahrung ist vermutlich der entscheidende Faktor für die Gesunderhaltung des Mikrobioms. Diese Tatsache kann man gar nicht oft genug betonen. Die Mikroorganismen, die im Darm leben (und auch in anderen Organen wie zum Beispiel auf der Haut), haben für Gesundheit und Stoffwechsel eine enorme Bedeutung. **Das Mikrobiom ist für die Gesundheit der Säugetiere so wichtig, dass man es als eigenes Organ betrachten kann.** Unsere Haustiere haben ein einzigartiges Mikrobiom, das ihre Entwicklungsgeschichte und ihren Kontakt mit der Umwelt (inklusive Ernährung) widerspiegelt. (Fun Fact: 99 Prozent des genetischen Materials in unserem Körper gehört nicht uns, sondern unseren mikrobiellen Hausgenossen!) Die meisten dieser fürs bloße Auge unsichtbaren Geschöpfe leben in unserem Verdauungssystem – ein buntes Völkchen von Pilzen, Parasiten und Viren, doch den Großteil machen Bakterien aus. Sie unterstützen nahezu jede denkbare Funktion eines gesunden Körpers.

Dieses unglaubliche Innen-Ökosystem hilft Ihnen und Ihrem Hund, Nahrung zu verdauen, Nährstoffe aufzunehmen, das Immunsystem gesund zu halten (70 bis 80 Prozent unseres Immunsystems sitzen in den Darmwänden, und das gilt auch für unsere tierischen Freunde) und den Körper zu entgiften. Dieses Ökosystem produziert wichtige Enzyme und andere Stoffe, die unsere Biologie unterstützen. Es schützt uns gegen krankmachende Bakterien und hilft, Entzündungen im Körper zu verhindern, die sonst allerhand Symptome hervorrufen. Es beeinflusst unser Hormonsystem und wirkt mit, die Stressreaktion zu regulieren. Und es sorgt für guten Schlaf. Manche Stoffe, die diese Bakterien produzieren, sind Metaboliten, die der Körper weiterverarbeitet (gr. *metabolítes* [der Umgewandelte]). Wir brauchen sie also für Stoffwechsel und Gehirnfunktion. Tatsächlich delegieren wir die Synthese wichtiger Vitamine, Fettsäuren, Aminosäuren und Neurotransmitter an diese Mikroorganismen.

Die Bakterien im Darm von Mensch und Hund produzieren Vitamin B_{12}, Thiamin, Riboflavin und Vitamin K, das zum Beispiel bei der Blutgerinnung eine wichtige Rolle spielt. Die »guten« Bakterien sorgen auch für Harmonie, indem sie die Spitzen von Cortisol- und Adrenalinspiegel abflachen – der beiden Stresshormone, die im Körper einiges an Schaden anrichten, wenn sie ständig freigesetzt werden. Was die Neurotransmitter angeht, so trägt die Darmflora ihren Teil dazu bei, dass Serotonin, Dopamin, Norepinephrin, Acetylcholin und Gamma-Aminobutyrat (GABA) hergestellt werden können. Gerade als wir uns sicher waren, dass all diese Stoffe nur im Gehirn produziert werden können, erfuhren wir, dass hierbei auch das Mikrobiom eine bedeutende Rolle spielt.

Das sind in Kürze die Resultate neuerer Forschungsprojekte. Die Wissenschaftler erforschen das Mikrobiom und seine ideale Zusammensetzung (beziehungsweise die Frage, wie diese verbessert werden kann) weiterhin, doch so viel wissen wir schon: Am besten ist es, wenn es möglichst viele Bakterienstämme umfasst.

Diese Diversität hängt von der Ernährung ab. Sie stellt sicher, dass unser Mikrobiom seine Aufgaben erfüllen kann. Aber was kann das Mikrobiom nun tatsächlich stören? Alles, was die Zusammensetzung der Bakterienstämme durcheinanderbringt (das heißt Umweltgifte, Düngemittel, verunreinigtes Wasser, Süßstoff, Antibiotika, nichtsteroidale Antirheumatika), aber auch emotionaler Stress, Traumen (das heißt Operationen), Magen- und Darmerkrankungen, Nährstoffmangel, nicht artgerechte Ernährung (die den Stoffwechsel unter Stress setzt).

Das Human Microbiome Project wurde 2008 in den USA ins Leben gerufen, um die Mikroorganismen zu katalogisieren, die in unserem Körper leben. In der Folge wurde die ganze Medizin umgekrempelt. Bis dato wussten wir nicht, dass das Mikrobiom die Kommandozentrale des Immunsystems darstellt. **Der Großteil unseres Immunsystems ist im Darm angesiedelt.** Das darmassoziierte Immunsystem (oder *gut-associated lymphatic tissue* [GALT]) ist unglaublich wichtig: Es macht bis zu 80 Prozent unseres Immunsystems aus. Warum aber sitzt unser Immunsystem hauptsächlich im Darm? Ganz einfach: Die Darmwand kommt (neben der Haut) am ehesten mit Stoffen oder Organismen aus der Außenwelt in Kontakt, die gefährlich sein könnten. Und dieser Teil des Immunsystems operiert ja nicht in einem Vakuum. Ganz im Gegenteil, es kommuniziert mit anderen Zellen des Immunsystems im ganzen Körper und sendet sofort Alarmsignale, wenn es auf einen potenziellen Gefährder stößt. Aus diesem Grund ist die Ernährung ja so wichtig für unser Immunsystem. Und das gilt natürlich auch für unsere Hunde.

Daniella Lowenberg brachte es in ihrer Berichterstattung über das Haut-Mikrobiom von Hunden in der Online-Fachzeitschrift *PLOS (Public Library of Science)* auf den Punkt: »Ein

Haus ist nichts ohne einen Hund. Und ein Hund ist nichts ohne seine Mikroben-Crew.« Viele Institute in aller Welt sequenzieren nun das Mikrobiom der Hunde. AnimalBiome zum Beispiel ist ein solches Unternehmen. Es hat seinen Sitz in der Gegend von San Francisco und beschäftigt sich hauptsächlich mit der Frage, wie man das Mikrobiom unserer Haustiere gesund halten kann. Speziell wird dort untersucht, wie sich das Mikrobiom von Hunden vor und nach einem restaurativen Eingriff entwickelt.

Studien aus Italien zeigen, dass eine Frischfleischernährung das Mikrobiom gesunder Hunde positiv beeinflusst. Wir besuchten die Wissenschaftler Misa Sandri und Bruno Stefanon von der Fakultät für Landwirtschaft, Ernährung, Umwelt und Tiere an der Universität Udine. Saubere, frische, artgerechte Nahrung ist das, was die Hunde jahrtausendelang bekommen haben. Sie bildet die Grundlage für leistungsfähige Zellen und einen gesunden Stoffwechsel, die wiederum die nötigen Voraussetzungen für ein langes Hundeleben sind. Die beiden Forscher gaben uns faszinierende Einblicke in die Zusammenhänge zwischen Ernährung (sprich: der jeweiligen Nährstoffaufnahme) und der Fähigkeit des Körpers zur Selbstreparatur und darüber, wie das alles davon abhängt, welche Bakterienstämme den Darm besiedeln. Sie waren die ersten Wissenschaftler, die untersuchten, wie sich das Mikrobiom von Hunden in Abhängigkeit davon verändert, ob ein Tier Frischkost oder hitzebehandelte Nahrung bekommt: **Frischkost führt zu einer reichhaltigeren, besser diversifizierten Gemeinschaft von Mikroorganismen im Darm.** Tim Spector, Epidemiologe und Mikrobiom-Experte an der medizinischen Fakultät des King's College in London, betont immer wieder, wie sehr die Darmgesundheit viele Aspekte des Alterungsprozesses – auch beim Hund – beeinflusst. Rodney war besonders beeindruckt von den Schlussworten von

Professor Spector: »Hunde und Katzen erhalten ihr Leben lang industriell produzierte Nahrung. Meine jüngeren Studien belegen, dass es für das Mikrobiom nichts Schlimmeres gibt als hoch stärkehaltige, hochverarbeitete, nicht diversifizierte Ernährung. Und das gilt für *alle* Tierarten, besonders wenn sie lange Zeit auf diese Weise ernährt werden. Dies vermindert die Anzahl der Bakterienstämme im Darm-Mikrobiom ganz massiv. Es stört die Genexpression und reduziert die Anzahl von Enzymen und Metaboliten. Was wiederum das Immunsystem beeinträchtigt. Und das Immunsystem ist das, was uns vor Allergien und Krebs bewahrt.«

Was Sie Ihrem Hund zu fressen geben, hat nicht nur Einfluss auf seine Darmflora. Wir werden in Kapitel 6 erklären, wie ein bestimmtes Umfeld sich auf die Ausgewogenheit der Mikroorganismen im Darm auswirkt, was wiederum Folgen für das Immunsystem hat. Doch zuerst wollen wir uns noch mit den Marketingstrategien der Futtermittelindustrie beschäftigen, die uns dazu verlocken, unsere Brieftasche zu zücken und bestimmte Marken zu kaufen.

Die Wahrheit hinter den Versprechungen

In gewisser Weise sind sich Tierfutterproduzenten und Jeanshersteller sehr ähnlich. Man kriegt heutzutage eine Jeans für 30 Euro, kann aber auch mehr als 300 Euro hinblättern, und das, obwohl der Stoff im Prinzip der gleiche ist. In Sachen Tierfutter begegnen einem die folgenden Reizwörter immer wieder:

- »Premium«: Der Begriff ist nicht definiert. (Alles kann Premiumqualität haben.)

- »Tierärztlich empfohlen«: Jeder Tierarzt kann ein bestimmtes Futter aufgrund seiner eigenen Vorstellungen empfehlen. Manchmal gibt es auch Geld für eine solche Empfehlung.
- »Organisch«, »frisch« und »natürlich«: Diese Begriffe sind nicht einheitlich definiert und können, wie bei Lebensmitteln für den menschlichen Verzehr, alles heißen.
- Die Werbung für Tierfutter ist nicht einheitlich geregelt. Wenn auf der Packung ein Truthahnbraten prangt, heißt das nicht, dass das Futter überhaupt gebratenen Truthahn enthält.
- Die Futtermittelverordnung der USA erlaubt die Verwendung von Tierkörpern, die »nicht durch Schlachtung« gewonnen wurden. Theoretisch sind Tiere, die geschlachtet werden, bis zur Tötung gesund. Tiere, die an Krankheiten gestorben sind, dürfen jedoch ebenfalls verwertet werden, zum Beispiel für ausgeschmolzene Fette.[11] So gelangten vor einigen Jahren chemische Stoffe, die zum Einschläfern von Tieren verwendet wurden, ins Tierfutter.[12]
- Viele Unternehmen lassen sich Markenbezeichnungen gesetzlich schützen. Damit Sie beim Einkauf ein gutes Gefühl haben: »Für mehr Lebenskraft«. Oder: »Vitalität plus«. Und: »Proaktiv für Gesundheit«. Auch diese Begriffe sind frei wählbar und nirgendwo definiert.
- Nahrungsergänzungsmittel, die Ihrem Tier angeblich einen gesundheitlichen Nutzen bringen sollen, sind so niedrig dosiert, dass sie keinerlei Effekt haben. Das gilt zum Beispiel für Glukosamin, das die Gelenke fit machen soll. Oder für Omega-3-Fettsäuren, die gut für Haut und Fell sind.
- Dazu kommt noch, was Dr. Marion Nestle die »Salztrennlinie« nennt: Die Unternehmen wissen, dass sich Superfoods auf der Packung gut machen. Aber woher wissen Sie, wie viel

Kurkuma, Petersilie oder Cranberrys im Futter stecken? Lesen Sie auf der Zutatenliste, an welcher Stelle diese Inhaltsstoffe stehen. Vor oder nach dem Salz? Der Anteil an Salz (das für Haustiere wichtig ist) wird nie mehr als 0,5 bis 1 Prozent der Zutaten ausmachen. Superfoods, die nach dem Salz stehen, sind also noch niedriger dosiert.

Was ist »Humane Washing«?

Nutztiere sind gesetzlich nur sehr wenig geschützt. Die wenigen Vorschriften zum Schutz von Nutztieren haben mit der schnell voranschreitenden Industrialisierung der Fleisch-, Milch- und Eierindustrie nicht Schritt gehalten. Das Resultat: Die Tiere in der Industrieproduktion sind grausamer Behandlung ausgesetzt, die aber legal und der Öffentlichkeit im Normalfall unbekannt ist, sodass sich daran nichts ändert. Selbst Konsumenten, denen der Tierschutz wichtig ist, unterstützen so mit ihrem Kauf diese grausamen Praktiken.

Die Tierfutterproduzenten profitieren von dieser Situation, indem sie dem Konsumenten suggerieren, die von ihnen verwendeten Fleisch-, Milch- und Eierprodukte seien auf »menschliche« Weise produziert worden. Man nennt dies auch »Humane Washing«. Hier fallen dann Schlagworte wie: »von glücklichen Kühen«, »Weiderind«, »antibiotikafrei« oder »aus natürlicher Haltung«. Da diese Begriffe nirgendwo definiert sind, nehmen die Kontrollbehörden daran keinen Anstoß. Mittlerweile allerdings werden sich viele Konsumenten der Tatsache bewusst, dass ihre Tiere Fleisch fressen, das unter absolut unmenschlichen Bedingungen »produziert« wurde. Immer mehr Tierschutzorganisationen machen die Zustände in der Massentierhaltung publik und strengen Verfahren gegen diese irreführende Werbung an.

Wir kennen sehr viele Menschen, die sich wünschen, dass die Tiere, die als Nahrung für ihre Haustiere dienen, artgerecht gehalten und angstfrei geschlachtet werden. Rodney konfrontierte bei einem AAFCO-Treffen, das 2015 in Denver stattfand, die amerikanische Lebensmittelaufsicht mit den Zuständen in den Ställen und dem »Humane Washing« auf den Tierfutterpackungen. Reaktion: Wir wurden darauf hingewiesen, dass in den USA die freie Rede ein Grundrecht sei. Daher können wir Ihnen hier nur eines raten: Fallen Sie nicht auf die netten Bildchen und die coolen Schlagworte herein. Hier können Sie sich nicht vertrauensvoll darauf verlassen, dass Sie tatsächlich bekommen, was Sie auf der schönen Schachtel sehen. Sie müssen das Unternehmen, das Ihr Hundefutter produziert, gründlich durchleuchten, so wie Sie es mit dem Kindergarten oder der Schule machen würden, auf die Sie Ihre Kinder schicken wollen. Recherchieren Sie, und hören Sie nicht auf zu fragen, bis Sie mit Ihrer Entscheidung zufrieden sein können.

Auch die Definition von »hochverarbeitet« ist strittig, dabei lässt sich das Problem praktisch mit ein wenig gesundem Menschenverstand einfach lösen. Wir alle – und unsere Haustiere – verzehren hochverarbeitete Nahrungsmittel. (Darunter fällt mehr oder weniger alles, was irgendwie in Schachteln, Tüten, Flaschen und Dosen daherkommt und eine Zutatenliste aufgedruckt hat.) Wir wissen natürlich, dass Trockenfutter mitunter recht praktisch ist. Schließlich verzehren ja auch wir regelmäßig hochverarbeitete Nahrungsmittel. Aber wir versuchen, uns besser zu ernähren, wann immer die Zeit es erlaubt. Unzählige Studien von Epidemiologen zeigen, dass die Personen mit dem höchsten Anteil an hochverarbeiteter Industrienahrung auch den höchsten Prozentsatz an chronischen Erkrankungen aufweisen. Daher wurde das bereits erwähnte NOVA-System entwickelt, das Lebensmittel einteilt in »minimal verarbeitet«, »verarbeitet« und »hochverarbeitet«.

Vor Kurzem wurde ein ähnliches System für Tiernahrung eingeführt, um Tierärzten zu ermöglichen, ihren Klienten die Optionen, die sie bei der Entscheidung für eine bestimmte Fütterungsart haben, mit neutralen Begriffen zu erklären. Die Definition für ultraverarbeitete Nahrungsmittel ist bei Menschen wie Tieren die gleiche: Sie dürfen aus weiterverarbeiteten Zutaten wie gehärteten Fetten und modifizierter Stärke bestehen und viele Zusatzstoffe enthalten. Was heißt, dass sie mehr als einmal erhitzt worden sind, wie das bei der Herstellung von Trockenfutter, Dosenfutter oder anderen Konservierungsmethoden üblich ist. »Minimal verarbeitet« ist Tierfutter, das frisch ist, tiefgefroren und entweder gar nicht oder nur einmal erhitzt beziehungsweise unter hohem Druck verarbeitet wurde. In Kapitel III erklären wir, weshalb wir für eine weniger rigide Kategorisierung eintreten.

Fast 90 Prozent der Hundenahrung ist zu einem gewissen Grad

verarbeitet. Wie bereits erwähnt, sind es die »ultra-« oder »hochverarbeiteten« Futtermittel, die uns Sorge bereiten. Das ist Futter, für das man zwar natürliche Zutaten verwendete, die aber mechanisch, chemisch und durch Hitze mehrfach verändert wurden. Des Weiteren sind ihm Stoffe zugesetzt, die es in der Natur so nicht gibt. Zu diesen synthetischen Zusatzstoffen gehören zum Beispiel Carrageen und andere Verdickungsmittel, synthetische Farbstoffe, appetitanregende Stoffe, gehärtete Fette, synthetische Vitamine und Mineralstoffe, Konservierungsmittel und Stoffe zur Geschmacksverbesserung. Forschungsarbeiten zeigen, dass es nicht nur die Anzahl der Verarbeitungsvorgänge ist, die natürliche Lebensmittel entwerten, sondern auch deren Dauer und die damit verbundene Hitzebelastung. Ein ganz normaler Beutel mit Hunde-Trockenfutter enthält fraktionierte, isolierte, raffinierte und mindestens viermal erhitzte Zutaten – weshalb man sie eigentlich als »ultra-ultra-ultra-ultra-verarbeitet« bezeichnen müsste.

Problematisch an dieser Art Fertignahrung ist ja nicht nur die mindere Qualität der Ausgangsstoffe oder der von ihnen verursachte glykämische Index. Es kommen auch noch die MRPs hinzu, die bereits erwähnten **Maillard-Reaktionsprodukte, die langfristig sehr negative Auswirkungen auf die Gesundheit Ihres Tieres haben.** Vor allem zwei Arten von MRPs sind in puncto Tierfutter in den letzten Jahren in die Kritik geraten: Acrylamid und heterozyklische Amine (HAA). Acrylamid ist ein starkes Nervengift, das entsteht, wenn Kohlenhydrate (Stärke) unter hohen Temperaturen verarbeitet werden. Es gilt auch für den Menschen als schädlich. Vielleicht haben Sie ja schon gehört, dass bei hohen Temperaturen zubereitete Nahrung das Krebsrisiko beim Menschen steigert. HAAs sind chemische Verbindungen, die sich bei der Fleischzubereitung unter hohen Temperaturen bilden und Krebs verursachen können. Diese Erkenntnisse sind keineswegs neu, aber sie kommen nicht wirklich bei den Verbrauchern an. Auch, weil die Tierfutterindustrie das so haben will. Denn wäre die Öffentlichkeit darüber informiert, würde dies den 113-Milliarden-Dollar-Umsatz mit Tierfutter, der für das Jahr 2025 vorhergesagt wird, vermutlich massiv einbrechen lassen. 2003 untersuchte das Lawrence Livermore National Laboratory in Kalifornien 24 kommerzielle Haustierfuttermarken auf die krebserregenden HAAs. *Nur eine einzige* Futtermarke enthielt keine HAAs. Und dieses Resultat wird durch viele andere Studien bestätigt. Robert Turesky, Professor für medizinische Chemie am Pharmakologischen Institut der Universität von Minnesota, untersucht krebserregende Stoffe. Als er die oben erwähnten Karzinogene im Fell seines Hundes fand – obwohl er seinen Hund nicht mit gegrilltem Fleisch fütterte –, untersuchte er Trockenfutter für Hunde und entdeckte darin den Übeltäter.

Wie bereits erklärt: Wenn Kohlenhydrate und Proteine (Stärke und Fleisch) zusammen erhitzt werden (entweder im Körper oder während der Futtermittelherstellung), kommt es zu einer höchst schädlichen chemischen Reaktion, die man »Glykation« nennt. Dabei entstehen die sogenannten AGEs oder Advanced Glycation Endproducts. Die Tiermedizinerin Siobhan Bridglalsingh erstellte bereits im Jahr 2002 eine Studie über den Einfluss von vier verschiedenen Arten Hundefutter (Dosen-, extrudiertes, luftgetrocknetes und Rohfutter) auf den Gehalt von AGEs in Plasma, Serum und Urin von Hunden. Ihre Resultate entsprechen den Erwartungen: Dosenfutter und extrudiertes Trockenfutter verursachten bei gesunden Hunden den höchsten Gehalt an AGEs, gefolgt von luftgetrocknetem Futter. Bei Rohfutter hingegen war der AGE-Gehalt am niedrigsten. Dr. Bridglalsingh meinte dazu: »Hunden solche hochverarbeiteten Futtermittel zu geben, ist so, als würde ein Mensch die klassische westliche Ernährung erhalten, dabei aber große Mengen exogener AGE-Quellen (also nichts Rohes) zu sich nehmen.« Ihrer Ansicht nach verursachen AGEs massive Degenerationserscheinungen bei Hunden. »Wir haben herausgefunden, dass Hitzebehandlung die aus der Nahrung stammenden AGEs erhöht, was sich im Anteil der AGEs im Blutplasma niederschlägt. Wir können also mit Sicherheit sagen, dass die Hitzebehandlung von Futtermitteln einem hohen AGE-Gehalt im Futter entspricht. Dies wiederum führt zu einem hohen Gesamtgehalt von Plasma-AGEs im Blutkreislauf.«

Als wir Dr. Bridglalsingh fragten, ob ihre Forschungsergebnisse ihre Einstellung in puncto Hundefutter beeinflusst hätten, meinte sie: »Nun, ich stehe der Hausmacherkost für Hunde nun sehr viel offener gegenüber.«

Was aber bedeutet das nun für unsere Tiere? Dr. Bridglalsingh nahm hier kein Blatt vor den Mund: »Das heißt, dass die Verfütterung von stark hitzebehandelter Tiernahrung verglichen werden kann mit ausschließlicher Fast-Food-Ernährung beim Menschen. Und wir wissen, welche gesundheitlichen Auswirkungen dies hat. Offensichtlich zwingen wir unsere Hunde aber genau dazu. Wir haben die Wahl, füttern unsere Hunde aber trotzdem mit diesem Zeug. Daher sollten wir uns als Tiermediziner unserer Verantwortung stellen und bessere und sicherere Tiernahrung empfehlen. Wenn wir durch das Futter, das wir geben, bei unseren Haustieren chronische Entzündungen und degenerative Krankheiten verursachen, sollten wir das ändern. Wir können ihnen gesünderes Futter anbieten, damit ihre Lebenserwartung erhöhen und auch ihre Lebensqualität.«

Obwohl diese bahnbrechende Studie die erste ist, welche die Verarbeitungsmethoden und den AGE-Gehalt von Tierfutter untersuchte, gibt es noch andere Studien zu ernährungsbedingten Entzündungen und Fehlfunktionen des Immunsystems. Was sollten wir als tierliebende Menschen unbedingt wissen? Dass es unseren Hunden schlecht geht, weil sie von diesen Stoffen *122-mal mehr im Blut haben* als Menschen, die sich nur von Fast Food ernähren. (Katzen weisen einen um das 38-Fache erhöhten Spiegel auf.)

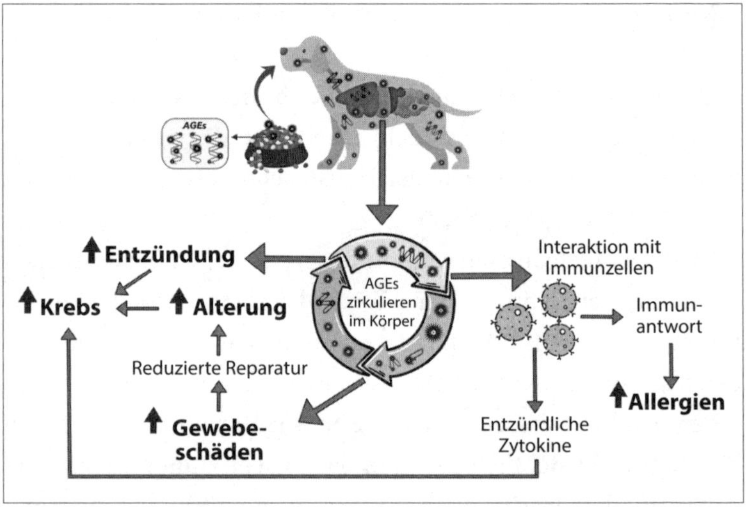

Wir wissen, dass hochverarbeitetes Tierfutter bei Labortieren Wachstumsstörungen und Lebensmittelallergien auslöst, aber unseres Wissens nach wurde noch nie eine randomisierte kontrollierte klinische Studie durchgeführt, welche die Auswirkungen von vollwertiger Nahrung mit denen von Trocken-, Dosen- und Rohfutter vergleicht, und zwar auf Gesundheit, Krankheit und Lebenserwartung einer größeren Anzahl Hunde während ihres ganzen Lebens. Die kürzeren Studien, welche die unterschiedlichen Effekte von hochverarbeitetem Futter und roher beziehungsweise nur minimal verarbeiteter Nahrung auf Tiere untersuchen, zeigen, was Tierärzte klinisch schon lange feststellen: Rohfutter verringert den oxidativen Stress der Tiere, versorgt sie aufgrund der besseren Verdaulichkeit besser mit Nährstoffen und stärkt das Immunsystem durch ein stärker diversifiziertes Mikrobiom. Außerdem hat es einen positiven Einfluss auf die DNS und die Genexpression, vor allem bei Hunden mit Hautproblemen. Die Ergebnisse der wenigen Studien, in denen Rohfütterung mit hochverarbeitetem Futter verglichen wird, weisen in eine Richtung, die für die Frischfütterer unter uns nicht überraschend ist: Wer seinem Hund Frischkost anbietet, weiß, dass dieser fitter ist, mehr Energie hat, ein schöneres Fell, sauberere Zähne und eine gute Verdauung. Die Befürworter von Frischkost sind der Ansicht, dass ihre Tiere weit weniger Probleme haben als die, denen man nur Industrienahrung gibt.

Leider ist die Standardnahrung vor allem der amerikanischen Hunde wirklich ein trauriges Thema. Eine lebenslange Ernährung mit hochverarbeitetem Industriefutter und der Einfluss der AGEs schaden allen Gewebearten im Körper: Krankheiten des Bewegungsapparates, Herzkrankheiten, Nierenkrankheiten, massive allergische Reaktionen, Autoimmunerkrankungen und Krebs sind die Folge. Kein Wunder, dass wir uns allmählich fragen, was wir unseren Tieren zu fressen geben sollten. Die Liste der Störungen, die von AGEs verursacht werden, deckt sich weitgehend mit der Liste jener Erkrankungen, derentwegen Tiere am häufigsten zum Tierarzt müssen. Wir wissen, dass wir nicht ständig Fast Food essen sollten. Und allmählich dämmert es uns, dass dies auch auf unsere Haustiere zutrifft. Vielleicht aber haben Sie sich auch längst entschieden und wollen Fido nur noch 25 oder 50 Prozent Fertignahrung geben. Oder sie beziehungsweise ihn nur noch mit Frischkost ernähren. Wir werden Ihnen noch erklären, wie Sie das am besten anstellen.

In den letzten vier Jahren hat vor allem eine therapeutische Ernährungsweise von sich reden gemacht: Dabei geben Sie Ihrem Hund einfach mehr Kalorien aus Fett als aus Proteinen (was man eine »ketogene« Ernährung nennt). Diese Art der Ernährung ist ein gutes Gegenmittel bei diversen Formen von Tumorerkrankungen. Auch Menschen ernähren sich immer öfter ketogen, was dazu beiträgt, bestimmte Krankheiten zu lindern.

Was Stoffwechsel und Physiologie betrifft, so gibt es zwischen einer ketogenen Ernährung und dem Fasten einige Parallelen. Der Verzehr von Kohlenhydraten wird massiv eingeschränkt, der von Proteinen ein wenig. Das zwingt den Körper, Fett zu verbrennen. Vorher allerdings wird er all seine Glukose- und Glykogenvorräte verbrennen. Dann tritt die Leber auf den Plan und produziert neuen Brennstoff: die Ketonkörper. Der Organismus tritt in die Ketose ein, wenn sich Ketonkörper im Blut ansammeln und Nüchternblutzucker, der HbA1c-Wert (Glykationsmarker) und der Insulinspiegel niedrig bleiben beziehungsweise keine großen Schwankungen aufweisen. Wir alle durchlaufen immer wieder eine milde Ketose: wenn wir fasten, nach einem langen, glukosefreien Schlaf erwachen oder auch nach einem intensiven Training.

Die Ketose war ein wichtiger Schritt in der Säugetierentwicklung, denn sie hilft uns, längere Zeiten ohne Nahrung zu überstehen. Unsere Hunde sollten nicht dauerhaft ketogen ernährt werden, kurzfristig allerdings trägt diese Strategie dazu bei, verschiedene Entzündungen in den Griff zu bekommen. Vermutlich hat die Ketose auch in der Entwicklung des Haushundes eine wichtige Rolle gespielt und kann noch heute als Teil einer Heilbehandlung gelten, vor allem, wenn es um den Kampf gegen Krebs geht.

Als wir unseren Dokumentarfilm »The Dog Cancer Series« drehten, sprachen wir mit den Leuten vom KetoPet Sanctuary. Das ist eine NGO in Texas, in der Hunde mit Krebs im vierten Stadium mit einer rohen, ketogenen Diät behandelt werden. Eine nährstofftechnisch ausgewogene Rohkost, bei der 50 Prozent der Kalorien aus Fett und die anderen 50 Prozent aus Proteinen stammen, erzeugt bei den meisten Tieren eine leichte Ketose. Das Fett-Protein-Verhältnis kann dabei auch variiert werden, um so auf bestimmte Stoffwechselbedürfnisse besser einzugehen. Bei KetoPet ist man allerdings der Ansicht, das Wichtigste sei, dass die Ernährung *roh* bliebe. Hitzebehandelte Fette führen zu Bauchspeicheldrüsenentzündungen. Rohe, naturbelassene Fette werden hingegen auf gesunde Weise und ohne Nebenwirkungen verstoffwechselt. Die Bauchspeicheldrüse ist in der Kleintiermedizin immer ein Problem. Daher sollte man oxidierte und erhitzte Fette auf jeden Fall meiden. **Durch das Erhitzen von Fett bilden sich noch weitere hochgiftige Maillard-Reaktionsprodukte: die ALEs, Advanced Lipoxidation Endproducts. Viele Toxikologen halten sie für den schlimmsten Schadstoff für gesunde Organe.**

Dr. Mark Roberts, der mit eigenen Augen beobachten konnte, wie Hunde sich für ebendieses 50:50-Verhältnis von gesunden Fetten und Proteinen entschieden, geht davon aus, dass dieser weise Instinkt in den Genen der Tiere verankert ist. Wenn Haushunde die Wahl haben, bevorzugen sie Fett und Protein als Energiequelle. Im Tierversuch belastete dies ihren Stoffwechsel weniger und stärkte ihre körperliche und immunologische Fitness. Nur zu verständlich. Wir müssen also lediglich Mahlzeiten anbieten, die das gleiche Verhältnis an Makronährstoffen aufweisen, wie Mutter Natur es über die letzten 10 000 Jahre entwickelte.

Timing – auf die biologische Uhr hören

Gesundheitsvorsorge durch die Wahl der richtigen Ernährung ist eine Sache. Wenn zur richtigen Ernährung dann *auch noch der rechte Zeitpunkt* kommt, sind wir im Hinblick auf Langlebigkeit unendlich viel effektiver. Während wir unsere Recherchen anstellten, welche Faktoren bei Säugetieren maximale Vitalität garantieren, hörten wir immer wieder, dass selbst die richtige Nahrung physiologisch belastend wirkt, wenn sie zur falschen Zeit eingenommen wird. **»Wie viel Sie essen und was Sie essen, ist sicher sehr wichtig, aber wann Sie essen, ist vielleicht noch wichtiger.«** Das sind die Worte von Professor Satchidananda Panda vom Salk Institute, der eine richtig getimte Ernährung propagiert. Kalorien kennen keine Uhr, Ihr Stoffwechsel und Ihre Gene aber schon. Wenn Sie auf die innere Uhr Ihres Hundes achten, reduzieren Sie einmal mehr seinen Stoffwechselstress. Diese Phasen intelligent zu nutzen heißt, von der uralten Weisheit des Biorhythmus zu profitieren. Der Biorhythmus ist eine innere Uhr, die seit Jahrtausenden unseren Schlaf-Wach-Zyklus steuert.

Wir alle haben eine solche innere Uhr, ob nun Mann oder Frau oder Hund. Der Fachbegriff dafür heißt »zirkadianer Rhythmus« (lat. *circa* [ringsum] und *dies* [Tag]). Er wird definiert durch sich wiederholende Abläufe, die mit unseren Tag-und-Nacht-Zyklen zusammenhängen. Dieser Biorhythmus beginnt alle 24 Stunden wieder von vorn und umfasst zum Beispiel unseren Schlaf-Wach-Zyklus, aber auch Ebbe und Flut bei den Hormonen sowie Anstieg und Fall der Körpertemperatur. All diese Rhythmen gehorchen einem 24-Stunden-Sonnentag. Vor allem die normale Hormonsekretion ist hier wichtig, ob es sich nun um die Satt- beziehungsweise Hungerhormone handelt oder um Stresshormone und Botenstoffe, welche die Zellerneuerung steuern. Ist Ihr Biorhythmus gestört, dann fühlen Sie sich nicht ganz auf dem Damm. Sie sind griesgrämig, müde, hungrig und neigen zu Infektionen, weil Ihr Immunsystem nicht richtig arbeitet. Wenn Sie schon mal mehrere Zeitzonen durchquert und unter Jetlag gelitten haben, wissen Sie, was es heißt, wenn Ihr zirkadianer Rhythmus gestört wird.

Wie wir in Kapitel 6 noch sehen werden, hat der zirkadiane Rhythmus mit unseren Schlafgewohnheiten zu tun. So kann Schlafentzug zum Beispiel unsere Essgewohnheiten durcheinanderbringen. Unser Appetit wird durch die Hormone Leptin und Ghrelin geregelt. Sie signalisieren uns rund um die Uhr, wann wir etwas zu essen brauchen oder satt sind. Ghrelin sagt uns, wann wir Hunger haben, Leptin, wann wir satt sind. Die Forschungsarbeiten zum Zusammenspiel dieser Hormone haben atemberaubende Resultate zutage gefördert: Zu wenig Schlaf bringt die beiden Hormone durcheinander, was zu mehr Appetit führt. Eine häufig zitierte Studie belegt: Wenn Menschen zwei Nächte hintereinander nur je vier Stunden Schlaf bekommen, steigt ihren eigenen Angaben zufolge ihr Appetit um 24 Prozent. Dazu kommt, dass sie dann bevorzugt nach kalorienhaltigen Snacks greifen, die viel Salz und Stärke enthalten. Vermutlich, weil der Körper nach schnell verfügbaren Kalorien in Form von Kohlenhydraten verlangt, wie sie in hochverarbeiteter Nahrung zu finden sind.

Denken Sie nun bloß nicht, dass der zirkadiane Rhythmus Ihres Hundes doch keine große Rolle spielen kann. Wir befragten Professor Satchidananda Panda im Regulatory Biology Laboratory zum Thema »Richtige Essenszeit«. Er sagte, die innere Uhr des Tieres bestimme, wann Nahrung Heilcharakter habe und wann sie den Stoffwechsel belaste. Auch Fasten (Intervallfasten) kann die Lebenserwartung eines Tieres verlängern. Pandas Forschungsarbeiten zeigen, dass Sie die Futterschüssel nur dann füllen sollten, wenn die innere Uhr Ihrer Fellnase darauf eingestellt ist. Das Gleiche gilt für Leckerlis. Damit können Sie den meisten altersbedingten Stoffwechselkrankheiten vorbeugen.

Wenn wir Hundebesitzern sagen, es sei absolut in Ordnung, wenn ihr Hund mal einen Tag lang nichts frisst oder eine Mahlzeit auslässt, reagieren sie meist überrascht. (Vorsicht: Bei Katzen ist das völlig anders!) Hunde brauchen nicht zwei bis drei volle Mahlzeiten pro Tag und zwischendrin noch reichlich Leckereien. (Menschen übrigens auch nicht!) Wenn sie mehrere Stunden am Tag fasten, dann drücken sie sozusagen den Reset-Knopf für ihren Stoffwechsel.

Das Intervallfasten (beziehungsweise bei Tieren: die Intervallfütterung) kann auf eine lange Geschichte zurückblicken. (Es hat seinen Grund, dass viele Religionen eigene Fastentage haben.) Der griechische Arzt Hippokrates, der im 5. und 4. Jahrhundert v. Chr. lebte und nach dem der Hippokratische Eid benannt ist, gilt als »Vater« der westlichen Medizin. Und er trat leidenschaftlich für das Fasten als Heilmethode ein. In den unter seinem Namen überlieferten Schriften heißt es, dass Krankheiten und auch Epilepsie durch vollständigen Verzicht auf Essen und Trinken geheilt werden könnten. Plutarch, ein griechisch-römischer Philosoph des 1. und 2. Jahrhunderts n. Chr., sagt in den *Moralia*: »Faste lieber einen Tag lang, statt nach Arzneien zu greifen.« Avicenna (980–1037), einer der größten Ärzte der arabischen Welt, verschrieb häufig Fastenkuren von drei Wochen oder länger. Die alten Griechen behandelten Epilepsie durch kalorienreduzierte Ernährung oder Fasten, und diese Methode wurde im frühen 20. Jahrhundert wieder aufgegriffen. Fasten entgifte sowohl Körper als auch Geist, heißt es. Selbst Benjamin Franklin meinte: »Die beste aller Arzneien ist Ruhen und Fasten.«

Man kann auf vielfache Weise fasten, die Wirkung auf den Körper ist immer die gleiche. Fasten aktiviert das Hormon Glukagon, das dem Insulin entgegenwirkt und den Blutzuckerspiegel im Normalbereich hält. Hier ein Bild, das Ihnen helfen soll, seine Wirkung zu verstehen: Stellen Sie sich eine Wippe vor. Geht die eine Seite nach oben, senkt sich die andere automatisch nach unten. Das beschreibt die Beziehung zwischen Insulin und Glukagon recht genau. Wenn Ihr Insulinspiegel nach oben schnellt, geht der Glukagonspiegel nach unten und umgekehrt. Wenn Sie etwas essen, steigt der Insulinspiegel. Wenn Sie nicht essen, passiert genau das Gegenteil: Der Insulinspiegel sinkt, und der Glukagonspiegel steigt. Damit werden bestimmte biologische Vorgänge angeregt, zum Beispiel die Autophagie, der Zellreinigungsmechanismus, den wir uns bereits angesehen haben. Wenn Sie also den sicheren Weg des Intervallfastens wählen und Ihrem Körper (und dem Ihres Hundes) für eine befristete Zeit keine Nahrung zuführen, können Sie die Zellreparatur ankurbeln. **Indem Sie alle Kalorien, die Sie Ihrem Hund verabreichen, innerhalb einer bestimmten Zeitspanne verfüttern, können Sie seine Physiologie unterstützen.** Aber Sie halten damit nicht nur seine Zellen jung und schieben folglich das Altern hinaus. Wissenschaftliche Untersuchungen belegen auch, dass der Hund dann mehr Energie hat, die Fettverbrennung angeheizt wird und so Krankheiten wie Diabetes und Herz-Kreislauf-Erkrankungen in weite Ferne rücken – alles nur, weil das Fasten den Autophagieprozess beschleunigt.

Mark Mattson, Professor für Neurowissenschaften an der renommierten medizinischen Fakultät der Johns Hopkins University und früherer Leiter des Labors für Neurowissenschaften am National Institute on Aging, veröffentlichte zu diesem Thema viele Aufsätze und arbeitete mit Professor Panda zusammen. Ihn interessiert vor allem, wie das Fasten die kognitiven Funktionen des Gehirns verbessert und das Risiko reduziert, neurodegenerative Erkrankungen zu entwickeln. Mattson führte Studien durch, bei denen er Tiere im Intervall fasten ließ. In den Zeiten, in denen sie nicht normal gefüttert wurden, verabreichte er ihnen Nahrung mit einem um 10 bis 25 Prozent verringerten Kaloriengehalt. Dies ist sein Fazit: »*Wenn Sie dies regelmäßig machen, solange die Tiere jung sind, leben sie um 30 Prozent länger.*« Lesen Sie diesen Satz gern noch ein zweites Mal. Wenn wir verändern, wann Tiere fressen, können wir ihre Lebenserwartung steigern – und zwar nicht zu knapp! **Das bedeutet nicht nur mehr Zeit, sondern mehr Zeit bei besserer Gesundheit und mit weniger Krankheiten.** Mattson fand auch heraus, dass Tiere bei dieser Art der Fütterung widerstandsfähigere Nervenzellen haben. Ähnliche mehrwöchige Studien führte er übrigens auch bei Frauen durch. Es stellte sich heraus, dass sie dabei mehr Körperfett verloren, mehr fettfreie Muskelmasse entwickelten und eine bessere Glukoseregulierung aufwiesen.

Ironischerweise ist einer der Trigger für diese biologische Reaktion nicht nur die Autophagie, sondern auch der *Stress*. Während der Fastenzeit stehen die Zellen unter leichtem Stress (einem gesunden, guten Stress). Sie reagieren darauf, indem sie besser damit umgehen lernen. Möglicherweise werden sie so auch widerstandsfähiger gegenüber Krankheiten. Andere Studien bestätigten diese Ergebnisse. Korrekt durchgeführtes Fasten senkt den Blutdruck, verbessert die Insulinsensitivität, steigert die Nierenfunktion, stärkt die Gehirnfunktion, regeneriert das Immunsystem und macht Säugetiere im Allgemeinen resistenter gegenüber Krankheiten.

Auch für den Hund ist Fasten ein ganz normaler Vorgang, von dem er genauso profitiert wie wir. Einige Hunde fasten auch von sich aus, was den Besitzern mitunter Sorgen bereitet. Doch meist spiegelt diese Nahrungskarenz nur wider, was der Hund auch in freier Natur erleben würde. Er verschafft seinem Verdauungssystem eine Pause, damit der Körper sich ausruhen und regenerieren kann. Immer mehr Experten empfehlen mittlerweile, dass ein gesunder Hund (mit einem Körpergewicht von mehr als 10 Pfund) einen Tag pro Woche fasten sollte. Einen Knochen aber können Sie ihm auch an einem Fastentag zu knabbern geben. Manche Halter kommen nicht zurecht mit der Vorstellung, dass Hunde fasten sollten. Sie betrachten ihren Hund als Familienmitglied und glauben, dass »Hungern« ihn stresst. Diese Hundeeltern schätzen das Intervallfasten nicht, weil sie nicht aufhören können, ihren Hund mit Leckerlis zu verwöhnen, oder ihm nicht weniger zu fressen geben wollen. Aber gesunde Maßnahmen sind wichtig, wenn Sie Ihren Hund fit halten möchten. Gesunde Grenzen, wie wir das nennen, helfen Ihrem Hund, förderliche Fressgewohnheiten zu entwickeln. In Teil III finden Sie eine lange Liste von kalorienarmen Snacks, die Sie zu den Zeiten anbieten können, in denen Ihr Hund fressen darf und soll. Und noch etwas: Fasten heißt, Nahrung zu reduzieren, nicht aber Wasser.

Wer richtet hier wen ab?

»Aber Sie kennen meinen Hund doch gar nicht!« Diesen Einwand hören wir immer wieder. Hunde sind sehr aufmerksame Gewohnheitstiere. Den meisten Hundeeltern ist gar nicht bewusst, dass sie bei ihrem Hund bestimmte, manchmal nervige Gewohnheiten heranzüchten, zum Beispiel das Tänzeln und Bellen, sobald Sie den Kühlschrank öffnen, das Winseln, wenn Sie sich an den Mittagstisch setzen, oder das Erbrechen gelber Galle, wenn das Fressen nicht pünktlich kommt (mehr dazu in Kapitel 9). Dann sollten Sie sich unbedingt klarmachen, dass Sie (vermutlich unabsichtlich) diese Verhaltensmuster und physiologischen Reaktionen Ihres Hundes erst geprägt haben.

Ja, genau: Sie selbst sind dafür verantwortlich, dass jetzt diese haarige Fressmaschine bei Ihnen zu Hause lebt. Haben Sie ein solches Leckerli-Grab herangezüchtet, dann können Sie das auch wieder ändern. Am besten fangen Sie noch heute damit an. Es wird Zeit und Geduld brauchen, aber der einzige Weg, unerwünschte Verhaltensweisen abzustellen, ist, sie ebenso beharrlich wie geschickt durch positive Verhaltensweisen zu ersetzen. Wenn ein bestimmtes Verhalten vorteilhaft ist, wiederholen Hunde es ganz von selbst. Sieht ein Hund auch nur eine klitzekleine Chance, so zu bekommen, was er haben will, wird er sich jedes Mal genau auf diese Weise benehmen. (Wobei Hunde da ganz schön lästig werden können. Schließlich möchte Ihr Hund ja Ihre Aufmerksamkeit erringen und Sie dazu bringen, dass *Sie* tun, was *er* will.) Zeigen Sie aber keinerlei Reaktion (und zwar buchstäblich null Reaktion: kein Wort, kein Augenkontakt, absolut gar nichts), wird Ihr Hund dieses Verhalten schließlich sein lassen, weil es ihm nichts einbringt. Er hat seinen Meister gefunden und richtet seinen Menschen nicht mehr länger ab. Wir kennen viele Hunde, die Herrchen oder Frauchen nachts aufgeweckt haben, weil sie etwas zu fressen wollten – so lange, bis die Hundeeltern dies abstellten. Das Purina Institute fand heraus, dass Hunde, die zweimal täglich gefüttert werden, nachts doppelt so aktiv sind wie Hunde, die nur einmal täglich Futter bekommen. Intervallfasten bedeutet neben mehr Gesundheit für Ihren Hund also womöglich auch mehr Schlaf für Sie.

In Teil III werden wir Ihnen ein paar Tipps geben, wie Sie Ihren Hund an diese Art der Fütterung gewöhnen und so den Zeitraum verlängern, in dem seine Zellen Reparaturarbeiten durchführen, was für einen Forever Dog von entscheidender Bedeutung ist. **Die richtigen Nährstoffe in der richtigen Menge zur richtigen Zeit zu geben ist die unschlagbare Dreierkombi, welche die Biologie Ihres Hundes aktiviert.** Wir hoffen, Sie mittlerweile davon überzeugt zu haben, dass es einer biologischen Zeitbombe gleichkommt, wenn Sie Fido rund um die Uhr füttern und er zusätzlich noch seinen Anspruch auf Zwischenmahlzeiten in Gestalt kohlenhydrathaltiger Leckerlis durchsetzt. Leckerlis sind schön und gut, aber die Menge und das Timing sind noch wichtiger.

Frischkost ist am besten, also »Menschenfutter« aus dem Kühlschrank

Eine der größten Leistungen der Tierfutterindustrie war es, die Leute davon zu überzeugen, dass es für Hunde schlecht und sozial inakzeptabel wäre, wenn sie die Reste vom Mittagstisch erhielten. Die Wissenschaft des 21. Jahrhunderts sagt jedoch etwas ganz anderes. Nicht alles, was der Mensch zu sich nimmt, ist schlecht für Hunde. Tatsächlich haben Ihre Lebensmittel die beste Qualität, die Sie auch Ihrem Hund gönnen können: Schließlich wurde es untersucht und für den Verzehr freigegeben! Auf jeden Fall sind diese Lebensmittel besser als das, was die Futtermittelverordnungen von den Herstellern verlangen. Aber natürlich müssen Sie darauf achten, *welche* für den menschlichen Verzehr geeigneten Sachen Sie Ihrem Hund geben. **Und natürlich füttern Sie Ihren Hund nicht mit irgendwelchen Essensresten. Sie verwenden artgerechte Zutaten, die auch ein Mensch essen würde, und machen daraus eine ausgewogene, vollwertige Mahlzeit. Oder Sie reichern das Hundefutter damit an beziehungsweise geben es Ihrem Tier als Leckerei.**

Kurz gesagt: Bereiten Sie für Ihre Familie echte, gesunde Frischkost. (Nur Zwiebeln, Schnittlauch, Trauben oder Rosinen und Kakao oder Schokolade dürfen Sie Ihrem Hund auf keinen Fall geben.) Sie können die Frischkost auch mit hochwertiger Fertignahrung mischen. Wie das geht, werden wir Ihnen in Teil III genauer erklären. Sie werden erfahren, wie Sie die richtigen Nahrungsmittel auswählen, wie Sie richtig füttern und welche Fertignahrung zu Ihrer Ernährungsphilosophie und Ihrer Brieftasche passt.

Was für den Forever Dog wichtig ist

- Die Tierfutterindustrie wird sich massiv ändern, denn die Tierhalter verlangen zunehmend frischere Alternativen zum üblichen Trocken- und Dosenfutter.
- Im Vergleich mit hochverarbeiteter Trocken- und Dosennahrung sind die Zutaten bei den meisten Marken roher, gefriergetrockneter, sanft gegarter und luftgetrockneter Tiernahrung weniger stark hitzebehandelt.
- In den letzten hundert Jahren seit der Erfindung von kohlenhydratreichem, hochverarbeitetem Hundefutter ist der Saccharidanteil in Futtermitteln ständig gestiegen. Das belastet den Stoffwechsel von Hund (und Katze).
- Das richtige Mischungsverhältnis: Etwa 50 Prozent der Kalorien Ihres Hundefutters sollten aus Proteinen stammen, die restlichen 50 Prozent aus Fett. So haben sich Hunde und ihre wilden Vorfahren seit Jahrhunderten ernährt. Dieses Verhältnis erhöht ihre Fitness und ihre Lebenserwartung. Ein Anteil von 30 bis 60 Prozent Stärke, die kein Hund braucht, hat negative Folgen für seine Gesundheit.
- Studien zeigen, dass Hunde umso schneller übergewichtig werden, je mehr Trockenfutter sie erhalten. Das kohlenhydratreiche Trockenfutter fördert außerdem systemische Entzündungen (und alles, was der Tierarzt als »-itis« diagnostiziert).
- Unsere Nahrung ist nicht nur Information für unsere Zellen, Gewebe und Organsysteme. Sie liefert auch entscheidende Informationen für unser Mikrobiom, die Gemeinschaft der Mikroorganismen im Darm. Daher entfaltet sie einen dramatischen Einfluss auf Stoffwechsel und Immunsystem.

- Auch das Timing ist wichtig. Wann Ihr Hund frisst, ist genauso entscheidend, wie *was* und *wie viel* er verzehrt. Kalorien kennen keine Uhr, der Stoffwechsel, die Zellen und die Gene aber schon. Wenn der zirkadiane Rhythmus unseres Körpers stimmt, können wir mehr Nährstoffe aufnehmen, und der Stoffwechsel wird weniger belastet. Intervallfasten – oder zeitgekoppeltes Füttern – ist ein wichtiges Instrument für die gesunde Ernährung von Mensch und Hund. Gesunde Hunde brauchen nicht drei Mahlzeiten täglich und haufenweise Leckerlis zwischendrin. Wenn sie mal nicht fressen wollen, sollten Sie sich keine Sorgen machen. Das ist nicht nur völlig normal (außer im Krankheitsfall), sondern sogar eine Wohltat für Ihren Hund. Die richtigen Nährstoffe in der richtigen Menge zur richtigen Zeit zu geben ist die unschlagbare Dreierkombi, welche die Biologie Ihres Hundes optimal berücksichtigt.

5

Die Dreifachbelastung

Wie Stress, Isolation und Bewegungsmangel uns allen schaden

In Momenten höchsten Glücks hätte man gern einen Schwanz, mit dem man wedeln kann.

W. H. Auden

Tina Krumdick erzählt uns die Geschichte, wie ihr Hund Mauzer zurück in ein gesundes Leben fand:

»Mauzer hatte chronischen Durchfall. Ein Jahr lang machte unser Tierarzt vor Ort einen Test nach dem anderen, konnte aber absolut nichts finden. Es war ein reines Ratespiel. Jedes Mal, wenn ich die Praxis wieder verließ, hatte ich eine andere Sorte Trockenfutter dabei und noch mehr Medikamente, die ihren Stuhlgang eindicken sollten. Nichts funktionierte. Ich hatte das Gefühl, dass wir nur an den Symptomen herumdokterten, ohne die Ursache zu finden. Nach dem letzten Termin fuhr ich mit einem 60 Dollar teuren Sack Trockenfutter aus Kängurufleisch nach Hause und fragte mich: ›Und wenn nun das Futter schuld ist?‹

Die Freundin einer Freundin empfahl mir, zu Dr. Becker zu gehen. Ich war zunächst von diesem Vorschlag nicht begeistert, weil das für mich eine ganze Stunde Fahrzeit hieß. Außerdem sollte sie kein ›typischer Tierarzt‹ sein. Dann aber fing Mauzer an, unverdautes Trockenfutter und Blut auszuscheiden. Das Zeug floss aus ihr heraus wie aus einem Wasserschlauch. Sie verlor innerhalb einer Woche sieben Pfund Körpergewicht. Ich hatte Angst, dass sie das Ganze nicht überstehen würde. Also rief ich bei Dr. Becker an. Vielleicht war eine ›atypische‹ Herangehensweise ja genau das, was Mauzer brauchte.

Im Behandlungsraum setzte Dr. Becker sich zu Mauzer auf den Boden, und meine Hündin krabbelte auf ihren Schoß. Da wusste ich, dass wir am richtigen Ort waren. Nichts, was die anderen Tierärzte versuchten, hatte funktioniert. Dr. Becker machte einen

Bluttest und diagnostizierte eine Malabsorptionsstörung [das ist eine mangelhafte Aufnahme von Substraten aus dem vorverdauten Speisebrei].

Dann erklärte sie mir, wie das mit der Frischkost funktionierte. Beste Qualität in der Nahrung, das hörte sich richtig an. Frau Dr. Becker gab mir noch ein paar Nahrungsergänzungsmittel mit, um den Nährstoffmangel auszugleichen. Innerhalb weniger Tage waren Mauzers Hinterlassenschaften normal, und sie legte wieder an Gewicht zu. Kein Blut mehr. Keine Lethargie. Dann fing ich an, ihr abwechselnd Truthahn, Büffel und Wild zu geben, was sie noch nicht ausprobiert hatte. Die Abwechslung war keineswegs schlecht, sie wirkte sich sogar positiv aus. Als Leckerlis bekam sie gefrorene Heidelbeeren. Außerdem stellte ich immer ein wenig für sie beiseite, wenn ich etwas für mich kochte. Alles frisch und gesund. Ihr stumpfes Fell fing plötzlich an zu glänzen. Sie hatte viel mehr Energie als vorher. Ihre Augen leuchteten. Sie wuchs und gedieh. Tausende … Ich hatte Tausende ausgegeben, um ein Problem in den Griff zu bekommen, das einzig und allein darauf beruhte, was ich Mauzer zu fressen gab. Ironie des Schicksals: Sie wurde krank durch Ernährung, aber die Ernährung heilte sie am Ende auch.«

Mauzers positive Verwandlung ist ein Beispiel dafür, was viele Hunde erleben. Das Futter, das Mauzer bekam, setzte ihren Körper unter Stress. Dass ihre Hundemutter ihre Ernährung umstellte, war der Dreh- und Angelpunkt dieser Wandlung. Stress kann in vielerlei Form auftreten, das Ergebnis aber ist immer das gleiche: schlechte Gesundheit. Und auch wenn Sie aufseufzen: Wir müssen uns mit dem Thema Stress beschäftigen.

Eine Stress-Epidemie

Würden wir in einem Raum voller Menschen die Frage stellen, wer gelegentlich – oder dauerhaft – unter Nervosität, innerer Unruhe, Ermüdung, Angst, Reizbarkeit und Überforderung leidet, dann würden vermutlich viele Hände in die Höhe gehen. Könnten wir Hunde bitten, dieselbe Frage mit einem Bellen zu beantworten, wäre der Lärm vermutlich ohrenbetäubend.

Wir alle können der Aussage zustimmen, dass wir Menschen ständig gestresst sind. Mehr als 10 Prozent der Amerikaner nehmen Antidepressiva (auch in Europa sind es etwa 8 Prozent), und seit den Neunzigern ist die Zahl der Verschreibungen um 400 Prozent gestiegen. Seit der Jahrtausendwende ist die Selbstmordrate in nahezu jedem Staat nach oben gegangen.[13] Schlaflosigkeit quält gut ein Viertel aller erwachsenen Amerikaner. (Und jeder zehnte Deutsche hat schwere Schlafprobleme.[14]) Viele greifen zu Schlafmitteln, um wenigstens ein bisschen Schlaf abzubekommen. Wir nehmen zwar an, dass die sozialen Medien mehr Menschen zusammenbringen als früher, tatsächlich aber bewirken sie meist das genaue Gegenteil: Drei Fünftel aller Amerikaner geben an, dass sie sich häufig einsam fühlen. Nur die Hälfte sagt, dass sie regelmäßig erfüllende persönliche Kontakte mit anderen Menschen hat. (Etwa 17 Prozent der Deutschen fühlen sich oft oder immer einsam, etwa 30 Prozent zumindest manchmal.[15])

Zudem bewegen wir uns auch kaum noch, was die körperliche und mentale Stressbelastung zusätzlich erhöht. In den USA kommen nur 8 Prozent der Erwachsenen auf die empfohlenen sechzig Minuten Bewegung täglich. Weniger als 5 Prozent bewegen sich mindestens dreißig Minuten täglich. Dabei sind dreißig Minuten das absolute Minimum, das empfohlen wird. Tatsächlich sitzen die meisten Amerikaner mindestens einen halben Tag lang. (Auch nur noch die Hälfte der Bundesbürger schafft es, sich mindestens 150 Minuten moderat beziehungsweise 75 Minuten intensiv zu bewegen.[16]) Von dem, was unsere Vorfahren an Bewegung hatten, sind wir weit entfernt: Daten von modernen Jäger-Sammler-Stämmen wie den Hadza in Tansania zeigen, dass sie allein auf der Suche nach Nahrung täglich etwa 5 (Frauen) oder 10 Kilometer (Männer) zurücklegen.

Jahrtausendelang war Bewegung ein wichtiger Part unseres Alltags, was unser Überleben sicherte. Jäger und Sammler hatten auch gar keine andere Wahl. Sie mussten für die Nahrungssuche weite Wege zurücklegen. Und sie verließen sich dabei einzig auf ihre Füße. Je mehr wir uns bewegten, desto fitter – und größer – wurde unser Gehirn. Desto besser war auch das Zusammenleben in der Gemeinschaft, denn wir waren vollständig voneinander abhängig und teilten deswegen unsere Ressourcen, was zu einem äußerst facettenreichen Sozialleben führte. Und natürlich gehörten zu dieser Gemeinschaft auch die Hunde.

In letzter Zeit liest man immer häufiger, dass »Sitzen das neue Rauchen« sei. Mit gutem Grund: Eine Metastudie aus dem Jahr 2015, publiziert in den *Annals of Internal Medicine*, zeigt, dass zu viel Sitzen alle Formen eines vorzeitigen Todes begünstigt. Bewegung hingegen schützt vor Krankheit und frühem Tod. Eine Langzeitstudie aus demselben Jahr hat ergeben, dass bei Personen, die täglich nach einer Stunde Sitzen eine Bewegungspause von zwei Minuten einlegten, die Wahrscheinlichkeit eines vorzeitigen Todes um 33 Prozent niedriger lag, und das über alle Todesarten hinweg. Mehrere breit angelegte Studien belegen außerdem, dass körperliche Bewegung beim Menschen das Risiko für verschiedene Krebserkrankungen reduziert: Darmkrebs, Brustkrebs,

Lungenkrebs, Gebärmutterkrebs und Meningiom (ein Gehirntumor). Wie das? Vermutlich – zumindest nimmt man das an –, weil Bewegung hilft, systemische Entzündungen einzudämmen. Wenn Sie weniger chronische Entzündungen im Körper haben, ist das Risiko geringer, dass Zellen entarten und ein Tumorwachstum einsetzt.

Das gilt auch für unsere Hunde: Wenn sie sich so bewegten wie ihre Vorfahren, wenn sie die Wahl hätten, wie viel Zeit sie mit Laufen, Herumschnüffeln und körperlicher Aktivität ganz allgemein verbringen, dann könnten auch sie deutlich ihr Risiko senken, krank zu werden, vorzeitig zu sterben oder Depressionen zu bekommen. Man hört zwar nicht häufig über Depressionen bei Hunden, doch leiden in letzter Zeit immer mehr Hunde entweder daran oder an einer weniger gravierenden Angststörung.

Vielleicht erleben Hunde Depressionen nicht auf die gleiche Weise wie wir Menschen, aber wer schon einmal Zeuge wurde, wie ein Hund ein traumatisches Erlebnis verarbeitet – zum Beispiel den Tod seines Halters beziehungsweise eines Familienmitglieds, Naturkatastrophen, extremen Lärm, einen Umzug oder einen Wandel in der familiären Dynamik (neuer Ehepartner, ein Baby, eine Scheidung) –, der weiß, dass Hunde traurig sein können und lethargisch werden oder ein anderes atypisches Verhalten entwickeln. Sie weigern sich, Gassi zu gehen, fressen nicht mehr, fangen an, ständig zu bellen, ziehen sich zurück oder verhalten sich anderweitig »ungebührlich«. Unter solchen Umständen verschreiben Tierärzte häufig Wirkstoffe, wie auch wir sie nehmen: Paroxetin, Fluoxetin und Sertralin. Doch wir glauben, dass es Besseres gibt als Ruhigstellung auf Rezept.

Angst und Aggression sind bei Hunden recht häufige Probleme. Dem *Journal of Veterinary Behavior* zufolge sind bis zu

70 Prozent der Verhaltensstörungen beim Hund auf Ängste zurückzuführen. Gewalt und Vernachlässigung lösen auch beim Hund Verhaltensstörungen aus, doch sind Hunde ebenso subtileren Formen von Stress ausgesetzt: verwirrende Trainingstechniken, viel Zeit allein, schlechter Schlaf und mangelnde Bewegung. Solche Ursachen lassen sich auch ohne Medikamente beseitigen.

Es ist kein Wunder, wenn die Forschung der letzten zehn Jahre zeigt, dass körperliche Bewegung eine höchst effektive Strategie zur Behandlung der genannten Störungen ist. (Wie lange es wohl dauert, bis solche Studien auch auf Hunde ausgedehnt und die Ergebnisse noch zum letzten Tierarzt durchgedrungen sein werden?) Eine 2017 veröffentlichte Studie begleitete 40 000 mental gesunde Erwachsene elf Jahre lang und stellte fest, dass regelmäßige Bewegung in der Freizeit das Risiko, an Depressionen zu erkranken, stark reduzierte. Und Depressionen gehören weltweit zu den Hauptursachen für Erwerbsunfähigkeit. Angesichts des völlig offensichtlichen Zusammenhangs gehen die Autoren dieser Studie davon aus, dass nur eine Stunde körperliche Aktivität pro Woche bereits 12 Prozent aller neu eintretenden Depressionen verhindern kann. Eine Studie der Universität Harvard aus dem Jahr 2019 erregte einiges Aufsehen. Dort wurde an Hunderttausenden Teilnehmern (immer ein Zeichen für eine gute Studie) festgestellt, dass eine Stunde Joggen (oder Walken oder Gartenarbeit) pro Tag vor Depressionen schützt. Die Autoren verwendeten eine höchst aktuelle Technik mit dem Namen »Mendel'sche Randomisierung«, die erlaubt, Kausalbeziehungen zwischen veränderlichen Risikofaktoren – in diesem Fall das Ausmaß an körperlicher Bewegung – und gesundheitlichen Problemen wie zum Beispiel Depressionen aufzudecken. Die revolutionäre Schlussfolgerung der Wissenschaftler: »Das Ausmaß an körperlicher Bewegung zu steigern erweist sich als sinnvolle Strategie zur Vorbeugung gegen Depressionen.«

Eine höchst effektive Therapie also. Doch die meisten Menschen wissen das nicht, und so verurteilen sie ihre Hunde zur selben trägen Lebensweise. **Hunde brauchen täglich Bewegung. Welche Art der Bewegung das ist, hängt von der Persönlichkeit, der körperlichen Fitness und dem Alter Ihres Hundes ab. (Wir können hier also kein Rezept geben, das auf alle Hunde passen würde.) Doch die tägliche Bewegungstherapie, wie wir sie nennen, lässt Ihren Hund ruhiger werden. Sie verhindert Unruhe, verbessert den Schlaf und beeinflusst, wie Ihr Hund sich gegenüber seinen Artgenossen verhält.** Natürlich zeigt Bewegung direkte mentale und körperliche Auswirkungen, doch sie wirkt auch dem Stress direkt entgegen. Tierverhaltensforscher empfehlen schon seit Langem mehr Bewegung für unsere Hunde. Dies ist eine der wirkungsvollsten Strategien, die uns zur Verfügung stehen – auch für das Stressmanagement. Zwanzig Minuten aerober (also maßvoller) Aktivität verhindern beim Menschen vier bis sechs Stunden lang das Auftreten sämtlicher Angstzustände. Täglich durchgeführt, steigert sie die angstlösende Wirkung noch mehr. Und für unsere Haustiere gilt dasselbe.

Laborratten entscheiden sich freiwillig für ein paar Runden auf dem Laufrad, wenn sie eines zur Verfügung haben. Die Forschung zeigt, dass die dabei entstehenden Endorphine (Botenstoffe, die Schmerz lindern und ein Gefühl des Wohlbefindens vermitteln) lange Zeit im Blut bleiben. Meist sinken sie erst 96 Stunden nach der Trainingseinheit wieder auf den Normalbereich ab. Die Effekte körperlicher Bewegung auf das Gehirn halten auch nach der Trainingseinheit noch lange an. Wenn Ihr Hund unter Hyperaktivität oder Angststörungen leidet, sind kurze Bewegungseinheiten optimal, um die Lebensqualität für Sie beide zu verbessern. Tägliches Training bis zur Ermüdungsgrenze reduziert den Kampf-Flucht-Impuls, der in unseren Hunden so präsent ist. Außerdem verändert körperliche Bewegung die Chemie unseres Gehirns. Das Zellwachstum wird gefördert, und Sie dürfen sich über mehr innere Ruhe freuen. Unsere Hunde leiden ja genauso, wie wir es tun. Bewegung schützt Tiere vor den schädlichen Auswirkungen von Langzeitstress und auch vor Angst und Unruhe. Aaron E. Carroll, der für die *New York Times* schreibt, meint dazu: »Körperliche Bewegung ist sicher das, was einem Allheilmittel am nächsten kommt.« Die Frage ist nur: Geben wir unseren Hunden oft und lange genug Gelegenheit für die nötige körperliche Aktivität?

Hierbei ist noch ein anderer Punkt wichtig: **Hunde sollen die Wahl haben.** Ja, Hunde verdienen es, dass sie eigene Entscheidungen treffen können. Wir haben einen Podcast mit Dr. Alexandra Horowitz gemacht, die Senior Research Fellow an der Fakultät für Psychologie der Columbia University ist. Sie hat den Bestseller *Was denkt der Hund? Wie er die Welt wahrnimmt – und uns* geschrieben. Auch sie plädiert dafür, dass wir unseren Hunden die Möglichkeit geben, ihr Hundsein zu genießen. Wie oft überlassen wir dem Hund die Entscheidung, wohin er laufen will, nach links oder rechts? Dabei geht es nicht darum, dem Hund das Gehen an der Leine beizubringen oder Gehorsam im Allgemeinen. Aber bestimmte Entscheidungen könnten wir durchaus unserer Fellnase überlassen – auch solche, die wir häufig für sie treffen. **Begründen Sie eine Partnerschaft, kein diktatorisches Verhältnis.** Wenn unser Hund uns signalisiert, dass er an einer bestimmten Stelle unbedingt länger schnüffeln muss, wie oft lassen wir ihm dann seinen Willen? Wie lange darf er die Gerüche prüfen, bevor wir an der Leine ziehen? Dem Hund zumindest ein gewisses Maß an Kontrolle darüber einzuräumen, wo er hingeht und was er tun will, ist wichtiger, als wir glauben. Denn die Wahrheit lautet: Die meisten Hunde haben nichts zu melden, was ihr eigenes Leben angeht. Dem Hund in allen Lebensbereichen öfter die Wahl zu lassen ist ein Geschenk. Wenn er mal selbst bestimmen darf, respektieren wir sein Bedürfnis, aktiv zu seinem (und unserem!) Wohlbefinden beizutragen. Das stärkt seine Selbstsicherheit, aber auch seine Lebensqualität und am Ende sein Vertrauen in uns.

»Nasenarbeit«

»Nasenarbeit« (oder »Fährtenarbeit«) ist eine bereichernde Erfahrung für Sie und Ihren Hund: Sie übertragen ihm die Aufgabe, etwas Bestimmtes mittels seines Geruchssinns zu finden. Solche Übungen sind sehr gut für extrem nervöse (reaktive) oder traumatisierte Tiere, die häufig beim Spaziergang Probleme machen. Im Grunde aber profitieren alle Hunde von »Gehirntraining« und geistiger Stimulation wie der Nasenarbeit. Solche Übungen entsprechen ihrem angeborenen Sinn fürs Herumschnüffeln und lindern daher jede Form von Stress.

Vorzeitiges Altern bei gestressten Hunden

Vorzeitiges Altern ist etwas, das wir alle gern vermeiden würden. Im Jahr 2018 warf der globale Kosmetikmarkt für Anti-Aging-Produkte 38 Milliarden Dollar ab und wird, aller Voraussicht nach, bis zum Jahr 2026 einen Marktwert von 60 Milliarden Dollar erreichen. Natürlich geht das Leben an keinem von uns spurlos vorüber, aber geben Sie eine Portion Nervosität dazu, toxischen Stress und vielleicht noch einen Schuss Depression, und die Uhr tickt deutlich schneller. Überlegen Sie nur mal, wie schnell Präsidenten grau werden, wenn sie vier oder acht Jahre lang im Amt waren. Menschen, die viel Stress, Angst oder Depressionen aushalten mussten, sehen danach oft erstaunlich alt aus. So, als hätten sie einen Sturm überstanden, der sich in ihre Gesichtszüge gegraben hat. Stress setzt unserem Aussehen ziemlich zu – die innerlichen Wirkungen sind noch verheerender. Und das gilt ebenso für unsere Hunde.

Es gibt eine ganze Reihe wissenschaftlicher Untersuchungen über das vorzeitige Ergrauen beim Menschen, einem der äußeren Zeichen des Alterns. Hauptverantwortlich hierfür sind oxidativer Stress (biologisches »Rosten«), Krankheiten, chronischer Stress und die Genetik (auch die Gene können Ihnen vorzeitig graue Haare wachsen lassen). Das Zusammenspiel von genetischen Faktoren und stressreichem Lebensstil reduziert die Stressresistenz der Haarfollikel und Melanozyten, jener Zellen, die für unsere Haarfarbe verantwortlich sind.

Mittlerweile gibt es solche Untersuchungen auch für Hunde. Einer 2016 in *Applied Animal Behaviour Science* veröffentlichten Studie zufolge gibt es beim Hund einen klaren Zusammenhang zwischen Nervosität und Impulsivität und dem vorzeitigen Ergrauen der Schnauze. Dass bei älteren Hunden das Fell an der Schnauze grau wird, ist normal. Bei jungen Hunden (unter vier Lebensjahren) aber kommt dies so gut wie gar nicht vor. In dieser speziellen Studie untersuchten die Autoren Fälle aus der Praxis eines Verhaltenstierarztes. Sie stellten fest, dass Hunde, die vorzeitig ergrauten, auch unter Nervosität und Angststörungen litten. Eine frühere Studie ergab, dass bei Hunden mit bestimmten auffälligen Verhaltensweisen wie Sichverstecken oder Weglaufen auch erhöhte Cortisolwerte im Fell nachweisbar waren.

Cortisol ist bekanntlich das klassische Stresshormon im Körper – ein höherer Cortisolspiegel heißt, dass Sie viel Stress haben (und damit auch unter systemischen Entzündungen leiden). Cortisol hat prinzipiell durchaus positive Auswirkungen auf den Organismus. Es dämpft das Immunsystem und bereitet den Körper so auf Angriffe vor. Angesichts kurzfristiger Bedrohungen ist die Ausschüttung von Cortisol daher die bestmögliche Antwort. Doch in unserer modernen Lebenswelt sind als Gefahr erlebte Situationen nun mal nicht eine Sache von wenigen Minuten. Daher läuft die Cortisolpumpe ständig. Und zu viel Cortisol über einen zu langen Zeitraum bedeutet zu viel Bauchfett, schwache Knochen, geschwächtes Immunsystem, ein erhöhtes Risiko für Insulinresistenz, Diabetes, Herzkrankheiten und Stimmungsschwankungen. Bei Hunden äußern sich die wechselnden Stimmungslagen in Verhaltensstörungen wie Aggressivität, Angst, Hyperaktivität und Zerstörungswut.

Die Cortisolwerte dieser Hunde spiegeln eine ständige emotionale Reaktivität wider. Dabei sind die beiden Studien keine Ausreißer. Viele andere haben sich mit Symptomen von Angst beziehungsweise Stress beim Hund beschäftigt. Ein ängstlicher Hund winselt häufig, er hält sich nah bei seinem Halter auf. Ein impulsiver Hund kann sich schlecht konzentrieren, bellt ständig oder ist hyperaktiv. Die Autoren der Studie aus dem Jahr 2016 geben an, dass es wichtig wäre, **auf vorzeitiges Ergrauen der Hundeschnauze zu achten, wenn man einen Hund auf Angst, Impulsivität oder Nervosität testet.** Eine graue Schnauze schon in jungen Jahren zeigt, dass der Hund zu viel Stress hat. Allerdings stellt sich hier natürlich eine Frage: Was *ist* Stress eigentlich?

Die Wissenschaft vom Stress

»Stress« bezeichnet in der Werkstoffkunde die Veränderung eines Materials durch äußere Krafteinwirkung. Wir wissen aber, dass der Begriff heute eine sehr viel weiter gefasste Bedeutung hat. Wir werfen mit ihm ja geradezu um uns. Zur Floskel verkümmert sind bereits Aussagen wie: »Ich bin voll im Stress.« Die Symptome von Stress sind überall die gleichen und decken eine enorme Bandbreite ab: Sie sind vielleicht schlecht gelaunt, sind reizbar, oder Ihr Herz schlägt bis zum Hals. Der Magen revoltiert, Sie bekommen Kopfschmerzen, manchmal eine regelrechte Panikattacke. Manche Menschen reagieren auf Stress mit dem Gefühl, als könnte ihnen jederzeit etwas Schlimmes passieren. Nur so viel: Stress ist ein notwendiger (und unvermeidbarer) Teil des Lebens. Er hilft uns, Gefahren zu meistern, uns zu konzentrieren und instinktiv auf Situationen zu reagieren, die unseren Kampf-Flucht-Impuls aktivieren. Wenn wir im Stress sind, werden wir aufmerksamer. Wir können schneller auf unsere Umgebung reagieren, was gut sein kann. Dauerstress allerdings hat sowohl körperlich als auch geistig langfristig schädliche Folgen.

Eu- und Disstress

So wie es »gute« und »schlechte« Fette beziehungsweise Kohlenhydrate gibt, gibt es auch »guten« (gr. *eũ*) und »schlechten« (gr. *dys*) Stress. Guter Stress entsteht zum Beispiel beim Fasten. Dabei werden die Zellen ganz leicht gestresst, was auf den Körper positive Auswirkungen hat. Auch Bewegung stresst den Körper auf gesunde Weise. Schlechter Stress hingegen zeitigt unerwünschte Folgen. Forschungsarbeiten zeigen, dass es, wenn wir unseren Hund anschreien oder ihn vielleicht sogar schlagen, zu einer dauerhaften Ausschüttung von Stresshormonen kommt, was seine Lebenserwartung verkürzt.

Der Begriff »Stress« in seiner heutigen Bedeutung wurde Anfang des 20. Jahrhunderts von dem ungarisch-kanadischen Endokrinologen János Hugo Bruno »Hans« Selye geprägt. Im Jahr 1936 definierte er Stress als »unspezifische Reaktion des Körpers auf jegliche Anforderung«. Selye war der Ansicht, dass sowohl Menschen als auch Tiere unter dauerhafter Stresseinwirkung bestimmte lebensbedrohliche Krankheiten (wie Herzinfarkt oder Schlaganfall) entwickeln konnten, die man früher einzig physiologischen Faktoren zuschrieb. Heute gilt er als der Gründervater der Stressforschung (und man hat ihm in Kanada sogar eine Briefmarke gewidmet). Selye unterstrich, dass unsere alltäglichen Erfahrungen sich nicht nur auf unser emotionales Wohlbefinden auswirken, sondern auch auf unsere körperliche Gesundheit.

Es erstaunt Sie vielleicht zu hören, dass das Wort »Stress« in Bezug auf unsere Emotionen lange Zeit nicht Teil des psychologischen Vokabulars war. Das änderte sich erst in den Fünfzigerjahren. Dann war man statt »verängstigt« plötzlich »gestresst«. Die wissenschaftliche Forschung nach Selye belegte immer wieder, dass Dauerstress für den Körper eine immense Belastung ist. Heute können wir die Auswirkungen von Stress auf physiologische Parameter wie die Aktivitäten des Nervensystems, der Hormondrüsen und des Immunsystems konkret messen. Auch Störungen des Schlaf-Wach-Zyklus – des zirkadianen Rhythmus – lassen sich auf Stress zurückführen. Wissenschaftler haben sogar festgestellt, dass Stress sich auf die physische Struktur des Gehirns auswirkt.

Das Problematische am Stress ist nun, dass unsere Reaktion darauf sich nicht großartig verändert, ganz egal, als wie schwer wir eine Bedrohung wahrnehmen. Ob nun unser Leben auf dem Spiel steht, wir eine lange To-do-Liste haben oder Streit mit einem Familienmitglied, die Stressreaktion unseres Körpers bleibt sich in allen Fällen gleich. Zuerst schickt das Gehirn eine Botschaft an die Nebennieren, die daraufhin das Stresshormon Adrenalin (beziehungsweise Epinephrin) freisetzen. Das Adrenalin steigert Ihre Herzfrequenz und den Blutfluss zu den Muskeln. So wird Ihr Körper auf eine Flucht vorbereitet. Ist die Gefahr vorüber, kehrt der Körper in den Normalzustand zurück. Bleibt die Bedrohung aber bestehen und die Stressreaktion intensiviert sich, dann beginnt ein anderer Signalweg über Hypothalamus, Hypophyse und Nebennierenrinde (die HHN-Achse). Auch hier werden Stresshormone freigesetzt, die der Hypothalamus reguliert. Der Hypothalamus ist ein kleines, aber wichtiges Organ im Gehirn, das eine entscheidende Rolle bei vielen Körperfunktionen spielt. Unter anderem steuert er die Hormonfreisetzung der Hypophyse. Er ist der Vermittler zwischen Nerven- und Drüsensystem, daher werden von dort aus viele autonome Körperfunktionen wie der Stoffwechsel reguliert. Der Hypothalamus ist als Sitz unserer Gefühle bekannt, deren Verarbeitung er steuert. In dem Augenblick, in dem Sie sich gestresst fühlen (oder wie immer Sie das nennen wollen: nervös, besorgt, angespannt, ängstlich, überfordert und so fort), setzt der Hypothalamus das Corticotropin-Releasing-Hormon (CRH) frei. Das führt zu einer ganzen Kaskade von Reaktionen, in deren Folge der Cortisolspiegel im Blut einen Höchststand erreicht. Wir kennen diesen

Prozess seit Langem, doch jüngere Forschungsarbeiten zeigen, dass die bloße *Wahrnehmung* von Stress Entzündungssignale ans Gehirn schickt und so eine massive Reaktion auslöst. Dieselbe Reaktion zeigen auch unsere Hunde. Dieser Mechanismus hat sich in der Säugetierwelt über Jahrtausende erhalten.

Eine finnische Studie aus dem Jahr 2020 untersuchte Angstreaktionen bei nahezu 14 000 Hunden und kam zu folgendem Schluss: »Einige dieser Verhaltensstörungen scheinen analog, ja möglicherweise sogar völlig gleich abzulaufen wie beim Menschen. Daher könnte eine Studie solcher spontaner Verhaltensprobleme in einem mit dem Menschen geteilten Umfeld Aufschlüsse über wichtige biologische Faktoren psychiatrischer Erkrankungen beim Menschen selbst geben. Zum Beispiel ähnelt die Zwangsstörung beim Hund sowohl phänotypisch als auch neurochemisch der Zwangsneurose beim Menschen.« Anders ausgedrückt: **Wenn Sie gestresst sind, ist Ihr Hund es vermutlich auch.**

Bestimmte Trainingsmethoden führen zu Dauerstress

Hundetrainer ist als Beruf nicht staatlich anerkannt. Es bestehen auch keine Mindestanforderungen an die Ausbildung. Unzählige Hunde haben durch ungeeignete Trainingsmethoden schon Schaden genommen. Wenn Sie möchten, dass Ihr Hund sich anders verhält, informieren Sie sich gründlich über die Person, der Sie Ihr Tier anvertrauen. Sonst kann es tatsächlich zu chronischen Störungen wie Angst, Unruhe und Aggressivität kommen. **Die Wissenschaftler, mit denen wir über dieses Problem sprachen, bestätigten uns, dass ein ungeeignetes Hundetraining das Wohlbefinden des Tieres langfristig zerstören kann.**

Es gibt sicherere und gütigere Methoden als Gebrüll, Schlagen, Würgehalsbänder und Elektroschocks. Wenden Sie sich an den Tierschutzverein, oder sprechen Sie mit Ihrem Tierarzt. Beide geben Ihnen gern Tipps, an wen Sie sich wenden können.

Und das wirft schon die nächste Frage auf: Wie bekommen wir selbst unseren Stress unter Kontrolle – zu unserem Wohl und dem unserer bellenden Begleiter? Die Antwort wird Sie erstaunen: Neben gutem Schlaf und körperlicher Bewegung (die enorm zu einer gesunden Stressreaktion beitragen) brauchen Sie vor allem eins: einen gesunden Darm.

Schlaf und Bewegung als Anti-Stress-Faktoren

Jeder, der schon mal längere Zeit schlecht geschlafen oder sich nur wenig bewegt hat, kennt das Endergebnis: Stimmungsschwankungen, Reizbarkeit und ein mieses Körpergefühl. Auch Hunde brauchen ausreichend Schlaf und Bewegung. Doch die Schlaf- und Bewegungsmuster unserer Hunde unterscheiden sich von den unseren. So schlafen Hunde beispielsweise nachts nicht durch oder sind tagsüber durchgehend wach. Sie nicken ein, wann immer sie das wollen, manchmal auch aus Langeweile. Andererseits sind sie schnell wieder wach und aktiv. Die Nickerchen tagsüber und der Nachtschlaf summieren sich auf zwölf bis vierzehn Stunden täglich (mit leichten Abweichungen je nach Alter, Rasse und Größe). Dabei bringen Hunde nur etwa 10 Prozent ihrer Schlafenszeit mit REM-Phasen zu *(rapid eye movements)*: Dabei rollen die Augen unter den Lidern hin und her, weil sie träumen. Da sie unregelmäßiger und leichter (weniger

REM-Phasen) schlafen als wir, brauchen sie mehr Schlaf. (REM-Phasen machen etwa 25 Prozent unserer Schlafenszeit aus.)

Ähnlichkeiten allerdings gibt es, was die Wichtigkeit des Schlafes angeht. Studien zum Hundeschlaf zeigen, dass das Gehirn der Tiere regelmäßig kurze Momente elektrischer Aktivität zeigt. Man nennt dies »Schlafspindeln«. Sie treten vor allem, wie bei uns, im Nicht-REM-Schlaf auf. Die Häufigkeit dieser Schlafspindeln zeigt an, wie gut Hunde neue Informationen abspeichern, die sie unmittelbar vor dem Einschlafen aufgenommen haben. Auch dies deckt sich mit Studienergebnissen beim Menschen. Bei uns hat ein tiefer Schlaf ebenfalls Einfluss darauf, wie gut wir neue Informationen behalten. **Schlafspindeln sind offensichtlich ein Indikator dafür, wie gut wir beziehungsweise unsere Hunde unsere Gedächtnisspeicher füllen.** Hunde, die mehr Schlafspindeln aufweisen, lernen besser als Hunde, bei denen das nicht der Fall ist: ein Resultat, das sich auch beim Menschen und bei Nagetieren beobachten lässt.

Selbst wenn die Schlafmuster von Mensch und Hund verschieden sind – Schlaf ist für beide gleichermaßen wichtig, damit Gehirn und Körper erfrischt sind und biologische Funktionen beziehungsweise der Stoffwechsel ungehindert ablaufen können. Schlafmangel kann gesundheitliche Probleme mit sich bringen, zu viel Schlaf aber auch. Beim Hund sind dies Depressionen, Diabetes, Schilddrüsenunterfunktion und möglicherweise sogar Gehörverlust.

Auch Bewegung ist für das Wohlbefinden lebenswichtig. Ob Homo sapiens, Hund oder ein anderes Säugetier: Bewegung ist – nach wissenschaftlicher Aussage – die wirksamste Methode, sich einen gesunden Stoffwechsel zu bewahren (das heißt einen niedrigen Blutzucker, einen ausgewogenen Hormonspiegel und einen weitgehend entzündungsfreien Körper). Aber körperliche Aktivität erhält auch den Muskeltonus und sorgt für gesunde Bänder und Knochen. Sie kurbelt die Blut- und Lymphzirkulation an, sodass unsere Zellen genug Sauerstoff erhalten. Sie trägt zur Stimmungsaufhellung bei, dämpft unsere Stresswahrnehmung, fördert die Gesundheit von Herz und Gehirn und schenkt uns einen erholsamen Schlaf. Schlaf und Bewegung gehen Hand in Hand. Wir sind vermutlich nicht die Ersten, die Sie auf die Wichtigkeit dieser beiden Faktoren hinweisen. Aber wir vergessen gelegentlich, dass dies auch für unsere Gefährten mit der feuchten Nase gilt – wenn auch in unterschiedlicher Form und Intensität.

Was der Darm mit Coolness und innerer Ruhe zu tun hat

Wir haben ja schon über die Bedeutung des Mikrobioms für die Gesundheit gesprochen. Unser Mikrobiom sind wie gesagt die Bakterien, die auf und in uns (und unseren Hunden) leben. Frühe Forschungsarbeiten beschäftigten sich hauptsächlich mit der Gesundheit des Verdauungs- und Immunsystems. Heute aber untersucht die Wissenschaft, wie das Darm-Mikrobiom die Stimmung Ihres Hundes und damit sein Verhalten steuert. Wir wissen mittlerweile, dass die Darmbakterien das Gehirn beeinflussen. Genauer gesagt kommunizieren die beiden Systeme dauernd miteinander.

Die Mikroorganismen im Darm haben Anteil an unzähligen Funktionen, ob es nun um die Produktion von Nährstoffen und Vitaminen geht oder um die Verdauung der Nahrung und die Verhinderung von Stoffwechselproblemen, die uns zum Beispiel dick machen. »Gute« Bakterien sorgen für Harmonie im Körper, indem sie die Cortisol- und Adrenalinspitzen abbauen. Beide Hormone sind Teil unserer Stressreaktion und schaden dem Körper, wenn sie dauerhaft im Blut bleiben. Dass Darm und Gehirn eng miteinander verbunden sind (wie Finger und Hand), ist uns gewöhnlich nicht so präsent. Doch ist da diese »Darm-Hirn-Achse«. Im Darm gibt es nämlich viele Nervenzellen. Die Bakterien, die ihn besiedeln, kommunizieren also mit dem Gehirn durch Nervensignale und Botenstoffe. Das ist ein einzigartiger Highway mit Gegenverkehr in unserem Körper.

Jeder von uns kennt die Wirkung dieses Highways: wenn wir zum Beispiel ein ungutes Gefühl im Bauch haben, weil wir nervös sind. Oder schlimmer noch: Wir bekommen Durchfall. Der Vagusnerv ist es, der als Vermittler zwischen den Milliarden Nervenzellen unseres zentralen Nervensystems (ZNS) und dem Nervensystem im Darm tätig ist. Ja, völlig richtig: Unser Nervensystem besteht aus mehr als Gehirn und Rückenmark. Neben dem zentralen Nervensystem haben wir alle auch noch ein enterisches Nervensystem (ENS) – die Nervenzellen im Darm (gr. *énteron* [Darm]). Das zentrale und das enterische Nervensystem werden bei der Entwicklung des Fötus aus den gleichen Gewebearten gebildet. Verbunden werden sie durch den Vagusnerv (den »umherschweifenden« Nerv). Dieser erstreckt sich vom Hirnstamm bis hinunter in den Bauchraum. Er ist Teil des autonomen (unwillkürlichen) Nervensystems und steuert Körpervorgänge, die kein bewusstes Denken erfordern. So wacht er über die Herzfrequenz, die Atmung und die Verdauung. Das sympathische Nervensystem regelt den Kampf-Flucht-Impuls – es intensiviert den Puls und den Blutdruck, damit mehr Blut in Gehirn und Muskeln zur Verfügung steht. Diese Energie wird dem Verdauungssystem entzogen und macht uns so wach und aufmerksam. Das parasympathische

Nervensystem ist das Ruhe-Verdauungs-System. Es erlaubt dem Körper, sich zu erholen, Schäden zu beheben und zu schlafen.

Die stressauslösenden Wirkungen von Mikroorganismen im Darm – genauer gesagt von deren Abwesenheit – wurden zuerst an sogenannten »keimfreien Mäusen« untersucht. Das sind Mäuse, die ohne ein normales Darm-Mikrobiom aufgezogen wurden. Auf diese Weise konnten Wissenschaftler studieren, welche Effekte das Fehlen dieser Mikroben hat, beziehungsweise die Mäuse mit einzelnen Bakterienstämmen impfen, um gezielt deren Wirkung zu untersuchen. Eine bahnbrechende Studie aus dem Jahr 2004 gab erste Hinweise auf die Zwei-Wege-Interaktion zwischen Darmmikroben und Gehirn. Sie zeigte, dass keimfreie Mäuse massiv auf Stress reagierten, was sich an den Botenstoffen im Gehirn und dem erhöhten Stresshormonspiegel bemerkbar machte. Dieser Zustand veränderte sich, als man den Mäusen eine Dosis des Bifidobacterium infantis verabreichte. Seitdem haben unzählige Tierversuche die Beziehung zwischen Darmbakterien und Gehirn bestätigt, vor allem was Emotionen und Verhalten angeht. Welche Auswirkungen die im Darm produzierten chemischen Stoffe respektive Hormone haben, hängt also davon ab, welche Bakterien das Darm-Mikrobiom umfasst, denn unterschiedliche Bakterienstämme produzieren unterschiedliche Stoffe. Einige setzen beruhigende Stoffe frei, andere fördern eher Depressionen und Angstzustände. So manche Studie zeigte, dass bei Mäusen, die bestimmte probiotische Bakterien erhalten (Lactobacillus und Bifidobacteria), Botenstoffe in jene Teile des Gehirns gesandt werden, die Emotionen regulieren. Solche Bakterien bewirkten bei Mäusen eine Linderung von Angst und Depressionen. Kurz gesagt: Bestimmte Darmbakterien beeinflussen Stimmung und Verhalten.

All diese biologischen Zusammenhänge lassen sich auch beim Hund beobachten. Der Großteil der Studien über die Interaktion zwischen dem Darm-Mikrobiom und dem Gehirn wurden an Tieren, meist Mäusen, durchgeführt. Mittlerweile aber ist klar, dass die Beziehung des Darm-Mikrobioms zum Gehirn des Hundes am ehesten unserer Physis gleicht, und zwar sowohl von der Zusammensetzung des Mikrobioms her wie auch funktional. Die Darm-Hirn-Achse des Hundes ist der unseren sehr ähnlich. Das erklärt auch, wie diese Mikroorganismen die Stimmung unserer Hunde beeinflussen, sie zum Beispiel ängstlicher machen, was zu aggressivem oder anderweitig unerwünschtem Verhalten führt.

Eine ausgesprochen erhellende Studie stammt von der Oregon State University. 2019 untersuchte man dort die Darmbakterien von 31 geretteten Hunden, die man bei Hundekämpfen aufeinandergehetzt hatte. Die Hunde wurden in zwei Gruppen eingeteilt: Eine Gruppe zeigte klar aggressive Verhaltensweisen, die zweite war nicht aggressiv gegenüber anderen Hunden. Die Hinterlassenschaften der Hunde wurden sorgsam eingesammelt und untersucht. Es stellte sich heraus, dass bei den aggressiven Hunden bestimmte Bakteriengruppen in höherer Zahl vorhanden waren. Man konnte also feststellen, dass bestimmte Bakterienstämme mit aggressivem Verhalten in Zusammenhang stehen. Ein weiteres Resultat bestätigte, was Hundeforscher schon längst wussten: Mitunter ist Angst die Ursache von aggressivem Verhalten. Und diese Angst kann bis zu den Mikroben im Darm zurückverfolgt werden.

Die Idee, dass die Zusammensetzung des Darm-Mikrobioms auf Angst und bestimmte Verhaltensweisen beim Hund hinweisen kann, gewinnt unter Wissenschaftlern immer mehr Anhänger. Mittlerweile wird untersucht, welche Bakterienstämme welche Effekte haben. Und natürlich erforscht man auch, durch welche Ernährungsformen bestimmte Darmbakterien gefördert werden. Wenn die Hundenahrung sich auf die Zusammensetzung des Darm-Mikrobioms auswirkt, dann ist doch die Frage, welche Nahrungsmittel zu einer gesunden Bakterienbesiedlung mit all ihren positiven Auswirkungen führen? Einige Studien haben Trockenfutter mit Frischkost verglichen und sind zu dem Schluss gelangt, dass Frischkost zu einer ausgewogeneren Verteilung der Bakterienstämme im Darm führt, vor allem zu mehr Fusobakterien (was gut ist). Eine Studie belegte, dass Hunde, die mindestens ein Jahr lang Frischkost erhalten hatten, ein ausgewogeneres und facettenreicheres Mikrobiom aufwiesen als die mit Trockenfutter ernährten Hunde der Kontrollgruppe. Das Darm-Mikrobiom mit Frischkost ernährter Hunde bahnte den Weg für einen höheren Ausstoß des »Glückshormons« Serotonin (was für eine gesündere Darm-Hirn-Achse spricht). Gleichzeitig bauten diese Hunde kognitiv nicht so schnell ab, weil die sogenannten Actinobakterien besser unter Kontrolle waren. Diese werden mit kognitiver Degeneration und Alzheimer in Verbindung gebracht, und zwar beim Hund wie beim Menschen.

Es macht Hoffnung, dass wir viele Probleme wie Angststörungen, Stress, Depressionen, Darmentzündungen und sogar kognitiven Verfall beheben können, indem wir das Darm-Mikrobiom pflegen. Es ist ein sich ständig wandelndes Ökosystem, das von vielen Faktoren beeinflusst wird. Dazu gehören die Ernährung, die Medikamente, die wir einnehmen (wie Antibiotika und nichtsteroidale Antirheumatika oder NSAR), und die Umwelt. Wissenschaftliche Untersuchungen zeigen, dass es Monate dauern kann, bis sich das Mikrobiom Ihres Hundes nach einer Antibiotikagabe erholt hat. Nur eine Woche täglicher NSAID-Gabe (Deramaxx, Previcox, Rimadyl, Metacam und so weiter) kann die Gesundheit der Mikrobengemeinschaft massiv in Mitleidenschaft ziehen. Wir wollen nun keineswegs vorschlagen, dass Sie die Schmerzmedikation Ihres Hundes selbsttätig reduzieren, aber mittlerweile bemühen sich immer mehr Tierärzte, parallel zur Schmerzbehandlung die Darmschleimhaut wiederaufzubauen. Das Darm-Mikrobiom Ihres Hundes lässt sich am besten optimieren, indem Sie ganz bestimmte Gewohnheiten und Veränderungen am Lebensstil einführen, welche die Physiologie Ihres Hundes (und die Ihrige gleich dazu) stärken und seinen Tagesablauf bestimmen: Schlaf, Bewegung, Ernährung und Kontakt mit der Natur. Auch das Alter spielt hier eine große Rolle, denn die Diversifizierung des Darm-Mikrobioms nimmt mit den Jahren ab. In Teil III erfahren Sie, wie Sie dem schon mit winzigen Mengen einer ganzen Reihe Superfoods gegensteuern können. Denn eines steht fest: **Je facettenreicher und diversifizierter die Darmflora Ihres Hundes ist, desto gesünder wird beziehungsweise bleibt er.**

Mikrobiom-Transplantate und ihre Geheimnisse

Die fäkale Mikrobiota-Transplantation (FMT) ist ein hochgestochen klingender Name für etwas ganz Simples: die Übertragung von Stuhl eines gesunden Spenders in den Darm einer erkrankten Person mittels Endoskopie oder Kapseln. Das hört sich zunächst einmal degoutant an, doch tatsächlich ist die FMT eine uralte Praxis, die zum Beispiel in Afrika geübt wurde, wo Mütter ihren Kindern ein Stuhltransplantat verabreichten, um sie vor dem Tod durch Cholera zu retten. Spulen wir mal ein paar Jahrhunderte vor: Heute setzen Topkliniken zum Beispiel in den USA diese Technik ein, um Patienten zu retten, die mit dem lebensbedrohlichen Bakterium Clostridium difficile infiziert sind. Als Tierärztin wusste ich über die lebensrettenden Transplantate bei Clostridieninfektionen Bescheid, aber ich hätte mir nicht träumen lassen, dass ich sie einmal bei einem Hund anwenden würde. Bis ich Felix kennenlernte.

Felix war ein zehn Wochen alter gelber Labradorwelpe, der zwar gegen das Parvovirus geimpft war, dieses aber trotzdem irgendwo aufgeschnappt hatte. Seine Besitzer hatten mehr als 10 000 Dollar ausgegeben, um sein Leben zu retten, aber trotz all ihrer Bemühungen lag Felix auf der Intensivstation der Tierklinik und dämmerte langsam dahin. Einige Tage später gab man seinen Haltern Bescheid, dass er nicht mehr stehen könne. Man empfahl, ihn einschläfern zu lassen. An diesem Punkt rief Whitney, Felix' Hundemama, mich an. Sie fragte, ob ich nicht irgendein lebensrettendes Ass im Ärmel hätte, das wir ausprobieren könnten, bevor Felix am Nachmittag eingeschläfert werden sollte. Ich erzählte ihr von den Stuhltransplantaten und bat sie, die Hinterlassenschaften eines ihrer unglaublich gesunden, weil mit Frischkost gefütterten Labradore mitzubringen. Wenn der behandelnde Arzt es zuließe, würde ich Felix damit einen Einlauf machen, um seinen infizierten Darmtrakt mit Millionen heilsamer Mikroorganismen einer Hundeschwester zu fluten.

Es funktionierte. Ein paar Stunden nach dem Transplantat stand Felix auf seinen vier Beinchen. Das war der Anfang seiner Heilung. In diesem Augenblick wurde jedem, der mit Felix' Krankheit zu tun gehabt hatte, klar, welch enorme Wirkung in diesem »Stoffwechselendprodukt« stecken kann. Mittlerweile hat die Wissenschaft einige außergewöhnliche Entdeckungen gemacht: Die FMT von gesunden Mäusen auf deprimierte Mäuse hellt deren Stimmung auf. Stuhltransplantate von schlanken auf fettleibige Mäuse bewirken eine Gewichtsreduktion. Die Stuhlübertragung von relaxten auf aggressive Hunde macht Letztere weniger angriffslustig. Wir beginnen gerade erst zu verstehen, wie viele gesundheitliche Probleme sich beheben lassen, wenn wir diese uralte und erprobte Heiltechnik anwenden.

Und weil wir gerade von Aa reden …

»Koprophagie« ist der medizinische Fachausdruck für das Fressen von Kot (gr. *kópros* [Mist, Kot, Schmutz] und *phageĩn* [eine Form des Verbs für »essen«]). Viele Hunde tun das, sofern sich die Gelegenheit ergibt. Auch wenn wir das eklig finden mögen, es kann ein Hinweis darauf sein, was Ihr Hund und sein Mikrobiom wirklich brauchen. Hunde versuchen schließlich immer, Krankheitserscheinungen mit den Instrumenten zu beheben, die ihnen zur Verfügung stehen: zum Beispiel kostenloser Kot. Hunde fressen die unterschiedlichsten Stuhlproben auf. Wissenschaftler glauben, dass sie auf diese Weise Probiotika zu sich nehmen, die ihre Darmflora braucht, zum Beispiel, wenn nur teilweise verdautes Futter darin enthalten ist. Oder sie erschnüffeln, dass der Stuhl Inhaltsstoffe hat, die ihnen fehlen. (So enthält der Kot von Hasen häufig viele Verdauungsenzyme.) Manchmal ist die Koprophagie aber auch verhaltensbedingt. Unter bestimmten Umständen fressen Hunde ihren eigenen Stuhlgang. Wenn Ihr Hund das auch macht, versuchen Sie es nacheinander mit verschiedenen Nahrungsergänzungsmitteln, die Probiotika und Verdauungsenzyme enthalten. Irgendwann finden Sie die Kombination, die für Ihren Hund passt. Wenn Ihr Hund regelmäßig den Kot von Wildtieren frisst, sollten Sie beim Tierarzt einmal jährlich seine Stuhlprobe auf Parasiten untersuchen lassen.

Der Zustand der Darmschleimhaut

Gesundheit, Belastbarkeit und Funktion der Darmschleimhaut sind ebenfalls von großer Bedeutung. Schließlich trennt diese das Körperinnere von der Außenwelt und deren potenziellen Gefahren. Ob nun Hund oder Mensch, der Magen-Darm-Trakt wird von der Speiseröhre bis zum Anus von einer einzelnen Schicht aus Epithelzellen ausgekleidet. Tatsächlich sind die Schleimhäute des Körpers – in den Augen, der Nase, dem Mund-Rachen-Raum und dem Verdauungstrakt – Einfallspforten für alle möglichen Krankheitserreger. Daher brauchen sie besonderen Schutz.

Die Darmschleimhaut ist die größte zusammenhängende Schleimhautfläche des Körpers. Sie erledigt drei Aufgaben. Erstens bezieht der Körper über sie Nährstoffe aus dem Nahrungsbrei. Zweitens hält sie schädliche Stoffe wie Chemikalien, Bakterien und andere Organismen oder Teile von schädlichen Organismen vom Blutkreislauf fern. Drittens spielt sie eine wichtige Rolle fürs Immunsystem, weil sie sogenannte »Immunglobuline« enthält, die sich an Bakterien und Fremdproteine binden, welche sich somit nicht an die Darmschleimhaut heften können. Diese Proteine sind Antikörper, welche die Immunzellen auf der anderen Seite der Darmschleimhaut verlassen. Sie wandern durch die Darmwand in den Darm ein. Auf diese Weise stößt der Körper Krankheitserreger über den Darm aus.

Die Unfähigkeit, Nährstoffe aus dem Darm aufzunehmen, steht mit dem sogenannten Leaky-Gut-Syndrom in Verbindung, bei dem Stoffe, die im Körper nichts verloren haben, sich sozusagen »illegal« Zutritt verschaffen und das Immunsystem auf den Plan rufen. Solche Einfallstore sind verantwortlich für das Ausmaß an systemischer Entzündung, das unser Körper aufweist.

Mittlerweile belegen zahlreiche Untersuchungen, dass derartige Löcher in der Darmwand der Grund für eine ganze Reihe gesundheitlicher Probleme sind, die eine unglaubliche Bandbreite an Symptomen abdecken und letztlich lebenslange chronische Erkrankung bedeuten.

Die Darmschleimhaut hat eine äußerst wichtige Beziehung zur Darmflora – und zu Ihrer Ernährung. Hochverarbeitete Ernährung kann bakterielle Giftstoffe erzeugen, die normalerweise zu einem Teil des Mikrobioms werden. Ist aber die Darmschleimhaut einmal angegriffen, dann gelangen diese Gifte in den Blutkreislauf und richten dort Schäden an. Die Zusammensetzung einer vormals gesunden Darmflora mag sich ändern und es an Ausgewogenheit fehlen lassen. Es stellt sich ein Zustand ein, den wir bereits als Dysbiose erkannt haben. Was Ihren Hund angeht, so kann vieles sein Darm-Mikrobiom in Unordnung bringen: Antibiotika, vom Tierarzt verordnete Biozide (Floh- und Zeckenhalsbänder), Schmerzmittel und andere tierärztliche Medikamente (NSAID). Manche dieser Behandlungen sind nötig und auch nur von kurzer Dauer. Die wahren Übeltäter aber verbergen sich im Tierfutter: Glyphosatreste, Mykotoxine und die AGEs beziehungsweise ALEs, die unsere Hunde Tag für Tag zu sich nehmen. All das führt zur Dysbiose und schwächt das Mikrobiom. Im Tierversuch wurde bestätigt: **Maillard-Reaktionsprodukte (AGEs und ALEs) sind nicht nur für das Leaky-Gut-Syndrom verantwortlich, sie vergrößern auch die Menge potenziell schädlicher Darmbakterien.** Kein Wunder, dass so viele Haustiere, die hochverarbeitete Futtermittel erhalten, Darmprobleme haben und ein geschwächtes Immunsystem. Schließlich ist ein großer Teil des Immunsystems in der Darmschleimhaut angesiedelt, die aber dauerhaft beschädigt ist. Wenn Hundebesitzer uns berichten, dass ihr Tier Darmprobleme hat oder allergisch auf Nahrungsmittel und Umweltfaktoren reagiert, falls von Verhaltens- oder neurologischen Problemen die Rede ist oder gar von Autoimmunerkrankungen, dann gehen wir davon aus, dass eine Dysbiose dafür verantwortlich zeichnet und möglicherweise auch ein Leaky-Gut-Syndrom. Dabei ist das Heilmittel simpel: Füttern Sie Ihren Hund auf natürliche Weise. Das bringt nicht nur sein Darm-Mikrobiom in Ordnung. Es sorgt auch dafür, dass der Darm wieder dicht wird.

Eine Dysbiose entwickelt sich in aller Stille. Es gibt keine äußeren Symptome, bis es zu einer systemischen Immunreaktion kommt. Dann fängt das Jucken und Kratzen an, beziehungsweise die Probleme mit dem Stuhlgang beginnen. Bei Hunden und Menschen führt solch eine Dysbiose zu Übergewicht, Stoffwechselkrankheiten, Krebs und neurologischen Störungen, um nur einige Erkrankungen zu nennen. Bedauerlicherweise fördert das bei Darmerkrankungen des Hundes meistverschriebene Antibiotikum, nämlich Metronidazol (Handelsname Flagyl), die Dysbiose. Metronidazol tötet Fusobakterien ab – diese aber braucht der Hund, um Proteine zu verdauen. Die so geschaffenen Freiräume machen sich dann opportunistische Krankheitserreger zunutze. Neben dem dadurch entstehenden Reizdarmsyndrom (und dem Mangel an Fusobakterien) erhöht sich die Zahl der segmentierten Fadenbakterien (SFB). Was wiederum die epigenetische Expression von Interleukin-6 (IL-6) fördert, das Teil eines entzündlichen Signalweges ist, an dessen Ende eine systemische Entzündung steht. Auch die Expression des Th17-Gens wird dadurch verstärkt, was atopische Dermatitis (Ekzem) und andere entzündliche Hautreaktionen zur Folge hat. Forschungsarbeiten ergaben außerdem, dass mit Trockenfutter ernährte Hunde weniger Fusobakterien im Darm haben. Die DogRisk-Gruppe entdeckte ähnliche Muster der Genexpression bei gesunden und atopischen Staffordshire-Terriern, je nachdem, ob sie Frischkost oder Trockenfutter bekamen. Die Frischkost schien Gene zu aktivieren, die antientzündliche Eigenschaften haben.

Mittlerweile werden in aller Welt Mikrobiome untersucht, denn diese vielversprechende Forschungsrichtung steckt immer noch in den Kinderschuhen. Obwohl wir noch so wenig wissen, scheint klar, dass das Darm-Mikrobiom bei unzähligen physiologischen und psychologischen Prozessen eine entscheidende Rolle spielt. Daher ist unser Credo: Die Gesundheit eines Haustiers fängt bei einem gesunden Darm an. Wir werden später noch darauf zurückkommen, wenn wir konkrete Vorschläge zur Ernährung Ihres Hundes machen. Denn Ernährung und Verdauung sind häufig übersehene Faktoren bei Verhaltensproblemen. Wenn Sie Ihren Kindern zu viel hochverarbeitete Industrienahrung voller Zucker und Zusatzstoffen geben, können sie zu hyperaktiven, unruhigen und launischen Gören werden. Genau dasselbe gilt für Ihren Hund.

Das Erdreich als Nahrungsergänzungsmittel

Hunde haben sichere Instinkte, geschärft von Jahrtausenden der Evolution, sodass sie heilsame Entscheidungen treffen, wenn man sie nur lässt. Allerdings haben nur wenige die Möglichkeit, frei ihrem Instinkt zu folgen.

»Zoopharmakognosie« nennt man es, wenn Tiere Selbstmedikation betreiben. Der Begriff kommt aus dem Griechischen: Das Wort *zõon* steht für »Tier«, *phármakon* für »Arzneimittel«

und *gnõsis* für »(das) Erkennen, Kenntnis«. Mit anderen Worten: Tiere wissen, was sie brauchen und wann.

Zoopharmakognosie ist ein wohlbekanntes Phänomen bei Wildtieren. Professor Michael A. Huffman untersuchte diese Fähigkeit in den Achtzigerjahren und veröffentlichte seine Forschungsarbeiten über wilde Schimpansen, die bestimmte Pflanzen mit Arzneimittelcharakter zu sich nahmen, wenn sie krank waren. (Seinen TED-Talk zum Thema können wir nur empfehlen.)

Wir sprachen mit Professor Huffman über Haushunde und das Pica-Syndrom (lat. *pica* [Elster]), bei dem Menschen beziehungsweise Tiere Dinge zu sich nehmen, die eigentlich nicht zu ihrem Verzehr gehören, wie Erde, Ton und Toilettenpapier. Er erklärte uns, **dass domestizierte Tiere immer noch ihre uralten Instinkte in sich haben, die ihnen über Jahrtausende gute Dienste leisteten. Meist aber erlauben wir Menschen ihnen nicht, diesen Instinkten zu folgen und sich ausgewogen zu ernähren.** In der Regel sind wir es, die für unsere Hunde Entscheidungen treffen. Und wir geben ihnen kaum je genug Gelegenheit, um zu schnüffeln, zu scharren und herauszufinden, welche organischen Substanzen ihr Körper braucht, um zum Beispiel einen Mineralstoffmangel auszugleichen. Im Haus bleibt Hunden oft nur ein seltsam anmutendes Verhalten – sie lecken den Teppich ab, kauen Abfälle und zupfen sich da oder dort einen Grashalm aus den Betonritzen des Gehsteigs. Kaum zu vergleichen mit dem Medizinschrank der Natur, den die Evolution ihren Vorfahren bot. Schlimmer noch: Sie werden häufig sogar bestraft, wenn sie ihrem natürlichen Appetit folgen – was wiederum zu Nervosität und Unruhe führt. Nun wollen wir hier nicht vorschlagen, dass Sie Ihre Hunde tagelang durchs Land streifen lassen auf der Suche nach Kalkstein, um einen eventuellen Kalziummangel zu beheben. Wir möchten Sie allerdings ermutigen aufzupassen, welche Verhaltensweisen Ihr Hund an den Tag legt. So finden Sie heraus, wonach er sucht und warum. Bitte lassen Sie Ihren Hund nicht in einem gefährlichen Umfeld von der Leine, schon gar nicht, wenn es dort Verunreinigungen durch chemische Stoffe geben könnte. Aber lassen Sie Ihren Hund ruhig Hund sein! Geben Sie ihm Zeit, um Gras zu fressen, Schmutz aufzulecken, nach Wurzeln zu graben oder die Kleeblätter zu fressen, die sich im Rasen angesiedelt haben. Wenn Ihr Hund immer wieder versucht, organische Substanzen zu fressen (um sich dann zu erbrechen), dann ist er krank oder hat zumindest ein unausgewogenes Darm-Mikrobiom. Wenn Ihre Hündin die wenigen Grashalme ausrupft, die aus den Gehsteigspalten wachsen, ist dies vielleicht ihre einzige Möglichkeit aufzunehmen, was ihr Körper braucht. Lassen Sie ihr die Freude. Mehr über »angewandte Zoopharmakognosie« erfahren Sie in spezialisierten Hundeschulen, von denen es glücklicherweise immer mehr gibt.

Steve Brown, ein guter Freund von uns, hat das Canine Healthy Soil Project ins Leben gerufen. Steve war klar, dass seine sorgsam aufgezogenen Welpen *viel* gesünder waren, wenn sie Zugang zu gesundem, chemie- und giftstofffreiem Erdreich hatten. Andere Züchter ziehen ihre Welpen für die ersten acht Wochen nur im Haus auf, in einer nahezu sterilen Umgebung. Aber gesunde Erde weist eine hohe Biodiversität auf. 1 Gramm Boden enthält mehrere Tausend Arten von Mikroorganismen, ein Teelöffel Erde bietet rund einer Milliarde Bakterienzellen eine Heimat. 2000 bis 50 000 davon wirken sich günstig auf das Mikrobiom des Hundes aus. Wissenschaftliche Untersuchungen haben ergeben, dass Welpen, die schon früh mit an Mikroorganismen reicher Erde in Kontakt kommen, zeitlebens ein gesünderes Immunsystem ihr

Eigen nennen können. Da die meisten Welpen diese Möglichkeit heute nicht mehr haben, will Steve dem abhelfen, indem er mikrobenreiche Erde als Nahrungsergänzungsmittel für Hunde liefert. Sein Ziel ist, Hunden zu ausgewogenen und gut diversifizierten Mikrobiomen in Rachen und Darm zu verhelfen oder, wenn äußerlich angewandt, zu einem gesunden Haut-Mikrobiom. Er hat zwei Jahre Forschung und Entwicklung hinter sich und ist überwältigt von den positiven Resultaten in puncto Verhalten, Allergien, Übergewicht, Diabetes, Zahngesundheit, Fell und Haut, Arthritis und Gehirnfunktion.

Erdverbunden

In den letzten Jahren ist viel von Naturtherapien die Rede, was letztlich nur heißt, dass wir in die freie Natur hinausgehen, frische Luft atmen und unseren Geist beruhigen. Die Bewegung hat ihre Wurzeln im japanischen *Shinrin-yoku* oder »Waldbaden«: Der Mensch lässt sich ganz auf Anblick, Geräusche und Gerüche der Natur ein. Shinrin-yoku entstand in Japan in den Achtzigern und wurde seit 1982 vom dortigen Land- und Forstwirtschaftsministerium gefördert. Wissenschaftliche Untersuchungen ergaben positive Effekte auf das Immunsystem, Herz und Kreislauf, bei Atemwegserkrankungen, Depressionen, Angststörungen und dem Hyperaktivitätssyndrom. Die Forscher schreiben die positive Wirkung den Phytonziden zu, die wir in der freien Natur einatmen. Diese werden von Bäumen und Pflanzen produziert, um sich vor Krankheiten und Ungeziefer zu schützen.

Leider macht unser moderner Lebensstil einen guten Kontakt zur Erde meist unmöglich. Und die Wissenschaft geht davon aus, dass dies mitverantwortlich für allerlei Unpässlichkeiten ist. Tatsächlich bewirkt der direkte Kontakt mit dem Erdreich physiologische Veränderungen, die unser Wohlbefinden steigern.

Haben Sie sich je gefragt, wieso Tiere Stunden vorher wissen, dass es ein Erdbeben geben wird? Das liegt an den sogenannten »Schumann-Resonanzen«, der elektromagnetischen Vibration der Erde. Ja, die Erde hat tatsächlich ein Energiefeld, das Hunde wahrnehmen können. (Und ja, Sie auch!) Dr. Abdullah Alabdulgader und sein Team veröffentlichten im renommierten Fachmagazin *Nature* einen Artikel über das Erdmagnetfeld und seine Wirkung auf das autonome Nervensystem (ANS) der Säugetiere. Die Resultate zeigen, dass die ANS-Aktivität von Säugetieren auf Veränderungen im Erdmagnetfeld beziehungsweise der Sonnenaktivität reagiert. Das erklärt, wie die Energie unserer Umwelt Psyche, Physiologie und Verhalten beeinflusst (zum Beispiel bei Vollmond oder vor einem Erdbeben). Tiere sind besonders sensibel für Schumann-Frequenzen, da diese mit ihren 7,8 Hertz mit den Alphawellen des Gehirns gleich schwingen. (Die Alphawellen gehen einher mit Zuständen der Ruhe und Kreativität, der Wachheit und des Lernens.)

Studien am Halberg-Chronobiologie-Zentrum der Universität von Minnesota (Dr. Franz Halberg war derjenige, der den Begriff »zirkadian« prägte) ergaben, dass es eindeutige Zusammenhänge zwischen der Resonanz der Erde und einer ganzen Reihe von Wellness-Markern bei Mensch und Tier gibt. Wenn der Biorhythmus durcheinandergerät, kommt es zuerst zu Aufregung und Verwirrung. **Wir gehen daher davon aus, dass es für Ihren Hund wichtig ist, regelmäßig die Erde zu berühren.** Möglichst mehrmals am Tag.

In den Sechzigerjahren machten akute Verletzungen, Infektionskrankheiten und Entbindungen 90 Prozent der Besuche beim

Hausarzt aus. Heute gehen ganze 95 Prozent der Arztbesuche auf das Konto von Stress oder von Problemen, die durch unseren Lebensstil verursacht werden. Irgendetwas hindert unseren Körper daran, gesund und in Harmonie zu bleiben. Das gilt auch für unsere Haustiere. Noch vor fünfzig Jahren sah der Tierarzt seine Patienten nur, wenn sie sich verletzt hatten oder eine Infektionskrankheit ausbrüteten. Heute leiden Haustiere unter Darmproblemen, Allergien, Hautkrankheiten, Krankheiten des Bewegungsapparats und organischen Fehlfunktionen. Eine wahre Epidemie! Der beste Weg, wie Sie sich und Ihren Hund buchstäblich »erden« können, ist: in die freie Natur hinauszugehen und die Erde zu berühren. Ein Spaziergang. Alle Tiere können das Magnetfeld der Erde zu ihrem Vorteil nutzen. Hunde finden so wie gesagt den Weg nach Hause, selbst wenn sie sich verlaufen haben. Forschungsarbeiten zeigen, dass Tiere die Erde mit bestimmten Körperteilen berühren, wenn sie einen bestimmten physiologischen Nutzen anstreben. Das Problem ist nur: Wir geben ihnen viel zu selten Gelegenheit dazu. Doch alle Forever Dogs, die wir je kennengelernt haben, verbringen jeden Tag sehr viel Zeit draußen. Je mehr Zeit Sie mit Ihrem Hund in einer sicheren Umgebung in der freien Natur verbringen, je mehr Sie ihm erlauben, zu schnüffeln, zu graben, sich auf dem Boden zu wälzen, zu laufen, zu spielen und sich zu bewegen, desto »geerdeter« (und sicher auch glücklicher) ist Ihr Hund.

Was für den Forever Dog wichtig ist

Eine Welle von schädlichem Stress, der den Körper belastet und zu gesundheitlichen Beeinträchtigungen führt, überrollt heute Mensch und Tier. Dabei gibt es ganz einfache Mittel, Stress zu bekämpfen. Ohne Pillen!

Körperliche Bewegung ist ein ausgezeichnetes Antidot gegen Stress, Angst, Depressionen und Einsamkeit, und zwar für Hund und Mensch gleichermaßen. Zwei Minuten leichte Bewegung jede Stunde reduzieren das Risiko, vor der Zeit zu sterben, über alle Todesursachen hinweg. Tägliche Bewegungstherapie, wie wir das nennen, macht Ihren Hund ruhiger und gelassener, verbessert den Schlaf und lässt ihn auch im Kontakt mit anderen Hunden entspannter reagieren.

Ergraut Ihr Hund vielleicht frühzeitig? Und benimmt sich schlecht? Das sind häufig Signale für zu viel Stress. Denn wenn Sie gestresst sind, ist es auch Ihr Hund. Die körperlichen und emotionalen Signale, die er aussendet, sind wichtig: Irgendwo braucht Ihr Hund Unterstützung.

Unser Darm-Mikrobiom hat viel mit unserer Gesundheit zu tun, und das ist auch beim Hund nicht anders. Wir können es durch die Ernährung zum Guten oder Schlechten beeinflussen, aber auch körperliche Aktivität, Schlafqualität und eine saubere Umwelt tragen zu einem gesunden Mikrobiom bei. Unser Lebensstil wirkt sich massiv auf die Gemeinschaft der Mikroorganismen in unserem Körper aus.

Hunde wollen aus eigenem Antrieb Dinge tun, die ihrer Gesundheit förderlich sind. Dazu gehören Aktivitäten wie herumzuschnüffeln und sich in (nicht chemisch behandeltem) Gras zu wälzen. Auch diese Art von Verhalten wirkt sich positiv auf ihre Mikrobiome aus. Heute haben leider viel zu wenige Hunde Gelegenheit, in der freien Natur herumzutollen, im Boden zu wühlen und sich dadurch buchstäblich zu erden.

6

Umweltbelastungen

Der Unterschied zwischen einem schlammigen und einem verschmutzten Hund

Der Hund ist ein Ehrenmann; ich hoffe, einst in seinen Himmel zu kommen, nicht in den der Menschen.

Mark Twain

Im Jahr 2010 hatte ich (Dr. Becker) eine Katzenpatientin, die immer öfter einen Inhalator brauchte, um ihr Asthma in den Griff zu bekommen. Als ich den Ursachen für die zunehmende Verschlimmerung nachging, entdeckte ich, dass ihre Besitzerin mittlerweile Vertreterin für Heimdüfte geworden war. Sie veranstaltete bei sich zu Hause laufend Duftpartys, um die intensiv riechenden Duftkerzen, Diffusoren und Duftsprays an den Mann beziehungsweise die Frau zu bringen. Jeder Raum in ihrem Haus wurde in irgendeiner Form beduftet. Und das Asthma ihrer Katze verschlimmerte sich mehr und mehr, bis sie schließlich in die Tierklinik musste. Als die Katzenmama all die Spender flüchtiger organischer Verbindungen (VOC) entfernte, legte sich auch das Asthma. Die chronische Bindehautentzündung und der Juckreiz bei der Katze verschwanden ebenfalls.

Die Umwelt ist also wichtig. Und wie!

Die Risiken des modernen Lebens

Als wir noch Kinder waren, war das Anlegen des Sicherheitsgurts freiwillig (vor allem auf den Rücksitzen). Die Leute durften überall rauchen (sogar im Flugzeug). Transfetthaltige Margarine war angeblich besser als Butter, und wir erhitzten unsere Mikrowellen-Fertiggerichte in Plastikschalen. Wir fuhren Rad und Ski ohne Helm, tranken Wasser aus dem phthalat- und bleihaltigen Gartenschlauch (das immer leicht metallisch schmeckte) und gingen sonnenbaden ohne Lichtschutzfaktor (höchstens ein bisschen Babyöl). Heute sind diese Dinge verboten, erst ab einem gewissen Alter erlaubt oder zumindest als schädlich klassifiziert beziehungsweise bekannt. Wir machten damals eine ganze Menge, was heute als ungesund gilt. Jede Generation entdeckt neue Gefahrenquellen und erlässt Bestimmungen dagegen. Auch in Zukunft wird es neue Tests geben, vor allem, was chemische Stoffe und die damit einhergehenden Produkte betrifft. Leider hinken die entsprechenden Regelwerke immer hinterher, und daran wird sich wohl nie etwas ändern.

Wenn wir herausfinden, dass eine bestimmte Substanz (oder Aktivität) gefährlich ist, haben wir meist schon ziemlich viel davon abbekommen. Die Environmental Protection Agency, die Europäische Union und die Weltgesundheitsorganisation WHO haben zugesagt, ihre Bemühungen zu verstärken, um bedenkliche Schadstoffe aufzuspüren. Die Centers for Disease Control and Prevention, die amerikanische Gesundheitsbehörde, haben ein System zur Erkennung von Umweltrisiken und den damit verbundenen Krankheiten eingeführt. Das National Institute of Environmental Health Sciences (NIEHS), eine 1966 gegründete Forschungseinrichtung, unterstützt entsprechende Untersuchungen, ist jedoch am Biomonitoring nicht beteiligt. Daher ist es unwahrscheinlich, dass Umweltbelastungen durch entsprechende Verordnungen rechtzeitig genug begegnet wird, um uns und unsere Hunde zu schützen.

In vielerlei Hinsicht ist die Welt von heute sicherer, als sie es noch vor einigen Generationen war. Es sterben weniger Menschen bei Autounfällen und Naturkatastrophen beziehungsweise in Kriegen. Krankheiten sind dank besserer Medizin, inklusive öffentlicher Gesundheitsversorgung und Hygiene, weltweit zu einem massiv verringerten Risiko geworden. Heute sterben wir eher an Altersschwäche als an Verletzungen oder mit 42 am Herzinfarkt. Doch was Umweltgifte angeht, lässt unser Lebensstil noch einiges zu wünschen übrig. **Wir werden die Lebenserwartung nicht weiter nach oben schrauben können, wenn wir uns nicht gegen alle Formen der Umweltverschmutzung schützen, also unter Kontrolle bringen, was wir einatmen, aufnehmen oder über die Augen abbekommen (zum Beispiel blaues Licht am Abend). Was wir über diese Dinge wissen, sollte uns aufrütteln.**

Wenn Sie an Umweltverschmutzung denken, dann haben Sie vermutlich Bilder von qualmenden Schloten vor Augen, von smogverhangenen Großstädten oder von Flaschen, auf denen groß und breit ein Totenkopf prangt. Oder Sie sehen Müllkippen vor sich, Auspuffgase und plastikvermüllte Meere. Über die heimtückische, unsichtbare Verschmutzung aber, der wir und unsere Tiere Tag für Tag ausgesetzt sind, denken wir gewöhnlich nicht nach. Aber überlegen Sie nur mal, wie viele Bequemlichkeiten das moderne Leben Ihnen bietet. Gehen Sie Ihren Tag von dem Moment, als Sie heute erwacht sind, doch einmal durch: all die Kosmetika, Toiletten-, Haushaltsartikel und Putzmittel, mit denen Sie Ihre Möbel gewienert haben, Ihre elektronischen Hausgenossen, der Rasen, der Teppich, der Holzboden, über den Sie gehen, die Luft in Ihrer Wohnung, das Wasser, das Sie trinken, die Matratze, auf der Sie schlafen, die Kleidung, die Sie tragen, die Duftstoffe, die Sie durch den Tag begleiten … Und der Lärm und das Licht, denen Sie ständig ausgesetzt sind. Diese Liste ließe sich immer weiter fortsetzen – schließlich haben wir uns noch gar nicht mit der Ernährung beschäftigt. Das werden wir in diesem Kapitel auch nicht tun, denn wir wollen uns im Folgenden nur mit Umweltgiften auseinandersetzen, deren Aufnahme nicht primär über den Verdauungstrakt erfolgt.

Wenn Sie wissen wollen, mit welchen Stoffen Sie Tag für Tag in Kontakt kommen, dann kreuzen Sie in der folgenden Liste alles an, was auf Sie zutrifft:

- ☐ Trinken Sie ungefiltertes Wasser aus der Leitung (und füllen die Trinkschale Ihres Hundes damit)?
- ☐ Haben Sie Teppiche, Teppichboden oder behandelte Holzböden in der Wohnung?
- ☐ Benutzen Sie übliche Haushaltsreiniger mit einer Giftwarnung auf der Verpackung?
- ☐ Besitzen Sie schmutzabweisende, nicht entflammbare Polster- oder andere Möbel?
- ☐ Benutzen Sie Waschmittel und/oder Weichspüler mit Duftstoffen?

- ☐ Ist Ihr Geschirr oder das für Ihren Hund aus Plastik?
- ☐ Bewahren Sie Lebensmittel in Plastikbehältern?
- ☐ Erhitzen Sie Lebensmittel in Plastikbehältern?
- ☐ Rauchen Sie, oder leben Sie mit Rauchern zusammen?
- ☐ Benutzen Sie Herbizide oder Pestizide auf Balkon oder Garten? Wie sieht es mit Ihren Nachbarn aus?
- ☐ Verwenden Sie Parfüm oder Rasierwasser?
- ☐ Haben Sie Duftkerzen, Diffusoren oder andere Raumbedufter im Haus?
- ☐ Sind die Spielzeuge, die Ihre Kinder beziehungsweise Haustiere in den Mund nehmen können, vielleicht aus Plastik?
- ☐ Leben Sie in einer Großstadt oder in der Nähe eines Flughafens?
- ☐ Wird Ihr Haus oder Ihre Wohnung regelmäßig mit Insektiziden behandelt?
- ☐ Leben Sie in einem Gebäude, das einen Wasserschaden hatte oder jetzt schon Schimmelpilze aufweist?

Je höher Ihre Punktzahl, desto schlimmer die Schadstoffbelastung, der Sie ausgesetzt sind. Und jetzt überlegen Sie, wie ein durchschnittlicher Tag im Leben Ihres Hundes aussieht. Stellen Sie sich vor, er hätte eine Bodycam, die alles aufnimmt, womit er täglich in Kontakt kommt. Das Bild dürfte so ziemlich das gleiche sein wie bei Ihnen, denn Sie und Ihr Hund teilen bestimmte Lebensumstände: Sie trinken das gleiche Wasser. Sie aalen sich auf demselben Sofa. Sie atmen die gleiche Luft und haben Kontakt mit den gleichen Kleidungsstücken beziehungsweise mit der gleichen parfümierten Haut. Bestimmten Schadstoffen sind Hunde noch stärker ausgesetzt, einfach weil sie näher am Boden sind als wir, weil sie keine Kleidung tragen und seltener gewaschen werden, was die ganzen Schadstoffe wegspülen würde. Sie bewegen sich ja in luftiger Höhe, während Ihr Hund die Nase immer knapp über dem Fußboden hat. Er schläft dort, wo Chemikalien lauern und wo all die unsichtbaren Luftschadstoffe sich schließlich ablagern. Die Ausdünstungen von Putzmitteln schwirren durch die Luft, manche Produkte geben regelmäßig Chemikalien an die Umwelt ab. (Denken Sie nur mal an einen neuen Duschvorhang.) Außerdem ist die Nase Ihres Hundes hundert *Millionen* Mal empfindlicher als die Ihre. Der Hausstaub, der sich zu Staubmäusen ballt und sich in allen Ecken ansammelt, ist normalerweise mit Schadstoffen belastet. In älteren Häusern findet man mitunter noch bleihaltige Farbanstriche, deren Bestandteile man einatmet. Hunde lecken sie sogar oft auf, vor allem, wenn die Farbe von den Bodenbrettern abplatzt.

Draußen dann frisst der Hund gern Gras, aber wenn darauf Pflanzenschutzmittel et cetera versprüht sind, dann nehmen die feuchte Nase und seine Pfoten eine fette Dosis krebserregender Stoffe auf. Das alles zusammen gibt eine enorme Schadstoffbelastung. Mittlerweile existieren Studien, die mehr als zwanzig Jahre zurückreichen und eindeutig besagen: Gifte zur Bekämpfung von Ameisen, Fliegen, Kakerlaken, Spinnen, Termiten und anderen Insekten in Haus und Garten, Pflanzenschutzmittel, auch solche, die von professionellen Rasenpflegefirmen verwendet werden, Unkrautvernichtungsmittel und alles, was je gegen Flöhe eingesetzt wurde (Diffusoren, Flohhalsbänder, Flohseife und -shampoo, Flohspray und Flohpuder) – die Verwendung all dieser Insekten- und Unkrautvernichtungsmittel geht einher mit einem stark erhöhten Risiko für bestimmte Krebsarten bei Kindern und Tieren. Eine der ersten alarmierenden Studien, die von Wissenschaftlern in aller Welt unter der Leitung von Dr. Elizabeth

R. Bertone-Johnson von der University of Maryland durchgeführt wurde, zeigt, **dass der Kontakt mit Rasen-Pestiziden (wie sie von professionellen Rasenpflegeunternehmen verwendet werden) das Risiko für ein bösartiges Lymphom beim Hund um sage und schreibe 70 Prozent erhöht.** Als wir vor einigen Monaten ein Video posteten, in dem wir auf die Gefahren von Rasen-Pestiziden für Hunde hinwiesen, wurde dieses 1,8 Millionen Mal angeklickt. Die Reaktionen der Hundeeltern waren überwältigend. Die Menschen waren geschockt, und viele stellten daraufhin ihre Rasenpflege um.

Eine ähnliche Studie der Purdue University (Indiana) fand einen klaren Zusammenhang zwischen chemisch behandeltem Rasen und Krebs beim Haushund. Diese Studie untersuchte hauptsächlich Blasenkrebs beim Scottish Terrier, der für Blasenkrebs ohnehin anfälliger ist als andere Hunderassen. Der Scottish Terrier ist also eine geeignete Modellrasse für die Wissenschaftler, weil bei ihm schon geringe Schadstoffmengen zur Krebsentwicklung führen. Doch die Wissenschaftler fanden auch heraus, dass dieses Risiko umso größer war, je höher die Schadstoffbelastung ausfiel. Bei den Hunden, die einer solchen Umweltbelastung ausgesetzt waren, traten vier- bis siebenmal mehr Krebsfälle auf als in der Kontrollgruppe. Da das Genom von Hund und Mensch starke Ähnlichkeit aufweist, lässt sich vielleicht so auch das Gen entdecken, das diese grundsätzliche Disposition auslöst.

Die Studie war auch deshalb interessant, weil sie einen Umstand aufdeckte, dem in Haus und Garten Rechnung zu tragen ist: Möglicherweise könnten auch eigentlich inerte Inhaltsstoffe, die nicht so schnell neue Verbindungen eingehen, die Verursacher sein. Doch wir kippen Jahr für Jahr den Gegenwert von mehreren Milliarden Dollar auf unseren Rasen beziehungsweise in den Garten. Während bekannte »Bösewichte« wie DDT oder Glyphosat leicht auszumachen sind, gibt es auch genügend verborgene Schädlinge direkt unter unserer Nase – oder unter unseren Füßen.

Die Körperlast

Wie in Teil I bereits kurz angesprochen, hat jeder Mensch, der in einem Industrieland lebt, heute Hunderte synthetischer Chemikalien im Körper, die er über Nahrung, Wasser und Luft aufgenommen hat. Diese machen die sogenannte »Körperlast« aus und lagern sich in nahezu allen Gewebearten ab: Fett, Herzmuskel, Skelettmuskeln, Knochen, Bändern und Sehnen, Gelenken, Bauchorganen und Gehirn. Wie und wo diese Stoffe abgelagert werden, hängt von ihrer chemischen Beschaffenheit ab. Fettlösliche Toxine wie Quecksilber werden im Fettgewebe gespeichert, wasserlösliche Giftstoffe wie Perchlorate (die beispielsweise im chlorierten Wasser landen können) zirkulieren im ganzen Körper und werden dann mit dem Urin ausgeschieden. Viele Schadstoffe sind fettlöslich, was heißt: Je mehr Fettgewebe Sie haben, desto mehr Giftstoffe tragen Sie mit sich herum. Außerdem können diese Toxine bewirken, dass der Körper mehr Wasser und Fett speichert als üblich. Durch die starke Schadstoffbelastung kommt es zu Entzündungen. Dann hält der Körper so viel Wasser wie möglich zurück, um die fett- und wasserlöslichen Giftstoffe zu verdünnen.

Um es zu wiederholen: Diese Chemikalien, die häufig aus Kunststoffen stammen, wurden zum größten Teil nie auf ihre gesundheitlichen Auswirkungen getestet. Der Körper nimmt gerade Schadstoffe aus Plastik gern auf: 93 Prozent der Amerikaner über sechs Jahren zeigen im Test eine Bisphenol-A-Belastung. Das BPA wirkt sich negativ auf unsere Biologie aus – vor allem auf das Hormonsystem. Aber auch andere Kunststoffkomponenten bringen das Hormonsystem in Unordnung oder verursachen andere Schäden.

In den USA verwendet man Massenspektrometer, um nach 170 Schadstoffen zu fahnden. Dazu gehören Organophosphat-Pestizide, Phthalate, Benzol, Xylol, Vinylchlorid, Pyrethroid-Insektizide, Acrylamid, Perchlorate, Diphenylphosphat, Ethylenoxid, Acrylnitril und noch einige mehr. Tests, die achtzehn verschiedene Stoffwechselprodukte im Urin untersuchen, helfen, die spezifische Körperlast des Einzelnen zu ermitteln. Aber selbst ohne einen solchen Test gibt es Methoden, um festzustellen, mit wie vielen Chemikalien wir, ein ungeborener Fötus oder ein alter Hund konfrontiert sind. Denn die Belastung mit Schadstoffen ist weit verbreitet.

Ein Tipp!

Zwei Pestizide wurden als »wahrscheinlich krebserregend« eingestuft: 2,4-Dichlorophenoxyessigsäure (2,4-D) und Glyphosat (Roundup). Überprüfen Sie Ihre Unkrautvernichtungsmittel, und sortieren Sie diese Stoffe nach Möglichkeit aus. Es gibt sicherere Alternativen zu fast jedem Giftstoff.

Die gleichen Wissenschaftler, welche die Purdue-Studie durchführten, dokumentierten, dass sich im Urin von Hunden, die in Häusern mit behandeltem *und unbehandeltem* Rasen leben, giftige Chemikalien finden. Das zeigt, dass Ihr Hund (und Sie) belastet ist, sogar wenn Sie selbst Ihren Rasen nicht mit Pestiziden behandeln. Diese Umweltgifte kommen von Spaziergängen im Park oder sickern einfach vom Nachbargrundstück ein. Die Luft trägt Herbizide sehr viel weiter, als man annehmen möchte – bis zu 3 Kilometer weit. Den massivsten Niederschlag aber gibt es im Umkreis von 200 Metern. Das ist immer noch weit genug, um die Rasenflächen und Wiesen in der Nachbarschaft zu belasten.

Am Institute of Environmental and Human Health der Texas Tech University hat man weitere Quellen von Bisphenol A und Phthalaten ausgemacht: Kauspielzeug und Trainingshilfsmittel wie Bumpers zur Markierausbildung. Diese Dinge bestehen aus Kunststoff, aus dem chemische Stoffe austreten. Auch diese gelten als endokrine Disruptoren, weil sie ins Hormonsystem eingreifen. Diese Stoffe belasten auch den Menschen. Man geht davon aus, dass die immer früher einsetzende Pubertät von Mädchen damit zusammenhängen könnte.

Wie wär's mit einem Fußbad für Bello?

Die Pfoten Ihres Hundes gleichen feuchten Bodenwischtüchern. Sie nehmen alles Mögliche auf: Allergene, chemische Stoffe und andere Gifte. Hunde schwitzen nur mit der Nase und mit den Pfoten. Daher können die Pfoten große Mengen Schadstoffe absorbieren. Noch schlimmer wird es, wenn Ihr Hund sich nach dem Spaziergang die Pfoten ableckt. Daher wäre ein kurzes Fußbad hier sehr sinnvoll. Je nachdem, wie groß Ihr Hund ist, können Sie das in der Spüle oder in der Badewanne erledigen.

Lassen Sie etwa 10 Zentimeter Wasser einlaufen, damit die Pfoten ganz bedeckt sind. Unser »Lieblings-Waschmittel« ist Povidon-Jod-

Lösung (Betaisodona), die Sie online oder in der Apotheke erhalten. Es handelt sich um eine sichere, ungiftige Lösung, die gegen Pilze, Viren und Bakterien wirkt. Verdünnen Sie die Jodlösung, bis sie die Farbe von schwarzem Tee hat. Ist sie zu hell, geben Sie noch ein paar Tropfen zu. Zu dunkel, und Sie brauchen mehr Wasser. Lassen Sie Ihren Hund zwei bis fünf Minuten darin stehen. Sie müssen dabei die Pfoten nicht waschen oder schrubben. Die Lösung erledigt alles ganz von selbst. Wenn Ihr Hund nicht gern im Wasser steht und Sie ihn nicht durch gutes Zureden oder Singen beruhigen können, geben Sie ihm ein oder zwei Leckerlis. Dann heben Sie ihn heraus, trocknen ihm die Pfoten – und ab die Post! Wiederholen Sie solche Fußwaschungen alle zwei bis drei Tage.

Behandelte Rasenflächen sind also ein Problem, aber damit ist es leider noch nicht getan. Auch in unseren vier Wänden finden sich Schadstoffe. Und da verbringen wir 90 Prozent unserer Zeit. Wenn Sie sich nicht gerade im Gras wälzen und Ihre Nase in massiv gespritzten Rasen stecken, dann ist das Hausinnere für Sie vermutlich gefährlicher als die Außenwelt. Eine ganze Reihe von Studien – darunter eine Meta-Studie aus dem Jahr 2016, die von mehreren Instituten in den USA durchgeführt wurde und Schlagzeilen machte – hat festgestellt, dass die Luft in so manchem Haushalt einem Giftcocktail gleicht. Häufig liegt das am Hausstaub, der Stoffe enthält, die unseren Atemwegen ebenso schaden wie dem Immunsystem und den Reproduktionsorganen. Dazu gehören flüchtige organische Verbindungen (Volatile Organic Compounds [VOC]) wie Aldehyde und Nebenprodukte von Verbrennungsvorgängen wie Ruß oder Kohlenmonoxid. VOCs sind es hauptsächlich, welche die Innenräume unserer Häuser so toxisch machen. Das Gleiche gilt übrigens für Ihr Auto. (Die VOCs sind für den typischen Geruch verantwortlich.) Da diese Stoffe flüchtig, also wenig stabil sind, gehen sie Verbindungen mit anderen Molekülen ein, die negative Reaktionen auslösen, wenn wir sie über die Atemluft oder die Haut aufnehmen. Sie finden sich darüber hinaus in vielen Produkten: Parfüm, Teppichklebern, Leim, Harzen, Farben, Lacken, Beizmitteln, Lösungsmitteln, Holzschutzmitteln, Schaumdämmung, Bindemitteln, Aerosolsprays, Reinigungsmitteln, Entfettungsmitteln, Desinfektionsmitteln, Mottenschutzmitteln, Lufterfrischern, Diffusoren für Raumdüfte, Heizöl, Benzin, gereinigter Kleidung, Kosmetika und Materialien, die Sie für Ihre Hobbys brauchen.

Auch wenn Sie jede nur erdenkliche Vorsichtsmaßnahme treffen und ökologische Alternativen wählen, würden wir Ihnen trotzdem empfehlen, einen guten Luftwäscher zu besorgen. Chemische Substanzen in der Luft stellen im eigenen Heim die größte Bedrohung dar – weil sie die Luft permanent verschmutzen, direkt unter Ihrer Nase (und darin). Es gibt Luftreiniger für Smog, Rauch und Feinstaub, aber auch für Chemikalien, Abgase und Dämpfe oder für Schimmel, Viren und Bakterien. Manche dieser Geräte entsorgen sämtliche Schadstoffe zusammen. Mehr als 90 Prozent dieser Schwebstoffe sind so klein, dass sie von HEPA-(High-Effective-Particle-Absorption-)Geräten ausgefiltert werden sollten. Wenn Sie oder Ihr Hund unter Allergien leiden, können HEPA-Luftfilter die Symptome lindern. Natürlich müssen Sie dann auch die Filter häufig wechseln und das Gerät reinigen. Das gilt auch für Klimaanlagen. Wenn Sie im Moment nicht in einen Luftfilter investieren wollen, dann ist die beste Methode, Ihr Haus schadstofffrei zu halten, regelmäßiges und gründliches Lüften. Öffnen Sie immer wieder mal die Fenster!

Ein Tipp!

Keine Panik: Sie müssen nicht alle Haushaltsgegenstände austauschen, um mit Ihrem Hund in einer sauberen Umgebung zu leben. Manches geht auch ganz einfach. Wenn Ihr Waschmittel aufgebraucht ist, kaufen Sie ein biologisch abbaubares, duftstofffreies Mittel nach. Das Hundebett mit der chemisch behandelten Polsterung? Ersetzen Sie es durch eine nicht chemisch behandelte Decke aus Naturfasern, oder legen Sie eine solche darüber. Ihr höchst fragwürdiger Teppichboden? Benutzen Sie einen Staubsauger mit HEPA-Filter. Die schadstoffbelastete Luft? Lassen Sie so oft wie möglich die Fenster offen, oder installieren Sie einen Abluftfilter in Küche, Badezimmer und Waschküche. All das ist bezahlbar, lässt sich leicht umsetzen und wird Ihr Zuhause massiv verändern.

Am besten gehen wir noch einmal durch, wo im Haus Schadstoffe entstehen können, die Ihr Leben und das Ihrer tierischen Gefährten belasten. Dann wissen Sie, worauf Sie achten sollten. Es ist schließlich Ihre Entscheidung, womit Sie putzen, was Sie im Garten versprühen und wie Sie Ihre Räume einrichten und dekorieren. Oder welche Pflegeprodukte Sie verwenden.

Potenzielle Schadstoffquellen im Haus

Die Angaben stammen von Institutionen wie der Weltgesundheitsorganisation (WHO), der Environmental Protection Agency (epa.gov) und der Environmental Working Group in den USA (ewg.org):

- Aerosolsprays,

- Baumaterialien (Wände, Böden, Teppiche, Jalousien und Einrichtungen),
- Blei,
- chemisch gereinigte Kleidung,
- Heizsysteme oder -geräte,
- Hobbybedarf (Leim, Kleber, Gummilösung, Permanentmarker),
- Holzschutzmittel,
- Kohlenmonoxid,
- Kunststoffe,
- Mottenschutzmittel (Papierstreifen, Mottenkugeln),
- Pestizide,
- Polyurethan, Lacke,
- Produkte zur Körperhygiene,
- Putzmittel (Waschmittel, Desinfektionsmittel, Boden- und Möbelpolitur),
- Radon (etwa aus Naturboden oder Naturstein),
- Rasen- und Gartenchemie,
- Raumdüfte (Duftkerzen, Diffusoren und Ähnliches),
- Schaumdämmung,
- Schimmel,
- Sperrholz, Spanplatten,
- synthetische Kleidung,
- Tabakrauch und
- Wandfarbe (vor allem Antischimmelfarbe).

Puppenhäuser aus Plastik, wie es stinkt und kracht

Plastik ist heutzutage allgegenwärtig. Vom Auto bis zum Computer, vom Badezimmer bis zum Kauspielzeug, von der Wasserflasche bis zum Haushaltsgerät und zur Pausenbrotdose: Ein Leben ohne Plastik scheint heutzutage kaum noch denkbar zu sein. In den letzten zehn Jahren haben wir mehr Plastik produziert als im gesamten 20. Jahrhundert. Mehr als die Hälfte aller Plastikprodukte sind Einwegartikel. Dann werden sie weggeworfen. Die meisten Leute wissen nicht, dass gerade der typische Geruch von Plastik eine klare Sprache spricht: Hier lauert Chemie! Die schädlichsten Komponenten haben wir bereits erwähnt: Bisphenol A (BPA), PVC, Phthalate und Parabene.

Obwohl der Druck der Konsumenten dazu geführt hat, dass BPA aus vielen Produkten entfernt wurde, vor allem solchen für Kinder (das heißt Kindertassen und Babyfläschchen), ist der Stoff immer noch überall anzutreffen. Gerade Hundespielzeug ist voll von Chemie. Auch alles, was auf dem Etikett als »Duftstoff« bezeichnet wird, kann problematisch werden. In den USA zum Beispiel muss die Verwendung von synthetischen Riechstoffen nicht bei einer regulierenden Behörde angemeldet werden.

Interessanterweise können sich hinter den »Duftstoffen« auch Phthalate verbergen, die als Duftstoffträger dienen oder als Weichmacher für andere Kunststoffe. Phthalate finden sich nicht nur in klassischem Plastik. Sie sind auch enthalten in Parfüm, Haargel, Shampoo, Seife, Haarspray, Bodylotion, Sonnencreme, Deodorant, Nagellack und medizinischen Geräten. Und natürlich auch in Spielzeug und anderen Utensilien für Haustiere. 2019 untersuchten Biochemiker des New Yorker Gesundheitsamtes, ob und in welchem Umfang Phthalat-Stoffwechselprodukte im Körper unserer Hunde und Katzen landen, und wurden bei vielen Tieren fündig. Bei einem der getesteten Phthalate war der Spiegel nur um die Hälfte niedriger, als die amerikanische EPA es beim Menschen für gerade noch akzeptabel hält.

Gift in Spielzeug, Kauspielzeug und Hundebetten

Die folgenden Inhaltsstoffe finden sich häufig in Spielzeug für Tiere (besonders bei Importware):

- **Phthalate**: Sie werden Produkten aus PVC (Polyvinylchlorid) zugesetzt, um das Vinyl weicher und flexibler, das heißt kaubar, zu machen. Phthalate riechen auch wie Vinyl. Begriffe wie »Methylparaben«, »Ethylparaben«, »Propylparaben«, »Isopropylparaben«, »Butylparaben« und »Isobutylparaben« in der Liste der Inhaltsstoffe sind ein eindeutiges Indiz. Leider sind auf Tierspielzeugen meist keine Inhaltsstoffe aufgeführt. Dabei liegt das klar auf der Hand: Je häufiger Hunde mit Vinylspielzeug oder anderen Dingen aus weichem Plastik spielen, desto mehr Phthalate nehmen sie zu sich. Diese Giftstoffe werden über Haut und Zahnfleisch aufgenommen. Das Resultat für die Tiere: Schäden an Leber und Niere.
- **Polyvinylchlorid (PVC):** ein harter Kunststoff, der mit Weichmachern wie Phthalaten behandelt wird. PVC enthält auch Chlor. Wenn Ihr Hund also darauf herumkaut, wird Chlor frei. Chlor kann zur Entstehung von Dioxin beitragen, einem sehr gefährlichen Giftstoff, der bei Tieren Krebs und Schäden am Immunsystem verursacht. Auch Entwicklungsstörungen oder Probleme bei der Reproduktion können so entstehen.
- **Bisphenol A (BPA):** Das ist das Ausgangsmaterial von Polycarbonat-Kunststoffen und findet sich in einer ganzen Anzahl von Plastikprodukten, auch im Tierfutterladen. BPA steckt in der Innenbeschichtung von Verpackungen (für Tierfutter und Lebensmittel für den Menschen). Eine Studie der Universität von Missouri aus dem Jahr 2016 zeigt, dass BPA die Drüsen-

funktion des Hundes beeinträchtigt. Es kann auch den Stoffwechsel der Tiere durcheinanderbringen.

- **Blei:** Wir wissen, dass Blei giftig ist, vor allem für das Nervensystem und den Verdauungstrakt. Eine Bleivergiftung ist eine lebensgefährliche Angelegenheit. Nur wissen die wenigsten Menschen, dass Blei sich *immer noch* in unserer Umwelt findet, obwohl es seit 1978 verboten ist. Es ist in alten Häusern verbaut und kommt zum Beispiel in Farben vor. Aber auch importierte Güter wie Tennisbälle oder Tierspielzeug enthalten häufig Blei. In der Glasur von Keramik- oder Wasserschüsseln findet sich ebenfalls häufig Blei. Außerdem kommt es mitunter im Trinkwasser vor.[17]
- **Formaldehyd:** Vermutlich haben Sie an Formaldehyd das erste Mal im Chemieunterricht geschnuppert. Es gilt als Langzeitkonservierungsmittel. Doch wenn es verzehrt, eingeatmet oder über die Haut aufgenommen wird, kann es Krebs verursachen. Gut wäre, wenn es nur für anatomische Lehrpräparate verwendet würde, aber leider findet es sich auch immer wieder in Rohleder-Kauartikeln.
- **Chrom und Kadmium:** Labortests brachten vor einigen Jahren die Kaufhauskette Walmart in Schwierigkeiten, als festgestellt wurde, dass sich in deren Tierspielzeugen diese Metalle fanden. Zu viel Chrom schädigt Leber, Niere und Nerven. Es kann auch Herzrhythmusstörungen verursachen. Zu viel Kadmium wiederum schädigt Gelenke, Nieren und Lunge.
- **Kobalt:** Petco rief im Jahr 2013 Futterschüsseln aus Stahl zurück, da diese mit Kobaltstrahlen behandelt worden waren. Seitdem ist das Bewusstsein für die Bedeutung von schadstofffreien Futter- und Wasserschüsseln gestiegen. Mittlerweile werden Stahlprodukte auf Verunreinigungen getestet.

- **Brom:** Dieses Flammschutzmittel findet sich häufig in Schaumstoffen für Möbel, auch für Hundebetten. In entsprechend hohen Dosen führt Brom zu Magenproblemen, Erbrechen, Verstopfung, Appetitverlust, Bauchspeicheldrüsenentzündung, Muskelkrämpfen und Zittern.

Recyceln Sie die Squeaker

Hunde wissen nicht, wie giftig solches Quietschspielzeug sein kann. Viele von ihnen kennen ohnehin nur einen Umgang mit Squeakern: Sie zerlegen sie so schnell wie möglich. Nach getaner Arbeit verteilen sich die Quietschkugeln für gewöhnlich über den gesamten Fußboden. Sammeln Sie sie ein, denn Sie können daraus viel ungiftigere Toys basteln. Wickeln Sie den gebrauchten Quietscher in Papier, stopfen Sie ihn in eine alte Socke, und verknoten Sie diese. Dann verstecken Sie sie unter raschelnden Bällen aus Zeitungspapier und sehen zu, wie Ihre Fellnase voller Begeisterung den Quietschi wieder ausbuddelt (und das ganz ohne Phthalate oder PVC).

Noch ein Wort zu Flammschutzmitteln: Chemische Flammschutzmittel sind in vielen Gegenständen des täglichen Gebrauchs enthalten. Das Gesetz schreibt deren Verwendung in bestimmten Produkten zwingend vor: Möbeln, Stoffen, elektronischen Geräten, Haushaltsgeräten, Matratzen, Bettzeug, Polsterungen, Kissen, Sofas und Teppichen. Das Problem ist, dass die Flammschutzmittel nicht dort bleiben, wo sie ursprünglich aufgebracht wurden. Sie gasen aus und verunreinigen dann den Hausstaub, der sich am Boden ansammelt, wo Hunde, Katzen (und Babys) spielen. Wie in Teil I schon angeführt, hat die Oregon State University in einer 2019 veröffentlichten Studie darauf hingewiesen, dass Flammschutzmittel vermutlich für die neuerdings epidemischen Ausmaße der Schilddrüsenüberfunktion bei Katzen verantwortlich sind. (1980 litt eine von 200 Katzen unter Schilddrüsenüberfunktion, heute ist es eine von zehn.) Flammschutzmitteln kann man leider kaum aus dem Weg gehen, aber es gibt einige einfache Maßnahmen, wie Sie den Kontakt gering halten können: Platzieren Sie ein Tuch oder eine Decke aus Naturfasern zwischen der behandelten Oberfläche und Ihrem Hund.

Ein paar Worte zu Floh- und Zeckenmitteln: Rein technisch betrachtet, wären das *Pestizide*. Sie helfen gegen Ungeziefer wie Flöhe oder Zecken. Sind sie aber deswegen schon giftig? Nun, wenn das Zeug Ungeziefer erledigt, kann es dann nicht auch einem Haustier den Garaus machen? Auf der Packung der meisten dieser Mittel steht gewöhnlich nur, man solle sich an den Giftnotruf wenden, wenn ein Mensch damit Hautkontakt hatte. Aber für den Hund ist der Kontakt sicher? Einige dieser Produkte werden mittlerweile von Tierärzten und auch der Zulassungsbehörde kritisch gesehen. 2019 wurde in einer Umfrage festgestellt, dass Bravecto und ähnliche Produkte, die Isoxazoline enthalten, *bei zwei von drei Hunden (66,6 Prozent) starke Nebenwirkungen auslösen*. Manchmal geht es nicht anders, und man braucht diese Produkte. Insgesamt aber gibt es sichere Wege, um den Einsatz zumindest zu reduzieren und damit die chemische Körperlast für Ihren Hund. (In Kapitel 10 geht es um die Risiken, mit denen Ihr Hund leben muss.) Viele Umweltforscher raten mittlerweile zu einem »vernünftigen Einsatz« von lokalen Mitteln gegen spezielle Parasiten statt zu systemischen Breitbandwirkstoffen, die sich im Körper der Tiere und in der Umwelt anreichern. Wenn Ihr Hund das Gift in Haut und Haaren hat, ist schließlich auch jeder betroffen, der mit ihm spielt. Neben dieser konservativen lokalen Behandlung oder oral verabreichten Pestiziden gibt es auch noch die Möglichkeit, weitgehend giftfrei zu arbeiten (siehe Teil III).

Ein Wort zu PFAS: Diese per- und polyfluorierten Alkylverbindungen tauchen ebenfalls in vielen Alltagsprodukten auf: Teppichen, Verpackungen für Lebensmittel, Antihaftbeschichtung in Töpfen und Pfannen. Sie sind resistent gegenüber Wasser, Öl und Hitze. Seit sie Mitte des 20. Jahrhunderts entwickelt wurden, nahm ihr Einsatz ständig zu. Kein Wunder also, dass man sie schier überall findet, sind die Verbindungen doch auch besonders langlebig. Ausgesprochen hoch ist die Belastung in den Hinterlassenschaften unserer Hunde. Dabei beeinflussen sie nicht nur Wachstum, Lernen und Verhalten, sondern wirken auch auf das Hormon- und Immunsystem ein. Sie erhöhen das Risiko, an Krebs zu erkranken, vor allem an Leberkrebs. Die Entgiftungsstrategien, die wir Ihnen in Teil III vorstellen, reduzieren Ihren Kontakt mit PFAS.

Anmerkung zum Thema »Raumdüfte«: Viele Menschen verwenden mittlerweile Raumdüfte – Sprays, elektrische Diffusoren, Gele und Duftkerzen. Wissen Sie, was diese Produkte so enthalten? Man sollte ja annehmen, dass sie auf ihre Sicherheit hin geprüft wurden, aber nein, das ist nämlich nicht erforderlich. Und die Unternehmen, die diese Dinge unter die Leute bringen, brauchen auch keine Genehmigung, um sie für den Hausgebrauch zu verkaufen.[18] Künstliche Duftstoffe bestehen meist aus flüchtigen organischen Verbindungen (VOC), die Sie und Ihr Hund aufnehmen können, wenn diese Moleküle mit Haut oder Schleimhaut in Berührung kommen. Forschungsarbeiten zeigen, dass selbst bei nur einmaliger Verwendung pro Woche (Spray, Duftstäbchen im

Badezimmer) das Risiko, Asthma oder andere Lungenkrankheiten zu entwickeln, um 71 Prozent ansteigt.

Viele chemische Stoffe, aus denen diese Raumdüfte bestehen, sind Benzolverbindungen, Formaldehyde, Styrolverbindungen und Phthalate – also entweder krebserregend oder endokrine Disruptoren oder Reizstoffe, die neurologische, respiratorische und allergische Reaktionen hervorrufen können. Gerade die so beliebten Diffusoren enthalten auch Naphthalin, das bei Tieren Lungenkrebs verursacht. Außerdem haben Studien belegt, **dass sich im Tierkörper durchschnittlich mehr als die doppelte Menge dieser chemischen Stoffe anreichert als beim Menschen.** Auch dies zeigt, welche enorme Gefahr davon für unsere vierbeinigen Hausgenossen ausgeht.

Und falls Sie jetzt denken sollten, dass Sie künftig wieder zu altmodischen, nicht duftenden Kerzen zurückkehren könnten: Die Großteil der Kerzen wird heutzutage aus Paraffin gemacht, einem Nebenprodukt der Benzinherstellung aus Erdöl. Wenn es sich erwärmt, gibt Paraffin die Schadstoffe Acetaldehyd, Formaldehyd, Toluol, Benzol und Acrolein ab. All diese Stoffe erhöhen das Krebsrisiko. Wenn Sie mehrere Paraffinwachskerzen zugleich brennen lassen, würde dies beispielsweise die Normwerte der amerikanischen Umweltbehörde für Verunreinigung in Innenräumen überschreiten. Außerdem enthalten fast 30 Prozent der Dochte Schwermetalle wie Blei. Wenn Sie die Kerzen also mehrere Stunden brennen lassen, reißen Sie vermutlich auch den Grenzwert für Schwermetalle in der Luft. Die Anzahl der Schadstoffe in Paraffinmischungen, die durch das Abbrennen freigesetzt wird, macht einen schwindlig: Aceton, Trichlorfluormethan, Kohlenstoff-Disulfid, 2-Butanon, Trichlorethan, Trichlorethen, Tetrachlormethan, Tetrachlorethen, Chlorbenzol, Ethylbenzol,

Styrol, Xylol, Phenol, Kresol, Cyclopenten. Ein echter Cocktail, den zu erklären einem Chemiebuch anstünde.

Die Lösung: Kaufen Sie keine Produkte, bei denen auf dem Etikett »Duftstoffe« angegeben sind. Ersetzen Sie Paraffinkerzen durch echte Bienenwachskerzen ohne Duft oder durch Kerzen aus Soja- beziehungsweise Pflanzenwachs. Testen Sie den Docht, indem Sie ihn über ein weißes Blatt Papier ziehen. Hinterlässt er eine graue Spur, enthält er Blei. Wenn Sie sich trotzdem Düfte wünschen, kaufen Sie naturreine ätherische Öle, und lassen Sie diese in der Duftlampe mit Wasser verdampfen. Allerdings nur in einem Raum, damit Ihre Tiere den Raum wechseln können, wenn ihnen der Geruch nicht behagt. Oder Sie kochen die Schale biologisch angebauter Orangen mit einer Zimtstange auf. Und vergessen Sie eines nicht: Öffnen Sie die Fenster regelmäßig!

Die Luftqualität leidet nicht nur unter flüchtigen organischen Verbindungen von ausgasenden Möbeln beziehungsweise Duftkerzen. Waldbrände, Smog, Passivrauchen und Mykotoxine von Wasserschäden sind gefährlich, weil sie die Atemwege Ihres Tieres ebenso angreifen wie Ihre eigenen. Und irgendwann setzt sich die Verschmutzung auch ins System fort. Es ist wichtig, dass Sie mögliche Quellen von Luftverschmutzung auch in Ihrem Heim feststellen. Das ist genauso einfach, wie einen Luftwäscher zu kaufen, wenn Sie in einer Großstadt leben, wo die Luftqualität vielleicht von vornherein beeinträchtigt ist. Und wenn es in Ihrem Haus oder Ihrer Wohnung einen Wasserschaden gab, lassen Sie die Raumluft auf Schimmelpilze testen. Auch das ist keine Hexerei.

Wie gut ist Ihr Wasser?

Leider lässt sich diese Frage nicht so einfach beantworten. Denn Aussehen und Geschmack sagen noch nicht viel über die Qualität aus. Es kann ja sein, dass Sie Ihr Wasser filtern, aber tun Sie das auch für Fido? Auf jeden Fall wird das Leitungswasser in Deutschland, Österreich und der Schweiz (DACH) ständig auf Rückstände, aber auch auf Kalkgehalt und so weiter überprüft. Spuren unterhalb der festgelegten Grenzwerte sind erlaubt. Sie erfahren diese Werte, wenn Sie bei Ihren Stadtwerken nachfragen. Doch diese liefern das Wasser nur bis zum Haus. Es kann also durchaus sinnvoll sein, das Wasser testen zu lassen, das aus Ihrem Hahn kommt. Ein Tipp: Lassen Sie das Wasser regelmäßig laufen, bis es kühler wird. Dann verhindern Sie, dass eventuelle Keime aus der Leitung das Wasser verunreinigen. Sie können aber auch im Gesundheitsamt beziehungsweise bei den Stadtwerken anrufen. Dort nennt man Ihnen zuverlässige Unternehmen, bei denen Sie Ihr Leitungswasser testen lassen können.

Vielleicht haben Sie von der Krise in der Stadt Flint in Michigan gehört, wo über 8000 Kinder über zwei Jahre lang bleiverseuchtes Wasser tranken. 2020 veröffentlichten Forscher der Universität von Illinois in Urbana-Champaign einen Artikel über die »anthropogene Verunreinigung« des Wassers. Damit sind Rückstände von Pestiziden, Düngemitteln, aber auch von Arznei- und Desinfektionsmitteln gemeint. Vor allem endokrine Disruptoren, die im Körper von Hunden und Menschen wie Hormone wirken, fanden sich häufig. Sie können sich natürlich auch ein Filtersystem installieren lassen, damit Sie auf der sicheren Seite sind. Wasserfilter in Krügen sollten Sie meiden, denn das sind eher Zuchtbecken für Bakterien. Doch gute Filtersysteme schützen Sie vor Schwermetallen, Viren und so weiter.

Auch am Fuß ist alles nicht so einfach

Wir empfehlen in Teil III, Schuhe grundsätzlich vor der Haustür abzustreifen. Das ist eine der einfachsten Methoden, wie Sie Ihr Haustier und sich vor Schadstoffen schützen können, ob es nun um Pestizide vom Rasen, um Karzinogene vom Asphalt oder Krankheitserreger in Hundekot geht. Wir wissen ja alle, was uns in der Außenwelt manchmal so am Schuh kleben bleibt. Und natürlich tragen wir all das dann ins Haus, ob wir nun Manolo Blahniks, Tom Ford oder Nike Airs tragen. Ihre Schuhe sind unter Umständen giftiger als Ihre Toilette! Wenn Sie also Ihren vierbeinigen Hausgenossen tadeln, weil er aus der Toilette trinkt, dann sollten Sie mal darüber nachdenken, was Fido so alles aufleckt, wenn Ihnen beim Kochen was auf den Boden fällt.

Führen Umweltchemikalien zu Gewichtszunahme?

Bruce Blumberg, Professor für Zellbiologie an der University of California in Irvine, prägte den Begriff »Obesogene« für Chemikalien, die uns dick machen (lat. *obesitas* [Fettleibigkeit]). Das war ein Paukenschlag, denn seitdem wird in mehreren Studien untersucht, wie sehr Übergewicht nicht nur auf allzu reichliche Nahrungsaufnahme, sondern auch auf Schadstoffe zurückgeht. Blumbergs Team entdeckte, dass ein Stoff, der aus völlig anderen Gründen untersucht wurde, Mäuse dicker machte. Daraufhin fragte er sich, ob es nicht andere Gründe hat, wenn wir einfach nicht abnehmen können. Und die Wissenschaft bestätigte diesen Verdacht. Zahlreiche Studien zeigen, dass ein erhöhter Body-Mass-Index (BMI) mit dem Kontakt zu bestimmten Umweltgiften in Verbindung gebracht werden kann.

Obesogene tragen zu Übergewicht bei, weil sie den Fettstoffwechsel durcheinanderbringen – also die Art, wie unser Körper Fett verarbeitet und speichert. Obesogene sorgen dafür, dass Stammzellen im Körper sich zu Fettzellen entwickeln. Und sie verändern, wie Ihr Körper auf Ihre Ernährung reagiert und auf die Kalorien, die Sie zu sich nehmen. Außerdem spielen sie unserem Hormonsystem Streiche. Einer der kritischsten Aspekte an Obesogenen ist, dass sie an künftige Generationen weitergegeben werden können.

Genau: Die Wirkung der Obesogene kann vererbt werden, meist durch epigenetische Einflüsse. Dann geht der Effekt der Obesogene auf unsere Kinder und Kindeskinder über. Ihre Wirkung wissenschaftlich aufzuarbeiten ist eine komplexe Aufgabe, doch im Rahmen dieses Buches mag es genügen zu wissen, dass diese Schadstoffe absolut alltäglich sind. Viele der chemischen Stoffe, die wir hier vorgestellt haben, gehören zu den Obesogenen: synthetische Pestizide, Bisphenol A, Perfluoroctansäure (PFOAS), Phthalate, polychlorierte Biphenyle (PCB), polybromierte Diphenylether (PBDE), Parabene und Luftschadstoffe.

Lärm, Licht und Elektrosmog

Smog in der Luft ist ein klares Signal für Umweltverschmutzung. Doch es gibt noch andere Arten der Vergiftung, die immer mehr unser Leben beherrschen: übermäßiger Lärm und Licht. Dies sind die notwendigen Übel modernen Lebens. Sie spiegeln die

Errungenschaften unserer Zivilisation wider, haben aber auch ihre Schattenseiten, denn sie stören unseren Schlaf-Wach-Rhythmus, der sich am liebsten an einem 24-stündigen Sonnentag orientiert. Vereinfacht ausgedrückt: Zu viel Lärm und Licht stressen den Körper, vor allem, wenn er eigentlich Ruhe und Dunkelheit braucht.

Lichtverschmutzung ist ein altes Problem. Schon gegen Ende des 19. Jahrhunderts gab es Berichte über Seevögel, die in die Lichter von Leuchttürmen flogen. Aber seitdem hat sich die Lichtverschmutzung massiv verstärkt. Und der Lärm, dem wir täglich ausgesetzt sind, übersteigt den Lärmpegel früherer Zeiten um ein Vielfaches. Die Lärmbelastung muss nicht mal besonders stark sein, um unserer Gesundheit zu schaden. Das Geräusch unserer Computer und das ständige Dröhnen des städtischen Lebens (Sirenen, Rasenmäher, Laubgebläse, Müllschlucker, Flugzeuge) beeinflussen den natürlichen Rhythmus unseres Körpers.

Die Wissenschaft interessiert sich erst seit Kurzem für die Auswirkungen von Lärm. Jüngere Studien zeigen, dass Menschen, die in der Einflugschneise eines Flughafens leben, ein erhöhtes Risiko für Herz-Kreislauf-Erkrankungen haben – ungeachtet eventuell schon erhöhter Risiken durch die Luftverschmutzung an solchen Orten. Eine im *British Medical Journal* veröffentlichte Studie belegte, dass Menschen, die in den am stärksten lärmbelasteten Zonen (zum Beispiel am Flughafen) wohnen, ein eindeutig erhöhtes Risiko für Schlaganfälle, Herzinfarkte und andere kardiovaskuläre Erkrankungen hatten. Das galt selbst noch, nachdem man andere Risikofaktoren wie die Zugehörigkeit zu einer niederen sozialen Schicht oder bestimmten Ethnie, Rauchen, Verkehrslärm und Luftverschmutzung herausgerechnet hatte. Des Weiteren zeigte sich, dass die Reaktion des Körpers auf Lärm von der Dosis abhing. Das Risiko war am höchsten bei den 2 Prozent der Bevölkerung, die dem stärksten Lärm ausgesetzt war.

Geräusche als elektromagnetische Strahlung

Geräusche sind eine Art elektromagnetischer Strahlung. Ihre Frequenz (Tonhöhe) wird in Hertz (Hz) gemessen. Dabei entspricht 1 Hertz einem vollständigen Schwingungszyklus pro Sekunde. Menschen nehmen Frequenzen von 20 bis 20 000 Hertz wahr, das Hundegehör fängt Töne von 40 bis 45 000 Hertz auf. (Katzen können Frequenzen bis 64 000 Hertz hören.) Daher nehmen Hunde und Katzen, anders als der Mensch, Geräusche auch aus weiter Ferne wahr. Die Intensität (Lautstärke) eines Geräuschs wird in Dezibel (dB) gemessen. Zu Hörschäden kommt es, sobald 100 dB überschritten werden. Längere Belastungen über 85 dB verursachen ebenfalls Schäden.

Nun würde man vielleicht annehmen, dass gesundheitliche Schäden durch Lärm vielleicht mit dem dadurch verursachten Schlafmangel zusammenhängen. Doch der Zusammenhang ist viel direkter. Chronische Lärmbelastung stresst den Körper. Dieser erhöht daraufhin den Blutdruck und die Herzfrequenz. Das Stresshormon Cortisol stört als endokriner Disruptor die Drüsentätigkeit und heizt die Entzündungslage im Körper an. Ob dies auch auf unsere bellenden Hausgenossen zutrifft, wird im Augenblick noch erforscht. Wir allerdings nehmen an, dass auch sie darunter leiden, da Hunde ihre Umgebung ja ständig auf gefährliche Geräusche scannen. Sie sind an die unnatürlichen

Klänge eines Subwoofers oder die Dauerbeschallung durchs Radio oder Nachrichten im Surround-Sound nicht gewöhnt. Wir wissen mit Sicherheit, dass Hunde häufig allergisch auf Lautstärke, unübliche Tonhöhen oder unvermittelte Geräusche reagieren. Das schlägt dann schnell in Verhaltensprobleme um, in Nervosität und Angst. Der Zusammenhang zwischen Geräuschempfindlichkeit und Angst ist bei Hunden seit Langem bekannt, und zwar über alle Rassen hinweg. Trotzdem gibt es Unterschiede bei Rassen, Alter und Geschlecht. (Ältere weibliche Hunde entwickeln diese Sensibilität am ehesten.)

In einer Studie aus dem Jahr 2018 bewies eine Gruppe britischer und brasilianischer Tierverhaltensforscher den Zusammenhang zwischen Lärm und körperlichem Schmerz. Die Forscher gehen davon aus, dass ein nicht erkannter Schmerz verstärkt wird, wenn der Hund bei Lärm unter Anspannung gerät. Das belastet Muskulatur und Gelenke noch mehr (die möglicherweise ja ohnehin entzündet sind und dem Hund Schmerzen bereiten). Dann bringt der Hund den Schmerz mit dem Lärm in Verbindung, was ihn geräuschempfindlich macht. In der Folge wird er Situationen vermeiden, in denen er schlechte Erfahrungen gemacht hat, zum Beispiel eine feindselige Begegnung im Park oder ein lautes Zimmer im Haus. Die Studie kommt zu dem Schluss, dass die Geräuschsensibilität ebenso gut ein Schrei nach Schmerzlinderung sein könnte.

Die Anatomie der Ohrmuschel (Pinna) des Hundes (und der Katze beziehungsweise des Pferdes) ermöglicht den Tieren, weit mehr zu hören als der Mensch. Der Verlust des Gehörs beziehungsweise der durch Lärm verursachte Stress wurde bei vielen Tierarten untersucht, auch bei Labortieren. Die Stresshormone, die in einer solchen Situation gebildet werden, und der erhöhte

Blutdruck bleiben häufig noch Wochen nach der Störung erhalten. Auch Hunde reagieren negativ auf Lärmbelastung. In einer Studie stellte man nach einem lauten Geräusch eine erhöhte Herzfrequenz und einen hohen Cortisolspiegel im Speichel fest. Auch die Körperhaltung des Tiers drückte Angst aus. Dauerlärm von 85 dB löst bei Hunden Angststörungen aus. Ein ausgeklügelter Test zur akustisch evozierten Reaktion des Gehirns namens BAER (Brain Auditory Evoked Response) machte es möglich, den Hörverlust bei Zwingerhunden, die häufig einem Umgebungslärm von bis zu 100 dB ausgesetzt waren, zu messen. Alle vierzehn Hunde in der Studie erlitten innerhalb von sechs Monaten einen totalen Hörverlust. Wir können uns kaum vorstellen, welche Angst die Tiere ausgestanden haben müssen.

Geräuschphobien bei Hunden können genetische, hormonelle und sozialisationsbedingte Ursachen haben. Nach einer Stressbelastung brauchen geräuschempfindliche Hunde viermal länger als ihre nichtbelasteten Genossen, um sich wieder zu beruhigen. Und in dieser Zeit produzieren sie vermutlich Unmengen Stresshormone. Forschung an Tieren zeigt übrigens auch, dass ihr Verhalten sich ändert, wenn sie sich in einem niederfrequenten elektromagnetischen Feld (EMF) aufhalten. Wir empfehlen für Ihren Hund daher einen Ruheplatz, an dem er nicht von Lärm gestört wird, der frei von EMFs ist und auch nicht durch künstliche Beleuchtung ständig erhellt wird. Wie das geht, zeigen wir Ihnen in Teil III. (Ein Tipp vorab: Schalten Sie nachts alles aus, was dauerhaft Geräusche verursacht oder ein elektromagnetisches Feld erzeugt: Fernseher, Computer oder der Router.)

Studien an Schichtarbeitern zeigen, dass der Körper leidet, wenn er zur falschen Zeit Licht ausgesetzt wird. Nachtarbeiter mögen glauben, dass sie ihren Körper daran gewöhnen können, die Nacht zum Tag zu machen. Die Wissenschaft aber sagt etwas anderes. Schichtarbeit steht in engem Zusammenhang mit Fettleibigkeit, Herzanfällen, verschiedenen Krebsarten (vor allem Brust- und Prostatakrebs), niedrigerer kognitiver Leistung und einem frühzeitigen Tod. Deren Auftreten hängt davon ab, wie sehr das Licht Ihren zirkadianen Rhythmus stört. Dr. Satchidananda Panda, den Sie ja schon kennengelernt haben, hat sich ausgiebig mit der inneren Uhr von Mensch und Tier beschäftigt und den Einfluss der Gene, des Mikrobioms, der Schlaf- und Ernährungsgewohnheiten, des Übergewichts und des Immunsystems studiert.

Eine seiner wichtigsten Entdeckungen war, dass Lichtsensoren im Auge den Körper an seinen Stundenplan gemahnen. Der suprachiasmatische Nucleus im Hypothalamus, jenem Teil des Gehirns, der Emotionen und Stress verarbeitet, ist der Sitz der biologischen Uhr bei Säugetieren. Er erhält seinen Input direkt von der Netzhaut in den Augen und setzt den Rhythmus der zirkadianen Uhr. Daher hilft es der inneren Uhr, wenn wir morgens Lichtsignale erhalten. Die Morgensonne hilft uns, diese Uhr richtig zu synchronisieren.

Dr. Panda geht davon aus, dass Haustiere, die den ganzen Tag hinter geschlossenen Fenstern und Vorhängen verbringen, eine Depression entwickeln, weil ihr Gehirn die nötigen neurochemischen Stoffe für gesunde Synapsen nicht bilden kann. Seine Forschungen zeigen, dass die Physiologie der Tiere von Lichtsignalen gesteuert wird, die direkt aufs Auge treffen. Diese Lichtsignale lösen eine Kaskade chemischer Signale im Gehirn aus, die dann an den Körper weitergegeben werden. Wenn Hunde morgens draußen sind, signalisiert das Sonnenlicht ihrem Gehirn, dass es Melanopsin – ein lichtsensibles Protein – freisetzen und aufwachen soll. Beim Abendspaziergang dann fordert das Licht das Gehirn auf, Melatonin freizusetzen – das Schlafhormon – und sich auf den Schlaf einzustellen. Panda meint: »Die Augen haben spezialisierte Zellen – die ›Blaulicht-sensiblen Melanopsin-Neuronen‹ –, die direkt mit jenem Teil des Gehirns in Verbindung stehen, der mit Depression, Glücksgefühlen und der Melatoninproduktion zu tun hat. Experimente zeigen, dass Tiere, bei denen diese Blaulichtsensoren tagsüber nicht aktiviert werden, in Depression verfallen.«

Umgekehrt leiden auch Hunde, die ständig zu hellem, künstlichem Licht ausgesetzt sind. Dr. Panda: »Selbst gesunde Labormäuse, die drei oder vier Tage lang ständig unter hellem Licht leben müssen, werden medizinisch krank. Wenn Sie ihr Blut untersuchen – Cortisolspiegel, Entzündungsmarker, Hormone –, stellen Sie fest, dass alles aus dem Gleichgewicht ist.« Er meint außerdem, dass solche Tiere eine hohe Glukoseintoleranz entwickeln und sich schon bald Zeichen von Diabetes zeigen. Es geht hier also nicht nur um Stimmung und Verhalten, sondern auch um den Stoffwechsel und das Immunsystem.

Dr. Panda ist der Ansicht, dass es in unserer Verantwortung liegt, unseren Hunden zu erlauben, mindestens zweimal täglich im Freien ihre innere Uhr zu synchronisieren. Wir empfehlen, dass diese lichtsensiblen Exkursionen mit »Schnüffellust« verbunden werden, wie Dr. Alexandra Horowitz meint: die Erlaubnis für Ihren Hund, sich mindestens einmal täglich nach Lust und Laune die Umgebung zu erschnüffeln. Wir empfehlen: **eine zirkadian wirksame, längere Schnüffeltour einmal morgens und einmal abends vor dem Schlafengehen.** Diese Spaziergänge sind kein Kardio-Training, sondern ein Instrument für ein gesundes Gehirn, einen gesunden Schlaf-Wach-Rhythmus, eine gute neurochemische Regulierung und den olfaktorischen Kick, der das kognitive Wohlbefinden Ihres Hundes steigert.

Gestörte biologische Rhythmen machen krank

Jede Zelle des Säugetierkörpers gehorcht der zirkadianen Uhr und stellt so sicher, dass 5 bis 20 Prozent der Gene im Rahmen dieses 24-stündigen Rhythmus exprimiert werden, der letztlich von unseren Schlafgewohnheiten abhängt. Dieser Rhythmus bestimmt viele Aspekte unserer Physiologie und unseres Verhaltens. Physiologisch sind damit Prozesse gemeint wie die Blutzuckerregulation, die Hormonspiegel und die Immunantwort. Zum Verhalten zählt der Schlaf-Wach-Rhythmus, der Rhythmus der Mahlzeiten, der Verdauung und der körperlichen Bewegung. Das tägliche Timing dieser physiologischen und verhaltenstechnischen Prozesse hat sich verändert, sich angepasst an die Verfügbarkeit von Nahrung oder an den Tag-Nacht-Rhythmus. Wenn wir diese biologischen Rhythmen stören, werden wir krank: Diabetes, Übergewicht und Krebs lauern dann auf uns.

Hunde und Menschen haben unterschiedliche zirkadiane Rhythmen und Schlafmuster, doch die Regeln bleiben sich im Grunde gleich: Wir brauchen alle genug Nachtschlaf, und wir müssen unser Leben an diese inneren Prozesse anpassen, denn sie bestimmen unser Leben: vom Fluss der Hormone über den Stoffwechsel bis zum Immunsystem. Eine mangelhafte Abstimmung auf diese Rhythmen durch schlechte Schlafgewohnheiten und zu viel Licht zur falschen Zeit hat enorme Auswirkungen auf unsere Biologie, die Naturwissenschaft und Medizin gerade erst zu verstehen beginnen.

Ein schlammbedeckter Hund, der sich gern im Dreck wälzt und über natürliche Wiesen tollt, ist nicht das Gleiche wie ein

»verschmutzter« Hund, der mit den Rückständen des modernen Lebens belastet ist. Im nächsten Teil werden wir Ihnen konkrete Tipps geben, wie Sie für Ihren Hund gesunde Umweltbedingungen schaffen können. Da Sie jetzt die wissenschaftliche Seite kennen, ist vermutlich auch klar, warum diese Veränderungen so wichtig sind.

Was für den Forever Dog wichtig ist

- Wir sind rundum Umweltbelastungen ausgesetzt. Unsere Tiere haben sogar eine noch höhere »Körperlast« zu tragen, weil sie näher am Boden leben und keine Vorsichtsmaßnahmen treffen können, um diesen Verschmutzungen zu entgehen, wie wir das können.
- Studien zeigen, dass der Urin von Hauskatzen und -hunden massiv mit chemischen Rückständen belastet ist, die jede gesunde Grenze überschreiben. Verringern Sie die Chemie im Haus, und machen Sie Ihr Zuhause grüner – draußen ebenso wie drinnen.
- Umweltchemikalien finden sich dort, wo wir sie erwarten würden: in Putzmitteln zum Beispiel und im unkrautbehandelten Rasen. Aber sie kommen auch aus zunächst unverdächtigen Quellen wie Duftkerzen und Raumlufterfrischern oder chemisch behandelten Polstermöbeln (das Hundebett!). Sie finden sich im Wasser, in Floh- und Zeckenhalsbändern und in allen möglichen Gegenständen aus Kunststoff, vor allem dem Spielzeug für unsere Haustiere.
- Hunde sind besonders empfindlich gegenüber Lärm, Licht zur falschen Tageszeit und Elektrosmog. Ist Ihr Hund nachts ständig Kunstlicht ausgesetzt, kann dies seinen Stoffwechsel

ebenso beeinträchtigen wie sein Immunsystem, seine Stimmung und sein Verhalten. Ziehen Sie morgens die Vorhänge oder Jalousien auf, und schalten Sie nachts das Licht aus, den Computer, den Fernseher und den Router.

- Zweimal täglich fröhliches Schnüffeln im Freien, einmal morgens, einmal abends, ist eine großartige Methode, um die biologische Uhr Ihres Hundes richtig einzustellen.
- Teil I und II lassen sich in den **fünf S** zusammenfassen, die Sie sich jeden Tag vor Augen führen sollten:

  1. **S**enken Sie den Anteil an hochverarbeiteter Nahrung.
  2. **S**tellen Sie Häufigkeit und Timing der Fütterung um.
  3. **S**treben Sie nach körperlicher Bewegung für Ihren Hund.
  4. **S**orgen Sie für Nahrungsergänzungsmittel, um den Nährstoffbedarf Ihres Hundes zu decken.
  5. **S**chärfen Sie Ihr Bewusstsein für Umweltbelastungen (Stress, Giftstoffe, Lärm- und Lichtverschmutzung, Elektrosmog).

Und jetzt geht's richtig los!

Teil III

Fellnasenpflege für ein langes Leben

7

Ernährungsgewohnheiten für den Forever Dog

Wie Sie die Futterschüssel richtig füllen

Nahrung und Arznei entstammen derselben Quelle.

Chinesisches Sprichwort

Weihnachten 2020 brachte dem Becker-Haushalt ein wunderbares und unerwartetes Geschenk: Homer. Wir hatten gehört, dass ein zwölf Jahre alter Irish Glen of Imaal Terrier heimatlos würde, weil sein Hüter verstorben war. Jedenfalls war Homer nicht lange heimatlos. Obwohl er am Weihnachtsabend alle rohen Leckerlis ablehnte, die ich ihm anbot, bequemte er sich, am nächsten Morgen eine gedämpfte Karotte und einen Apfelschnitz zu versuchen. Seitdem probiert er jeden Tag etwas Neues. Was er noch vor wenigen Monaten strikt ablehnte, schmeckt ihm nun ganz ausgezeichnet. Und damit wird nicht nur sein Gaumen stärker diversifiziert, sondern auch seine Nährstoffbilanz und sein Darm-Mikrobiom. Wir entwöhnten ihn langsam von seinem »magenschonenden Futter«, und nun frisst er hauptsächlich vollwertige Nahrung, was seiner Gesundheit sehr zugutekommt: Sein ehemals trockenes, stumpfes Fell glänzt wieder. Er verliert auch weniger Haare, seine Blähungen sind verschwunden, und er hat seine »Mittenverstärkung« abgebaut. Atmung und Beweglichkeit haben sich verbessert. (Er ist weniger steif und hat mehr Ausdauer.)

Diese bewegenden Storys von Regeneration und Verjüngung sind unter Langlebigkeitsfans weit verbreitet, und das hat seinen Grund: Frischkost verändert Hunde auf die *erstaunlichste* Weise. Fast ein Vierteljahrhundert nach dieser Entdeckung bin ich immer noch überglücklich, wenn ich Zeugin einer solchen Wandlung werde. Es tut mir in der Seele gut, wenn Homer sich an mich kuschelt, weil ich weiß, dass sein kostbares Leben heute besser ist und sich – vermutlich – auch verlängert. Und alles nur, weil er endlich *richtiges* Futter bekommt. Einfach ausgedrückt, ist dies das schönste Geschenk, das wir unseren Hunden machen können.

Welchen Pfad wollen Sie mit Ihrer Fellnase einschlagen?

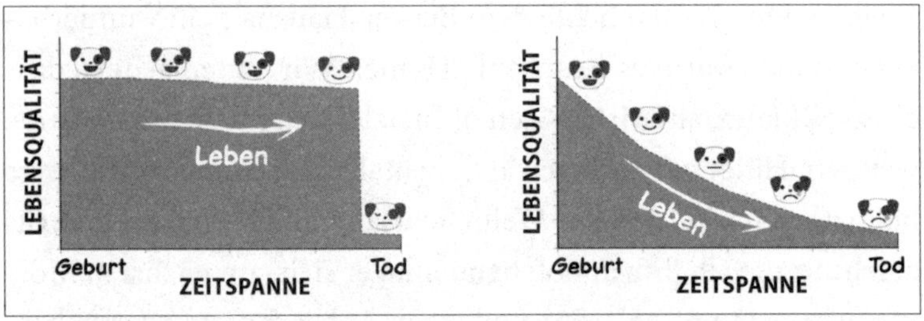

Aller Wahrscheinlichkeit nach haben Sie sich für die Alternative links im Bild entschieden: Man geht glücklich durchs Leben, und eines Tages macht es »klick« – möglichst nachts im Schlaf –: Die Uhr hört auf zu ticken. Aber bis dahin hat sie es laut und deutlich getan. Natürlich gibt es auch in diesem Leben ein ständiges Auf und Ab. Sie erleben die üblichen Triumphe und Enttäuschungen. Aber wenigstens raubt Ihnen nicht ein mit den Jahren zunehmender körperlicher Verfall physisch und psychisch die letzte Kraft. Sie büßen weder Ihre kognitiven Fähigkeiten noch Ihre Beweglichkeit ein. Ihre Lebensqualität lässt mit zunehmendem Alter nicht nach. Sie führen ein gutes Leben, bis Sie Ihren letzten Atemzug tun. Wäre das nicht toll? Und würden Sie das nicht auch Ihrem Hund wünschen? Aus ebendiesem Grund haben wir dieses Buch geschrieben.

Nun sind wir beim Praxisteil angelangt. Vielleicht sind Sie ja schon ein wenig ungeduldig geworden: »Jetzt sagen Sie mir doch endlich, was ich tun soll!« Zuerst sollten Sie sich auf die Schulter klopfen. Sie haben sich erfolgreich mit den wissenschaftlichen Grundlagen dessen beschäftigt, was wir in diesem Abschnitt anpacken werden. Dazu müssen Sie sich nicht an jedes Detail erinnern. Es geht nur um ein grundlegendes Verständnis dafür, warum und auf welche Weise bestimmte Veränderungen die Gesundheit (und die Stimmung!) Ihres Hundes massiv verbessern werden. Ebenso wichtig ist es uns aufzuzeigen, wie Sie unsere Vorschläge zeitlich, räumlich und finanziell an Ihre speziellen Lebensumstände anpassen können. Mittlerweile wissen Sie sicher einiges über den Säugetierkörper, was viele Ärzte und Tierärzte, die heute so praktizieren, nicht kennen. Und wenn Sie die ein oder andere Veränderung in Ihrem Leben bisher noch nicht vorgenommen haben, dann ist dafür jetzt ein guter Zeitpunkt.

Wenn Sie unsere Vorschläge praktisch umsetzen, wird ein gutes und langes Leben für Sie und für Ihren Hund sehr viel wahrscheinlicher. Wir werden Ihnen bei unseren Tipps neben dem *Wie* immer noch kurz das *Warum* erklären. Auch das hat seinen Grund: Wenn Sie Lebensgewohnheiten verändern wollen, müssen Sie genau wissen, *warum* und *wieso* Sie das tun. Haben Sie das *Warum* erst einmal verinnerlicht, dann wird der Weg dorthin immer leichter. **Das Ziel ist durchaus ehrgeizig, aber erreichbar: einen Forever Dog zu erziehen, der Sie voller Kraft und Lebensfreude begleitet bis zur Ziellinie.** Überdies profitieren Sie auch als Hüter Ihres Tieres von vielen gesundheitlichen Vorzügen: solchen, die der Arzt messen kann, wie den positiven Auswirkungen von mehr Bewegung – und solchen, die sich nicht in Zahlen ausdrücken lassen, dafür aber umso wertvoller sind, wie mehr Selbstvertrauen, mehr Jugendlichkeit und mehr Kontrolle über Ihr Leben und Ihre Zukunft. Kurz gesagt: Sie werden gesünder, glücklicher und produktiver. Dabei werden Ihre anfänglichen Erfolge andere nach sich ziehen. Wenn Sie merken, dass selbst ganz einfache Veränderungen massive Verbesserungen mit sich bringen, bekommen Sie vielleicht Lust, noch tiefer einzusteigen. Wir wissen, dass Sie das hinbekommen – für sich selbst und Ihren Hund. Es lohnt sich. Am wichtigsten aber ist: Sie müssen unsere Vorschläge nicht alle und nicht sofort umsetzen. Beginnen Sie mit den Veränderungen, die Ihnen am leichtesten fallen und am sinnvollsten erscheinen.

In den sozialen Medien suchen die meisten nach Tipps, welche Nahrungsergänzungsmittel für ihren Hund gut sind. Für Scottish Terrier zum Beispiel posteten wir folgende Empfehlung: Wenn das Tier dreimal wöchentlich irgendeine Art von Gemüse erhält, lässt sich sein Risiko, ein Urothelkarzinom zu bekommen, um 70 Prozent senken. Das ist eine Krebsart, die Harnblase und -röhre befällt, und zwar vorzugsweise bei alten, kleinen Hunden (wie dem Scottish Terrier). Orangefarbene Gemüsesorten beziehungsweise grünes Blattgemüse, das wenigstens dreimal die Woche verabreicht wird, senken dieses Risiko um 70 beziehungsweise 90 Prozent. Dies ist die Art von Informationen, die Hundehalter suchen und brauchen. Und wir freuen uns, solche lebensverändernden wissenschaftlichen Erkenntnisse an unsere Community weitergeben zu können.

Derart einfache Langlebens-Superfoods (LLS) wie die eben genannten beeinflussen die Gesundheit Ihres Tieres nachhaltig. Diese Futteraufwertung geben Sie erst einmal nur zusätzlich zum gewohnten Fressi. Sie müssen die Fütterung nicht sofort komplett umstellen, um Ihrem Hund etwas Gutes zu tun. Schon geringe Dosen LLS bereichern die Ernährung Ihres Hundes mit wichtigen Anti-Aging-Nährstoffen und Co-Faktoren. Jede kleine Veränderung ist ein Schritt hin zu einem längeren Leben.

Vielleicht ist dieses Buch ja Ihr Einstieg in die Welt der Eigenverantwortung für Ihre Gesundheit. Viele, die anfingen, sich intensiv mit dem Thema »Ernährung« auseinanderzusetzen, erzählten uns beschämt, dass sie bei ihrem Hund nie darauf geachtet hatten, wie viel Fast Food er tatsächlich zu sich nimmt. Meist versuchen sie dann, seine Ernährung sofort völlig umzukrempeln, panisch darauf bedacht, ja nichts zu vergessen.

Viele Hundeeltern 2.0 (und Human- wie Tierwissenschaftler), die mit den in Teil I und II vorgestellten Prinzipien vertraut sind, wünschen sich klare Richtlinien, an die sie sich bei der Ernährung ihres Hundes halten können. Unser Ziel ist es, jedem Hundebesitzer sämtliche Alternativen aufzuzeigen, sodass Sie Veränderungen am Lebensstil quasi à la carte umsetzen können – so wie es für Sie (und Ihren Hund) am besten passt. Wir halten uns dabei an unsere Forever-DOGS-Formel:

- **D**iät und Ernährung.
- **O**ptimale Bewegung.
- **G**enetische Anlagen.
- **S**tress und Umwelt.

Nachfolgend finden Sie eine lange Liste von Tipps (zum Beispiel zu Langlebens-Superfoods, Dingen, die Sie niemals verfüttern sollten, sicherer Kräutermedizin für ängstliche Tiere und einer Vielzahl von Nahrungsergänzungsmitteln). Wählen Sie aus, was für Sie und Ihren Hund passt. Sozusagen eine Art »Lifestyle-Plan für Fido«. Wir beginnen mit dem aus unserer Sicht wichtigsten Schritt: wie Sie Ihrem Hund vollwertige, lebendige Nahrung vorsetzen können.

Diät und Ernährung

Eines sollte mittlerweile klar sein: **Alle positiven Veränderungen für ein längeres Leben beginnen bei der Ernährung.** Eine gesündere Lebensführung, die unser Erdendasein verlängern und ein vorzeitiges Ableben verhindern kann, beruht auf klugen Ernährungsgewohnheiten, ob für Hund oder Mensch. Eine ausgewogene, angemessene Ernährung hilft uns, unser Gewicht zu halten, sie stärkt die Mikrobiome und unterstützt den Stoffwechsel, die Entgiftung und damit die ganze Biologie, die ausschlaggebend ist für unsere Gesundheit. Des Weiteren stärkt sie unsere Motivation, mehr für unsere Gesundheit zu tun, zum Beispiel für mehr Bewegung, mehr Fitness und einen besseren Nachtschlaf zu sorgen, was Stress und Nervosität entgegenwirkt. Was uns wiederum in die Lage versetzt, die unvermeidlichen Herausforderungen, vor die uns das Leben nun mal stellt (zu denen auch der unfreiwillige Kontakt mit Schadstoffen gehört), zu meistern.

Was die beste Ernährung für Ihren Hund ist, hängt von verschiedenen Faktoren ab, zum Beispiel vom Alter, vom Gesundheitszustand und von möglichen Vorerkrankungen. Wir treten jedenfalls für Frischkost ein. Was aber heißt das nun konkret?

Verändern Sie die Ernährung Ihres Hundes langsam

Oft hängt die Ernährung eines Hundes von zwei Faktoren ab: wie viel Zeit und Geld sein Halter zur Verfügung hat. Natürlich wollen Sie das Beste für Ihren Hund, aber die Wirklichkeit sieht anders aus. Wissenschaftliche Untersuchungen zeigen, dass 87 Prozent der Hundebesitzer immer wieder auch anderes als das übliche Hundefutter verfüttern. So weit, so gut, doch wenn wir unserem Tier schon was Gutes tun wollen, warum dann nicht gleich richtig? Und zwar, indem wir darauf achten, dass der Hund alle wichtigen Nährstoffe erhält, die ein langes Leben fördern.

Im nächsten Kapitel werden wir Ihnen Kriterien vorstellen, nach denen Sie Hundefutter bewerten können: sowohl das Futter, das Sie momentan geben, als auch Frischkostmarken, die Sie vielleicht füttern möchten. Wenn Sie Ihren Hund künftig mit Frischkost versorgen wollen, müssen Sie nicht alles andere vom Speiseplan streichen. Es gibt unzählige Möglichkeiten, das Fresschen für Wuffi aufzupeppen. Doch zur Vereinfachung haben wir die Umstellung in zwei Schritte aufgeteilt:

- die Zufütterung von Langlebens-Superfoods und
- das tägliche Fresschen korrekt einschätzen und nötigenfalls anpassen.

Schritt 2 beherrschen Sie, wenn Sie Ihre »Hundefutter-Hausaufgaben« erledigt haben. (Keine Sorge: Es ist keine Mathematik erforderlich!)

Langlebens-Superfoods (LLS)

Als erstes Fütterungsziel möchten wir jedem Hundefreund ans Herz legen: Stellen Sie sicher, dass wenigstens 10 Prozent der täglichen Kalorienaufnahme Ihres Hundes aus Langlebens-Superfoods stammen. Diese 10 Prozent sind keine willkürlich festgelegte Zahl. Wir haben den Wert gewählt, weil kein Tierarzt oder Ernährungsspezialist diesen kleinen Schritt ablehnen wird. Tierärzte haben nämlich ebenfalls eine 10-Prozent-Regel: **10 Prozent der täglichen Kalorienaufnahme Ihres Hundes dürfen von Nahrungsmitteln stammen, die »nicht als Alleinfuttermittel geeignet« wären, weil dadurch eine ausgewogene Versorgung nicht beeinträchtigt wird.** Viele Hundehalter verabreichen diesen 10-Prozent-Anteil in Form von unsinnigen (manchmal gar beschämenden) Leckereien, die aus Stärke, Kohlenhydraten und wirklich minderwertigen Zutaten bestehen. Wir hoffen, Sie hier überzeugen zu können: Ersetzen Sie diesen Müll, der den Stoffwechsel Ihres Hundes belastet, bis zur 10-Prozent-Marke durch LLS.

Wir können und wollen Ihnen natürlich nicht verbieten, Ihrem Hund Leckerlis zu geben. Wir empfehlen Ihnen nur, sich genau zu überlegen, was Sie ihm wann und warum anbieten. Mit dem Timing für die Leckereien befassen wir uns später, wenn wir uns den zirkadianen Rhythmus Ihres Hundes genauer anschauen. Für den Augenblick richten wir unser Augenmerk erst einmal darauf, was Leckereien sind beziehungsweise sein sollen. Sie sind jedenfalls keine *Snacks*. Füttern Sie lieber Leckereien, die dem Körper *gesundheitlich* guttun, ihn bis in die Zellen hinein *nähren*. Stellen Sie sich vor, Sie könnten den Körper mit Nährstoffen versorgen, die zu einer gesunden Organfunktion beitragen und das Mikrobiom ebenso nähren wie das Gehirn und das Epigenom. Denn genau das passiert, wenn wir die üblichen hochverarbeiteten Leckereien durch LLS ersetzen. Schließlich tun wir Menschen genau dasselbe: Wir hören auf, Schokoriegel zu futtern, und nehmen stattdessen lieber eine Handvoll Nüsse zu uns. Oder wir schneiden uns Gemüsesticks, die wir in Guacamole tauchen. Solche kleinen Schritte zeigen große Wirkung.

Ja, ist schon klar. Ihr Hund guckt Sie vermutlich mit großen Augen an, wenn Sie diesen Gesundheitstrip seiner Ansicht nach zu weit treiben. Sie mögen diesen »Wo-sind-meine-Kaustangen?«-Blick fürchten, aber Sie sollten eins bedenken: Wenn Sie den täglichen Kalorienbedarf Ihres Hundes nur 10 Prozent mit ungesunden Leckereien decken, beerdigen Sie damit auf der Stelle Ihr Langlebens-Ideal. Wir haben festgestellt, dass viele Hundebesitzer sich über die Leckereien nicht viele Gedanken machen, aber schließlich kann auch der Mensch den positiven Effekt selbst des gesündesten Abendessens zunichtemachen, wenn er ihm noch ein Stück Schokoladentorte hinterherschiebt. Selbst das gesündeste Hundefutter zeigt keine Wirkung, wenn Sie Ihrem Krümelmonster Leckereien geben, die buchstäblich aus Abfall hergestellt werden. **Wir möchten Sie ermutigen, diesen 10-Prozent-Anteil ganz oder teilweise dafür zu verwenden, um Bello Kraft zu schenken und ihn bis in die letzte Zelle hinein zu nähren.**

Glücklicherweise haben die meisten Langlebens-Leckereien (vor allem frisches Obst und Gemüse) kaum Kalorien. Sie müssen sich also keine Sorgen machen, dass Ihr Hund zu dick wird. Umgekehrt bringen hier schon wenige Bissen etwas. LLS stecken voller Nährstoffe. Sie brauchen also keine große Mengen zu verfüttern, um einen positiven Effekt zu sehen. Geben Sie diese Sachen als Leckerei oder als Ergänzung zum normalen Futter. Wir haben ja schon mehrfach darauf hingewiesen, dass man sie als »Toppers« benutzen kann, das heißt zum Drüberstreuen oder Untermischen. Bekommt Ihr Hund gewöhnlich keine Leckerlis, dann können Sie diese LLS gleich unter sein gewohntes Futter mischen.

Einige LLS taugen ohnehin nicht als Leckerlis und eignen sich besser als Zusatz zum normalen Futter (so zum Beispiel Sprossen: Sie sind holzig und lassen sich auch nicht gut mitnehmen). Auf Seite 313+315 ff. finden Sie eine Liste aller LLS, die als Leckerei verwendet werden können. Schneiden Sie das Superfood in erbsengroße Stückchen, und locken Sie Ihre Fellnase damit. Oder geben Sie es als Belohnung. Und ja, Sie haben richtig gelesen: Ob Sie nun einen Mini-Aussie haben oder einen Cane Corso, wir empfehlen, diese Leckerlis (LLS als Belohnung beim Training) stets in Erbsengröße zu geben. Große Hunde bekommen nur einfach mehr. Wenn Sie einen etwas heiklen vierbeinigen Begleiter haben, der bisher nur Junkfood als Belohnung bekommen hat, werden Sie ihn wohl kaum davon überzeugen können, auf der Stelle ein Viertelpfund Rosenkohl zu futtern. Also fangen Sie mit pochierten oder sanft gedünsteten Mikrobissen aus Innereien an. (Wirklich erbsengroß. Auf Seite 332 finden Sie eine Liste von nährstoffreichen Innereien, nach denen Hunde absolut *verrückt sind.*) Die meisten Hunde sagen nicht Nein, wenn Sie ihnen gekochte Leber oder Hühnerherzen offerieren. Sobald Sie dann die nächste Portion Leckerlis zubereiten, mischen Sie einfach ein paar Karotten drunter. Viele superheikle Hunde mögen Möhren mit Huhngeschmack. Mit der Zeit können Sie das Gemüse dann immer kürzer und kürzer garen, bis Ihr Liebling sich an die rohe Kost gewöhnt hat.

Wenn Sie tagsüber nicht zu Hause sind, hat Ihr Hund auch

keine Gelegenheit, Sie moralisch unter Druck zu setzen, mit den Leckerlis rauszurücken. Sie können also LLS zusätzlich zum normalen Futter geben. (Ist Ihr Wuffi wählerisch, dann mischen Sie es einfach drunter. So verstecken Sie das neue Gesundfutter im gewohnten Fresschen.) Das Tolle an der 10-Prozent-Regel ist übrigens, dass diese Leckereien keine ausgeglichene Nährstoffbilanz erfordern. Sie sind »Extras« und wirken doch Wunder, was die Lebenserwartung angeht. Reagiert Ihr Hund beleidigt auf die Zumutung in der Schüssel, versuchen Sie es mit einem anderen Trick. Beim nächsten Mal wählen Sie ein Langlebens-Superfood mit weniger Eigengeschmack und schneiden es wirklich sehr klein, bevor Sie es druntermischen. Die Hausmacher-Langlebens-Knochenbrühe (siehe Seite 343) verlockt doch so manchen Hund, mal was Neues auszuprobieren. Zuweilen braucht es Monate, bis sich ältere Geschmacksknospen an den neuen Geschmack gewöhnt haben, aber bleiben Sie standhaft. Und protokollieren Sie alles im Forever-Dog-Tagebuch, in dem Sie die Erfahrungen, Vorlieben und Abneigungen Ihres Hundes zusammen mit seinen Gesundheitsdaten festhalten – ob Sie nun ein altes Notizbuch oder ein digitales Tagebuch verwenden. So behalten Sie immer den Überblick, egal, ob er ein Halsband gegen den Herzwurm bekommt oder Durchfall kriegt, ob Sie ihm etwas Neues zu fressen geben oder ein neues Nahrungsergänzungsmittel ausprobieren.

Langlebens-Superfoods reduzieren den oxidativen Stress Ihres Hundes und beeinflussen das Epigenom positiv. Denn dieses bestimmt, wie die DNS Ihres Hundes sich verhält. Die LLS in der Futterschüssel sorgen dafür, dass sich die Waage Richtung Gesundheit neigt, und dies täglich. Sie liefern die Antioxidanzien, die freie Radikale beseitigen, sowie Polyphenole und andere sekundäre Pflanzenstoffe. Dazu noch die wichtigen Co-Faktoren, die dem Epigenom Ihres Hundes aufbauende Botschaften zuflüstern.

Was zum Nachdenken

Wenn Ihr Hund etwas rundlich ist und Pfunde verlieren sollte, können Sie beim Füttern 10 Prozent seines Futters durch LLS ersetzen (kurz gesagt: 90 Prozent gewohntes Futter, 10 Prozent LLS). Ist Ihr Hund hingegen schlank, können Sie diese 10 Prozent LLS auch zusätzlich geben.

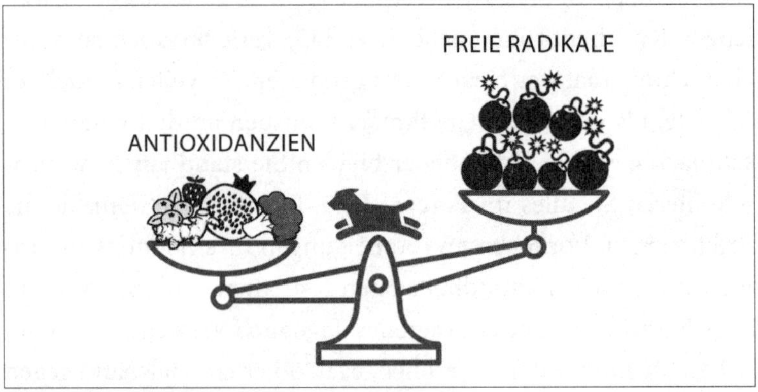

10 Prozent Langlebens-Superfoods: Geben Sie Langlebens-Superfoods dem Futter zu, das Ihr Hund im Augenblick bekommt. Wie bereits erwähnt, besteht unter Tierärzten weithin Einigkeit, dass es einem Hund nicht schadet, wenn 10 Prozent seines täglichen Kalorienbedarfs nicht mit seinem »ausgewogenen Alleinfuttermittel« gedeckt werden. Wir haben diese weitgehend akzeptierte 10-Prozent-Regel zum Nutzen Ihres Hundes dahingehend umformuliert, dass wir hochverarbeitete Industrieleckereien durch Langlebens-Superfoods ersetzen. Wir nennen dies die »10-Prozent-LLS-Regel«: Ersetzen Sie hochverarbeitete Industrieleckereien ohne gesundheitlichen Wert durch nährstoffreiche Langlebens-Superfoods.

Sie können das Futter für Ihren Hund auf die unterschiedlichste Art und Weise aufbessern. Hängen Sie sich dabei nicht allzu sehr an Prozentsätzen und den richtigen Mengen auf. Ernährung ist keine exakte Wissenschaft. Außerdem können Sie ja immer noch alles umstellen, die Anteile verändern, die Marken, je nachdem, welchen Grundsätzen Sie folgen und was für Sie und Ihren Hund das Beste ist. Wir möchten im Moment nur, dass Sie sich Gedanken darüber machen, wie ein Forever-Dog-Ernährungsplan für Ihre Fellnase aussehen könnte. Sie stellen also die Ernährung Ihres Tieres nicht schon heute Abend um. Sie vergrößern nur das Angebot und machen so seine Ernährung vielfältiger und abwechslungsreicher. Im nächsten Kapitel lernen Sie, wie Sie richtig einschätzen, welche Grundnahrung Ihr Hund braucht und wie Sie, falls nötig, sein Futter hinsichtlich Qualität, Artgerechtheit, Frische und Nährstoffgehalt aufwerten können beziehungsweise wann Sie besser ein anderes Futter wählen. Jetzt geht es erst einmal darum, dass Sie sich über Ihre Ernährungsziele für Ihr Fellknäuel klar werden, vor allem vor dem Hintergrund der Informationen in Teil I und II. Wir sind sicher, dass Sie sich dazu jetzt in der Lage fühlen. Ihr gesunder Menschenverstand sagt Ihnen ohnehin nur, was Ihre Intuition bereits erahnt hat.

Das ist sehr beruhigend, vor allem wenn Leute Ihnen versichern, Ihr Hund werde besser versorgt als andere Hunde, die man so sieht. Gesund zu bleiben ist anstrengend. Leider gibt es keine Pille, die wir unserem Hund nur eingeben müssen, damit er vital ist und sich eines langen Lebens erfreut. Jede Entscheidung, die wir für unseren Hund treffen, hat positive oder negative Auswirkungen auf seine Gesundheit. Jeder Hundebesitzer 2.0 weiß, dass ihm nur ein kleines Zeitfenster bleibt, um ganz bewusst für sein Wohlergehen zu sorgen. Uns ist auch klar, dass jeder Mensch Gesundheit anders definiert. Mit unseren praktischen Tipps, wie Sie Bello mehr Lebensqualität verschaffen, wollen wir Sie dort abholen, wo Sie stehen.

Langlebens-Superfoods (LLS): Superfoods, die Sie mit Ihrem Hund teilen können

Es gibt viele Nahrungsmittel mit einer beeindruckenden Langlebens-Bilanz, die Sie Ihrem Hund als Leckerei oder unter sein normales Futter gemischt geben können, um es mit Nährstoffen aufzuwerten.

Frisches Gemüse und Früchte mit niedrigem Zuckergehalt sind für Hunde extrem wichtig, auch wenn sie nur einen kleinen Teil seiner Nahrung ausmachen sollten. In der Wildnis fressen Kojoten und Wölfe ja auch Gras, Beeren, wilde Früchte und Gemüse, weil diese ihnen dringend benötigte Nährstoffe liefern: nicht nur Ballaststoffe, sondern auch Vitamine und Spurenelemente, die Fleisch, Knochen und Innereien nicht bieten. Wissenschaftliche Untersuchungen zeigen, dass das Mikrobiom weniger gesund ist, wenn in der Hundenahrung Gemüse fehlt. Zu den wichtigsten Nährstoffen, die Pflanzen liefern, gehören Polyphenole, Flavonoide und andere Phytonährstoffe. Unzählige Studien zeigen, dass eine polyphenolreiche Ernährung den oxidativen Stress in jedem Organismus senkt. Wir finden diese segensreichen sekundären Pflanzenstoffe in vielen Nahrungsmitteln.

Der Mensch bezieht viele Polyphenole aus Kaffee und Wein, aber natürlich sollten Sie Fido jetzt keinen Cappuccino oder Merlot in die Trinkschale kippen. Für uns sind Kaffee und Wein in Maßen beliebte Quellen für diese Anti-Aging-Moleküle. (Für viele Menschen ist Kaffee die einzige Quelle für Antioxidanzien.) Alles, was wir in der Tabelle aufführen, können Sie Ihrem Hund dagegen ohne Bedenken füttern. Oder Sie gönnen sich selbst eine ordentliche Dosis und teilen diese mit Ihrem Liebling.

Polyphenole

Einstufung		Vertreter	Quellen
Flavonoide	Anthocyane	Delphinidin, Pelargonidin, Cyanidin, Malvidin	Beeren, Kirschen, Pflaumen, Granatäpfel
	Flavanole	Epicatechin, Epigallocatechin, EGCG, Procyanidin	Äpfel, Birnen, Tee
	Flavanone	Hesperidin, Naringenin	Zitrusfrüchte
	Flavone	Apigenin, Chrysin, Luteolin	Petersilie, Staudensellerie, Orangen, Tee, Honig, Gewürze
	Flavonole	Quercetin, Kaempferol, Myricetin, Isorhamnetin, Galangin	Beeren, Äpfel, Brokkoli, Tee, grüne Bohnen (gekocht)
Phenolsäure	Hydroxybenzoesäuren	Ellagsäure, Gallussäure	Granatapfel, Beeren, Walnüsse, grüner Tee
Lignane		Sesamin, Secoisolariciresinol, Diglucoside	Leinsamen, Sesamsamen
Stilben		Resveratrol, Pterostilben, Piceatannol	Beeren

Obwohl der Ballaststoffanteil (Gemüse) in der artgerechten Ernährung des Hundes eher gering ausfällt, ist er doch wichtig, um die Gesundheit des Magen-Darm-Trakts und damit des Mikrobioms aufrechtzuerhalten. Gemüse liefern präbiotische Fasern, die erforderlich sind, damit im Dickdarm kurzkettige Fettsäuren produziert werden können. Außerdem enthalten sie die nötigen löslichen und unlöslichen Ballaststoffe, die eine gesunde Ausscheidungsfunktion und ein starkes Immunsystem sicherstellen. Die antioxidativen sekundären Pflanzenstoffe nicht zu vergessen.

Im nächsten Abschnitt finden Sie eine Liste von Obst- und Gemüsesorten, die Sie vielleicht sowieso im Kühlschrank haben und mit denen Sie die Ernährung Ihres Hundes aufwerten können. Nicht vergessen: **LLS sind einzelne Bissen Frischkost, die Sie roh oder nur leicht gegart verfüttern können. (Am besten ist das Dünsten – übrigens für Sie und Ihren Hund.)** Wenn Sie vom Abendessen gegartes (ungewürztes!) Gemüse übrig haben, können Sie es schon zum Frühstück unter Fidos Futter mischen. Schneiden Sie das Gemüse klein, oder richten Sie sich größere Stücke her, um sie als Trainingsleckerlis zu verwenden. So bekommt Ihr Hund mehr lebendige, frische Nahrung. Prüfen Sie alles, was Sie bei der Mahlzeitenzubereitung wegschneiden, ruhig noch einmal: Spitzen oder Schöpfe von Karotten und Staudensellerie können klein gehackt in die Futterschüssel wandern. Frischkost für Ihren Hund sollte immer – ob nun roh oder gegart – in kleine Bissen geschnitten werden. Geben Sie ihm immer nur ein Gemüse, und halten Sie im Forever-Dog-Tagebuch fest, was ihm auf Anhieb zu schmecken scheint und was Sie später nochmals versuchen können.

Wenn wir die Liste nun gemeinsam durchgehen, bekommen Sie von uns auch immer Angaben, welche Menge wir für Shubie verwenden, Rodneys neunjährigen, 13,5 Kilo schweren Norwegischen Lundehund-Mischling. Wir empfehlen Ihnen, Ihrem Hund aus dem großen Angebot an vollwertigen Nahrungsmitteln jeweils nur kleine Portionen zum Probieren zu geben. Das ist besser, als die ganzen 10 Prozent nur mit einer Art Frischkost zu verbraten. Vergessen Sie nicht: Das sind Superfoods, Sie müssen also keine großen Mengen füttern, um gute Resultate zu erzielen. In den meisten Fällen würde Ihr Hund sich wohl auch weigern, eine große Portion Staudensellerie zu fressen. (Außer Sie haben einen Labrador oder einen Golden Retriever ohne Abschaltvorrichtung!) Diese kalorienarmen Leckereien müssen Sie auch nicht groß in die Tagesfutterdosis einrechnen. Wo nötig, ist dies extra angegeben. Unser Ziel ist es, eine Vielfalt an frischen Nahrungsmitteln anzubieten, damit Ihr Hund ein gut diversifiziertes Mikrobiom hat, genügend Nährstoffe, die ihren Weg in die Zelle finden, und ausreichend Antioxidanzien und Polyphenole. Versuchen Sie, wo immer möglich, biologisch-organische oder zumindest ungespritzte Ware zu bekommen.

Langlebens-Gemüse

Doldenblütler (Apiaceae): Das sind etwa Karotten, Koriandergrün, Pastinaken, Fenchel, Staudensellerie oder Petersilie. Sie enthalten viele Polyacetylene. Das ist eine ungewöhnliche Klasse organischer Verbindungen, die antibakterielle, antifungale und antimykobakterielle Eigenschaften aufweisen. Sie eignen sich zum Neutralisieren von krebserzeugenden Stoffen, vor allem bestimmter Mykotoxine (wie Aflatoxin B1). Mykotoxine in Tierfutter stellen ein ernsthaftes Gesundheitsrisiko dar, werden dennoch immer wieder gefunden. Es kann schwierig sein, sie aus dem Körper Ihres Hundes wieder auszuleiten, sollte er sie einmal gefressen haben. Füttern Sie aber regelmäßig kleine Mengen dieser Gemüsesorten, kann der Stoffwechsel die Giftstoffe von selbst ausscheiden. Bio-Karotten und -Pastinaken sind roh oder gekocht prima Trainingsleckerlis. Koriandergrün, Petersilie und Fenchel werden besser in den Mixer gesteckt, bevor Sie sie Ihrem Hund unters Futter mischen. Wissenschaftliche Untersuchungen belegen, dass Koriandergrün zusammen mit Chlorella eingenommen gut ist für die Ausleitung von Schwermetallen. (Auch diese sind in der kommerziellen Tierfutterindustrie immer wieder festgestellt worden.) Die Pflanzenmischung soll helfen, innerhalb von 45 Tagen *87 Prozent Blei, 91 Prozent Quecksilber und 74 Prozent Aluminium* auszuscheiden. Achten Sie darauf, dass Sie Ihrem Hund nie Petersilienblüten oder -samen geben, die sind nämlich giftig!

Rosenkohl: Krebsforscher haben entdeckt, dass Kreuzblütengewächse, zu denen der Rosenkohl gehört, einen positiven Einfluss auf Blasenkrebs, Brustkrebs, Kolorektalkarzinom, Magenkrebs, Lungenkrebs, Bauchspeicheldrüsenkarzinom, Prostatakrebs und Nierenzellenkarzinom haben. Das liegt an einem bioaktiven Molekül mit dem Namen Indol-3-Carbinol. Rosenkohl liefert nicht nur darmgesunde Ballaststoffe, sondern enthält auch Flavonoide, Lignane und Chlorophyll. Des Weiteren ist er eine gute Quelle für Vitamin K, Vitamin C und Folsäure sowie für Selen. Die meisten Hunde mögen Rosenkohl, wenn er leicht gedämpft ist.

Gurke: Dieses Gemüse besteht hauptsächlich aus Wasser und ist quasi kalorienfrei. So ist Ihr Junghund gut mit Flüssigkeit versorgt und bekommt zusätzlich noch die Vitamine C und K. Gurken enthalten außerdem ein Antioxidans namens Cucurbitacin, das die Aktivität von COX-2 (Cyclooxygenase-2) hemmt, ein entzündungsförderndes Enzym. Außerdem förderte es in Laborstudien die Apoptose, den programmierten Zelltod. Das Gemüse ist reich an Pektin, einem löslichen Faserstoff, der gut für das Darm-Mikrobiom ist.

Spinat: Das grüne Blattgemüse hat antientzündliche Eigenschaften und fördert die Herzgesundheit. (Danke, Vitamin K!) Die sekundären Pflanzenstoffe im Spinat reduzieren den Appetit auf Einfachzucker und Fette. Spinat ist das lutein- und zeaxanthinreichste Gemüse überhaupt. Beide Stoffe wirkten im Tierversuch gegen altersbedingte Augenprobleme. Spinat enthält außerdem Alpha-Liponsäure, ein Antioxidans mit Anti-Aging-Wirkung. Die Folsäure, ein essenzielles B-Vitamin, trägt zur Synthese der DNS bei. Ohne Folsäure gibt es keine neue und gesunde DNS. Die Zellbiologin Rhonda Patrick meint: »Im Hinblick auf DNS-Schäden ist ein Folsäuremangel vergleichbar mit einer Krebs-Bestrahlung.« Folsäure soll außerdem die Telomere schützen, die Käppchen am Ende unserer Chromosomen, die unter anderem von hochverarbeiteter Nahrung reduziert werden. Die Länge der Telomere nimmt wie gesagt mit zunehmendem Alter ab. Und kürzere Telomere scheinen auf eine kürzere Lebenserwartung hinzudeuten und auf eine höhere Anfälligkeit für Krankheiten. Folsäure ist extrem hitzeempfindlich und geht bei der Herstellung von Tierfutter als Erstes verloren. Spinat enthält auch viel Oxalsäure, was für Hunde problematisch wird, die zu Oxalatsteinen in der Blase neigen. Wir schaffen es, mehrmals die Woche einen Esslöffel klein gehackten Spinat in Shubies Schüssel zu mogeln. Da sie mittlerweile zur Feinschmeckerin herangewachsen ist, schätzt sie ihren Spinat leicht gedämpft. Er muss noch ein bisschen warm sein und gewürzt mit Zitronensaft und einem Hauch Gewürzpaprika (der Rest von Rodneys Abendessen).

Brokkolisprossen: Dr. Patrick preist die Brokkolisprossen als »echtes Anti-Aging-Futter«. Und das mit gutem Grund! In unserer heutigen Gesellschaft sind wir ständig Giftstoffen ausgesetzt, die unseren Körper belasten, ob wir diese nun einatmen (wie Benzol, das Hunde direkt aus dem Auspuff unserer Autos einatmen) oder mit der Nahrung aufnehmen (wie Pestizide). Diese Stressfaktoren wirken bis in unsere Zellen hinein. Sie schädigen unsere Mitochondrien und verursachen Mikroentzündungen im ganzen Körper. Beides trägt zu vorzeitiger Alterung bei. Der Körper reagiert darauf unter anderem auf dem Nrf2-Signalweg (Kernfaktor Erythroid 2-verwandter Faktor 2), über den fast 200 Gene aktiviert werden, die für die Abwehr entzündlicher und antioxidativer Prozesse verantwortlich sind. Wenn dieser Signalweg aktiv ist, unterdrückt der Körper Entzündungen, kurbelt die Entgiftung an und die Produktion von Antioxidanzien.

Warum aber Brokkolisprossen? Die Familie der Kreuzblütler – Brokkoli, Brokkolisprossen und andere Kohlarten – enthält sogenannte Sulforaphane. Und diese aktivieren den Nrf2-Signalweg (stärker als andere Stoffe). Bei Versuchen an Tier und Mensch reduzierten die Sulforaphane die Entwicklung von Krebs und Herz-Kreislauf-Erkrankungen. Sie verringerten die Entzündungsmarker im Körper und leiteten Giftstoffe aus wie Schwermetalle, Mykotoxine und AGEs (Advanced Glykation Endproducts). **Sprossen sind der beste Weg, Ihren Hund von AGEs zu befreien!** Ein kostengünstiger und guter Weg, toxische Nebenprodukte der Ernährung mit hochverarbeiteten Futtermitteln zu beseitigen. Sprossen sind dabei dem »erwachsenen« Gemüse vorzuziehen, weil sie 50- bis 100-mal mehr Sulforaphane enthalten als reifer Brokkoli beziehungsweise andere Kreuzblütler. Wenn Sie im Naturkostladen keine finden, ziehen Sie sie selbst. Und geben Sie Ihrem Hund etwa eine Prise Sprossen für je 10 Pfund Körpergewicht. Natürlich verstecken Sie die Kostbarkeiten in seinem Lieblingsfutter.

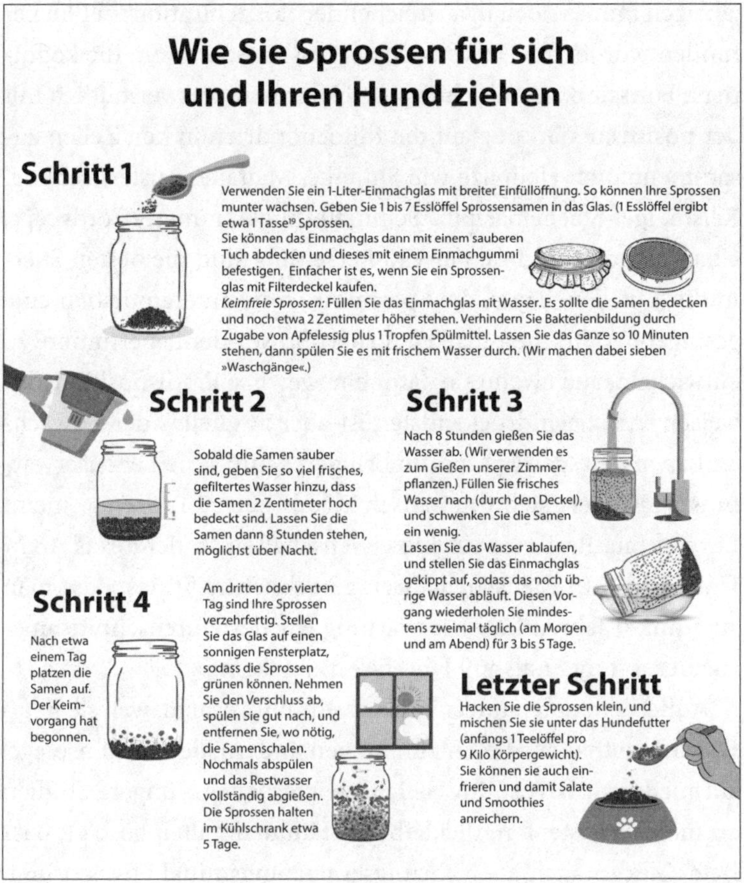

Pilze: Pilze sind nicht nur eine ausgezeichnete Quelle für präbiotische Fasern, sie liefern auch eine ganze Reihe von Langlebens-Verbindungen. Dazu gehören Polyphenole, Glutathion (das sich in Pilzen in höchster Konzentration findet) und Stoffe, die die Glutathion-Produktion fördern, nämlich Selen und Alpha-Liponsäure. Außerdem enthalten sie Polyamine, unter anderem Spermidin, das die Autophagie anheizt und bei vielen Hundertjährigen immer noch in ausreichender Konzentration im Blut gefunden wurde. Im Tierversuch verbessert Spermidin die kognitiven Funktionen und schützt die Neuronen, was vermutlich mit der positiven Wirkung auf die Mitochondrien in den Zellen zusammenhängt. Heilpilze wie Shiitake, Maitake, Austernseitling, Reishi, Igel-Stachelbartpilz, Schmetterlings-Tramete, Cordyceps, Champignon und Brauner Kräuterseitling sind die besten Spermidin-Quellen. Tiere, die Spermidin konsumieren, haben eine geringere Wahrscheinlichkeit, Leberfibrose oder Lebertumore zu entwickeln, auch wenn sie dafür eine gewisse Prädisposition aufweisen. Am beeindruckendsten ist aber zweifellos der Zuwachs an Lebenszeit, den Spermidin bringen kann: »Die Lebenserwartung verlängert sich dramatisch … um gut 25 Prozent«, meint Leyuan Liu, Professor für Biowissenschaften an der Texas A&M University. »In Menschenjahren gerechnet heißt das, dass man statt mit 81 Jahren Lebenserwartung wie der Durchschnittsamerikaner mit mehr als 100 Jahren rechnen kann.«

Außerdem unterstützen Pilze das Immunsystem, weil sie Beta-Glucane enthalten, die Entzündungen lindern, den Insulinspiegel auf niederem Niveau im Gleichgewicht halten. Jüngere Studien an insulinresistenten, dickleibigen Hunden haben gezeigt, dass Beta-Glucan auch als Nahrungsergänzungsmittel etwas bringt: Die Tiere bettelten weniger und hatten weniger Appetit. Beta-Glucane finden sich in allen essbaren Pilzsorten. Sie halten nicht nur das Immunsystem im Gleichgewicht und wirken antientzündlich. Sie wirken sich auch positiv auf Hunde aus, die immunsupprimiert werden. Und sie verstärken die Reaktion Ihres Hundes auf Impfstoffe. Und was ist mit Krebs? Menschen, die täglich 18 Gramm Pilze verzehren – zwischen ⅛ und ¼ Tasse[20] –, haben im Vergleich mit Nicht-Pilzessern ein um 45 Prozent geringeres Risiko, an Krebs zu erkranken. Die mediane Überlebenszeit für Hunde, die ein Hämangiosarkom der Milz haben, liegt bei 86 Tagen. Wenn die Hunde hingegen als einziges Gegenmittel Schmetterlings-Tramete erhielten, verlängerte diese sich auf *über ein Jahr*. Heilpilze sind also für unsere Gesundheit ein echter Segen. Wir verwenden regelmäßig einen recht unbekannten Pilz namens Chaga (Schiefer Schillerporling), und zwar in Form von Tee. Chaga ist ein seltsamer Pilz, weil er an Baumrinde erinnert. (Sie können ihn also nicht braten.) Aber seine harte Struktur macht ihn wunderbar geeignet für Heißwasseraufgüsse. Wir geben kleine Mengen Chaga in alles, was Wasser enthält: vom Badewasser (Dr. Becker) über das Vogelbad (wo er das Bakterienwachstum hemmt, wie Rodney entdeckt hat) bis zum Hausmacher-Kombucha und dem Einweichwasser für unsere Sprossen. Seitdem wir diesen Zaubertrank entdeckt haben, haben wir immer frischen Chaga-Aufguss im Kühlschrank. Sein zartes Vanillearoma schmeckt warm (nur für Menschen) und gekühlt köstlich. Sie können damit luft- oder gefriergetrocknetes Hundefutter aufwerten, statt einfach nur Wasser zu nehmen. Die Heilkräfte des Chagapilzes wirken Wunder, wenn Sie im Winter die Pfoten Ihrer Fellnase von Streusalz befreien wollen. Im Sommer kühlt der Aufguss hingegen Hitzebläschen. (Tauchen Sie einen Wattebausch in gekühlten Chaga-Aufguss, und tupfen Sie damit die wunde Stelle ab.)

Das Tolle an Pilzen ist, dass jeder seine eigenen Qualitäten hat. Sie müssen also nur herausfinden, was Ihr Hund am nötigsten braucht. Für allgemeines Wohlbefinden können Sie Steinpilze, Champignons, Shiitake, Schmetterlings-Tramete, Maitake, Reishi, Shimeji oder Austernseitling geben. Schmetterlings-Tramete und Chaga sind stark gegen Krebs. Der Igel-Stachelbart ist ein nootropischer Pilz, was bedeutet, dass er das zentrale Nervensystem unterstützt. Neben dem Glutathion enthalten Pilze noch ein anderes Antioxidans, das anders kaum zu bekommen ist: Ergothionein oder einfach »Ergo«. Man bezeichnet es auch als Langlebigkeits-Vitamin, weil sich in Studien am Menschen zeigte, dass es die Synthese antientzündlicher Hormone fördert und oxidativen Stress abbaut. Ergo findet sich in ausreichender Konzentration nur in Pilzen. **Außerdem lassen sich feingehackte Pilze gut mit Hundefutter mischen.** Sie können auch eine Heilpilzbrühe herstellen, die Sie zu den einzelnen Mahlzeiten geben. (Gießen Sie luft- oder gefriergetrocknetes Futter damit auf, oder reichen Sie es als »Sauce« zu Trockenfutter.) Sie können Pilzbrühe-Eiswürfel auch als erfrischende Leckerlis im Sommer geben. Und für all diese Angebote können Sie gern getrocknete Pilze verwenden.

Heilpilzbrühe für ein langes Leben

Auf 12 Tassen[21] Wasser (oder Hausmacher-Langlebens-Knochenbrühe [Seite 343]) geben Sie 1 Tasse frische (oder ½ Tasse getrocknete) klein geschnittene Pilze in den Topf. Nach Wunsch reiben Sie ½ Teelöffel frische Ingwer- oder Kurkumawurzel hinein. Lassen Sie das Ganze etwa 20 Minuten köcheln und dann abkühlen. Mit dem Mixstab machen Sie daraus eine glatte Brühe, die Sie in die Eiswürfelschale gießen und durchfrieren lassen. Für je 4,5 Kilo Körpergewicht geben Sie Ihrem Fido dann einen Würfel, den Sie auftauen und unters Futter mischen: ein absoluter Ergo-Boost.

Alle Pilze, die für den Menschen ungiftig sind, können auch von Hunden verzehrt werden. Alle für den Menschen giftigen Pilze sind auch für Hunde giftig. Teilen Sie die gekochten oder rohen Pilze mit Ihrem Hund – entweder als Snack oder als Superfood zum Restfutter. Unserer Erfahrung nach haben Hunde nichts gegen eine Portion Pilze im Futter. Wenn Ihr Hund sie aber absolut nicht mag, können Sie sie auch als Nahrungsergänzungsmittel kaufen (siehe Kapitel 8). Suchen Sie nach einer Möglichkeit, Ihrem Hund diesen Jungbrunnen zu bereiten.

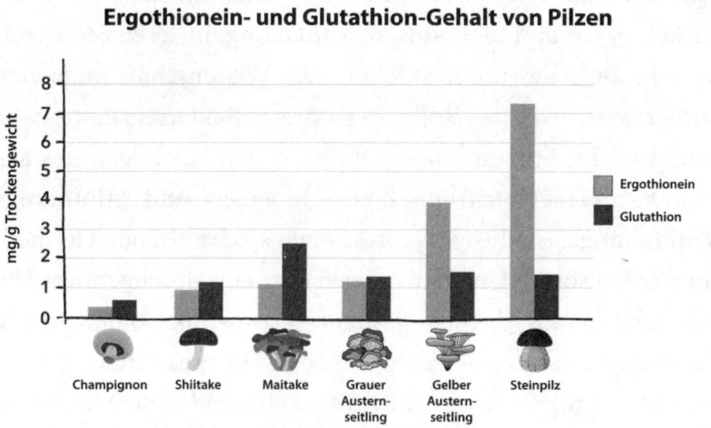

Von Michael D. Kalaras et al., »Mushrooms: A Rich Source of Antioxidants Ergothionein and Glutathion«, Food Chemistry (Oktober 2017), S. 429–433.

Das Mikrobiom heilen

Wie bereits in Teil I beschrieben sind die Mikroorganismen, die in und auf unserem Körper leben, vor allem aber das Darm-Mikrobiom, von entscheidender Bedeutung für unsere Gesundheit. So sehr, dass man das Darm-Mikrobiom sogar als unser »zweites Gehirn« bezeichnet. Über die Darm-Hirn-Achse erhält unser

Gehirn regelmäßig Informationen darüber, was im Darm vorgeht. Dann gehen über das zentrale Nervensystem Informationen zurück in den Darm, damit dieser seinen Aufgaben optimal erfüllen kann. Dieser Informationsaustausch ermöglicht uns die Kontrolle über unser Essverhalten, eine gesunde Verdauung und sogar einen erholsamen Schlaf. Der Darm seinerseits schickt hormonelle Botschaften, die dem Gehirn sagen, ob wir satt sind, noch Hunger haben oder unter einer Darmentzündung leiden.

Es stimmt wirklich, dass unser Darm einen enormen Einfluss auf unser Wohlbefinden hat: auf unser Wohlgefühl, unsere Schlafqualität, unser Energieniveau, unser Immunsystem, unser Schmerzempfinden, unsere Verdauung, unseren Stoffwechsel – ja sogar auf unser Denken. Die Wissenschaft untersucht mittlerweile, welche Rolle bestimmte Bakterienstämme bei Übergewicht, Entzündungen, funktionalen Störungen des Magen-Darm-Trakts, chronischen Schmerzen und Stimmungsschwankungen inklusive Depressionen spielen. In der Tiermedizin werden solche Untersuchungen ebenfalls durchgeführt. Und man fand heraus, dass ein gesundes Darm-Mikrobiom, das mit »sauberen«, also leicht verdaulichen, Nahrungsmitteln genährt wird (die wenig Pestizide, Giftstoffe, AGEs und andere Stoffe enthalten, welche die Darmbarriere negativ beeinflussen), mit Prä- und Probiotika, positive Einflüsse hat auf Stressdurchfall, Fettleibigkeit, Entzündungen und ein geschwächtes Immunsystem. Alles Faktoren, welche die Lebenserwartung Ihres Hundes verkürzen.

Vermutlich haben Sie schon einmal von *Probiotika* gehört (lat. *pro* [für] und gr. *bíos* [Leben]). Dazu gehören beispielsweise die guten Bakterien, die sich in fermentierter Nahrung wie Kefir, Sauerkraut und Kimchi finden. Probiotika können Sie auch als Nahrungsergänzungsmittel geben. *Präbiotika* (lat. *prae* [vorn, vor, wegen]) hingegen sind Nahrungsmittel, welche die Darmflora braucht, um ihre Aktivität aufrechtzuerhalten und sich zu regenerieren. Sie sind die Leibspeise der Darmbakterien und bestehen meist aus unverdaulichen Faserstoffen. Wie die Probiotika kann man auch Präbiotika einfach auf dem Nahrungsweg aufnehmen. Aus diesen unverdaulichen Faserstoffen in der Nahrung bildet die Darmflora kurzkettige Fettsäuren – Biomoleküle, die für den Energiegewinn des Körpers wichtig sind.

Wir können unsere Darmflora unterstützen, indem wir ihre wichtigsten Helfer verspeisen – gesunde Bakterien. Eines der Star-Probiotika im Hundekörper ist *Akkermansia muciniphila* (abgekürzt A. muciniphila). Dieses Bakterium hält gesund im Alter, indem es die Darmschleimhaut schützt, was sich wiederum in einer gesunden Ausscheidung bemerkbar macht und Durchfall und Reizdarmsyndrom vorbeugt. Bei Tieren reduziert es außerdem Übergewicht. A. muciniphilas Leibspeise sind inulinreiche Gemüse (wie Spargel und Löwenzahn) und Bananen. Die Wissenschaft lässt hier keinen Zweifel: Je mehr A. muciniphila ein Hund im Mikrobiom hat, umso jünger ist er. Inulinreiches Futter bedeutet mehr A. muciniphila. Wir empfehlen Präbiotika (wie Inulin) eher als Futter denn als Nahrungsergänzungsmittel: Im natürlichen Verbund wirkt das Präbiotikum besser als isoliert in einem Nahrungsergänzungsmittel. Viele Hunde haben Darmprobleme. Nahrungsmittel, die dem Mikrobiom guttun, können einen entzündeten Darmtrakt in Dysbiose heilen. Und daneben zeigen diese mikrobiomfreundlichen Nahrungsmittel auch noch eine gute epigenetische Wirkung.

Mikrobiomförderliche Nahrungsmittel für Sie und Ihren Hund

- **Endivien, Chicorée und Radicchio:** Alle Mitglieder der Chicorée-Familie eignen sich gut als Beigabe zum Hundefutter. Die grünen Blätter stecken voller präbiotischer Fasern, die dem Darm-Mikrobiom guttun.
- **Löwenzahn:** Sie und Ihr Hund können alle Teile des Löwenzahns essen – Blüten, Stiele, Blätter und Wurzeln. Löwenzahn steckt voller präbiotischer Faserstoffe und reinigt Leber und Blut. Er ist nährstoffreicher als Grünkohl und enthält viele Vitamine (C, Betacarotin und K) sowie Kalium. Sie haben also ein ganzes Arzneischränkchen im Garten. (Achten Sie darauf, dass dort nicht gespritzt wird und dass die Pflanzen nicht in der Nähe großer Straßen wachsen.) Frischen Löwenzahn gibt es häufig auch auf Märkten.
- **Okrawurzel und Spargel:** Auch dieses Gemüse liefert viele Vitamine und Präbiotika. Spargel ist eine der wenigen natürlichen Glutathionquellen in der Nahrung. Glutathion ist ein starkes Antioxidans und trägt zur Entgiftung bei, was das Gehirn liebt. Klein geschnitten können Sie beide Gemüse roh oder leicht gedünstet füttern.
- **Kreuzblütengewächse wie Brokkoli und Rucola**: Kreuzblütler enthalten nicht nur Faserstoffe, sondern auch Vitamine, Antioxidanzien und antientzündliche Stoffe. Der Brokkoli schenkt uns gleich zwei Supermoleküle: 3,3′-Diindolylmethan (DIM) und Sulforaphane, die den Glutathionspiegel steigen lassen. DIM hilft dem Körper, mit Xenoöstrogenen fertigzuwerden (östrogenähnliche Umweltgifte, die den Körper belasten). Untersuchungen an Hunden zeigen, dass DIM gegen Krebs hilft.

Sulforaphane wurden auf ihre Wirkung bei Knochen- und Blasenkrebs untersucht und haben erstaunliche Resultate erzielt. Ein wichtiger Punkt: Sulforaphane wirken bei Mensch und Hund nur, wenn sie über die Nahrung aufgenommen werden. Als Nahrungsergänzungsmittel genommen sind sie wirkungslos, weil sich der Stoff zu schnell abbaut. Das magische Molekül regt die Apoptose an (den programmierten Zelltod). Das ist wichtig, wenn Krebszellen beseitigt werden müssen. Kleine Stückchen Brokkoli, auch die Stiele, sind gute Trainingsleckerlis. Aber Sie können natürlich die Überreste vom Mittagessen verfüttern (ohne Salz, Gewürze oder Saucen). Wenn Ihr Hund noch nie Brokkoli oder Rosenkohl bekommen hat, dann sollten Sie beides auf jeden Fall dämpfen, bis er sich daran gewöhnt hat. So ersparen Sie Ihrem Fido Blähungen. Doch verringern Kreuzblütler nicht die Aktivität der Schilddrüse? Vielleicht haben Sie ja auch schon gelesen, dass man hohe Dosen Kreuzblütengewächse in der Nahrung (weit mehr, als ein Hund je fressen würde) mit Schilddrüsenunterfunktion in Verbindung bringt. In Labortests an Nagetieren stellte sich heraus, dass dafür ein Stoffwechselprodukt namens Thiocyanat verantwortlich war. Dieses verdrängt das Jod (ein Mineralstoff, den die Schilddrüse braucht) an den Rezeptoren der Schilddrüse. Weitere Untersuchungen am Tier ergaben, dass sich durch den Konsum von großen Mengen Kreuzblütengewächsen (Kohlarten) das Risiko für eine Schilddrüsenunterfunktion *nicht* erhöht, sofern nicht *gleichzeitig* ein Jodmangel besteht. Solange Ihr Hund also optimal versorgt ist, müssen Sie keine Bedenken haben, ihn mit Brokkoli zu füttern.

- **Jicamawurzel:** Dieses knackige Gemüse schmeckt wie eine Kreuzung aus Apfel und Kartoffel. Eine perfekte Trainingsleckerei. Jicama enthält viel präbiotisches Inulin und Vitamin C.

- **Topinambur:** Diese knotige Knolle gehört zur Familie der Sonnenblumen und ist vollgepackt mit Inulin. Viele Ernährungswissenschaftler halten die Knolle für das Wurzelgemüse 2.0, weil sie so vielseitig ist und so viele Faserstoffe enthält.
- **Fermentiertes Gemüse:** Sie können es im Laden kaufen oder selbst machen. Auf jeden Fall liefert es gute Probiotika für Sie und Ihren Hund. Die meisten Hunde mögen den säuerlichen Geschmack allerdings nicht. Wenn Ihr Hund mitspielt, achten Sie darauf, dass im Gemüse keine Zwiebeln enthalten sind. Dann können Sie Ihrem Fido pro 9 Kilo Körpergewicht ½ Teelöffel täglich unters Futter mischen.

Obst für den Forever Dog

Avocados: Außen uneben, innen weich, stecken diese Früchte voller Vitamin C und E. Außerdem liefern sie Kalium, Folsäure und viele Faserstoffe. Sie enthalten außerdem die gleichen gesunden, einfach ungesättigten Fette wie Olivenöl. Diese unterstützen die Gehirnfunktion und sind für jedes Alter von Bedeutung. Immer mehr Forschungsarbeiten zeigen, dass Avocados auch gut sind für die Haut, die Augen und die Gelenke. Avocados enthalten herzgesunde Phytosterole wie Beta-Sitosterol.

Grüne Bananen: Bananen enthalten viel Kalium, aber auch viel Zucker, wenn sie ganz reif sind. (Eine mittelgroße Banane enthält 14 Gramm Zucker, das sind etwa 3½ Teelöffel.) Die unreife Frucht hat weniger Fruchtzucker, besteht aber aus festen Stärkemolekülen, die gut fürs Darm-Mikrobiom Ihres Hundes sind. Darüber hinaus enthalten sie Antioxidanzien, antientzündliche Tannine und Wirkstoffe gegen den Krebs. Carotinoide schützen den Organismus vor oxidativem Stress. Suchen Sie sich also die grünsten Bananen aus, und schneiden Sie sie in erbsengroße Stücke, um sie Ihrem Hund beim Training zu geben.

Himbeeren, Brombeeren, Maulbeeren und Heidelbeeren: Beeren sind eine ausgezeichnete Quelle für präbiotische Faserstoffe und Polyphenole wie die Ellagsäure. Kriya Dunlap und ihre Kollegen an der Universität von Alaska in Fairbanks fanden heraus, dass Früchte mit einem hohen Anteil an Antioxidanzien den Spiegel für diese Moleküle hoch halten und vor oxidativem Stress durch intensives Training schützen. Ihre Untersuchungen konzentrierten sich auf Schlittenhunde, die ja stets Gefahr laufen, aufgrund der starken körperlichen Belastung Muskelschäden zu erleiden. Wenn diese Hunde aber Heidelbeeren erhielten, hatten sie nach dem Lauf mehr Antioxidanzien im Blutplasma, was sie vor den Auswirkungen von oxidativem Stress schützte. Wenn es keine frischen Heidelbeeren gibt, greifen wir auf Tiefkühlware zurück und machen daraus Trainingsleckerlis. Aber Vorsicht: Mehr als eine Heidelbeere für je 900 Gramm Körpergewicht pro Tag (das heißt fünf Heidelbeeren für einen 9-Kilo-Hund) führt zu dunklem Stuhlgang. Also füttern Sie einige wenige, und greifen Sie dann für den Rest des Tages auf andere Langlebens-Superfoods zurück.

Erdbeeren: Diese roten Juwelen bekommen hier einen Extraplatz, weil sie ein wenig bekanntes Anti-Aging-Wundermittel namens »Fisetin« enthalten. Dieses Molekül untersucht die Forschung schon seit geraumer Zeit auf seine antioxidativen und antientzündlichen Eigenschaften. Erst vor Kurzem hat man entdeckt, dass es seneszente Zellen abtötet – diese Zombiezellen, die ein Merkmal vorzeitigen Alterns sind. Eine Zellstudie, die in der

Zeitschrift *Aging* veröffentlicht wurde, zeigte, dass Fisetin etwa 70 Prozent der vorhandenen seneszenten Zellen beseitigt, ohne den gesunden, normalen Zellen zu schaden. Die Zellseneszenz tritt ein, wenn Zellen sich nicht mehr teilen können, aber trotzdem nicht absterben. Wenn sie sich ansammeln, lösen sie bei den Zellen in der Umgebung Entzündungen aus. Eine bahnbrechende Studie belegte, dass sich die durchschnittliche Lebenszeit von Mäusen um 10 Prozent verlängert, wenn sie Fisetin erhalten. Dabei hatten sie auch weniger unter Alterserscheinungen zu leiden als die Tiere in der Kontrollgruppe. Diese Resultate bewogen die Mayo-Klinik, eine noch laufende klinische Studie über die direkten Auswirkungen von Fisetin-Nahrungsergänzung auf Alterserscheinungen beim Menschen zu finanzieren. Fisetin imitiert sozusagen alle positiven Resultate des Fastens. (Dazu gehören zum Beispiel die Unterdrückung des mTOR-Signalweges, die Bereitstellung von AMPK und die Förderung der Autophagie.) Darüber hinaus schützt es das Herz und das Nervensystem. Hin und wieder liest man, man dürfe Hunden keinesfalls Erdbeeren geben. Problematisch sind aber die grünen Stiele, die in großen Mengen bei Hunden tatsächlich zu Reizmagen führen können. Entfernen Sie also Stiel und Blütenansatz von der Frucht. Und kaufen Sie immer ungespritzte Erdbeeren in Bioqualität.

Granatapfel: Granatäpfel schützen die Zellen und ganz besonders das Herz. Bei Hunden machen Herzkrankheiten die zweithäufigste Todesursache aus. Hier wieder gehören die Herzklappeninsuffizienz und die krankhafte Erweiterung des Herzmuskels zu den häufigsten Erkrankungen, die vor allem alte Hunde betreffen. Oxidativer Stress und der darauffolgende Zelltod stehen vermutlich am Anfang der Symptomkaskade, die schließlich zu Herzversagen führt. In einer Studie, die im *Journal of Applied Re-*

search in Veterinary Medicine veröffentlicht wurde, stellte man fest, dass Granatapfelextrakt Herz und Gesundheit des Hundes schützt. Granatäpfel enthalten darüber hinaus sogenannte »Ellagitannine«, die im Darm zu Urolithin A umgewandelt werden. Urolithin A kann bei Würmern Mitochondrien regenerieren – und verlängert ihre Lebensspanne um mehr als 45 Prozent. Diese interessanten Daten haben Wissenschaftler dazu veranlasst, den Versuch an Nagetieren zu wiederholen – mit den gleichen ermutigenden Ergebnissen. Ältere Mäuse zeigten Anzeichen von verstärkter Mitophagie (Abbau alter Mitochondrien) und bewiesen eine bessere Ausdauer im Laufrad als die Tiere der Kontrollgruppe. Sie wären erstaunt, wie viele Hunde diese saftige, leicht säuerliche Beerenfrucht lieben, wenn man sie unter das Futter mischt: etwa 2 Teelöffel pro 9 Kilo Körpergewicht. Lehnt Ihr Hund Granatapfel ab, finden Sie im Folgenden bestimmt etwas, das ihm schmeckt.

Starke Proteine

- **Sardinen:** Wussten Sie, dass die Sardinen tatsächlich nach Sardinien benannt sind, der italienischen Insel, in deren Meer sich ganze Schwärme dieser Fische tummelten – und die zufällig auch zu den Regionen gehört, wo die Menschen besonders lange leben? Sardinien ist eine jener »blauen Zonen«. Das sind bekanntlich Regionen, in denen überdurchschnittlich viele Menschen leben, die älter als hundert Jahre werden. Sardinen sind vielleicht kleine Fische, aber sie sind groß, was ihren Nährstoffgehalt angeht. Sie liefern Unmengen Omega-3-Fettsäuren, Vitamin D und Vitamin B_{12} – Schlüsselelemente im Langlebens-Spiel. Kaufen Sie Sardinen frisch oder in Wasser eingelegt. Und geben Sie Ihrem Liebling zwei- bis dreimal die Woche 1 (entgrätete) Sardine pro 9 Kilo Körpergewicht. Das reicht schon.

- **Eier:** Ob sie nun vom Huhn, von der Wachtel oder von der Ente stammen, Eier sind wahre Nährstoffbomben. Sie enthalten Vitamine, Mineralstoffe, Protein und gesundes Fett. Außerdem sind sie gute Cholinlieferanten. Cholin ist wichtig für die Herstellung von Acetylcholin, einem Botenstoff im Gehirn, der das Gedächtnis stützt. Eier sind für den Hundekörper gut, weil deren Aminosäureprofil die biologischen Erfordernisse des Hundes erfüllt. Rohe, pochierte, hartgekochte Eier, ja sogar Rührei lieben Hunde. Kaufen Sie nach Möglichkeit Bio-Eier oder solche aus Freilandhaltung, da diese die beste Nährstoffbilanz haben. Ein Ei enthält etwa 70 Kalorien. Shubie mit ihren 13,5 Kilo Lebendgewicht bekommt mehrmals die Woche ein Ei ins Futter.
- **Innereien:** Leber, Nieren, Kutteln, Zunge, Milz, Herz … viele Menschen verstehen es nicht, aber Hunde sind ganz wild darauf. Wenn die Tiere, von denen sie stammen, im Grünen aufgezogen wurden, dann sind die Innereien reich an Alpha-Liponsäure. In kleine Stücke geschnitten dienen sie als Trainingsleckerei. Sie können sie roh verfüttern, gefriergetrocknet, luftgetrocknet oder gekocht. Hunde werden immer versuchen, Ihnen mehr von diesen Köstlichkeiten zu entlocken. Doch Innereien sind gehaltvoll, also halten Sie sich am besten an die »Pfotenregel«: Die Größe *einer* Hundepfote (Länge mal Breite mal Höhe bis zum Haaransatz) gibt an, wie groß das Stück Innereien ist, das ein gesunder, aktiver Hund *täglich* bekommen sollte. Je kleiner Sie die Innereien schneiden, umso häufiger können Sie Ihrem Liebling ein Stückchen spendieren.

Aber es gibt auch noch andere gesunde Proteine: Sardinen, Kabeljau, pazifischer Heilbutt, Hering, Süßwasserfische, Huhn, Truthahn, Strauß, Fasan, Wachtel, Lamm, Rind, Bison, Elch, Wild, Hase, Ziege, Känguru und Alligator (wenn Ihr Hund gegen alles andere allergisch sein sollte) sowie gedünsteter Lachs aus Wildfang. All dies und andere magere, nicht belastete, nicht geräucherte oder eingesalzene Fleischsorten sind wunderbare Trainingsleckerlis. Was Sie Ihrem Hund hingegen keinesfalls geben sollten: Pökelfleisch, Schinken, Speck, eingelegter Hering, Geräuchertes, Wurst und *rohen* Lachs.

Leckerlis to go: Das Hundelexikon der Vitalstoffe

REICH AN ANTIOXIDANZIEN	
Vitamin C	Gemüsepaprika
Capsanthin	rote Paprika
Anthocyane	Heidelbeeren, Brombeeren und Himbeeren
Betacarotin	Cantaloupe-Melone
Naringenin	Kirschtomaten
Punicalagin	Granatapfelkerne
Polyacetylen	Karotten
Apigenin	Erbsen
Sulforaphane	Brokkoli

REICH AN ANTIENTZÜNDLICHEN WIRKSTOFFEN	
Bromelain	Ananas
Omega-3-Fettsäuren	Sardinen (außer Ihr Hund muss eine purinarme Diät halten)
Quercetin	Cranberrys (nicht für heikle Hunde)
Cucurbitacin	Gurken

REICH AN VITALSTOFFEN	
Cholin	hartgekochte Eier
Glutathion	Champignons
Mangan	Kokosnussfleisch (auch getrocknet, aber ungesüßt)
Vitamin E	naturbelassene Sonnenblumenkerne (Machen Sie Sprossen daraus, dann hat Ihr Hund auch eine Extraportion Chlorophyll.)
Magnesium	naturbelassene Kürbiskerne (Verfüttern Sie immer nur eine Sorte Samen: bis zu ¼ Teelöffel täglich pro 4,5 Kilo Körpergewicht, die Sie über den ganzen Tag verteilt geben.)
Selen	Paranüsse (eine täglich für einen großen Hund, für einen kleinen Hund eine halbe Nuss, natürlich klein geschnitten; die andere Hälfte selbst essen)
Folsäure	grüne Bohnen (nur gekocht, weil sie roh den Giftstoff Phasin enthalten)
Fisetin	Erdbeeren
Indol-3-Carbinol	Grünkohl (zum Beispiel in hausgemachten, ungewürzten Grünkohlchips)
Isothiocyanat	Blumenkohl

ZUM ENTGIFTEN	
Apigenin	Staudensellerie
Anethol	Fenchel
Fucoidan	Nori- und andere Algen
Betain	Rote Bete (außer Ihr Hund hat Probleme mit Oxalsäure, das heißt Oxalat-Nieren- und Blasensteine)

FÜR DEN DARM	
Präbiotika	Jicamawurzel, grüne Bananen, Topinambur, Spargel, Kürbis (eignen sich hervorragend, um entsprechendes Spielzeug damit zu füllen)
Actinidin	Kiwi
Pektin	Äpfel
Papain	Papaya

Kräuter für ein langes Leben

Kräuter und Gewürze galten in vielen Kulturen als Mittel gegen Krankheiten beziehungsweise zur Vorbeugung dagegen. Einige dieser Pflanzen haben ein so reichhaltiges Spektrum bioaktiver Pflanzenstoffe entwickelt, dass sie selbst in geringer Menge einen positiven Effekt auf unsere Organe respektive unsere biochemischen Signalwege ausüben. Ihre Verwendung ist ein ebenso einfacher wie kostengünstiger Weg, um Ihrem Hund diese Vitalstoffe zu verabreichen. Und meist haben wir sie ohnehin in unserer Küche.

Wir würden Ihnen aber empfehlen, ältere Gewürze gegen frische Ware auszutauschen. **1 Prise getrocknete Kräuter pro 4,5 Kilo Körpergewicht** ist eine gute Regel, wenn Sie die Futterschüssel von Fido buchstäblich »aufpeppen« wollen. Das Schlimmste, was passieren kann, ist, wenn Sie entdecken, dass Ihr Hund Koriandergrün nicht annähernd so gern mag wie Sie selbst. Fangen Sie also klein an, bis Sie herausgefunden haben, was Ihr Hund gern frisst. Geben Sie die Kräuter schon vor der Fütterung zu. Wenn Sie frische, fein gehackte Kräuter verwenden, dann nicht mehr als ¼ Teelöffel täglich pro 9 Kilo Körpergewicht. Getrocknete Kräuter sind geschmacksintensiver, aber unserer Erfahrung nach fressen Hunde auch das gern.

Petersilie: Die Petersilie gehört zu den Doldenblütlern und dient nicht nur zur Dekoration. Ihre bioaktiven Substanzen neutralisieren krebserregende Stoffe und schützen vor oxidativem Stress, indem sie die Glutathion-S-Transferase (GST) aktivieren. Das fördert die Produktion von Glutathion (das Sie wiederum brauchen, um AGEs unschädlich zu machen). In Tierversuchen bewirkten die Aromastoffe der Petersilie eine vermehrte Ausscheidung freier Radikale und Karzinogene. Sie wirkten unter anderem gegen das Benzpyren, das durch hochverarbeitetes Futter im Körper entsteht.

Kurkuma: Mittlerweile gibt es zahlreiche Studien, die sich mit der Wirkung des Curcumins beschäftigen, des wichtigsten Polyphenols im Kurkumagewürz. So steigert Curcumin die Produktion des Wachstumsfaktors BDNF, der unsere kognitiven Fähigkeiten verbessert. Eine Studie aus dem Jahr 2015 konnte zeigen, dass der Wirkstoff auch bei Hunden neuroprotektiv wirkt; das heißt, er beeinflusst Symptome neurodegenerativer Erkrankungen positiv, zum Beispiel Abbau kognitiver Fähigkeiten, mangelnde Energie und Ängste beziehungsweise Depressionen.

Kurkuma ist wirklich ein Allroundtalent. Seine möglichen Anwendungen würden ein eigenes Buch füllen. Forscher an der Texas A&M University konnten 2020 zeigen, dass das Gewürz bei Uveitis des Hundes hilft, einer Augenentzündung, die sehr schmerzhaft ist und das Sehvermögen beeinträchtigt. Wir haben Kurkuma beide schon vielfach bei Entzündungen vom Kopf bis zum Schwanz erfolgreich eingesetzt. Der Ethnobotaniker James Duke veröffentlichte eine Metastudie, die über 700 wissenschaftliche Untersuchungen der Wurzel auswertete. Seine Schlussfolgerung lautete: »Kurkuma scheint bei vielen Krankheiten den pharmakologischen Medikamenten überlegen zu sein. Dies gilt vor allem für schwer zu behandelnde chronische Krankheiten. Und er bleibt völlig frei von Nebenwirkungen.« Kombiniert mit Rosmarin, wirkt er hervorragend gegen das Mammakarzinom (Brustkrebs) beim Hund, aber auch gegen Mastozytose, gegen die Zellen des Osteosarkoms. In dieser Kombination unterstützten die Kräuter auch eine chemotherapeutische Behandlung.

Rosmarin: Rosmarin wird auch das »Lebenskraut« genannt, weil er 1,8-Cineol enthält, eine Verbindung, die die Acetylcholinproduktion im Gehirn anregt und daher dem kognitiven Abbau entgegenwirkt. Außerdem unterstützt Rosmarin bei Ihrem Hund die Synthese des Wachstumsfaktors BDNF. Seine antioxidativen und antientzündlichen Eigenschaften führt man auf seinen Polyphenolgehalt zurück. Rosmarin- und Carnosolsäure entfalten außerdem eine Wirkung gegen Krebs. Die Carnosolsäure hilft darüber hinaus gegen den grauen Star, und zwar sowohl beim Hund als auch beim Menschen.

Koriandergrün: Auch das Koriandergrün ist ein Geschenk der Natur, das eine ordentliche Dosis Antioxidanzien enthält. Dazu kommen noch bioaktive Phenolverbindungen, Mangan und Magnesium. Kein Wunder, dass Koriandergrün (oder Cilantro) als Verdauungshilfe gilt, aber auch gegen Entzündungen und Bakterien wirkt. Es ist ein wichtiges Instrument, um den Blutzuckerspiegel zu kontrollieren, ebenso den Cholesterinspiegel und den Gehalt an freien Radikalen im Blut. Wissenschaftliche Untersuchungen belegen darüber hinaus, dass das Kraut dazu beiträgt, Blei und Quecksilber über den Urin auszuscheiden. Aus diesem Grund empfehlen wir es zur Entgiftung.

Kreuzkümmel: Cuminum cyminum hat viele gesundheitliche

Vorteile. So verbessert Kreuzkümmel die Verdauung und wirkt gleichzeitig gegen Pilze, Bakterien und potenziell gegen krebserregende Substanzen.

Zimt: Zimt wird aus der Rinde des südostasiatischen Zimtbaumes gewonnen und gehört zu den beliebtesten Gewürzen überhaupt, unter anderem weil er Kollagen aufbaut. Kollagen ist ein im Körper häufig vorkommendes Protein, beim Hund vor allem gut für die Gelenke. Außerdem kann Zimt den Blutzuckerspiegel ausgleichen. Seine Antioxidanzien schützen Herz und Kreislauf, indem sie oxidativen Stress lindern, Entzündungen und überschüssige Blutfette beseitigen helfen. Die Wirkung des darin enthaltenen Cinnamaldehyds wird am Tier daraufhin getestet, ob es neurodegenerative Erkrankungen wie Alzheimer verhindern kann. In einer klinischen Studie hat Zimt bei Hunden alle untersuchten Parameter der Herzgesundheit innerhalb von zwei Wochen verbessert. Wenn Sie das Futter Ihres Hundes mit Zimt aufwerten möchten, achten Sie darauf, dass Sie auf jeden Fall Ceylonzimt kaufen, der weniger Cumarin enthält als Cassiazimt. Cumarin kann die Leber Ihres Hundes schädigen, wenn es regelmäßig gegeben wird. Geben Sie Ihrem Tier nie mehr als 1 Prise, die Sie vor der Fütterung ins Fresschen einarbeiten. Und kaufen Sie nach Möglichkeit Bioqualität.

Nelken: Gewürznelken enthalten viel Mangan (ein wichtiger Mineralstoff, der Bänder und Sehnen Ihres Hundes fit hält), aber auch das Antioxidans Eugenol. Dieses verhindert Schäden durch freie Radikale fünfmal effektiver als Vitamin E. Eugenol wirkt sich wohl auch positiv auf die Leber aus. In einer Tierstudie verfütterte man an Ratten mit Fettleber entweder Nelkenöl oder Eugenol. Beides verbesserte die Leberfunktion, reduzierte Entzündungen und linderte oxidativen Stress. Nelken wirken sehr gut gegen freie Radikale. Ihr Gehalt an Antioxidanzien verlangsamt Alterungsprozesse. Wissenschaftliche Untersuchungen zeigen gute Resultate, was die antikarzinogenen und antibakteriellen Eigenschaften von Gewürznelken angeht. Ganze Gewürznelken allerdings bergen die Gefahr, dass Ihr Hund sich daran verschluckt. Kaufen Sie Bioqualität, und mahlen Sie die Nägelchen frisch. Geben Sie nicht mehr als 1 kleine Prise pro 9 Kilo Körpergewicht.

Weitere wichtige Kräuter aus Gewürzregal und Garten

- **Basilikum:** Basilikum verbessert die Herzgesundheit und senkt den Cholesterinspiegel.
- **Oregano:** Er enthält antibakterielle, antimykotische und antioxidative Wirkstoffe. Und vor allem sehr viel Vitamin K.
- **Thymian:** Er enthält Thymol und Carvacrol. Beides wirkt antibakteriell.
- **Ingwer:** Wir wissen, dass er gegen Übelkeit wirkt, aber sein Gingerol kann auch oxidativen Stress bei Tieren lindern und somit ihre Gehirnfunktion schützen.

Warnhinweis: Welche Kräuter und Gewürze sind für Hunde absolut verboten? Geben Sie Ihrem Tier keinesfalls Schnittlauch (gehört zu den Zwiebelgewächsen) oder Muskat (das Myristicin enthält und auch in geringen Mengen neurologische Störungen oder Magen-Darm-Probleme verursacht.)

Flüssiges für den Forever Dog

Der Mensch ergänzt seit Jahrtausenden seinen Nährstoffbedarf durch flüssige Pflanzenextrakte, Säfte oder Tees. Viele von uns mixen sich Säfte oder Smoothies, verwenden sie aber kaum, um ihre Gesundheit zu schützen. In der Hundewelt jedoch sind medizinische Teeaufgüsse eine einfache Methode, um das Futter Ihres Hundes mit Polyphenolen aufzuwerten. Abgekühlter Tee ist kostengünstig und liefert Ihrem Tier die wichtigsten Bestandteile der Kräuter. Kräutertee ist von Natur aus koffeinfrei. Bei grünem und schwarzem Tee müssen Sie nach entkoffeinierten Sorten suchen. Das darin enthaltene Tein ist für Hunde Gift. Wenn möglich, sollten Sie Ihren Tee aus biologisch-organischem Anbau kaufen.

Sie können den Tee zubereiten wie üblich. (Wir empfehlen 1 Teebeutel auf 3 Tassen[22] sehr heißes, gefiltertes Wasser.) Lassen Sie ihn abkühlen, bevor Sie ihn zum Hundefutter geben. Oder Sie gießen das Trockenfutter mit warmem Tee auf und warten, bis er aufgesogen ist. So bekommen Sie eine tolle Sauce, die Ihren Hund auch noch gut hydriert hält. (Denn eigentlich sind Hunde nicht für Trockenfutter geschaffen. Tees helfen da!) Wenn Sie luft- oder gefriergetrocknetes Futter reichen, dann können Sie es mit Tees in seinen Ursprungszustand zurückversetzen. Oder Sie verwenden unsere Hausmacher-Langlebens-Knochenbrühe (siehe unten). Mischen Sie verschiedene Tees, wenn Sie einen Powerdrink für ein bestimmtes Problem benötigen. Es folgen noch ein paar wissenschaftliche Daten dazu:

Grüner Tee (entkoffeiniert): Wenn Sie ein gesundheitsbewusster Mensch sind, wissen Sie ja bereits, dass grüner Tee gut für Sie ist. Es wurde viel darüber berichtet, dass seine Inhaltsstoffe antientzündlich und antioxidativ wirken und daher das

Immunsystem unterstützen. Sie verbessern die Gehirnfunktion, schützen vor Krebs, reduzieren das Risiko für Herz-Kreislauf-Erkrankungen und lassen die Pfunde purzeln. Viele Studien gelangten zu demselben Schluss: Menschen, die grünen Tee trinken, leben länger als solche, die das nicht tun. Selbst Tierfutter enthält mittlerweile häufig Grüntee-Extrakt, weil dieser aufgrund seiner Antioxidanzien gegen Übergewicht, Leberentzündung und Strahlenschäden hilft.

Schwarzer Tee (entkoffeiniert): Wie grüner Tee ist auch schwarzer Tee reich an Polyphenolen, die freie Radikale in Zellen und Gewebe vernichten. Polyphenole sind der hauptsächliche Grund, dass diese Tees gegen Krebs und Entzündungen helfen. Der Unterschied zwischen grünem und schwarzem Tee? Schwarzer Tee ist oxidiert, grüner nicht. Für schwarzen Tee werden die Blätter zuerst gerollt und dann der Luft ausgesetzt, um den Oxidationsprozess anzustoßen. Dadurch werden die Blätter dunkelbraun, der Geschmack verstärkt sich. Auch der Gehalt an Polyphenolen ist unterschiedlich: Grüner Tee enthält viel Epigallocatechin-3-Gallat (EGCG), das vor Zellschäden durch freie Radikale schützt. Schwarzer Tee hingegen enthält mehr Theaflavine, die aus Catechinen entstehen. Beide Teesorten schützen das Herz und regen die Gehirnfunktion an. Und beide enthalten die beruhigende Aminosäure L-Theanin, die Stress lindert und beruhigt.

Heilpilztees: Sie sind gesund und für Ihren Hund absolut sicher. Hunde mögen am liebsten die folgenden beiden Tees:

- **Chagatee:** Wie bereits erwähnt ist Chaga ein Heilpilz, aus dem man Tee bereiten kann. Er steckt voller Antioxidanzien und wirkt gegen Krebs. Des Weiteren stärkt er das Immunsystem, lindert chronische Entzündungen und reguliert Blutzucker und Cholesterin. Dieser Tee wird im Moment ausgiebig untersucht, auch im Hinblick darauf, inwieweit er Lernen und Gedächtnisbildung fördert.

- **Reishitee:** Dieser Tee aus dem Heilpilz Reishi findet seit Jahrhunderten in der östlichen Medizin Verwendung. Seine gesundheitlichen Vorzüge verdankt er mehreren Molekülen: Triterpene, Polysaccharide, Peptidoglykane. Sie stärken das Immunsystem, sind gegen Krebs aktiv und wirken stimmungsaufhellend.

Tees mit beruhigender Wirkung: Angst, Nervosität und Ruhelosigkeit sind beim Hund immer Symptome für Stress. Hier können viele Kräutertees helfen: Kamille, Baldrian, Lavendel und Tulsi (Indisches Basilikum). Brühen Sie den Tee auf, lassen Sie ihn abkühlen, und geben Sie ihn ins Futter.

Tees mit entgiftender Wirkung: Hierbei helfen uns Löwenzahn, Klettenwurzel und Oreganoblätter. Wir möchten nicht ins Detail gehen, aber Sie können nichts falsch machen, wenn Sie sich und Ihrer Fellnase eine Tasse gönnen. Einige Teepflanzen haben Sie vielleicht sogar im Garten: Hagebutte, Pfefferminze, Zitronenverbene, Zitronenmelisse, Zitronengras, Lindenblüten, Ringelblumen, Basilikum und Fenchel.

Ein Tipp!

Sie können der Knochenbrühe natürlich auch Teebeutel zusetzen, um den Nährstoffgehalt zusätzlich zu erhöhen. Gießen Sie das Gebräu in Eiswürfelschalen und frieren Sie es ein. Pro 4,5 Kilo Körpergewicht erhält der Hund täglich 1 Eiswürfel.

Hausmacher-Langlebens-Knochenbrühe

Dieses Rezept unterscheidet sich von traditionellen Knochenbrühen, die viel Histamin enthalten und dem Hund manchmal nicht guttun.

Legen Sie ein ganzes Suppenhuhn aus biologischer Haltung (oder die Reste des Brathuhns beziehungsweise andere Suppenknochen Ihrer Wahl) in einen Topf, und füllen Sie ihn mit Wasser auf. Diesem geben Sie dann Folgendes zu:

½ Tasse[23] fein gehacktes frisches Koriandergrün (bindet Schwermetalle)
½ Tasse fein gehackte frische Petersilie (entgiftet das Blut)
½ Tasse fein gehackte frische Heilpilze (liefern Glutathion, Spermidin, Ergo und Beta-Glucane)
½ Tasse Kreuzblütengewächse wie Brokkoli, Weißkohl oder Rosenkohl (deren hoher Schwefelgehalt die Leber entgiftet)
4 frische und fein gehackte Knoblauchzehen (der hohe Schwefelgehalt fördert die Glutathionproduktion und entgiftet die Leber)
1 Esslöffel ungefilterter, naturbelassener Apfelessig
1 Teelöffel Himalajasalz

Stellen Sie das Ganze auf den Herd, und lassen Sie es bei niedriger Hitze köcheln. Schalten Sie die Hitze ab, und hängen Sie (nach Wunsch) 4 Teebeutel in die Brühe. Nach 10 Minuten nehmen Sie diese wieder heraus und entsorgen sie. Kratzen Sie das Fleisch von den Knochen, die Knochen selbst entsorgen Sie. Dann pürieren Sie Fleisch, Gemüse und Brühe zu einer dickflüssigen Sauce. Frieren Sie sie in Einzelportionen ein. (Hierfür eignen sich Eiswürfelschalen am besten.) Bei den meisten Eiswürfelschalen entspricht 1 Würfel 2 Esslöffeln Flüssigkeit. Ihr Hund erhält täglich 1 Würfel pro 4,5 Kilo Körpergewicht. Lassen Sie den Eiswürfel auftauen, oder erhitzen Sie ihn kurz, bevor Sie die Brühe zum Futter geben.

Kräuterköstlichkeiten: Wieso haben wir vor so vielen Dingen Angst?

Wir waren entsetzt, als uns auffiel, wie viel Desinformation über das Füttern von Hunden im Internet verbreitet wird. Was ist tatsächlich giftig für Ihren Hund? Die European Pet Food Industry Federation (fediaf.org) hat eine exakte, wissenschaftlich überprüfte Aufstellung veröffentlicht, der Sie verlässlich entnehmen können, was für Hunde und Katzen wirklich Gift ist. Tatsächlich umfasst diese nur drei Nahrungsmittel: Trauben (und Rosinen), Kakao (und Schokolade) sowie alle Mitglieder der Zwiebelfamilie (Zwiebeln, Schnittlauch) und hohe Dosen Knoblauchextrakt (womit Nahrungsergänzungsmittel aus Knoblauch gemeint sind).

Vergleichen Sie nun mal die kurze Liste der Europäer mit ihren elend langen Pendants, die von der American Society for the Prevention of Cruelty to Animals (ASPCA) oder vom American Kennel Club und ähnlichen Tierschutzorganisationen veröffentlicht werden. Der Vergleich wird Ihnen den Kopf schwirren lassen. Zu den Stoffen, die für Hunde wirklich giftig sind (die von der FEDIAF genannten drei Nahrungsmittel und das eine Nahrungsergänzungsmittel), gesellen sich zahlreiche, die für Hunde mit bestimmten Vorerkrankungen schlecht sind, und andere, die Hunde verschlucken können. Hunde mit Bauchspeicheldrüsenentzündung sollten beispielsweise gegarte Fette meiden und überhaupt alles, was einen hohen Fettgehalt aufweist. Auf vielen Webseiten werden Eier, Samen, Nüsse als »giftig« bezeichnet, weil sie einen hohen Fettgehalt haben und Hunden mit Bauchspeicheldrüsenentzündung schaden können. Eier, Samen und Nüsse (mit Ausnahme der Macadamianüsse, die manchmal Übelkeit verursachen, weil ihr Fettgehalt wirklich sehr hoch ist) sind für Hunde keineswegs giftig. Sie sind gesunde und nährstoffreiche Futtermittel, die ein gesunder Hund durchaus fressen kann. Das Gleiche gilt für andere nährstoffreiche Nahrungsmittel wie Mandeln, Pfirsiche, Tomaten, Kirschen und viele gesunde Früchte und Gemüse, die man als »schädlich« einstuft, weil der Hund sich daran verschlucken kann, wenn man den Kern nicht entfernt, oder die schädlich sind, wenn das Tier die ganze Pflanze frisst und nicht nur die Früchte.

Unglücklicherweise **hat man die wirklich giftigen Nahrungsmittel (alle vier genannten) unter einer Flut anderer versteckt, die »bei bestimmten gesundheitlichen Einschränkungen nicht geeignet« sind oder an denen das Tier sich verschlucken kann. Mit dem Ergebnis, dass der Hundebesitzer hilflos dasteht und nicht weiß, was er nun geben kann oder nicht.** Und das ohne jeden Grund. Der gesunde Menschenverstand sagt uns doch, dass wir den Kern entfernen, bevor wir unserem Hund eine Aprikose füttern. Wissenschaftliche Untersuchungen jedenfalls liefern andere Daten. Machen Sie sich ruhig selbst an die Recherche, und Sie werden feststellen, was wir herausgefunden haben: **Füttern Sie Ihren Hund nicht mit Trauben (oder Rosinen), Zwiebeln, Schnittlauch, Schokolade und Macadamianüssen. Das war's dann schon. Und setzen Sie Ihren gesunden Menschenverstand ein.** Am besten gesunden Menschenverstand europäischer Prägung!

Hier einige Futtermythen, die wir ein für alle Mal widerlegen können:

- »Avocados und Knoblauch sind giftig.« *Falsch!* Essen beziehungsweise verfüttern Sie weder Haut noch Kern der Avocado. Beides enthält Persin, das Magen und Darm belasten kann. Das Fleisch ist jedoch für Sie und für Ihren Hund absolut sicher. Shubie hat ein Fütterungsspielzeug, in das wir einmal pro Tag einen Schnitz (40 Gramm) Avocado geben. Über Knoblauch lesen Sie unten noch mehr.
- »Füttern Sie Hunde nicht mit Pilzen.« *Falsch!* Pilze sind für Hunde und Menschen gleichermaßen sicher. Sie enthalten außerdem viele für Hund und Mensch wertvolle Vitalstoffe. (Selbstverständlich aber gilt: Pilze, die für den Menschen giftig sind, sind auch für den Hund giftig.) 1 Esslöffel fein gehackte Pilze auf 11 Kilo Körpergewicht ist ein guter Einstieg.
- »Rosmarin löst Krampfanfälle aus.« *Da bringt jemand was durcheinander!* Das ätherische Öl von Rosmarin und Eukalyptus (die aromatischen Öle, die Sie für die Duftlampe kaufen können) enthält einen hohen Anteil an Camphora, das *bei Epileptikern* die Wahrscheinlichkeit für Anfälle erhöhen kann. (Auch wir sind dafür, dass Sie einem epileptischen Hund keine hohen Dosen ätherisches Rosmarinöl verabreichen sollen.) Eine winzige Prise frischer oder getrockneter Rosmarin im Futter stellt jedoch eine so geringe Menge dar, dass sie selbst den empfindlichsten Hund nicht beeinträchtigt, seiner Gesundheit aber förderlich ist.
- »Walnüsse sind Gift.« *Pseudowissenschaft.* An rohen, ungesalzenen (!) Walnüssen (und Mandeln sowie Paranüssen) könnte Ihr Hund sich wirklich verschlucken. Also zerkleinern Sie sie

bitte, bevor Sie sie verfüttern. Eine Walnusshälfte können Sie gut und gern in vier Trainingsleckerlis für einen Hund von 22 Kilo Körpergewicht teilen. Das einzige Gesundheitsrisiko beim Füttern von Nüssen ist, dass Ihr Hund sich erbricht, wenn Sie ihm Macadamianüsse geben, weil sie einen so hohen Fettgehalt haben. Erdnüsse enthalten zwar häufig Mykotoxine, sind an sich aber nicht giftig. Wenn Sie einen Walnussbaum im Hinterhof stehen haben, achten Sie darauf, dass Ihr Hund nicht die Rinde frisst. (Das kann neurologische Störungen hervorrufen.) Auch die grüne Schale um die Nuss herum sollte der Hund nicht fressen, da sich gerade auf ihr häufig Mykotoxine verbreiten, die zu Erbrechen führen.

Noch ein Wort zum Knoblauch: Knoblauch hat in der Tiermedizin einen schlechten Ruf, weil er zur Zwiebelfamilie gehört. Zwiebeln enthalten etwa das Fünfzehnfache der Thiosulfatkonzentration von Knoblauch. Und ebendieser Stoff verursacht beim Hund Heinz-Körper-Anämie. Eine Studie von 2004 aber belegt, dass das Allicin, das im Knoblauch enthalten ist, auch bei Tieren Herz und Kreislauf schützt. Obwohl in dieser Studie Knoblauch in großer Menge verabreicht wurde, gab es keine Anämiefälle. (Aus diesem Grund findet sich auch häufig Knoblauch im kommerziellen Tierfutter, wogegen Tierärzte nichts einzuwenden haben.) Nachstehend finden Sie die empfohlenen Tagesmengen für Hunde, gerechnet aufs Körpergewicht, wenn Sie frischen Knoblauch verfüttern möchten (von Knoblauchpillen oder -extrakt raten wir ausdrücklich ab):

- 4,5 bis 6,75 Kilo: ½ Zehe.
- 9 bis 18 Kilo: 1 Zehe.

- 20 bis 31 Kilo: 1½ Zehen.
- 34 bis 40 Kilo: 2 Zehen.
- Mehr als 45 Kilo: 2½ Zehen.

Was für den Forever Dog wichtig ist

- Die 10-Prozent-Regel: 10 Prozent der täglichen Kalorienaufnahme Ihres Hundes können mit gesunden »Menschenfutter«-Leckereien bestritten werden, ohne dass seine Nährstoffbilanz durcheinandergerät.
- Sie müssen die Ernährung Ihres Hundes nicht über Nacht komplett umstellen. Fangen Sie klein an. Lassen Sie hochverarbeitete, kohlenhydratreiche Leckereien weg, und geben Sie Ihrem Tier stattdessen Langlebens-Superfoods (LLS): frisches Obst und Gemüse. Oder mischen Sie dieses unters Futter, ohne das Futter selbst vorerst zu wechseln. Recyceln Sie das Restgemüse, das beim Putzen fürs eigene Abendbrot anfällt. Das kostet Sie absolut gar nichts.
- Gute und leicht verfügbare Superfoods sind rohe, klein geschnittene Karotten, Apfelstückchen, Brokkoli, Gurke, Beeren, Aprikosen, Birnen, Erbsen, Ananas, Pflaumen, Pfirsiche, Pastinaken, Kirschtomaten, Staudensellerie, Kokosnuss, Granatapfelkerne, Kürbiskerne, Pilze, hartgekochte Eier, Zucchini, Rosenkohl und Fleisch oder Innereien in Würfel geschnitten.
- Das Mikrobiom Ihres Hundes stärken Sie, wenn Sie präbiotikareiche Leckereien geben: Spargel, grüne Bananen, Okraschoten, Brokkoli, Topinambur und Löwenzahnblätter.
- Tees, Gewürze und Kräuter sind ebenfalls ausgezeichnete Superfoods für ein langes Leben.
- Zwei flüssige Superfoods: Heilpilzbrühe für ein langes Leben

(Seite 322) und die histaminarme Hausmacher-Langlebens-Knochenbrühe (Seite 343).

- Es existieren zahlreiche Mythen, was die Giftigkeit bestimmter Nahrungsmittel für Hunde angeht. Absolut verboten sind jedoch: Trauben (oder Rosinen), Zwiebeln (und Schnittlauch), Schokolade, Kakao und Macadamianüsse. Auch Muskat sollten Sie nach Möglichkeit vermeiden.

8

Nahrungsergänzungsmittel für ein langes, gesundes Leben

Wie Sie Ihren Hund sicher supplementieren

Gesundheit ist wie Geld. Wir haben keine klare Vorstellung davon, bis sie uns verloren geht.

Josh Billings

Im Jahr 2011 starb Pusuke, ein Shiba-Inu-Mischling, der vom *Guinness Buch der Rekorde* im Jahr zuvor als der älteste Hund der Welt anerkannt worden war, in seinem Heim in Japan. Er war 26 Jahre alt geworden. Seine Besitzerin schrieb Pusukes langes Leben der Tatsache zu, dass sie ihm zweimal täglich Vitamine verabreicht hatte. Dazu kamen noch viel Liebe und Bewegung. Wir werden wohl nie wissen, wie viel die Vitamine tatsächlich zu Pusukes gutem Leben beigetragen haben (oder welche »Vitamine« dies waren). Aber es gibt viele Geschichten, die ganz Ähnliches erzählen. Auch die Wissenschaft holt allmählich auf und zeigt, wie wichtig solche Nahrungsergänzungen sind, wenn sie richtig eingesetzt werden. In den letzten zehn Jahren wurden immer mehr Studien veröffentlicht, die belegen, wie durch bestimmte Nahrungsergänzungen auch bei Hunden Krankheiten und Verletzungen verhindert oder geheilt werden konnten. Wodurch sich natürlich auch das Leben der Tiere verlängert. Wir wollen hier für Sie die Spreu vom Weizen trennen. Heute gibt es eine ganze Phalanx von Nahrungsergänzungsmitteln für Hunde, produziert von Menschen, die diese Tiere ebenso lieben wie Sie. Menschen, die bereit sind, alles Nötige zu tun, um das Leben ihrer bellenden Begleiter zu verlängern. Viele Studien zu Nahrungsergänzungsmitteln brachten auch neue Erkenntnisse für den Menschen.

Wenn Sie im Drogeriemarkt durch den Gang mit den Nahrungsergänzungsmitteln schlendern, schwirrt Ihnen vermutlich bald der Kopf angesichts der Vielzahl von Produkten und Marken. Sie stoßen auf Präparate, deren Namen Sie nicht mal richtig aussprechen können (wie Ashwagandha oder Phosphatidylserin). Und Sie lesen Versprechungen wie »Mit X blüht Ihr Hund auf« oder »Klinisch [beziehungsweise ›tierärztlich‹] getestet: Verbessert X, Y oder Z«. Und der wirksamste Köder: »Verlängern Sie das Leben Ihres Hundes um 30 Prozent, indem Sie ihm X geben.«

Nahrungsergänzungsmittel sind ein Milliardengeschäft. Und eine unglaublich verwirrende Materie! Aber zusammen mit dem nötigen Hintergrundwissen kann ihr Einsatz tatsächlich Wunder wirken. Allein die für den Tiermarkt produzierten Nahrungsergänzungsmittel spülen in den USA jährlich 135 Milliarden Dollar in die Kassen. Weltweit rechnet man mit einem Umsatz von 637,6 Millionen Dollar und für die Jahre 2020 bis 2027 mit einem jährlichen Umsatzplus von 6,4 Prozent.

Und wer lässt diesen Markt so boomen? Die gleichen Kunden, die in den letzten zehn Jahren die Wellnesskultur befeuerten: Babyboomer und Millennials. Tatsächlich betrachten gerade Letztere ihr Haustier bisweilen als Kindersatz. Sie haben ihre Eltern als Nachfrage-Anheizer für qualitativ hochwertige Nahrungsergänzungsmittel längst abgelöst. Man schätzt, dass mittlerweile 57 bis 65 Prozent der US-Amerikaner Haustiere halten. Der höhere Wert stammt von der Handelsgruppe American Pet Products Association und stellt einen Rekord dar. Die meisten Haustierbesitzer sind Millennials, und sie kümmern sich um ihre Tiere genauso, wie sie sich um Kinder kümmern würden, wenn sie denn welche hätten. (Jedenfalls war die Geburtenrate von 2018 in den USA die niedrigste seit 32 Jahren.)

Fast 70 Prozent der 1139 von TD Ameritrade befragten Haustierbesitzer aus der Millennialsgeneration gaben an, sie würden für einen neuen tierischen Hausgenossen auch von der Arbeit zu Hause bleiben, wenn das möglich wäre. Fast 80 Prozent der befragten Frauen und 60 Prozent der Männer meinten, sie betrachteten ihr Haustier als »Fellbaby«. Die Anzahl der Krankenversicherungen für Tiere legte um 18 Prozent zu: von 1,8 Millionen im Jahr 2017 auf mehr als 2 Millionen 2018. Das US Bureau of Labor Statistics (Statistisches Amt für Arbeitsmarktdaten) geht davon aus, dass Jobs für Tierärzte und Tierarzthelfer bis 2028 um 20 Prozent zunehmen werden.

Produkte, die den Vorgängergenerationen noch als Luxus galten, betrachten Millennials als Selbstverständlichkeit. Und natürlich machen Risikokapitalgeber und Investoren bei diesem Goldrausch mit. Es gibt schon Konferenzen, auf denen sich Start-ups vorstellen, die Langlebensprodukte und Nahrungsergänzungsmittel für Tiere herstellen. (Hundebesitzer zwischen 25 und 34 Jahren geben besonders häufig an, dass sie Nahrungssupplements für ihr Tier kaufen. Insgesamt geben Hundebesitzer für ihren Hausgenossen viermal so viel Geld aus wie Katzenbesitzer.

78 Prozent des Gesamtumsatzes mit Ergänzungsmitteln für Tiere gehen de facto auf ihr Konto.)

Ziel und Zweck jeder Supplementierung ist es, Lücken zu füllen, die die Ernährung nicht füllen kann. Manchmal übertreiben die Leute es aber auch mit der Anwendung. Dann nimmt der Körper Schaden, denn tatsächlich kann man auch zu viel des Guten tun. Antioxidanzien sind hierfür ein gutes Beispiel. Der Organismus braucht sie, um freie Radikale in Schach zu halten. Nimmt man jedoch über Nahrungsergänzungsmittel zu viele synthetische Antioxidanzien zu sich, dann wird die Eigenproduktion des Körpers heruntergefahren und damit auch seine Entgiftungsmaschinerie. Unsere DNS kurbelt die Produktion körpereigener (endogener) Antioxidanzien an, wenn bestimmte Signale erfolgen. Und dieses natürliche Antioxidanssystem ist leistungsfähiger als jedes Nahrungsergänzungsmittel.

Die Natur hat ihre eigenen biochemischen Mechanismen, um in Zeiten hoher oxidativer Belastung schützende Antioxidanzien herzustellen – bei allen Tieren, also bei Mensch und Hund gleichermaßen. Wir sind also nicht auf äußere Quellen angewiesen. Unsere Zellen schütten auf Anforderung antioxidative Enzyme aus.

Bislang hat man verschiedene Signalwege für antioxidative und entgiftende Wirkung ausgemacht. Dabei spielt ein bestimmtes Protein namens Nrf2 eine wichtige Rolle. Wir haben uns bereits in Kapitel 7 damit beschäftigt. Es gilt als »Meisterregulator« der Alterungsprozesse, weil es viele Gene aktiviert, die man mit Langlebigkeit in Verbindung bringt, und oxidativen Stress verringert. Die Nrf2-Ausschüttung wird von bestimmten Stoffen angekurbelt, zum Beispiel von Kurkuma, Grüntee, Silymarin (Mariendistel), Bacopa, Docosahexaensäure (DHA), Sulforaphanen (im Brokkoli, nicht als Supplement) und Ashwagandha. Jeder dieser Stoffe kann im Körper die Produktion wichtiger Antioxidanzien triggern, zum Beispiel von Glutathion, einem der bedeutendsten Stoffe zum Entgiften. Tiermedizinische Studien zeigen, dass Hunde, die an Altersbeschwerden oder an einer Lebererkrankung leiden, zu wenig Glutathion haben. Glutathion ist ein wichtiger Faktor in der Entgiftungschemie. Es bindet Giftstoffe und macht sie unschädlich. Daher gehört es zu den Nahrungsergänzungsmitteln, die wir Ihnen empfehlen – neben einigen anderen, die die Glutathionproduktion fördern.

Nahrungssynergien – Das Ganze ist mehr als die Summe seiner Teile

Nahrungsergänzungsmittel sind kein Allheilmittel bei schlechter Ernährung. Und anders, als die Werbung es verspricht, sind sie auch nicht der Schlüssel zum ewigen Leben. Daher empfehlen wir, Nahrungsergänzungsmittel erst zu geben, wenn Sie die Ernährung Ihres Hundes umgestellt haben. Supplements sind keineswegs der direkte Weg zu bester Gesundheit. Aber manchmal sind sie die einzige Möglichkeit, Ihr Tier in ausreichender Menge mit notwendigen Nährstoffen zu versorgen. So kann ein Hund nicht kiloweise Äpfel oder Grünkohl fressen, wenn er unbedingt Quercetin braucht. Ein Nahrungsergänzungsmittel aber kann ihm dieses Flavonoid in therapeutisch ausreichender Menge liefern. Trotzdem sollten Sie versuchen, den Nährstoffbedarf weitestgehend über die normale Fütterung zu decken. Labradore fressen ohnehin *alles*, Chihuahuas nicht. Braucht Ihr Hund Nahrungsergänzungsmittel, geben Sie sie ihm. Aber nicht alle Hunde benötigen eine ständige Supplementierung.

Wir könnten ein dickes Lexikon erstellen mit all den Supplements, die bestimmten Rassen bei bestimmten Krankheiten und in bestimmten Lebensphasen helfen. Aber das haben andere Leute schon vor uns getan, und auch online finden Sie eine Menge an einschlägiger Information. Was jedoch fehlt, ist eine Liste von Anti-Aging-Supplements, die Synergieeffekte bewirken. Eine solche Liste haben wir für Sie zusammengestellt. Die Auswahl erfolgte im Hinblick auf bestimmte Wirkungen. Aber natürlich gibt es noch weit mehr Supplements. Auf unserer Webseite (www.foreverdog.com) finden Sie in englischer Sprache eine ausführlichere Diskussion zum Thema »Nahrungsergänzungsmittel«.

Hier präsentieren wir Ihnen die wichtigsten Informationen, die jeder Tierhüter kennen sollte. Dazu kommen noch Tipps für spezielle Anforderungen wie Alter, Rasse, Gesundheitszustand und Umweltbelastungen. Wir empfehlen Ihnen, sich zuerst mit den grundlegenden Infos zu befassen, die den Lebensstil im Allgemeinen betreffen. Und dann wählen Sie aus, was am besten für die Bedürfnisse Ihres Hundes passt (siehe dazu auch Kapitel 9). Natürlich spielt dabei auch das Budget eine gewisse Rolle. Eine ganze Apotheke an Nahrungsergänzungsmitteln anzuschaffen ist nun mal nicht immer drin. Aber das sollte kein Problem sein. Mit unseren Informationen können Sie sich gut im großen Angebot an Supplements zurechtfinden und die beste Auswahl für Ihren Hund zusammenstellen.

Auf unserer Webseite finden Sie in englischer Sprache eine regelmäßig upgedatete Liste von Nahrungsergänzungsmitteln. Da diese Industrie keinerlei Regulierung unterliegt (ihre Produkte werden nicht auf Verträglichkeit und Wirksamkeit getestet), gibt es große Qualitätsunterschiede zwischen den Marken. Nicht alle

Supplements werden aus Zutaten hergestellt, die sich auch für den menschlichen Verzehr eignen. Auch wechseln manche Unternehmen den Besitzer beziehungsweise manche Produktlinien werden eingestellt. Der ganze Sektor ist ständig im Umbruch begriffen. Es werden ja auch immer neue Wirkstoffe untersucht und neue Produkte auf den Markt geworfen. An den Grunddaten ändert sich jedoch nichts. Leidet Ihr Hund unter einer tierärztlich diagnostizierten Krankheit, bekommt er Medikamente oder muss er operiert werden, sprechen Sie bitte zuerst mit Ihrem Tierarzt, bevor Sie ihm neue Nahrungsergänzungsmittel verabreichen.

»Impulsgaben«: Warum wir sie für die meisten Supplements empfehlen

Wenn Sie jeden Tag die gleichen Nahrungsergänzungsmittel geben, hat der Körper reichlich Zeit, um sich daran zu gewöhnen. Wechseln Sie jedoch öfter mal die Marke, und dosieren Sie das Mittel anders, dann optimieren Sie damit die Reaktion des Körpers auf ein Supplement. Aus diesem Grund empfehlen wir diese immer nur »mehrmals pro Woche«. Es ist auch okay, wenn Sie es mal vergessen oder einen Tag lang weglassen. Keine Panik! Die einzigen Mittel, die Ihr Hund jeden Tag um die gleiche Zeit braucht, sind seine Medikamente, falls er solche bekommt. Bei Nahrungsergänzungsmitteln muss die Einnahme nicht so streng reguliert sein. Sie geben sie schließlich, um dem Epigenom Ihres Hundes eine aufbauende Botschaft ins Ohr zu flüstern – jenen Umweltfaktoren, die die DNS Ihres Hundes beeinflussen. Sie schalten die Gene an oder ab und prägen so die Genexpression.

Supplements – Die Grundlagen

Wir haben uns in Kapitel 3 mit dem Enzym AMPK, dem mTor-Signalweg und der Autophagie beschäftigt – Mittel und Wege, um der Zelle beim Hausputz zu helfen. Idealerweise wollen wir, dass mTOR nicht allzu stark wird, damit die Autophagie im Körper ihre Wunder wirken kann. Nur kurz zur Erinnerung: MTOR ist der »Dimmer« im Körper, mit dem die Autophagie an- oder abgeschaltet wird. Autophagie heißt, dass die Zellen im Innern sauber machen und recyceln, was sie noch gebrauchen können. Des Weiteren wollen wir die Anti-Aging-Sirtuingene anregen und die Aktivität von AMPK fördern. Auch dieses Anti-Aging-Molekül hält die Zellen sauber und gilt deshalb als »Hüter des Stoffwechsels«. Ebendessen Produktion kurbeln Sie an, wenn Sie sich an unsere Empfehlungen halten.

Wie Sie Anti-Aging-Prozesse im Körper anregen

- Intervallfütterung,
- Bewegung,
- Resveratrol,
- Omega-3-Fettsäuren,
- Curcumin,
- DIM,
- Granatapfel (Ellagsäure),
- Mariendistel,
- Carnosin,
- Fisetin (in Erdbeeren),
- Reishi-Pilze.

Resveratrol

Resveratrol ist eines der wichtigen Werkzeuge in unserem Bordkoffer. Jake Perry, ein Klempner im Ruhestand aus dem texanischen Austin, ging ins *Guinness Buch der Rekorde* ein, weil er die älteste Katze aller Zeiten hielt – und das Ganze zweimal. Der erste Rekord stammt aus dem Jahr 1998 und betraf eine Mischung aus Sphinx und Devon Rex namens Granpa Rex Allen. Er wurde 32 Jahre alt. Der zweite Rekord wurde 2005 eingetragen, als eine Mischlings-Tabbykatze mit Namen Creme Puff das stolze Alter von 38 Jahren erreichte. (Das ist mehr als das Doppelte der für Katzen registrierten maximalen Lebensdauer!) Perrys Geheimnis? Er gab den Katzen handelsübliches Futter, das er mit anderen Zutaten wie Eier, Putenschinken und Brokkoli aufpeppte. Und er tat etwas, das damals noch recht ungewöhnlich war: Er fütterte die Katzen jeden zweiten Tag mit einer Pipette Rotwein, um »die Arterien freizuhalten«. Konnte die winzige Dosis Resveratrol im Wein tatsächlich für das lange Leben von Perrys Katzen verantwortlich sein? Jake geht davon aus. Wir empfehlen zwar *unter keinen Umständen* Alkohol für Haustiere, doch zu dem gut untersuchten Inhaltsstoff Resveratrol haben wir durchaus etwas zu sagen. (Vielleicht haben Sie ja auch schon von Resveratrol gehört: Es gehört zu den Polyphenolen und ist in Trauben, Beeren, Erdnüssen und einigen Gemüsesorten enthalten. Das Resveratrol verleiht dem Rotwein seine schöne Farbe.) Natürlich füttern wir Hunde nicht mit Trauben, aber es gibt auch eine für Hunde sichere Resveratrol-Quelle.

Das Resveratrol in den Nahrungsergänzungsmitteln für Tiere stammt vom Japanischen Staudenknöterich (Polygonum cuspidatum), der auch in der japanischen und chinesischen Medizin verwendet wird.

In das Hunde-Universum hält diese Substanz erst seit Kurzem Einzug, doch sie entfaltet hier antientzündliche und antioxidative Wirkungen, während sie ganz nebenbei noch Herz und Kreislauf schützt, gegen Krebs wirkt und neurologische Funktionen unterstützt. Vor allem hebt sie den Aufmerksamkeitsgrad und reduziert das Risiko für alle möglichen geistigen Störungen von der Depression bis hin zu kognitivem Abbau und Demenz.

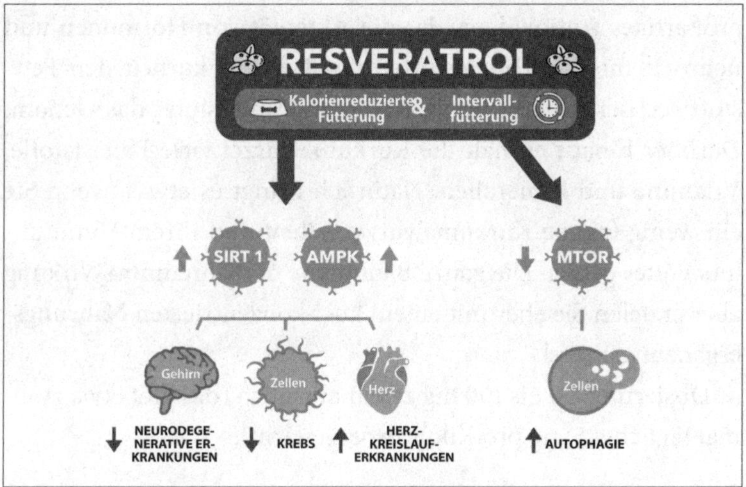

Dosierung: Die Dosierungsempfehlungen für den Japanischen Staudenknöterich reichen beim Hund von 5 bis 300 mg pro kg Körpergewicht täglich. Die hohe Dosierung untersucht man im Augenblick auf ihre Wirkung beim Hämangiosarkom. Die Produkte, die Sie im Drogeriemarkt kaufen können, sind meist sehr niedrig dosiert. Eine gut untersuchte Menge bei Tieren liegt bei täglich 100 mg pro kg Körpergewicht, die auf mehrere Fütterungen verteilt werden sollten.

Curcumin

Sie suchen unter den Supplements das »Schweizer Armeemesser«, das wirklich in allen Fällen gute Dienste leistet? Wie bereits im letzten Kapitel erwähnt wurde, entfaltet Curcumin bei einer ganzen Reihe von Krankheiten positive Wirkung und ist stark antientzündlich. Der Stoff wirkt auf biochemische Signalwege ein, die mit neurodegenerativen Erkrankungen zu tun haben, welche zu kognitivem Abbau, Energieverlust, Erschöpfung, Stimmungsschwankungen und Angststörungen führen. Curcumin ist ein großartiges Antioxidans, das die Aktivität von Hormonen und neurochemischen Botenstoffen reguliert. Es kurbelt den Fettstoffwechsel an, hilft gegen Krebs und unterstützt das Genom. Darüber hinaus enthält die Kurkumawurzel viele Ballaststoffe, Vitamine und Mineralien. Natürlich bringt es etwas, wenn Sie ein wenig frische Kurkumawurzel reiben und Ihrem Hund unters Futter geben. Die ganze Bandbreite der Curcumin-Wirkung aber erzielen Sie eher mit einem kochkonzentrierten Nahrungsergänzungsmittel.

Dosierung: 50 bis 100 mg zweimal täglich (das gibt etwa zweimal täglich 4,5 mg pro Kilo Körpergewicht).

Probiotika

Für Hunde sind verschiedene Probiotika auf dem Markt. Sehen Sie sich nach einem Präparat um, das mehrere Probiotika-Stämme enthält mit einem möglichst hohen KBE-Wert (koloniebildende Einheiten), der von dritter Seite überprüft wurde. Außerdem empfehlen wir, die verwendeten Marken immer wieder zu wechseln: Sporenbildende Bakterien und andere Bakterienstämme haben verschiedene Eigenschaften, die dazu beitragen, das Darm-

Mikrobiom Ihres Hundes besser zu diversifizieren. Nehmen Sie noch Präbiotika hinzu, die wir auf Seite 335 aufgeführt haben, und schon kommen Sie ans gewünschte Ziel: *Postbiotika*. Postbiotika stammen aus reichen Polyphenolquellen, die der Nahrung zugefügt werden. Diese sind allerdings hitzeempfindlich, was ein weiterer Grund ist, weshalb mehrfach erhitztes Hundefutter schlecht ist. Fermentierte Gemüse und Kefir sind wunderbare Probiotikaquellen, aber viele Hunde mögen den säuerlichen Geschmack nicht. Nutzen Sie die Nahrung als Probiotikaquelle nur, sofern Ihr Hund mitspielt. Wenn nicht, wechseln Sie verschiedene Supplements mit Probiotika durch, damit das Darm-Mikrobiom erhält, was Ihr Hund braucht. Beachten Sie bei jedem einzelnen Produkt die Dosierungsanweisung auf der Packung. Viele Hunde reagieren positiv auf eine Mischung aus Probiotika und Verdauungsenzymen.

Präbiotische Nahrungsmittel + Probiotika (Bakterien aus fermentierten Nahrungsmitteln oder Supplements) = Postbiotika. Postbiotika gelten heute als wichtiger Schritt hin zu mehr Gesundheit und Wohlbefinden für Ihren Hund.

Essenzielle Fettsäuren

Alle Fettsäuren sind für Struktur und Funktion der Zellmembranen essenziell, vor allem im Gehirn. (Studien zeigen, dass Menschen mit den höchsten Spiegeln an Omega-3-Fettsäuren im Blut – ein bestimmter Typ mehrfach ungesättigter Fettsäuren – ein besseres Gedächtnis und ein größeres Gehirn haben als Menschen mit einem niedrigen Spiegel.) Gerade für Hunde sind die wissenschaftlichen Resultate *eindeutig*: Fischöl verbessert die Haut, das Verhalten, die Gehirnfunktion und die Herzgesundheit. Es macht Welpen klüger und reduziert Entzündungen beziehungsweise epileptische Anfälle. Ohne Fettsäuren würden die Zellen zerfallen. Zellmembranen sind Lipidhüllen, die das Innenleben der Zelle schützen und so ihre Funktion aufrechterhalten. Die Membran ist wichtig für die Produktion von Energie in den Mitochondrien, denn ohne die Doppelmembranstruktur ließe sich elektrische Ladung nicht trennen und speichern – und es könnte keine chemische Reaktion zur Energieerzeugung ablaufen.

Das Volumen der Zellmembranen im Körper ist absolut verblüffend. Daher brauchen Hunde auch unbedingt essenzielle Fettsäuren. Die Herausforderung besteht darin, dass sie mit der Ernährung zugeführt werden müssen, denn der Hund kann sie nicht selbst bilden. Wurde das Hundefutter mehrfach erhitzt, wirkt sich das auf die Menge der essenziellen Fettsäuren aus. Daher empfehlen wir auch hier die Supplementierung.

Verwenden Sie Nahrungsergänzungsmittel, die möglichst viel Omega-3-Fettsäuren enthalten: Eicosapentaensäure (EPA) und Docosahexaensäure (DHA). Diese Fettsäuren, die für Hunde die beste Form von Omega-3-Fettsäuren sind, stammen häufig von fettem Fisch oder aus den Ölen solcher Fische und Meeresfrüchte (Lachs, Krill, Tintenfisch, Muscheln und so weiter). Man konnte nachweisen, dass sie Entzündungen reduzieren und die Gehirnregeneration unterstützen (indem sie den Spiegel des BDNF-Wachstumsfaktors ansteigen lassen). Die eigentlichen Superstars in diesen Prozessen aber sind die Resolvine, die bei der Verstoffwechslung jener Öle entstehen. Sie lassen bestehende Entzündungen abheilen und beugen ihrer Entstehung vor. Andere Arten gesunder Öle und Fette (zum Beispiel Hanf, Chia und Leinsamen) enthalten kein DHA oder EPA, die zu Resolvinen verarbeitet werden könnten. Ein weiteres Problem ist, dass diese Verbindungen durch Erhitzung inaktiv werden.

Die Erhitzung von Tierfutter sorgt dafür, dass essenzielle Fettsäuren zerstört werden. Und selbst wenn auf der Packung ein gutes Verhältnis von Omega-3- zu Omega-6-Fettsäuren angegeben ist: Sobald Sie die Packung öffnen, gehen die Fettsäuren verloren. Dies ist ein weiterer Grund, warum wir empfehlen, eine stabile, qualitativ hochwertige Quelle für Omega-3-Fettsäuren als Supplement zuzufüttern. (Wenn Sie Ihr Hundefutter im Kühlschrank aufbewahren, werden die Fettsäuren nicht so schnell zerstört.) Aber EPA und DHA sollten wirklich aus ozeanischen Quellen bezogen werden (nicht aus pflanzlichen), denn diese enthalten nicht genug Omega-3-Fettsäuren für Ihren Hund. Die Omegas aus dem Ozean sind für den Körper am besten verfügbar. Außerdem werden sie üblicherweise von unabhängigen Quellen auf Verunreinigungen überprüft.

Die schlechte Presse, die Nahrungsergänzungsmittel auf Fischölbasis zum Teil hatten, liegt an der Form, in der man diese Öle anbietet. Mehrere Untersuchungen haben erwiesen, dass die an Ethylester gebundene Form (die weit billiger herzustellen ist als die natürlich an Triglyzeride oder Phospholipide gebundene Form) sehr schnell oxidiert wird, was dem Körper Antioxidanzien raubt. (Nicht unser Ziel!) Wenn Sie also Fischöl kaufen, achten Sie darauf, dass es die Triglyzerid- oder Phospholipid-Form ist. Wir wechseln ohnehin bei den Quellen ab: Lachs, Krill, Sardinen, Muscheln und Tintenfisch. Wenn Ihr Hund auf solche Öle allergisch reagiert (was selten vorkommt), dann gibt es immer noch pflanzliche Öle aus Algen (kein Algenpulver, weil es nicht genug DHA oder EPA enthält!).

Wenn Sie Ihren Hund mit Frischkost ernähren, die nicht erst mal ein Jahr lang im Regal lag, müssen Sie weniger Omega-3-Fettsäuren supplementieren. Verwenden Sie fette Fischsorten (wie Sardinen oder gegarten Lachs) dreimal die Woche als Zufütterung, müssen Sie gar keine extra Omega-3-Fettsäuren geben!

Dosierung: Unsere Tierernährungsspezialistin Dr. Donna Raditic sagt, dass die antientzündlichen Wirkungen von EPA und DHA bei Hunden mit verschiedenen Erkrankungen (Nierenschäden, atopisches Ekzem, Arthrose und Reizdarmsyndrom) untersucht wurden. Dabei wurden zwischen 50 und 220 mg pro Kilo Körpergewicht gegeben. Die höchste Dosis wird für Tiere mit Arthrose empfohlen, wenn diese nicht anderweitig supplementiert werden (zum Beispiel durch das Futter). Frisst Ihr Hund absolut nichts, was Omega-3-Fettsäuren enthält (zum Beispiel Sardinen), dann sind 75 mg pro Kilo Körpergewicht eine gute Erhaltungsdosis für gesunde Hunde. Man berechnet die Dosis, indem man die EPA- und DHA-Angaben für jede einzelne Kapsel addiert. Wir empfehlen, Omega-3-Fettsäuren im Kühlschrank aufzubewahren, sobald die Packung geöffnet ist. Wenn Sie sie aus der Flasche geben, verbrauchen Sie deren Inhalt möglichst innerhalb von 30 Tagen. Sie können auch Kapseln kaufen und sie in Hackfleischbällchen verstecken.

Achtung: Lebertran (vom Kabeljau) ist Leberöl. Es enthält viel Vitamin A und D, aber keine Omega-3-Fettsäuren. Für einige Rezepte braucht es Lebertran, damit die fettlöslichen Vitamine sich auflösen. Wir empfehlen Lebertran nicht für Ihren Hund, außer es ist im Rezept extra angegeben, oder Ihr Hund hat einen tierärztlich festgestellten Mangel an Vitamin A beziehungsweise D.

Zu wenig Vitamin D

Viele Menschen, die auf der nördlichen Erdhalbkugel leben, haben zu wenig Vitamin D. Das gilt auch für einige Hunderassen, selbst wenn das Vitamin D zugefüttert wird. Hunde Supplements mit fettlöslichen Vitaminen (vor allem A und D) zu geben kann schnell zu Giftwirkung führen. Bitte geben Sie nie Vitamin D, ohne vorher mit Ihrem Tierarzt gesprochen zu haben. Wissenschaftliche Untersuchungen zeigen, dass nördliche Rassen (Schlittenhunde) mehr Vitamin E und D, mehr Omega-3-Fettsäuren und Zink brauchen, um ernährungsbedingte Hautprobleme zu vermeiden. Wenn sie das hören, denken viele Hundebesitzer, ihr Hund bräuchte ebenfalls eine solche Nahrungsergänzung. Aber so etwas in Eigenregie zu machen führt schnell zu Katastrophen. Wenn Sie glauben, dass Ihr Hund ein bestimmtes Vitamin oder einen bestimmten Mineralstoff braucht, lassen Sie beim Tierarzt vorher ein Blutbild machen.

Quercetin

Dieses wunderbare Molekül brachte das Internet zum Kochen, als wir auf *Planet Paws* zum ersten Mal darüber schrieben. Wir sprachen speziell die Halter allergischer Hunde an: Hefepilze im Ohr, laufende, rote, verklebte Augen, juckende und schuppende Haut und Niesen, Niesen, Niesen (neben anderen Symptomen, die als Reaktion auf Umweltallergene auftreten). Tierärzte betrachten Quercetin als natürliches Benadryl (Antihistaminikum), weil es bei Hundeallergien hilft. Quercetin ist ein wichtiges Polyphenol, das in unserer Nahrung vorkommt, sodass wir es fast täglich konsumieren. Das Flavonoid findet sich in Obst und Gemüse wie Äpfeln, Beeren und grünem Blattgemüse. Studien zur Bioaktivität von Quercetin zeigen, dass es ein starkes Antioxidans und daher antientzündlich ist. Es wirkt vielen Krankheiten entgegen. Untersuchungen über seine Immunwirkung haben ergeben, dass es auf verschiedenen Signalwegen die Entwicklung degenerativer Erkrankungen bremst oder verhindert. Und natürlich ist es ein starkes Antihistaminikum.

Quercetin trägt erwiesenermaßen dazu bei, Prozesse in den Mitochondrien zu regulieren, was sich auf die gesamte Zelle auswirkt. Neuere Forschungsarbeiten belegen, dass Quercetin als Nahrungsergänzungsmittel positiv auf neurodegenerative Erkrankungen wirkt: Im Versuch an Mäusen zeigte sich, dass es die Plaquebildung im Gehirn reduziert, die für Alzheimer verantwortlich zu sein scheint. Außerdem verhindert es, dass sich AGEs (Advanced Glycation Endproducts) im Körper bilden. Darüber hinaus kann es Zombiezellen abbauen.

Dosierung: Multiplizieren Sie das Gewicht Ihres Hundes in Kilo mit 18,18. Die sich ergebende Zahl ist die Höchstdosis in mg pro Tag. (Ein Hund mit 22 Kilo Körpergewicht sollte 400 mg pro Tag bekommen, ein Hund mit 55 Kilo 1000 mg – das entspricht 124 roten Äpfeln und oder 217 Tassen Heidelbeeren.) Ein Tipp: Welche Menge Sie Ihrem Hund auch immer verabreichen, Sie sollten sie auf 2 Portionen aufteilen. Am besten verstecken Sie die Kapseln im Futter oder in Leckerlis, oder Sie mischen das Pulver unters Futter. Wenn Ihr Tier in einem wirklich schlechten Zustand ist, können Sie bei diesem Supplement die Dosis auch verdoppeln.

Ein Tipp: Mandelmus ist die bessere »Pill Pocket«

»Pill Pockets« sind Leckerli, bei denen Sie Medikamente nur in die vorgefertigte Tasche einer Leckerei stecken müssen. Es gibt sie in jedem Tierfutterladen. Allerdings gehören auch sie zu den hochverarbeiteten Futtermitteln. Ein Klecks biologisches Mandelmus (33 Kalorien pro Teelöffel) ist ein guter Ersatz. Wir machen es selbst, indem wir Mandeln in einen guten Mixer geben. Mandelmus reduziert nicht nur oxidativen Stress, es kann beim Menschen auch das C-reaktive Protein entscheidend senken, das einen wichtigen Entzündungsmarker darstellt. Darüber hinaus enthalten Mandeln Lignane und Flavonoide. Auch naturbelassene Sonnenblumenkerne geben ein Vitamin-E-reiches Do-it-yourself-Leckerli, in dem Sie Pillen und Pülverchen verstecken können, die Ihr Hund braucht. Oder Sie verwenden ein Fleischbällchen, ein Stück Mozzarella (mit dem Sie Fidos Darm-Mikrobiom fördern) oder 1 Teelöffel naturreines Kürbismus. (Den Rest können Sie in Eiswürfelschalen einfrieren und später verwenden.) Erdnussmus ist häufig mit Mykotoxinen belastet. Manche Sorten sind auch mit Xylitol gesüßt – das aber ist für Hunde giftig!

Nicotinamidribosid (NR)

Wenn Sie irgendjemandem, der mit Anti-Aging-Medizin befasst ist, fragen, welche Moleküle hier die beste Wirkung versprechen, fällt irgendwann das Stichwort: NR. Nicotinamidribosid ist eine alternative Form von Vitamin B_3 und Vorläufer des Nicotinamid-Adenin-Dinukleotids (NAD^+). Dieser Superstar unter den Molekülen agiert bei vielen wichtigen Prozessen im Säugetierkörper als Coenzym: Zellenergieproduktion, DNS-Reparatur und

Sirtuin-Aktivität. (Diese Enzyme sind am Alterungsprozess beteiligt.) Ohne NAD^+ könnten die Prozesse nicht stattfinden, und es gäbe kein Leben. Das Molekül ist so wichtig, dass es in jeder einzelnen Körperzelle vorhanden ist. Neuere Untersuchungen zeigen, dass es im Alter abnimmt – und Wissenschaftler halten dies für einen wichtigen Marker des Alterungsprozesses. Niedrige NAD^+-Spiegel sind auch für viele altersbedingte Probleme verantwortlich, zum Beispiel Herz-Kreislauf-Erkrankungen, neurodegenerative Krankheiten und Krebs.

Eine Studie an alternden Mäusen zeigte, dass die Nahrungsergänzung mit Nicotinamid-Mononukleotid (NMN), einem weiteren Vorläufermolekül von NAD^+, altersbedingten genetischen Veränderungen vorbeugen half. Es verbesserte darüber hinaus den Energiestoffwechsel, die körperliche Aktivität und die Insulinsensitivität. Es ist gar nicht so leicht, NAD^+ mit Nahrungsergänzungsmitteln zu erhöhen, denn in dieser Form zeigt sich das Molekül als schlecht bioverfügbar. Die Gabe von NR aber erhöht den NAD^+-Spiegel. Studien am Tier haben gezeigt, dass die Supplementierung mit den Vorläufermolekülen NR und NMN den NAD^+-Spiegel wieder ansteigen lässt, sodass der körperliche Abbau gebremst wird. Viele Anti-Aging-Experten, mit denen wir bei den Recherchen für dieses Buch sprachen, gaben an, dass sie selbst täglich NR oder NMN einnehmen. Im Moment wird NMN an Beagles ausprobiert. Wir selbst nehmen es ebenfalls ein, weil es auch die Blutfette und den Insulinspiegel senkt.

Dosierung: Über die Dosierung ist man sich noch nicht im Klaren. Viele Produkte für den Menschen empfehlen 300 mg pro Tag. (Was etwa 4 mg pro Kilo Körpergewicht für den Hund ergäbe.) Studien am Tier aber lassen vermuten, dass eine höhere Dosierung angebracht wäre (täglich 32 mg pro Kilo Körpergewicht). Dieses Nahrungsergänzungsmittel ist allerdings sehr teuer, also geben Sie einfach, was Sie für richtig halten, und fangen Sie mit täglich 4 mg pro Kilo Körpergewicht an.

Nootropika

Nootropika, auch »Smart Supplements« genannt, sind Moleküle, welche die Gehirnfunktion verbessern, indem sie dem kognitiven Abbau entgegenwirken. Studien haben gezeigt, dass Menschen mit solchen Symptomen einen Mangel an bestimmten Vitaminen und Nährstoffen aufweisen, die davor schützen können. Dasselbe wurde im Tierversuch festgestellt. Wissenschaftler haben entdeckt, dass bestimmte Nährstoffe für die Zellaktivität eine bedeutende Rolle spielen, und diese ist für die kognitiven Funktionen wichtig. Forschungsarbeiten belegen, dass chronischer Stress den kognitiven Abbau verstärkt und die Gedächtnisleistung verringert. In einigen Nootropika sind Stoffe enthalten, die als Adaptogen wirken, das heißt Ihrem Körper helfen, mit Stress besser fertigzuwerden, was wiederum Ihre kognitiven Funktionen unterstützt.

Der Igel-Stachelbartpilz

Dieser nootropisch wirkende Heilpilz verbessert die Kognition ganz entscheidend. Er ist ein gutes Adaptogen (hilft also dem Körper, Stress besser zu bewältigen). Forschungsarbeiten zeigen, dass er auch bei depressiven und ängstlichen Tieren vielversprechende Verbesserungen zeigt. Ein Polysaccharid im Pilz erwies sich als nützlich bei Magen-Darm-Erkrankungen, auch bei Magengeschwüren. Es verhindert bei Tieren Probleme mit dem Nervensystem und wirkt neuroprotektiv. Da es die Myelinscheiden schützt, wirkt es auch gegen degenerative Myelopathie bei dafür anfälligen Rassen. Weil es den Magen-Darm-Trakt schützt, verbessert es auch das Immunsystem im Darm, das so Krankheitserreger besser abwehren kann. Frischen Igel-Stachelbart können Sie unters Futter mischen, wenn Sie ihn bekommen. Wenn nicht oder wenn Ihr Hund die Nase rümpft, dann können Sie ihn als Nahrungsergänzungsmittel geben, vor allem bei Tieren über sieben Jahren.

Dosierung: In einer japanischen Studie über Kognition hat man Menschen mit täglich 3000 mg behandelt und positive Resultate erzielt. Das wären 1000 mg für einen 22 Kilo schweren Hund.

Glutathion

Wir haben uns ja schon mit dieser lebenswichtigen Aminosäure beschäftigt, die der Körper selbst herstellen kann und die eine so wichtige Rolle beim Abbau von krebserregenden Stoffen spielt. Glutathion hilft, die schädlichen AGEs (Advanced Glycation Endproducts) von hochverarbeiteter Industrienahrung zu beseitigen, freie Radikale zu neutralisieren und Umweltgifte und Medikamentenrückstände auszuleiten. Es schützt Hunde auch vor Schäden durch Schwermetalle. 60 Prozent aller mit der Galle ausgeschiedenen Giftstoffe in Bellos Körper stammen aus Entgiftungsvorgängen, die auf Glutathion aufbauen. (Die Galle ist der wichtigste Ausscheidungsweg für Giftstoffe beim Hund.) Deshalb gilt Glutathion als »Meister-Antioxidans«. Glutathion stärkt auch andere Antioxidanzien, damit sie Entzündungen noch besser bekämpfen können. Es dient als Cofaktor für eine ganze Reihe von Enzymen, die freie Radikale neutralisieren. Studien zeigen, dass klinisch kranke Hunde wenig Glutathion im Körper haben. Heilpilze als Zusatz im Futter entfalten hier eine gute Wirkung, aber wenn Ihr Hund Pilze nicht mag, dann können Sie Glutathion gern auch als Nahrungsergänzungsmittel geben, vor allem wenn Fido schon älter ist.

Dosierung: Auch hier ist man sich nicht immer einig. Die meisten Ärzte empfehlen täglich 250 bis 500 mg für gesunde Menschen. Das wären täglich 4,5 bis 9 mg pro Kilo Körpergewicht für den Hund. Verabreichen Sie es zwischen den Mahlzeiten in einem Fleischbällchen oder einer Leckerei.

Gibt es Medikamente gegen Demenz beim Hund?

Ja, und sie wirken recht gut. Deprenyl (Wirkstoff: Selegilin) in niedriger Dosierung ist für Hunde zugelassen. Es regt die Dopaminproduktion an. Dopamin ist ein wichtiger Botenstoff im Gehirn, der mit Emotionen, Vergnügen und Motivation durch Belohnung zu tun hat. Dopamin fördert auch kontrollierte Bewegungen. Deprenyl wirkt, weil es die enzymatische Aktivität eines Stoffes hemmt, der Dopamin abbaut. Selegilin fördert die Wirkung neurotropher Faktoren, die bereits existierende Neuronen stärken und das Wachstum neuer unterstützen. Außerdem verstärkt Deprenyl auch die Produktion eines starken Antioxidans, das schädliche Substanzen abbaut. Dadurch werden Schäden am Gewebe verhindert, die zu verhärteten Arterien, Herzinfarkten, Schlaganfällen, Koma und anderen schweren Erkrankungen führen können. Falls Sie dieses Arzneimittel ausprobieren wollen, sprechen Sie bitte mit Ihrem Tierarzt. Wenn bei Ihrem Hund Symptome von Demenz diagnostiziert wurden, würden wir Ihnen empfehlen, so bald wie möglich seinen Lebensstil komplett umzustellen. Die Ärzte kennen die positiven Wirkungen von Selegilin schon seit den 1980ern. Selbst damals belegten Studien am Tier, dass die Lebenserwartung mit Selegilin sich messbar verlängert.

Maßgeschneiderte Supplements für bestimmte Belastungen

Zur Entgiftung

Wenn Sie im Haus oder Garten viele Chemikalien verwenden, sollten Sie Ihrem Hund SAM geben. Verwenden Sie Mittel gegen Flöhe und Zecken, geben Sie am besten Mariendistel.

SAM: S-Adenosylmethionin ist ein natürlich vorkommendes Molekül, das in der Leber von Hunden gebildet wird und für einige Entgiftungsmoleküle als Methyldonor fungiert; das heißt, es liefert anderen Molekülen eine Methylgruppe. So kann SAM dazu beitragen, dass die DNS Ihres Hundes durch Methylierung repariert wird. Außerdem ist SAM ein wichtiges Vorläufermolekül für Stoffe wie Kreatin, Phosphatidylcholin, Coenzym Q10 (CoQ10), Carnitin und Myelin. Diese Stoffe spielen eine Rolle beim Schmerzempfinden, Depressionen, Lebererkrankungen und anderen Störungen. SAM unterstützt die Produktion vieler Proteine und Neurotransmitter, weshalb es seit den 1990ern als Nutrazeutikum gilt. (Da SAM nicht in Nahrungsmitteln vorkommt, ist die Supplementierung in manchen Fällen angezeigt.) Mehrere Doppelblindstudien belegen den positiven Effekt bei Depressionen und Angststörungen. Klinische Versuche am Menschen zeigen, dass es auch als nichtsteroidales Antirheumatikum (antientzündlich) wirkt. Es kann also Schmerzen lindern und Schwellungen abbauen. Tierärzte nutzen es zur Behandlung von Krebs, Leberproblemen und bei kognitiven Funktionsstörungen von Hunden.

Einem bekannten SAM-Anbieter zufolge sollen sich nach vierbeziehungsweise achtwöchiger SAM-Gabe Verhaltensprobleme bei Hunden (unter anderem Unsauberkeit) um 44 Prozent gebessert haben (im Gegensatz zu einer 24-prozentigen Verbesserung in der Kontrollgruppe). Man stellte eine verbesserte Aktivität fest, die Hunde spielten mehr, waren aufmerksamer und schliefen besser. Desorientierung und Verwirrung ließen nach. Eine andere Studie an Laborhunden gibt an, dass die Tiere starke Verbesserungen bei kognitiven Prozessen zeigten, bei der Aufmerksamkeit und der Fähigkeit zur Problemlösung. Es gibt viele SAM-Supplements zu kaufen, aber Sie können auch Ihren Tierarzt um eine Verschreibung bitten.

Dosis: Geben Sie einmal täglich 15 bis 20 mg pro Kilo Körpergewicht. Dieses Nahrungsergänzungsmittel sollten Sie nicht mit dem Futter oder nach einer größeren Mahlzeit verabreichen. Am besten geben Sie es in einem Fleischbällchen zwischen den Mahlzeiten.

Mariendistel (Silymarin): Sie entgiftet die Leber. Sie wollen Pestizide ausschwemmen, Luftschadstoffe oder Medikamentenrückstände (auch von Floh-, Herzwurm- und Zeckenhalsbändern oder von NSAR-Schmerzmitteln)? Dann ist die Mariendistel Ihr Kraut. Sie macht Hausputz im Organismus Ihres Hundes. Entgiftung ist ein unglaublich wichtiger Prozess, nicht nur für Menschen, sondern auch für Tiere. Ein Hund, der Giftstoffe nicht ausscheiden kann, wird bald eine ganze Reihe von Problemen bekommen, unter anderem mit dem Immunsystem. Mariendistel ist der Meister-Entgifter. Das Medizinische Zentrum der University of Maryland sagt: »Frühe Laborstudien zeigen, dass Silymarin und andere bioaktive Substanzen in der Mariendistel gegen Krebs helfen. Sie scheinen die Krebszellen von der Teilung und Reproduktion abzuhalten, deren Lebensspanne zu verkürzen und die Blutzufuhr zum Tumor zu drosseln.«

Dosierung: vom losen Kraut ¼ Teelöffel auf 10 Kilo Körpergewicht. Maximale Wirkung erzielen Sie durch Impulsgaben (also nicht durch Dauergabe). Wenn Sie Ihrem Hund Medikamente gegen Herzwürmer (oder andere Arzneien) verabreicht haben, geben Sie eine Woche lang täglich Mariendistel. Die gleiche Dosierung gilt, wenn irgendwo in der Nähe Rasenflächen mit Unkrautvernichtungsmitteln behandelt werden. Mariendistel gibt es in vielen tierspezifischen Produkten (zum Beispiel in Rascave Hepar für Hund und Katze, das den meisten Tieren gut schmeckt). Wenn Sie mit einem Produkt für Menschen entgiften wollen, dann geben Sie zwischen 50 und 100 mg pro Kilo Körpergewicht. (Achten Sie darauf, dass das Produkt mindestens 70 Prozent Silymarin enthält.)

Wie Sie in jedem Alter die Gelenke unterstützen können

Junge Hunde können sich am Gelenk verletzen, alte Hunde leiden unter Abnutzungserscheinungen. Hier ist die Grünlippmuschel gefragt, die als Nahrungsergänzungsmittel Muskeln und Knochen unterstützt.

Die **Grünlippmuschel** (auch »Grünschalmuschel« genannt) ist eine natürliche Alternative zu NSAR-Schmerzmitteln, denn sie wirkt sehr ähnlich. Wie der Name schon sagt, kommt der Wirkstoff von der grünlippigen Muschel Perna canaliculus, die an der neuseeländischen Küste gedeiht. Sie weist einen kräftig grünen Streifen rund um die Schale auf und eine grüne Lippe auf der Innenseite. Diese Muscheln werden seit Jahrtausenden von den Maori, den Ureinwohnern Neuseelands, verwendet. Die Wissenschaft bestätigt, dass Maori, die an der Küste leben, viel weniger Gelenkabnutzungserscheinungen zeigen als die Maori im Binnenland. Der Grünlippmuschelextrakt lindert die Symptome der Arthrose bei Hunden. Eine placebokontrollierte Doppelblindstudie aus dem Jahr 2006 an 81 Hunden belegte, dass Tiere mit einer leichten bis mäßigen degenerativen Gelenkerkrankung von einer dauerhaften (mindestens 8 Wochen) Gabe von 1 Tablette mit 125 mg Grünlippmuschelextrakt täglich profitierten. Eine Studie, die 2015 im *Canadian Journal of Veterinary Research* erschien, zeigte, dass eine mit Grünlippmuschelextrakt angereicherte Ernährung den Gang von Hunden mit Arthrose im Vergleich mit einer normalen Ernährung ganz klar verbesserte. Hunde, die mit dem Grünlippmuschelextrakt angereicherte Ernährung bekamen, nahmen auch die Omega-3-Fettsäuren EPA und DHA besser auf. Die Wissenschaftler schlossen daraus, dass Grünlippmuschelextrakt bei der Arthrose des Hundes definitiv helfen kann. Es gibt auch gefriergetrocknete Grünlippmuscheln im Handel, ebenso wie Pulver als Supplement.

Dosierung: 33 mg täglich auf 1 Kilo Körpergewicht, die auf mehrere Mahlzeiten verteilt werden.

Für Hunde, die Unterstützung bei Stress und Angstzuständen brauchen (zusätzlich zu täglicher Bewegung und einem Verhaltenstraining)

L-Theanin ist eine beruhigende Aminosäure, die vor allem in Tee vorkommt. Sie fördert die Produktion von Alphawellen im Gehirn, die Ängste und Lärmempfindlichkeit lindern. Und sie unterstützt eine entspannte Konzentration. Es gibt L-Theanin speziell für Tiere (Telizen), Sie können es aber auch im Drogeriemarkt kaufen.

Die effektivste Dosierung war zweimal täglich 2,2 mg pro Kilo Körpergewicht.

Ashwagandha ist ein kleiner immergrüner Strauch, der in Indien, im Mittleren Osten und in Teilen Afrikas gedeiht. Ashwagandha ist ein Adaptogen, weil es dem Körper hilft, Stress abzubauen. Es unterstützt die Gehirnfunktion, senkt den Blutzucker und den Cortisolspiegel. Daher wirkt es gut gegen Angstzustände und Depressionen. Bei älteren Hunden unterstützt es auch die Leberfunktion.

Dosierung: 50 bis 100 mg pro Kilo Körpergewicht, auf zwei Dosen täglich aufgeteilt.

Bacopa monnieri (Kleines Fettblatt) ist eine Pflanze aus der ayurvedischen Medizin. Viele klinische Studien haben bewiesen, dass sie das Gedächtnis stützt. Hunde lernen schneller und erinnern sich länger. Darüber hinaus reduziert es Stress und Ängste, lindert aber auch Depressionen. In Studien am Tier zeigte sich, dass seine angstlösende Funktion mit der von Benzodiazepinen (Alprazolam) verglichen werden kann. Trotzdem macht es Ihren Hund nicht schläfrig. Ärzte in aller Welt verschreiben Bacopa monnieri mittlerweile auch bei kognitivem Abbau, weil es das Gedächtnis fördert.

Dosierung: täglich 25 bis 100 mg pro Kilo Körpergewicht, ins Futter gemischt und auf mehrere Mahlzeiten verteilt. Die geringere Dosierung erzielt beste Wirkung für kognitive Probleme, die höhere bei Angststörungen.

Rhodiola rosea (Rosenwurz) ist ein weiteres adaptogenes Kraut, das den Körper in die Lage versetzt, Stress besser zu verarbeiten. In mehreren Studien zeigte sich, dass Nahrungsergänzungsmittel mit Rhodiola rosea die Stimmung verbessern und Ängste lösen.

Dosierung: täglich 2 bis 4 mg pro Kilo Körpergewicht, aufgeteilt in Mahlzeiten unters Futter gemischt.

Für Hunde, die sehr früh (vor der Pubertät) kastriert oder sterilisiert wurden

In diesem Fall können Lignane hilfreich sein. Sie helfen dem Hund, mit den verbleibenden Hormonen besser umzugehen. Lignane sind Phytoöstrogene, also pflanzliche Wirkstoffe, die im Körper wie Östrogen agieren. Sie sprechen die Nebennieren an, sodass diese nicht länger hohe Dosen Östrogen produzieren (was ohnehin nie ihre Aufgabe war!). Lignane sind in vielen Stoffen enthalten, zum Beispiel in Leinsamenschalen. (Nicht im Leinsamenöl, das zu wenig Lignane enthält.) Darüber hinaus sind es Kreuzblütengewächse und Fichtenknoten, die am meisten Lignane enthalten. In der Tiermedizin werden diese für Hunde verschrieben, die das Cushing-Syndrom haben (bei dem die Nebennieren zu viel arbeiten). Im Blutbild ist es häufig ein erhöhter ALP-Wert (alkalische Phosphatase), der auf einen zu hohen Cortisolgehalt hinweist. Lignane werden häufig mit Melatonin und Diindolylmethan (DIM) gegeben. Diese Kombination bringt die Hormonproduktion beim Hund wieder ins Gleichgewicht, um die Cortisolproduktion zu bremsen und die Nebennieren zu schützen.

Dosierung: täglich 2,2 bis 4,4 mg Lignane pro Kilo Körpergewicht.

Für Hunde, die mehr als 50 Prozent ihrer täglichen Kalorienaufnahme mit hochverarbeitetem Industriefutter decken

Die Wissenschaftler sind sich sicher, dass ein Hund in solchen Fällen erhöhte AGE-Spiegel aufweist. Wenn er keinerlei organische Nahrung erhält, dann kann es sein, dass sich in seinem Körper Pestizide ansammeln, aber auch Schwermetalle und andere

Schadstoffe wie PBDEs (Flammschutzmittel) und Phthalate. Sie müssen ihm also helfen, diese Giftstoffe wieder loszuwerden. Zu diesem Zweck hier einige sehr hilfreiche Moleküle:

Carnosin ist ein Proteinbaustein, der im Körper in kleinen Mengen auch natürlich vorkommt. Es schützt den Körper nachgewiesenermaßen vor der Aufnahme und Verstoffwechselung von AGEs und ALEs (Advanced Lipoxidation Endproducts aus der Verbrennung von Fetten, auch dies ein Nebenprodukt hochverarbeiteter Industrienahrung). Carnosin ist ein natürliches Antioxidans. Es bindet Schwermetalle zu Chelaten und kann die reaktiven Sauerstoffmoleküle entgiften, die bei der Verarbeitung von ALEs und AGEs entstehen. Außerdem verhindert es deren Bildung.

Dosierung: Wir empfehlen täglich 125 mg für Hunde mit weniger als 11 Kilo Körpergewicht, 250 mg täglich für Hunde bis 22 Kilo und 500 mg pro Tag für schwerere Tiere. Sie erhalten Carnosin in gut sortierten Drogeriemärkten oder im Internet.

Chlorella ist ein Einzeller und eine Süßwasseralge. Sie bindet Schwermetalle sowie Rückstände von belasteten Nahrungsmitteln beziehungsweise Umweltgiften. Sie können die Superkräfte von Chlorella verstärken, wenn Sie zusätzlich Koriandergrün verfüttern. (Letzteres kann Glyphosatrückstände aus der Hundenahrung und aus konventionell gezogenen Pflanzen unschädlich machen.) Chlorella ist als Nahrungsergänzungsmittel für den Menschen bekannt. Sie können diese Präparate auch Ihrem Hund geben. Die kleinen Tabletten lassen sich gut in Fleischbällchen verbergen oder zerdrückt unters Futter rühren.

Dosierung: täglich 250 mg für Hunde unter 11 Kilo Körpergewicht, 500 mg für Hunde bis 22 Kilo und 750 bis 1000 mg für schwerere Tiere.

Supplements für die Entgiftung

- Bei Medikamentenrückständen und Pestiziden: Mariendistel, SAM (S-Adenosylmethionin) und Glutathion.
- Bei Mykotoxinen, Glyphosat und Schwermetallen: Quercetin, Chlorella.

Für Hunde mit chronischen Infekten

Olivenblattextrakt ist noch wirksamer als Olivenöl, das aus der Frucht gewonnen wird. Es enthält ein bioaktives Molekül namens »Oleuropein«, das als starkes Antioxidans antientzündlich wirkt. Oleuropein senkt den Blutzucker beim Hund und enthält Polyphenole, die den Gehirnzellen ein längeres Leben bescheren. Außerdem kurbelt es über den AMPK/mTor-Signalweg die Autophagie an. Daher schützt der Stoff vor einer Reihe von Krankheitserregern und Parasiten. Oleuropein wirkt antimikrobiell und zeigte im Tierversuch eine gute Wirkung gegen Giftstoffe, die die Leber belasten. Mittlerweile wird auch seine Effektivität bei neurodegenerativen Erkrankungen untersucht. Es tötet seneszente Zellen ab und stimuliert die Nrf2-Produktion. Als starkes Polyphenol fördert es die Apoptose, also den kontrollierten Zelltod, und wird daher auf seine Wirkung gegen einige der aggressivsten Tumore untersucht, weil es überschießendes Zellwachstum zu hemmen scheint.

Dosierung: Wenn Sie das Nahrungsergänzungsmittel für den Menschen kaufen, achten Sie darauf, dass mindestens 12 Prozent Oleuropein enthalten sind. Sie geben zweimal täglich 125 mg für Hunde mit weniger als 11 Kilo Körpergewicht, 250 mg für Hunde bis zu 22 Kilo und 500 bis 750 mg für schwerere Tiere. Verabreichen Sie den Extrakt 6 bis 12 Wochen lang, um akute Infektionen zu stoppen (vor allem von Haut, Blase und Ohren) und die Autophagie anzukurbeln. Dann setzen Sie 3 bis 4 Wochen aus, bevor Sie eine neue Behandlung beginnen.

Unser Lieblings-Supplement für ältere Hunde

Ubiquinol ist die aktive Form von Coenzym Q10 (CoQ10), einem fettlöslichen, vitaminähnlichen Antioxidans. Es trägt dazu bei, dass der Körper in den Mitochondrien genug Energie produzieren kann. Es ist daher auch nicht verwunderlich, dass Herz und Leber mehr Mitochondrien pro Zelle enthalten als jedes andere Körpergewebe. Was heißt, dass darin auch am meisten CoQu10 enthalten ist. CoQ10 ist Amerikas populärstes Nahrungsergänzungsmittel, das vor allem Herzpatienten empfohlen wird, und zwar sowohl für die Behandlung als auch zur Vorbeugung von altersbedingten Herzkrankheiten. In der Tiermedizin wird es verschrieben, um das Fortschreiten einer Herzinsuffizienz zu verlangsamen. In einer der ersten Studien an Hunden mit Mitralklappendefekt, einem der häufigsten Herzfehler bei kleinen Hunderassen, stellte sich heraus, dass CoQ10 die Herzfunktion bei diesen Hunden deutlich verbesserte. Wir empfehlen die Gabe von CoQ10 auch prophylaktisch, um alternde Mitochondrien zu unterstützen und die Wahrscheinlichkeit einer Herzerkrankung zu reduzieren. Allein durch die Ernährung genug CoQ10 zu bekommen ist unmöglich. Ubiquinol (die besser bioverfügbare Form von CoQ10) ist zwar als Supplement teurer, aber der Körper kann es besser aufnehmen.

Dosierung: Ubiquinol wird je nach beabsichtigter gesundheitlicher Wirkung dosiert, und zwar 2 bis 20 mg pro Kilo Körpergewicht ein- oder zweimal täglich. Eine Gabe täglich genügt, wenn

Sie nur Mitochondrien und Herz schützen wollen. Hat Ihr Hund jedoch schon eine Herzerkrankung, dann geben Sie das Ubiquinol besser zweimal täglich. Achtung: Ölbasierte Darreichungsformen gelten als effizienter. Der Körper scheint sie besser aufzunehmen als CoQ10-Pulver. Ölbasierte Ubiquinolformen werden als Kapseln angeboten. Die kristalline Form von CoQ10 gibt es als Kapsel, Tablette oder gleich als Pulver. Ein Tipp: Wenn Sie CoQ10 kaufen, setzen Sie doch auf die höhere Dosierung, und verabreichen Sie es mit 1 Teelöffel Kokosöl.

Ich (Dr. Becker) lernte Ada 2004 kennen, als sie noch ein Welpe war. Mein erstes Wellness-Ziel war, ihr einen gesunden Darm zu verschaffen, denn ein gesunder Darm spricht für ein gesundes Immunsystem. Als Pitbull war sie genetisch anfällig für atopische Dermatitis (Allergien ähnlich einem Ekzem), und das wollte ich auf jeden Fall vermeiden. Ich brachte damals viel Zeit in meiner Tierklinik zu, wo ich versuchte, Hunde zu retten, die ihre Besitzer absolut nicht einschläfern lassen wollten, weil sie an ihnen hingen. Wie so viele Ärzte für funktionale Medizin war ich häufig die letzte Hoffnung für Tiere mit unheilbaren Krankheiten: Allergien, Krebs, Muskel- und Knochenprobleme sowie Organversagen. Das Letzte, was ich mir wünschte, war, abends zu einem vor lauter Juckreiz elenden Hund nach Hause zu kommen. Gleichzeitig war mir klar, dass ich dann einen epigenetischen Plan brauchte, wie ich das gern nenne. (Was ein gutes Thema für ein neues Buch wäre.)

Wie schon in den ersten beiden Teilen erklärt wurde, wird die DNS unserer Hunde manchmal exprimiert und manchmal nicht. Das hängt von den epigenetischen Faktoren ab, denen unsere Hunde so ausgesetzt sind. Als Adas Hüterin war mir bewusst, dass ich etwas tun konnte, um ihr Juckreiz zu ersparen. Ich musste keineswegs »der Natur ihren Lauf lassen« und war daher fest entschlossen, etwas gegen ihre genetische Atopie-Neigung zu unternehmen. Mein erster Schritt war, ihr zu einem gesunden Darm-Mikrobiom zu verhelfen. Ich entwurmte sie nicht »vorsichtshalber«, sondern schickte drei Monate lang jeden Monat eine Stuhlprobe ins Labor, um Gewissheit zu haben, dass sie keine Parasiten hatte. Als sie zu mir kam, war sie zu 100 Prozent mit hochverarbeitetem Welpenfutter ernährt worden. Ich fing also sofort an, ihr verschiedene Marken von Hunde-Probiotika zu geben, die diverse Stämme positiver Bakterien hatten. Sie bekam zu jeder Mahlzeit eine Prise Probiotika. Ich hatte zu viel Arbeit, um jede einzelne Mahlzeit zu Hause zuzubereiten, aber ich gewöhnte sie schnell an eine ganze Reihe von Frischkostmahlzeiten aus dem Tierfutterladen. Dabei gab ich mir Mühe, die Proteinquellen zu wechseln und auch die einzelnen Marken. Ich hatte zwei riesige Gefrierschränke, also war es nicht so schwer, mich entsprechend einzudecken. Ich gab Rind, Huhn, Truthahn, Wachtel, Ente, Wild, Bison, Hase, Ziege, Emu, Strauß, Elch, Lachs und Lamm. Dazu gab es für jedes Futter unterschiedliche Gemüsesorten. Das verhalf Ada schon in jungen Jahren zu einem gut diversifizierten Mikrobiom.

Ada hatte regelmäßig Kontakt zu gesundem Erdreich. (Ich lebte damals an einem Wald.) Sie verbrachte viel Zeit draußen. Ich führe einen vergleichsweise »grünen« Lebensstil, daher war Ada im Haushalt und draußen kaum je Chemikalien ausgesetzt. Ich war wild entschlossen, ihr keine Antibiotika zu verabreichen, außer wenn ihr Leben in Gefahr wäre. (Ich wusste damals schon, dass es Monate dauert, bis das Darm-Mikrobiom eines Hundes sich selbst nach kurzer Antibiotikagabe wieder erholt.) Sie hatte die unvermeidliche Welpen-Pyodermie. Diese juckende Hautkrankheit befällt viele Junghunde, wenn die Antikörper von der

Mutter langsam weniger werden und ihr eigenes Immunsystem übernimmt. Bei dieser Gelegenheit bekommen viele Welpen ihre erste unnötige Antibiotikadosis verabreicht. Ich begegnete der Hautkrankheit, indem ich zweimal täglich ihre Pusteln und Pickel mit verdünnter Povidon-Jodlösung (Betaisodona) behandelte. Während dieser Zeit gab ich ihr außerdem einen Monat lang Olivenblätterextrakt als Nahrungsergänzungsmittel. Wie die meisten Welpen hatte auch sie des Öfteren Durchfall, wenn sie etwas fraß, was ihr nicht bekam. Sie erhielt keine Antibiotika. (Flagyl mit dem Wirkstoff Metronidazol wird bei Darmerkrankungen häufig verschrieben. Es wirkt gut gegen die Symptome, schafft allerdings eine Dysbiose im Darm. Und dies ist der erste Schritt zur atopischen Dermatitis.) Stattdessen bekam sie dreimal täglich Aktivkohle auf nüchternen Magen, dazu ein wenig gekochtes, fettfreies Truthahnfleisch, gemischt mit Kürbis aus der Dose (plus Ulmenrinde, das heißt Slippery Elm). So bekamen wir die Unverträglichkeitsdurchfälle immer recht schnell in den Griff.

Ada kam zu mir, nachdem sie bereits zwei Impfungen für Welpen erhalten hatte. Statt ihr automatisch weitere Impfungen zu verabreichen, wollte ich wissen, ob sie langfristig gut genug immunisiert war gegen lebensbedrohliche Viren. Ein einfacher Bluttest (Antikörper-Titer-Test) zeigte, dass sie ausreichend geschützt war. Weitere Impfungen oder Auffrischungsimpfungen würden also nichts bringen. Über die Jahre machte ich immer wieder solche Titer-Tests, die zeigten, dass die ursprünglichen Impfungen sie immer noch schützten, selbst nach sechzehn Jahren.

Ich stellte die Nahrungsergänzungsmittel auf ihre besonderen Bedürfnisse in den verschiedenen Lebensphasen ab. Als sie noch jung war, wollte ich Sehnen und Bänder schützen (ein weiterer Schwachpunkt dieser Rasse). In mittleren Jahren stärkten wir ihr

Immunsystem. Und als sie zu den Hundesenioren gehörte, versuchte ich, ihre Organfunktion bestmöglich aufrechtzuerhalten. Nun ist sie, was man einen geriatrischer Hund nennt, und ich konzentriere mich darauf, den kognitiven Abbau zu bremsen und körperliche Probleme zu lösen. Mit siebzehn braucht sie auch Unterstützung für ihre Augen. Für mich ist die Medizin ebenso eine Kunst wie eine Wissenschaft. Die Kunst liegt darin, sich auf die dynamisch verändernde Natur der Patienten einzustellen und ihre Genetik mitzuberücksichtigen. Es geht darum, die spezifischen gesundheitlichen Erfordernisse zu behandeln, statt stur ein und denselben Behandlungsplan für alle Patienten in allen Lebensphasen durchzuziehen. Der Körper Ihres Hundes verändert sich mit der Zeit, daher braucht er auch unterschiedliche Supplements.

Was ist funktionale Medizin?

Die funktionale Medizin geht davon aus, dass Ernährung und Lebensstil die wichtigsten Elemente der Heilung sind, wichtiger jedenfalls als pharmakologisches Eingreifen. Außerdem sind sie die erste und einzige Option bei chronischen Erkrankungen. Funktionale Tiermediziner versuchen, Probleme des Lebensstils und der Umweltbelastung zu erkennen, bevor Krankheiten einsetzen. Dann erstellen wir einen Wellnessplan, der dynamisch auf unsere Patienten zugeschnitten wird. Ziel ist dabei, deren Wohlbefinden ebenso zu verbessern wie ihre Lebensqualität und die Lebenserwartung. Die konventionelle Medizin hingegen reagiert immer nur und behandelt Störungen, nachdem bestimmte Symptome darauf hinweisen, dass der Körper Probleme hat. Am besten suchen Sie auf der Webseite von Tierärzten nach Hinweisen auf eine gewisse Offenheit für alternative Medizin.

Wir könnten ein ganzes Nachschlagewerk nur mit Informationen zu Nahrungsergänzungsmitteln erstellen. Es gibt mittlerweile doch sehr viele Marken, Nutrazeutika (medizinisch wirksame Nahrungsmittel) und Kräuter, die erwiesenermaßen der Gesundheit nutzen. Es gibt auch andere Tierärzte, die damit arbeiten. (Aber wenn Sie wirklich sicherstellen wollen, dass Sie Ihrem Hund nicht zu viele Pillen geben, informieren Sie sich, was Sie verabreichen und warum. Und geben Sie dafür nicht Unmengen Geld aus.) Die Grundlage ist eine weise Einschätzung, welche Supplements Ihrem Tier helfen können. Wie wir Menschen, so brauchen auch Hunde unterschiedliche Dinge zu unterschiedlichen Zeiten und aus verschiedenen Gründen. Es wird Ihrem Tier helfen, wenn Sie sich die Mühe machen, einen Tierarzt zu suchen, der Krankheiten vorbeugt, statt sie nur zu behandeln, wenn sie bereits aufgetreten sind. **Daher empfehlen wir allen Hütern von Haustieren, dass sie sich selbst informieren, um für die Interessen ihres Tieres eintreten zu können.**

Sogar die Alternativmedizin für Hunde wandelt sich ständig. In den letzten Jahren zum Beispiel kamen immer mehr CBD-Produkte (Cannabidiol) für Hunde auf den Markt. CBD ist ein Stoff, der sich in Cannabis und Hanf findet. Viele CBD-Produkte für Hunde, ob Öle oder Tinkturen, sind aus Hanf extrahiert, nicht aus Marihuana. Letzteres enthält auch Tetrahydrocannabinol (THC), das für die psychoaktiven Eigenschaften von Marihuana verantwortlich ist. CBD wird als Allheilmittel für unzählige Probleme gepriesen. Es soll antientzündlich wirken, das Nervensystem beruhigen, Schmerz und Ängste lindern, ja sogar Krebs vorbeugen und heilen helfen. Wir verwenden CBD selbst, um bestimmten Problemen bei unseren Hunden zu begegnen. Die größte Schwierigkeit mit diesen Produkten für den Hund ist letztlich (neben der Qualitätskontrolle und der Dosierung), dass sie den Eindruck erwecken, alle Schmerzformen und alle Verhaltensprobleme zu lösen. Das ist nicht der Fall. CBD und andere Kräuter können Ihrem Hund unter bestimmten Umständen helfen. Die Nahrungsergänzungsmittel, die wir hier auflisten, fallen in die Kategorie »Steigerung des Wohlbefindens«. Sie können sie täglich geben, wenn Sie wollen, um Ihren Hund gesund zu halten und die Alterung hinauszuschieben. Weist Ihr Hund bestimmte Störungen auf, dann sind viele nutrazeutische Produkte hilfreich, wenn sie exakt auf die Bedürfnisse und die Physiologie Ihres Tieres abgestimmt sind. Aber es gibt immer mehr Unternehmen, die DNS-Tests für Hunde anbieten sowie auf deren Physis zugeschnittene Nahrungsergänzungsmittel.

Ist Ihr Hund krank oder bekommt er dauerhaft Medikamente, sprechen Sie mit Ihrem Tierarzt über die Nahrungsergänzungsmittel, die Sie ihm gern geben würden. Auch wenn er vor einer Operation steht oder neue Medikamente bekommen soll, müssen Sie den Veterinär darüber informieren, was Sie Ihrer Fellnase aktuell geben.

Und noch etwas: Sie können diese Nahrungsergänzungsmittel in einem Fleischbällchen anbieten oder in einem Stück Mozzarella beziehungsweise auf einem Löffel Mandelmus. (Wissenschaftliche Untersuchungen zeigen, dass Mozzarella das Darm-Mikrobiom des Hundes stärkt!) Bitte zwingen Sie Ihrem Hund nie irgendein Pulver in den Rachen. Das zerstört das Vertrauen, und es besteht die Gefahr, dass der Hund sich verschluckt. Beides fühlt sich nicht gut an.

Was für den Forever Dog wichtig ist

- Die richtige Kombination von Nahrungsergänzungsmitteln zur richtigen Zeit (ohne Extreme) unterstützt die Biologie Ihres Hundes, füllt Lücken in der Nährstoffversorgung und unterstützt ihn beim Altern beziehungsweise bei genetischen Problemen. Aber nicht alle Hunde brauchen ständig Nahrungsergänzungsmittel.
- Die wichtigsten Stoffe (alles über Dosis und Verabreichung finden Sie in den einzelnen Abschnitten):
    - Resveratrol (Staudenknöterich),
    - Curcumin (vor allem, wenn Ihr Hund keine Kurkumawurzel mag),
    - Probiotika (vor allem, wenn Ihr Hund keine fermentierten Nahrungsmittel mag),
    - essenzielle Fettsäuren (EPA und DHA, wenn Ihr Hund nicht zwei- bis dreimal die Woche fetten Fisch frisst),
    - Quercetin,
    - Nicotinamidribosid (NR) oder Nicotinamid-Mononukleotid (NMN),
    - Igel-Stachelbart (für Hunde über sieben Jahre),
    - Glutathion (wenn Ihr Hund keine Pilze mag).
- Besondere Bedürfnisse:
    - für Hunde, die vielen Chemikalien ausgesetzt sind (vom Rasen oder aus Putzmitteln und so weiter): SAM (siehe Kasten auf Seite 379),
    - für Hunde, die Medikamente gegen Herzwürmer, Flöhe und Zecken erhalten haben: Mariendistel,
    - für Hunde, deren Gelenke Unterstützung benötigen: Grünlippmuschelextrakt,

- für Hunde, die bei Stress und Angstzuständen Unterstützung brauchen: L-Theanin, Ashwagandha, Bacopa monnieri und Rhodiola rosea,
- für Hunde, die vor der Pubertät kastriert oder sterilisiert wurden: Lignane,
- für Hunde, die mehr als 50 Prozent hochverarbeitetes Futter erhalten: Carnosin und Chlorella,
- für Hunde mit chronischen Infektionen: Olivenblätterextrakt, wenn die Infektionen aufkommen,
- für alte Hunde: Ubiquinol.

9

Personalisierte Mahlzeiten als Medizin

Hausaufgaben für Sie und Ihren Hund

Was du isst, ist entweder die sicherste und stärkste Art der Medizin oder das langsamste Gift.

Ann Wigmore, Heilpraktikerin

Wie sehr Sie die Gesundheit Ihres Hundes verbessern können, hängt von drei Faktoren ab: von Ihrer Überzeugung, dass der Lebensstil von Bedeutung ist (was man auch als Motivation betrachten kann), von der Genetik sowie vom Budget. Wir können die genetische Konstitution, die DNS unseres Hundes, nicht verändern, aber wir können ihre enzymatischen Pfade epigenetisch beeinflussen, und zwar durch Umweltveränderungen. Dazu gehört auch die Nahrung. Unser Standpunkt ist: Hunde müssen sowieso fressen. Da können wir ihnen auch gleich Dinge geben, die zu einer gesunden Genexpression beitragen.

Bevor Sie Bellos Lebensstil und seine Ernährung umkrempeln, sollten Sie mit Ihrem Tierarzt sprechen, um sicherzugehen, dass bei der Umstellung auf einen gesünderen Lebensstil keine unerwünschten Probleme auftreten.

Prélude zu einer förderlichen Umstellung

Die subtilen Einflüsse des Lebens werden häufig zu unbewussten Gewohnheiten. Denken Sie darüber nach, wie Sie gegebenenfalls alte, ungesunde Verhaltensmuster ändern und sich neue, bessere Gewohnheiten zulegen können. Fangen Sie damit an, sich einen Überblick über die aktuelle Ernährung Ihres Hundes zu verschaffen. Dann entscheiden Sie, wo Sie etwas verändern wollen. Wir empfehlen, Futter und Leckerlis Schritt für Schritt zu ersetzen, um den Magen-Darm-Trakt Ihres Hundes nicht zu belasten. Die Planung, die dem vorausgeht, ist wichtig.

Vergessen Sie nicht: Sie wollen mit diesem Programm den Stoffwechselstress Ihres Hundes ebenso verringern wie seine stillen Entzündungen. Sie wollen AMPK-Signalwege aktivieren und ihm so ein längeres Leben schenken. Ihr Ziel ist es, Fido zu helfen, Giftstoffe auszuscheiden, die sich in Organen und Geweben abgelagert haben. Und Sie möchten sein Mikrobiom ausbalancieren.

Wir gehen mal davon aus, dass Sie Ihrem Hund verarbeitetes oder hochverarbeitetes Futter in der ein oder anderen Form geben. Selbst wenn Sie das nicht tun, sollten Sie weiterlesen und Ihre Rezepte oder Marken auf die Forever-Dog-Kriterien hin überprüfen. An ihnen können Sie Ihre derzeitige Fütterungspraxis überprüfen und entscheiden, ob Sie diese beibehalten oder etwas daran verändern wollen. Auf jeden Fall bieten sie Ihnen eine Orientierungshilfe, um Frischkost für Ihren Hund auszusuchen. Sie können jederzeit damit anfangen, mit großen oder kleinen Mengen, ganz wie es Ihnen und Bello beliebt.

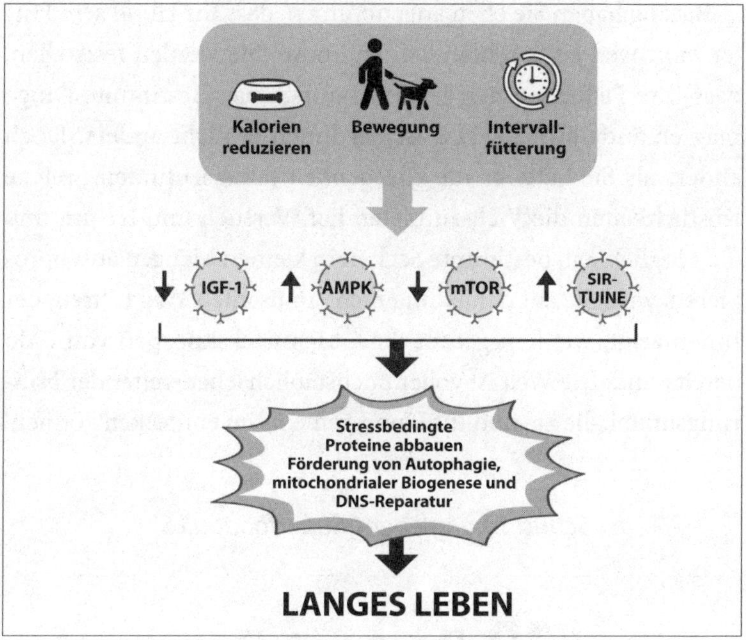

Wie Sie die Umstellung beginnen

Um den Umstellungsprozess zu vereinfachen, haben wir ihn in zwei Schritte aufgeteilt. In einem ersten Schritt geben Sie immer mehr Langlebens-Superfoods, zunächst als Leckerli oder als Zusatz zum normalen Futter (LLS). Sobald Sie zum zweiten Schritt bereit sind, verbessern Sie, falls nötig, was Ihr Hund täglich frisst. Wenn Sie in zwei Schritten vorgehen, ist die Veränderung für Sie und Ihren Hund leichter zu verkraften. Indem Sie diesen Umstellungsprozess langsam angehen, ist Ihr Hund weniger gestresst.

Und Sie haben genug Zeit, um eigene Recherchen anzustellen, Ihre Futter-Hausaufgaben zu machen und herauszufinden, was Ihr Hund von den gesunden Sachen am liebsten frisst.

Bislang haben Sie eben angenommen, dass Ihr Hund sein Futter *mag*, weil er es schließlich annimmt. Sie werden feststellen, dass Ihre Fellnase einen feinen Gaumen hat. Bestimmte Dinge mag er, andere nicht. Das ist bei Ihnen ja nicht anders. Doch anders als Sie hatte er nie Gelegenheit herauszufinden, welche Köstlichkeiten die Welt zu bieten hat. Versuch und Irrtum und die Möglichkeit, bestimmte Sachen in kleinen Mengen auszuprobieren, wird Sie auf den häufig recht amüsanten Weg führen, der Ihnen zeigt, wie fein getunt die Geschmacksknospen von Fido bereits sind. Die Welt ist voller buchstäblich lebensrettender Nahrungsmittel, die Sie und Ihr Hund gemeinsam entdecken können!

Schritt 1: Langlebens-Superfoods (LLS)

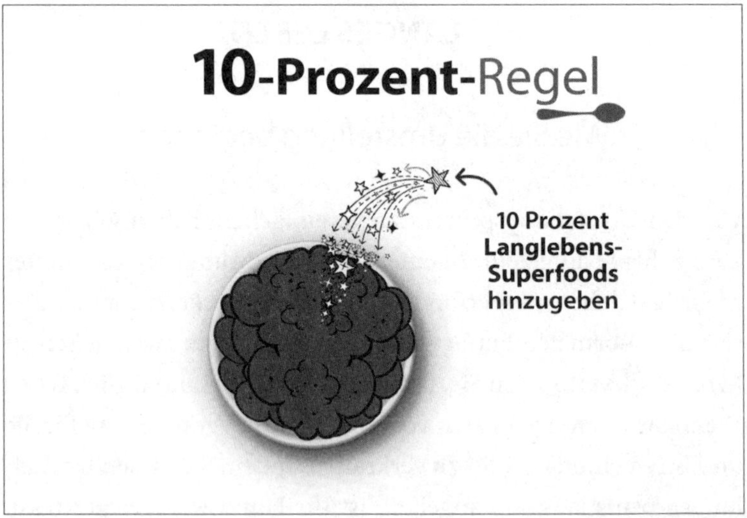

Die 10-Prozent-Regel: Sie können jeder Art von Futter Frischkost in Form von Langlebens-Superfoods (LLS) zufügen. Das Tolle an der 10-Prozent-Regel ist ja, Sie müssen bei den Zusätzen nicht darauf achten, dass sie nährstofftechnisch ausgewogen sind. Es sind nun mal »Extras«. Jeder Spezialist für Tierernährung wird Ihnen sagen, dass Sie 10 Prozent der täglichen Kalorienaufnahme Ihres Hundes frei gestalten können, in diesem Fall mit LLS. Nicht vergessen: Ist Ihr Liebling ein bisschen pummelig und könnte er einen sanften Gewichtsabbau brauchen, dann *ersetzen* Sie 10 Prozent seines Futters mit den Langlebens-Superfoods. Ist Ihr Hund hingegen gertenschlank, können Sie sie *zufüttern*. Was auch immer Sie Ihrem Hund zu fressen geben, Sie sollten sich bemühen, sich langsam an die 10 Prozent heranzutasten.

Schritt 2: Wie Sie das Hundefutter richtig einschätzen und mehr Frischkost füttern können

Was frisst Ihr Hund Tag für Tag? Wir möchten, dass Sie das von Ihnen bevorzugte Hundefutter richtig einschätzen beziehungsweise für die künftige Fütterung die besten Marken herausfinden. Dazu müssen Sie drei Übungen absolvieren:

1. **Hundefutter-Hausaufgaben:** Diese zeigen Ihnen, welche Marken und Sorten für Ihren Forever-Dog-Speiseplan am besten sind. Sie erlangen dadurch die Gewissheit, dass Sie genau das füttern, was Sie tatsächlich füttern möchten.
2. **Frischkost aussuchen:** Auch bei den weniger verarbeiteten Hundefuttersorten ist die Auswahl groß. Sie werden also Ihre Optionen prüfen und entscheiden, was am besten zu Ihrem

Lebensstil und zu den Bedürfnissen Ihres Hundes passt. (Sie müssen sich keineswegs nur für eine Marke entscheiden!)

3. **Wie viel Frischkost wollen Sie füttern?** Hier setzen Sie sich ein Ziel, wie hoch der Frischkostanteil in Prozent schließlich sein soll: Wie viel frisches oder minimal verarbeitetes Futter wollen Sie Ihrem Hund im Endeffekt geben? Und wie wollen Sie vorgehen, bis Sie diesen Prozentsatz erreicht haben? Anders ausgedrückt: Sie legen fest, wie Sie den Anteil an hochverarbeitetem Futter für Ihren Hund Schritt für Schritt reduzieren.

Machen Sie sich klar, welche Ernährungs- und Gesundheitsziele Sie für Ihren Hund haben und wie Sie im Hinblick darauf seine Schüsseln künftig füllen wollen. Vermutlich freuen Sie sich schon auf diesen Part, weil Sie nun endlich umsetzen können, was Sie in Teil I und II gelernt haben. Fangen Sie mit ein paar Fragen an: Wie nährstoffreich und gesundheitsfördernd ist das Futter, das ich meinem Hund aktuell gebe? Welche Kriterien wende ich bei der Auswahl an? Möglicherweise müssen Sie die Ernährung Ihres Tieres gar nicht verbessern. Trotzdem sollten Sie Ihre Hundefutter-Hausaufgaben machen, um sicher zu sein, dass Ihr Hund das Beste erhält, was Sie für ihn kaufen können. Tausende unserer Klienten und Follower erkannten an diesem Punkt die Kluft zwischen dem, was sie zu füttern *glaubten*, und dem, was der Hund *tatsächlich bekam*. Meist war da noch Raum für Verbesserungen, und zwar nicht zu knapp.

Die Hundefutter-Hausaufgaben geben Ihnen Aufschluss, wo Sie bei Bellos Nährstoffversorgung nachbessern und wie Sie den Konsum unerwünschter Futtersorten einschränken können. In jedem Fall empfehlen wir Ihnen, langsam und ohne Stress zu tun, was Sie *können*, sodass Sie am Ende ein gutes Gefühl haben. Jede positive Veränderung, und sei sie noch so klein, hilft der Gesundheit Ihres Lieblings. Also hören Sie auf, sich mit anderen zu vergleichen. Das gibt nur Frustration und Schuldgefühle. Sie werden ohnehin nicht alles auf einmal umsetzen können, entspannen Sie sich. Freuen Sie sich lieber, dass Sie immer besser lernen werden, die Futtermarken für Ihren Hund richtig einzuschätzen.

Übung 1: Hundefutter-Hausaufgaben – Vom Guten über das Bessere zum Besten

Mit den Hundefutter-Hausaufgaben können Sie das Futter, das Sie im Moment geben, richtig einschätzen oder neue Futtersorten auf ihre Eignung überprüfen. Falls Sie an der Grundernährung Ihres Hundes nichts ändern wollen, würden wir Sie trotzdem bitten weiterzulesen. Schließlich schadet es nicht, wenn Sie mehr über das Futter wissen, das Sie geben. Ihr Hund nimmt es ja täglich zu sich. Am Ende dieser Übung verfügen Sie über objektive Kriterien, um Futtermittel als gut, besser oder optimal einzustufen. Viele, die sich zu unserer Community zählen, haben diese Übung gemacht und festgestellt, dass ihre Lieblingsmarke es nicht aufs Podest schafft. Ganz im Gegenteil! Unsere Antwort? Wenigstens wissen Sie jetzt Bescheid! (Glücklicherweise!) Jetzt haben Sie mehr Informationen an der Hand, um bessere Entscheidungen zu treffen. (Machen Sie sich keine Vorwürfe wegen Dingen, die Sie nicht wissen konnten.) Selbst wenn Ihre Marke gerade noch die Note »gut« erreicht (und von »besser« oder »optimal« weit entfernt ist), kann sie Ihre bevorzugte Marke bleiben, wenn Sie Ihrer persönlichen Ernährungsphilosophie entspricht.

Ziel und Zweck dieser Übung ist es, sich ein solides Verständnis zu erarbeiten, wie *artgerecht* ein Futtermittel ist, wie *stark verarbeitet* es ist und *woher die Nährstoffe kommen*. Ihre persönliche Einstellung bestimmt letztlich, wie wichtig Sie diese Punkte jeweils nehmen. Denn vielleicht akzeptieren Sie ja im Einzelfall einen niedrigeren Wert. Und auch das ist völlig in Ordnung.

Unglücklicherweise sind die Daten, die wir für eine objektive Analyse brauchen würden, nicht öffentlich zugänglich. Futtermittelhersteller publizieren nur selten ihre Forschungsergebnisse oder machen Angaben über die Rohmaterialien, die sie verwenden. Und es existiert nun mal keine Gesundheitsbehörde für Haustiere. In Nordamerika gibt es immerhin »The List«, die jährlich von der Organisation Truth About Pet Food veröffentlicht wird. Leider ist diese Liste notorisch kurz, weil sie nur solche Marken aufnimmt, die von einer unabhängigen dritten Partei untersucht wurden und im Hinblick auf die verwendeten Rohstoffe Transparenz üben. Dabei gibt es ja Hunderte Tierfuttermarken auf dem Markt. An diesem Punkt kommt Ihre persönliche Philosophie mit ins Spiel. Die Hundefutter-Hausaufgaben verschaffen Ihnen die Informationen, die Sie brauchen, um Ihre Marke einzuordnen. Viele Leute meinen ja: »Sag mir doch einfach, was ich füttern soll.« Oder sie fragen: »Ist XY gut?« Aber das hängt nun mal von Ihrer Definition von »gut« ab, nicht wahr?

Ironischerweise haben Rodneys Vater und meiner uns als Kindern die gleiche Lebensweisheit ans Herz gelegt: »Gib einem Menschen einen Fisch, und du stillst seinen Hunger einen Tag lang. Bringe ihm das Fischen bei, und du machst ihn sein Leben lang satt.« Das Gleiche gilt fürs Tierfutter. Wir erklären Ihnen, wie Sie Futtermarken selbst einschätzen können. Dann müssen Sie nicht mehr fragen: »Ist diese Marke gut?«, sondern können sagen: »Ich bin mir sicher, dass ich die richtige Marke für meinen Hund ausgesucht habe.« Dazu brauchen Sie einiges an Informationen, aber diese werden Sie im nächsten Abschnitt bekommen.

Wir möchten Ihnen ans Herz legen, nicht einfach eine fremde Ernährungsphilosophie zu übernehmen. Werfen Sie einen achtsamen Blick in Ihr Inneres, und haken Sie nach, wie Ihre Kriterien für Futter aussehen. Was ist Ihnen wichtig, wenn Sie Futter für Ihr Tier kaufen? Unten haben wir einige Fragen zusammengestellt, die ernährungsbewussten Tierfreunden in aller Welt geholfen haben, ihrer persönlichen Futterphilosophie auf die Spur zu kommen. Diese Fragen sind ein guter Ausgangspunkt, um herauszufinden, wie Sie über Tierfutter denken. Ihre diesbezüglichen Ansichten sind die Grundpfeiler Ihrer Ernährungsphilosophie für Ihren Hund:

- **Transparenz im Unternehmen:** Bekomme ich ehrliche Auskunft über die Herkunft der Inhaltsstoffe, deren Qualität und artgerechte Verwendung?
- **Kosten:** Kann ich mir das leisten?
- **Geschmack:** Frisst mein Hund das?
- **Platz im Gefrierschrank/Vorbereitungszeit:** Kann ich das Futter, das ich brauche, auch lagern? Habe ich die Zeit, die Mahlzeit nach Vorschrift zuzubereiten?
- **Genetisch modifizierte Organismen (GMO):** Wie wichtig ist es mir, dass mein Hund nichts aufnimmt, was bewusst genetisch verändert wurde?
- **Verdauung/Absorption:** Wie wichtig ist es mir, dass mein Hund das Futter gut verdauen kann?
- **Biologisch-organisch:** Wie wichtig ist es mir, dass mein Hund kein Unkrautvernichtungsmittel (Roundup) abbekommt? Und

dass er keine anderen Pestizide oder Herbizide mit dem Futter aufnimmt?

- **Weiderind/Freilandhaltung:** Wie wichtig ist es mir, dass die Zutaten nicht aus tierquälerischer Massenhaltung stammen? Dass sie nicht mit Antibiotika belastet sind?
- **Tests auf Verunreinigungen:** Wie wichtig ist es mir, dass eine unabhängige dritte Partei die Rohstoffe auf Gifte und chemische Rückstände untersucht (Schwermetalle, Glyphosatreste et cetera)?
- **Human behandelt/geschlachtet:** Wie wichtig ist es mir, dass die Tiere, die das Futter für Fido bilden, nicht schlecht behandelt oder auf eine grausame Weise getötet (geschreddert) werden?
- **Nachhaltigkeit:** Wie wichtig ist es mir, dass das Futter auf eine Weise hergestellt wird, welche die Umwelt nicht belastet und ein gesundes Ökosystem ermöglicht?
- **Nährstofftests:** Ist es mir wichtig, ob die Charge oder das Rezept meines Futtermittels in einem Labor analysiert und auf Artgerechtheit hin geprüft wurde?
- **Synthetische Inhaltsstoffe:** Lege ich Wert darauf, ob die Nährstoffe aus natürlicher Nahrung kommen oder ob zum Beispiel synthetische Vitamine und Mineralstoffe zugesetzt wurden?
- **Quellen der Inhaltsstoffe:** Ist es mir wichtig, ob die Zutaten aus anderen Ländern eingeführt wurden, die andere Qualitätsstandards haben?
- **Qualität der Rohstoffe (Lebensmittel- oder Futtermittelqualität):** Ist es mir wichtig, ob mein Hund Nahrung in Lebensmittelqualität bekommt? (Oder anders ausgedrückt: ob sie für den menschlichen Verzehr als ungeeignet bezeichnet wurde?)

- **Nährstoffgehalt:** Ist es mir wichtig, ob das Hundefutter die Mindestanforderungen für meinen Hund erfüllt, damit er keine Nährstoffmängel aufbaut? Oder ob es im Gegenteil vielleicht zu viele Nährstoffe enthält, was seiner Gesundheit ebenfalls schaden könnte? Ist es mir wichtig, ob das Unternehmen seine Testresultate mit mir teilt?
- **Rezeptur:** Wie wichtig ist es mir, dass das Hundefutter nährwerttechnischen Standards genügt? Ist es mir wichtig, wer diese Standards festlegt?
- **Qualitätskontrolle**: Wie wichtig ist es mir, dass das Futter sicher ist und die Qualität regelmäßig kontrolliert wird?
- **Verarbeitungsstufen**: Wie wichtig ist es mir, dass ich keine Maillard-Reaktionsprodukte füttere (zu denen AGEs und ALEs ebenso gehören wie heterozyklische Amine und Acrylamid)?

Es gibt noch viele andere Ernährungsthemen, die für Ihre Food-Philosophie eine Rolle spielen können. Achten Sie auf diese Aspekte, bevor Sie sich für eine Marke entscheiden.

Heutzutage gibt es für fast jede Ernährungsphilosophie die richtige Marke. Und gegen eine gute Hausmachermahlzeit ist ja auch nichts einzuwenden. (Auf www.foreverdog.com finden Sie ein paar leckere Rezepte!) Viele Leute haben uns nach dem Ausfüllen dieses Fragebogens berichtet, sie hätten gar nicht gewusst, dass sie überhaupt eine Food-Philosophie *haben*. Und ebenso viele waren bitter enttäuscht, dass die Marken, denen sie schon seit Jahren die Treue hielten, nicht zu dieser Philosophie passten. Es gibt in jeder Futterkategorie schlechte, gute, bessere und beste Optionen. Da sich Ihr Budget, Ihre Lebensumstände und Ihre Philosophie im Laufe der Zeit verändern können (und das erfahrungsgemäß auch tun), sollten Sie Ihren Forever-Dog-Speiseplan immer wieder überarbeiten. Unternehmen werden verkauft, gehen in andere Hände über, und sie entwickeln neue Rezepturen für ihre Produkte. Daher empfehlen wir eine jährliche Überprüfung Ihrer Futtermittel. Und damit ist es noch nicht getan: **Ein ausgewogener Speiseplan, bei dem Sie im Laufe eines Jahres zwischen verschiedenen Marken wechseln, ist der beste Weg, sich vor den Fallstricken einer monotonen Ernährung zu schützen.**

Wenn Sie Ihrem Hund Hausmacherkost servieren, haben Sie Qualität und Rohstoffe voll unter Kontrolle. Wollen Sie aber Hundefutter kaufen, geben wir allen Hundebesitzern eine einzige Empfehlung mit auf den Weg: Meiden Sie das »dreckige Dutzend«! Und das trifft für alle Hunde jeden Alters und jeder Herkunft zu.

Das dreckige Dutzend

Kaufen Sie kein Hundefutter, auf dem folgende Inhaltsstoffe aufgeführt sind (die Platzierung folgt keinem bestimmten Ranking):

1. alle Arten von »Mehl« (das heißt Fleischmehl, Truthahnmehl, Maismehl),
2. Menadion (synthetische Form von Vitamin K),
3. Erdnussschalen (enthalten häufig Mykotoxine),
4. Farben und Farbstoffe (zum Beispiel Rot Nr. 40), auch Karamell,
5. Geflügel- oder Tierproteinhydrolysat,
6. tierische Fette,
7. Propylenglykol,
8. Sojabohnenöl, Sojamehl, gemahlene Sojabohnen, Sojabohnenmehl, Sojabohnenschalen, Sojaextraktionsschrot,

9. »Oxide« und »Sulfate« als Mineralstoffe (zum Beispiel Zinkoxid, Titanoxid, Kupfersulfat),
10. tierische Nebenerzeugnisse,
11. Butylhydroxyanisol (BHA), Butylhydroxytoluen (BHT) und Ethoxyquin (synthetische Konservierungsmittel),
12. Natriumselenit (synthetische Form von Selen).

Wie Sie Herstellung und Qualität des Futters beurteilen

Wenn es um die Qualität der Nahrung geht, sind Zutaten und Herstellung gleich wichtig. **»Lesen Sie, bevor Sie füttern.«** Das ist unsere Philosophie. Natürlich sind die Marken regional und national verschieden, aber die Vorgehensweise, um Futter einzuschätzen, ist überall die gleiche. Sie fängt bei Ihrer persönlichen Futter-Philosophie an. Alle Informationen, die Sie brauchen, sollten auf der Webseite des Futtermittelherstellers und auf der Packung zu finden sein. Wenn das Futter aus biologisch-organischen oder für den menschlichen Verzehr geeigneten Zutaten hergestellt wird beziehungsweise frei von gentechnisch veränderten Organismen ist, wird der Hersteller damit Werbung machen. Sollten Sie diese Informationen nicht finden, können Sie sich darauf verlassen, dass das Futter nicht auf diese Weise produziert wurde. Die Futterproduzenten werben mit den besten Eigenschaften ihres Produkts – Sie müssen danach also nicht lange suchen. Wenn Sie Fragen haben, haken Sie per Mail oder per Telefon nach. Sind Sie die Checkliste für die persönliche Food-Philosophie durchgegangen, können Sie die Futter-Hausaufgaben machen.

Jede Zutat im Hundefutter hat ihre Geschichte – und die ist wichtig! Die Qualität und der Prozentsatz an Rohfutter sowie die Art und Weise, wie es zubereitet respektive denaturiert wird, bestimmen darüber, wie artgerecht, vollwertig und gesund das Futter ist. Ja, es macht Arbeit, diese Recherchen online durchzuführen. Aber anders werden Sie nie Klarheit haben; und schließlich hängt die Gesundheit Ihres vierbeinigen Begleiters davon ab.

Drei Rechenaufgaben

Die gute Nachricht lautet, dass Sie jedes Futtermittel mithilfe von drei Rechenaufgaben einschätzen können und so dem verwirrenden Marketinggetrommel entgehen: Zählen Sie die Kohlenhydrate. Berechnen Sie, wie oft das Futter verändert wurde. Prüfen Sie die synthetischen Zusatzstoffe. Damit können Sie alle Futtermittel vergleichen. Jede Berechnung ergibt einen Wert, den Sie mit dem anderer Marken vergleichen können. Jeder Wert ist entweder gut, besser oder optimal. Und im Vergleich entweder besser oder schlechter als das Vergleichsfutter. Dann können Sie einschätzen, was Ihnen persönlich am wichtigsten ist. Denn unsere Empfehlung an Sie lautet: Konzentrieren Sie sich auf das, was Ihnen am sinnvollsten erscheint.

Kohlenhydrate zählen

Quizfrage: »Wie viele Kohlenhydrate braucht ein Hund?« Wir hoffen, von Ihnen zu hören: »Null!« Denn kein Hund braucht Kohlenhydrate, auch wenn er – ganz wie wir – sie gern frisst und regelrecht süchtig danach sein kann. Wenn 30 bis 60 Prozent seines täglichen Futters aus Kohlenhydraten stammen (was bei den meisten Trockenfuttersorten der Fall ist), dann entspricht das den Verhältnissen bei Kindern in der heutigen Fast-Food-Welt. So viel Stärke liefert Unmengen Energie (die schnell in Fett umgewandelt wird). Aber es bewirkt auch eine schlechte Versorgung des Gehirns, Entzündungen und Nährstoffmangel (überfüttert und mangelernährt), denn die Kalorien aus Kohlenhydraten ersetzen die Kalorien aus Frischfleisch mit hoher Nährstoffdichte.

Der Kohlenhydrat-(Stärke-)Anteil des Futters ist ein wichtiger Marker für artgerechte Ernährung. Entwicklungsgeschichtlich fraß der Hund viel Proteine und Fette und nahm viel Feuchtigkeit zu sich. Zucker- oder Stärkeanteile waren verschwindend gering. Also genau das Gegenteil von heutigem Trockenfutter.

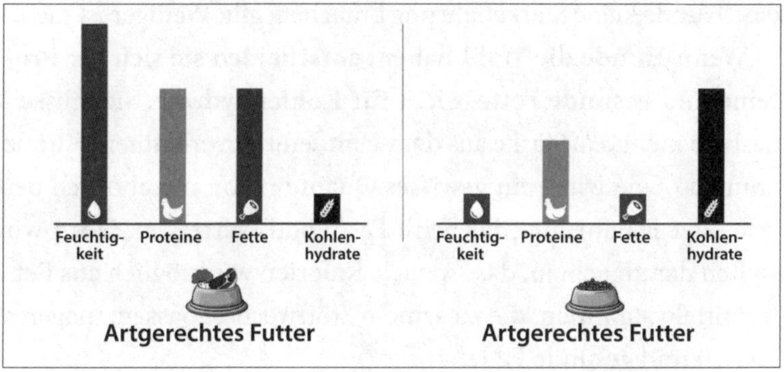

Die Kohlenhydrate für Tierfutter (Hirse, Quinoa, Kartoffel, Linsen, Tapioka, Mais, Weizen, Reis, Soja, Kichererbsen, Sorghumhirse, Gerste, Hafer und »alte Getreidesorten« wie Dinkel und Emmer und so fort) sind weit billiger als jedes qualitativ hochwertige Fleisch, ja sogar billiger als tierische Nebenerzeugnisse oder Fleischmehle. Außerdem helfen sie, das Futter im Herstellungsprozess zu binden. Die Kohlenhydratberechnung sagt Ihnen also, wofür Sie bezahlen: billige, unnötige Stärke oder kostspieligeres Fleisch.

Denn wenn wir »Kohlenhydrate« sagen, sind damit keineswegs

gesunde Ballaststoffe gemeint, die zuckerfrei sind. Wir reden hier von »schlechten Kohlenhydraten« – Stärkemolekülen, die schnell in Zucker umgewandelt werden, was den Stoffwechsel belastet und schädliche AGEs erzeugt. Von diesen Kohlenhydraten sollten so wenig wie möglich in der Futterschüssel unserer Hunde landen. Aus genau diesen Kohlenhydraten besteht aber ein Teil (vermutlich sogar der Großteil) der hochverarbeiteten Futtermittel. Dr. Richard Patton, Spezialist für Tierernährung und Tierfuttermittel, erzählte uns, dass wilde Hunde gar keinen Zugang zu Futter hätten, das mehr als 10 Prozent Stärke enthält. Weil wir ja wissen, dass Hunde keine Stärkenahrung brauchen, gilt: Weniger ist mehr.

Wenn Hunde die Wahl haben, entscheiden sie sich für Proteine und gesunde Fette, nicht für Kohlenhydrate. Sie müssen deshalb nicht *alle* Stärke aus dem Hundefutter verbannen. Hunde können – wie wir – ein gewisses Quantum von metabolisch belastender Ernährung (das heißt Fast Food) vertragen. Doch wir sollten darauf achten, dass so viele Kalorien wie möglich aus Futtermitteln stammen, die zu seinem Stoffwechsel passen: mageres Fleisch und gesunde Fette.

Mittlerweile wissen Sie ja, dass es noch nichts heißt, wenn Fleisch die Hauptzutat im Hundefutter ist. Denn warum landete das Fleisch im Tierfutter? War es gesundes Fleisch, das nur eben vom Menschen nicht gern verzehrt wird? Oder war es krankes Gewebe? Woher stammte das Fleisch? Gewitzte Konsumenten kennen die Tricks: Sie studieren die Prozentangaben für die einzelnen Zutaten, und sie wissen von der Salztrennlinie. Weniger klar ist, wie viele Kalorien darin von billiger Stärke stammen, denn bei Drucklegung dieses Buches war die Angabe von Kohlenhydraten im Tierfutter noch nicht verpflichtend.

Futter, das weniger als 20 Prozent Stärke enthält, ist für Canis lupus familiaris, den Haushund, das Futter mit der besten Nährstoffzusammensetzung, das seinen Stoffwechsel nicht belastet. Wenn Sie den Stärkeanteil verringern, schützen Sie Ihren Hund auch vor den vielen »-ziden«, also Herbiziden, Pestiziden, Glyphosat- und Mykotoxinrückständen, die sich im Getreide anreichern und in der Nahrungskette langsam nach oben wandern. In den USA dürfen die Getreide außerdem noch aus gentechnisch verändertem Saatgut bestehen.[24] Allerdings geben immer mehr Unternehmen den Kohlenhydratanteil an, entweder auf der Packung oder auf der Webseite. Wenn Sie diese Information nirgendwo finden, rufen Sie die Firma einfach an. Oder Sie rechnen selbst nach. Dabei ist die Rechenaufgabe für Trockenfutter anders als für Nassfutter.

Für Nassfutter: Ziehen Sie den Feuchtigkeitsanteil von 100 ab, und wandeln Sie diese Zahl in Dezimalstellen um. Nun teilen Sie die Angaben für die anderen »analytischen Bestandteile« durch diese Zahl. In einem dritten Schritt ziehen Sie die erhaltenen Werte von 100 ab. Der Rest ist der Kohlenhydratanteil.

Beispiel:
Analytische Bestandteile: Protein 13 %, Fett 4 %, anorganische Stoffe 2 %, Rohfaser 1 %, Feuchtigkeit 78 %.
100 – 78 = 22; Dezimalwert: 0,22.
Protein 13 : 0,22 = 59,09 %
Fett 4 : 0,22 = 18,18 %
Anorganische Stoffe 2 : 0,22 = 9,09 %
Rohasche 1 : 0,22 = 4,55 %

Der Kohlenhydratanteil beträgt also 9,09 %.

Um den Kohlenhydratanteil von Trockenfutter zu berechnen, suchen Sie die analytischen Bestandteile auf der Packung. Dort finden Sie Angaben zum Gehalt an Protein, Ballaststoffen, Feuchtigkeit, Fett und Rohasche. Rohasche steht für den Mineralstoffanteil. Manche Unternehmen geben diesen nicht an. Wenn Sie den Rohasche-Anteil nicht finden, setzen Sie ihn mit 6 Prozent an. (In den meisten Futtermitteln liegt er zwischen 4 und 8 Prozent.) Um den Stärkeanteil herauszufinden, müssen Sie nur alle Prozentangaben zusammenrechnen und sie von 100 abziehen. So viel Stärke beziehungsweise Zucker ist im Hundefutter enthalten. Am besten setzen Sie sich erst mal hin, bevor Sie diese Berechnungen anstellen, denn die meisten Leute sind schockiert, wenn sie erfahren, dass ihr teures Futter in »Super-Premium-Qualität« 35 Prozent Stärke enthält.

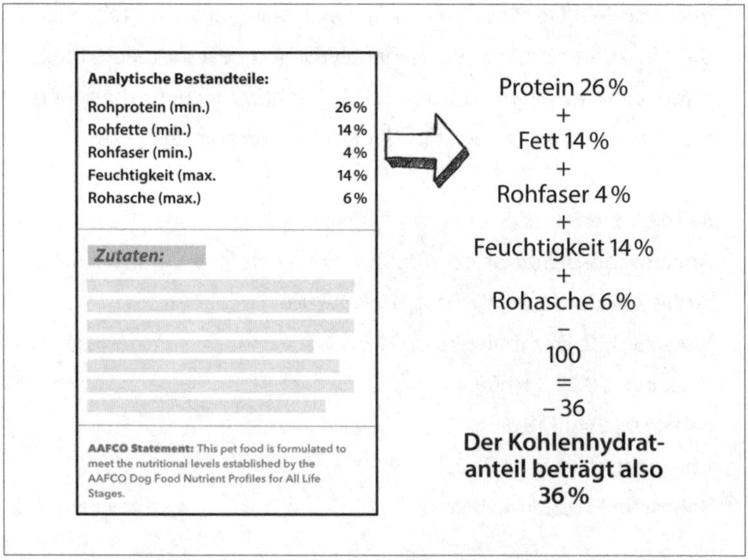

- **Gut:** Hundefutter mit weniger als 20 Prozent Kalorien aus Stärke.
- **Besser:** Hundefutter mit weniger als 15 Prozent Kalorien aus Stärke.
- **Am besten:** Hundefutter mit weniger als 10 Prozent Kalorien aus Stärke.

Mitunter gibt es medizinische Gründe, wenn der Tierarzt mehr Kohlenhydrate für den Hund empfiehlt (zum Beispiel während der Trächtigkeit). Im Allgemeinen aber ist es für den gesunden Hund, anders als für Ziege oder Hase, nicht nötig, Kohlenhydrate zum Hauptbestandteil der Nahrung zu machen. Wir empfehlen also ganz klar: Wenn es nicht medizinisch nötig ist, sollten Sie Ihren Hund nicht mit vielen Kohlenhydraten füttern.

Wie oft wurde Ihr Hundefutter chemisch verändert?

Dies ist die zweite Rechenaufgabe in puncto Hundeernährung: Sie wollen herausfinden, wie sehr das Futter verarbeitet wurde. Je höher der Verarbeitungsgrad, desto weniger nährstoffreich ist das Futter, und desto mehr schädliche Nebenprodukte aus der Verarbeitung können Sie befürchten. Sie wollen wissen, wie viel Frischkost, minimal verarbeitete Bestandteile und hochverarbeitete Zutaten das Futter enthält. Das ist nicht einfach, aber wir werden Sie dabei unterstützen. Wir haben in Teil II erfahren:

- **Naturbelassene (rohe) oder »frische und minimal verarbeitete« Nahrungsmittel:** Das sind frische, rohe Zutaten, die nur minimal bearbeitet wurden, um die Haltbarkeit zu verlängern, ohne dass es zu Nährstoffverlusten kommt. Unter »minimale Verarbeitung« fallen zum Beispiel Mahlen, Kühlen, Fermentieren, Einfrieren, schonendes Dehydrieren, Vakuumverpacken und Pasteurisieren (nach den NOVA-Gruppen der Lebensmittelverarbeitung).

- **»Verarbeitete Nahrungsmittel«:** Hierunter fallen alle Lebensmittel der vorherigen Kategorie, wenn diese durch zusätzliches Erhitzen haltbar gemacht wurden. Hier finden also zwei Verarbeitungsschritte statt.
- **»Hochverarbeitete Nahrungsmittel«:** Das Werk der Futterindustrie, das Zutaten enthält, die Sie zu Hause gar nicht zur Verfügung hätten. Sie werden in mehreren Schritten hergestellt. Die einzelnen Zutaten sind häufig schon hochverarbeitet. Dieses Futter enthält viele Zusatzstoffe, die Geschmack, Textur, Farbe und Geruch verbessern sollen. Verarbeitungsmethoden sind Backen, Räuchern, Eindosen und Extrudieren. Diese Art Futter wurde mehrfach erhitzt (durchschnittliches Trockenfutter mindestens viermal.)

Frischkost und minimal verarbeitetes Futter wurden weniger verarbeitet und gar nicht oder nur gering erhitzt. Warum ist das wichtig? Die Feinde der Nährstoffe sind Zeit, Hitze und Sauerstoff (der zur Oxidation führt; das heißt, das Futter wird schlecht). Beim Hundefutter ist das Erhitzen das Hauptproblem. Hitze verringert den Nährstoffgehalt. Je öfter das Futter erhitzt wird, umso mehr Nährstoffe gehen verloren. Leider gibt es keine öffentlich verfügbaren Studien darüber, wie viele Nährstoffe bei jedem Verarbeitungsvorgang verloren gehen, schon gar nicht, was die einzelnen Marken betrifft. Andererseits werden hinterher *Unmengen* von synthetischen Vitaminen und Mineralstoffen zugesetzt, um diesen Verlust auszugleichen. Allein dies zeigt ja schon, wie leer von wichtigen Vitalstoffen das Endprodukt ist. Wir möchten Ihnen hier am Beispiel von Lebensmitteln, die für den menschlichen Verzehr bestimmt sind, einmal zeigen, wie viel von bestimmten Nährstoffen durch nur *einmaliges* Erhitzen verloren geht. Die Spalte »Wiedererhitzen« gibt Ihnen eine ungefähre Vorstellung davon, was mit den Nährstoffen bei erneutem Erhitzen zusätzlich passiert.

MAXIMALER NÄHRSTOFFVERLUST DURCH VERARBEITUNG (VERGLICHEN MIT DER ROHWARE)					
VITALSTOFFE	**EINFRIEREN**	**TROCKNEN**	**KOCHEN**	**KOCHEN UND ABGIESSEN**	**WIEDERERHITZEN**
Vitamin A	5 %	50 %	25 %	35 %	10 %
Vitamin C	30 %	80 %	50 %	75 %	50 %
Thiamin	5 %	30 %	55 %	70 %	40 %
Vitamin B_{12}	0 %	0 %	45 %	50 %	45 %
Folsäure	5 %	50 %	70 %	75 %	30 %
Zink	0 %	0 %	25 %	25 %	0 %
Kupfer	10 %	0 %	40 %	45 %	0 %

Und das sind beileibe noch nicht alle schlechten Nachrichten. Wann immer Zutaten erhitzt werden, verlieren wir nämlich gerade jene Stoffe, die wir brauchen, um Alter und Krankheit abzuwehren. Polyphenole, Enzyme und Cofaktoren, die das Epigenom Ihres Hundes positiv beeinflussen könnten, werden einfach weggekocht. Die flüchtigen essenziellen Fettsäuren, die gesunde Zellmembranen aufbauen, werden inaktiv, Proteine und Aminosäuren denaturiert. Wiederholtes Erhitzen zerstört auch den »Entourage-Effekt« von frischer, vollwertiger Nahrung: die Tatsache, dass die diversifizierte Gemeinschaft von Mikroorganismen aus den verschiedensten frischen Nahrungsmitteln die Verarbeitung von Vitaminen, Mineralstoffen und Antioxidanzien im Körper unterstützt. Alles weg!

Hochverarbeitetes Futter schadet doppelt: Mehrmaliges Erhitzen *zerstört* Nährstoffe und bioaktive Moleküle, die vor Krankheit und Alter schützen. Gleichzeitig *erzeugt* es Schadstoffe, die den Alterungsprozess beschleunigen. **Die dabei entstehenden AGEs (Advanced Glycation Endproducts) lassen unsere Hunde schneller altern und krank werden – und je mehr hochverarbeitetes Futter der Hund frisst, umso mehr nimmt er davon zu sich.** Die Futterzutaten immer wieder zu erhitzen gebiert mikroskopisch kleine Ungeheuer, welche die Tierfutterindustrie verzweifelt vor unseren Augen zu verbergen sucht. Wiederholte Maillard-Reaktionen erzeugen AGEs im Endprodukt, und die beeinflussen die Gesundheit von Hunden in jeder Hinsicht negativ. Je heißer es wird, je länger und öfter erhitzt wird, desto mehr AGEs entstehen. Wiederholtes Erhitzen verändert den Nährstoffgehalt und steigert die Anzahl von AGEs im Futter.

Je besser und vielfältiger die ursprünglich rohen Zutaten, umso mehr Nährstoffe stammen aus vollwertiger, echter Nahrung. (Das ist vor allem wichtig, wenn Sie überlegen, möglichst roh zu füttern.) Und je weniger Hitzebehandlung die Inhaltsstoffe erfahren, umso mehr Nährstoffe verbleiben im Endprodukt.

Und wie bekommen Sie jetzt heraus, wie oft Ihr Hundefutter erhitzt wurde? Sie addieren einfach. Das ist simpel; aber dahinterzukommen, wie die einzelnen Bestandteile hergestellt werden,

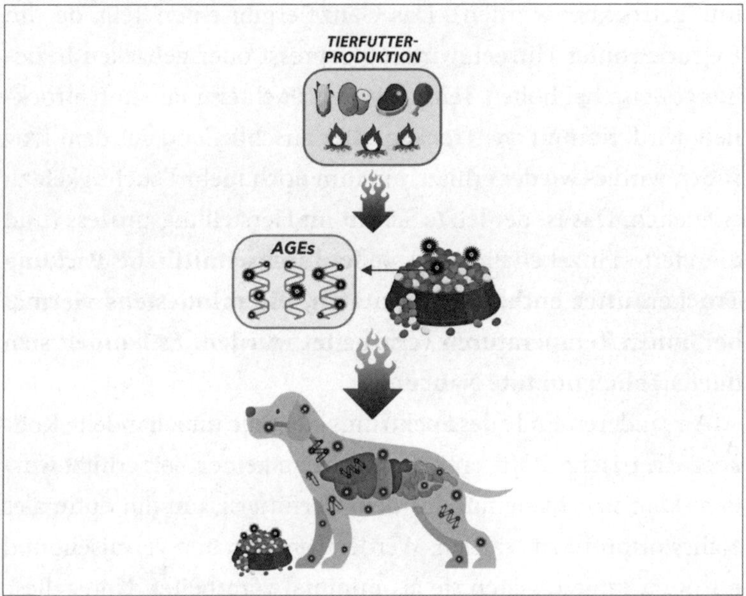

ist schon schwieriger. Also sehen wir uns ein paar Beispiele an, damit Sie die Unterschiede kennenlernen.

Trockenfutter: Die Tierkadaver werden gemahlen und gekocht, um das Fett von Knochen und Gewebe zu trennen. Man nennt diesen Prozess »Rendering« (erste Hitzebehandlung). Knochen und Gewebe werden abgeseiht und gepresst, um alle Feuchtigkeit daraus zu entfernen. Dann werden sie hitzegetrocknet (zweite Hitzebehandlung) und pulverisiert. Das gibt dann die bekannten Fleischmehle. Erbsen, Mais und anderes Gemüse, das auf dem Etikett auftaucht, kommen in der Tierfutterfabrik schon getrocknet an (meist hitzegetrocknet) oder gleich in Pulverform (als Erbsenprotein beziehungsweise Maiskleber). Diese getrockneten, bereits hitzebehandelten Zutaten werden dann mit anderen Inhaltsstoffen vermischt (die vorher ebenfalls gekocht und getrocknet wurden). Das Ganze ergibt einen Teig, der im Extruder unter Hitzeeinwirkung gepresst oder gebacken beziehungsweise bei hohen Temperaturen noch einmal »luftgetrocknet« wird. Kommt das Trockenfutter anschließend aus dem Extruder, wird es wieder erhitzt, um ihm noch mehr Feuchtigkeit zu entziehen. Das ist der letzte Schritt im Herstellungsprozess (und die vierte Hitzebehandlung). **Jede durchschnittliche Packung Trockenfutter enthält also Zutaten, die mindestens viermal bei hohen Temperaturen verarbeitet wurden. Es handelt sich buchstäblich um tote Nahrung.**

Am anderen Ende des Spektrums steht die unbehandelte Rohkost, die frische Stoffe enthält, welche zu keiner Zeit erhitzt wurden. Man mischt sie nur vor dem Verfüttern, um ein optimales Nährstoffprofil zu erzielen. Werden rohe Zutaten vermischt und nur kurz erhitzt, gelten sie als minimal verarbeitet. Unter diese Art Futter fällt beispielsweise das folgende.

Rohe Tiefkühlkost für Hunde: Rohe Zutaten werden vermengt und eingefroren. Rohes Hundefutter wird immer sterilisiert, um Bakterien zu beseitigen. Diese Hochdruck-Pasteurisierung (*high-pressure pasteurization* [HPP]) verläuft schonend. Das Produkt wurde zweimal verarbeitet, immer ohne Hitzeeinwirkung.

Gefriergetrocknetes Hundefutter: Frisches oder tiefgekühltes Fleisch wird mit frischen oder tiefgekühlten Gemüsesorten, Früchten und Zusatzstoffen vermengt und dann gefriergetrocknet (keinerlei Hitzeanwendung). Waren die Zutaten schon vorher gefroren, handelt es sich um zwei Verarbeitungsschritte – aber beide ohne Hitzeeinwirkung. Der Nährstoffverlust und die AGE-Produktion sind daher vernachlässigbar.

Sanft gegartes Hundefutter: Dies ist das Futtermittelsegment mit den höchsten Wachstumsraten. Und das hat seinen Grund.

Eine ganze Reihe von hochtransparenten und erfolgreichen Unternehmen stellt mittlerweile Hundefutter in Lebensmittelqualität her, das flexibel und praktisch ist. Diese Firmen gehen auf die Wünsche der Kunden ein: Als informierter Kunde können Sie auf der Webseite Gewicht, Rasse und Bewegungsspielraum Ihres Hundes eingeben, dazu noch eventuelle Futtervorlieben und Nahrungsmittelempfindlichkeiten. Dann erhalten Sie genau auf Ihren Hund zugeschnittene Mahlzeiten oder TK-Wochenrationen frei Haus geliefert. Sie wollen nur Zutaten aus biologisch-organischer Erzeugung? Kein Problem. Ihr Hund ist gegen verschiedene Proteine allergisch? Kein Problem. Natürlich sind diese Unternehmen für die klassischen Futtermittelhersteller eine ernsthafte Konkurrenz. Die gesündesten Angebote verlängern die Haltbarkeit ihres Produkts einzig durch Tiefkühlung. Sie finden sie also gleich neben den rohen beziehungsweise HPP-Futtermitteln in den Tiefkühltruhen Ihres Futteranbieters.

Aber selbst einige der meistverbreiteten sanft gegarten und gekühlten Futtersorten geraten ins Straucheln, wenn es um die Transparenz bei der Herkunft oder um synthetische Zusatzstoffe geht. Fragen wie »Woher stammt Ihr Fleisch?«, »Wieso hält es im Kühlschrank sechs Monate lang?« oder »Wie wird es haltbar gemacht?« verursachen beim Gespräch mit der Presseabteilung des Unternehmens meist lange peinliche Pausen. Eine umfangreiche Liste synthetischer Vitamine und Mineralstoffe wirft automatisch die Frage auf, welche Nährstoffdichte das Rohmaterial noch hat und ob es hitzebehandelt wurde. Ob das für Sie von Bedeutung ist oder nicht, hängt letztlich von Ihrer Futter-Philosophie ab. Aber solche Fragen sind schlicht Sache des gesunden Menschenverstands, also ermutigen wir Hundeeltern, bei ihrer Futtermarke genau nachzufragen.

»Getrocknet«: Viele Marken bestehen den Test bis hierher mit Bravour (wenig Stärkeanteil, rohe Zutaten als Ausgangsmaterial, bei der Herstellung nur kurz getrocknet bei niedrigen Temperaturen). Und doch gibt es eine ganze Reihe Marken, die *kein* »Gut« erhalten. Und die Moral von der Geschicht': Studieren Sie das Etikett genauestens, um mehr zu erfahren. Berechnen Sie den Kohlenhydratanteil, um zu sehen, ob die Kalorien aus Fleisch und gesunden Fetten stammen oder eben doch aus Stärke. Unternehmen, die rohe, frische Zutaten verarbeiten, werden damit auf der Packung werben (zum Beispiel Huhn, grüne Bohnen). Liest sich die Zutatenliste aber so: »getrocknetes Huhn, getrocknete grüne Bohnen«, waren die Ingredienzien schon für ein langes Regalleben bestimmt, bevor sie zu Hundefutter verarbeitet wurden. Dann hat es zumindest schon einen Verarbeitungsschritt zusätzlich gegeben, nämlich bei dem Unternehmen, das die Ausgangsmaterialien hergestellt hat. Zu guter Letzt sind es die synthetischen Zusatzstoffe, die Ihnen helfen zu entscheiden, ob das »getrocknete« Futter, das Sie kaufen wollen, wirklich zu Ihrer Futter-Philosophie passt.

Studieren Sie die Packung genau, um eine Vorstellung davon zu gewinnen, wie oft die Zutaten hitzebehandelt wurden. Muss ein Futter tiefgekühlt aufbewahrt werden, so ist das der beste Hinweis, dass es sich um Frischkost handelt (die nicht im Regal haltbar ist). Steht das Futter ohne Kühlung im Regal, wurde es haltbar gemacht. Dabei ist die Gefriertrocknung die schonendste Methode, gleich gefolgt von der Dehydrierung bei niedrigen Temperaturen. Wenn Sie wissen wollen, ob die Zutaten frisch oder vorverarbeitet (getrocknet) waren, rufen Sie das Unternehmen an. Je niedriger die Zahl der Verarbeitungsschritte, umso gesünder das Futter.

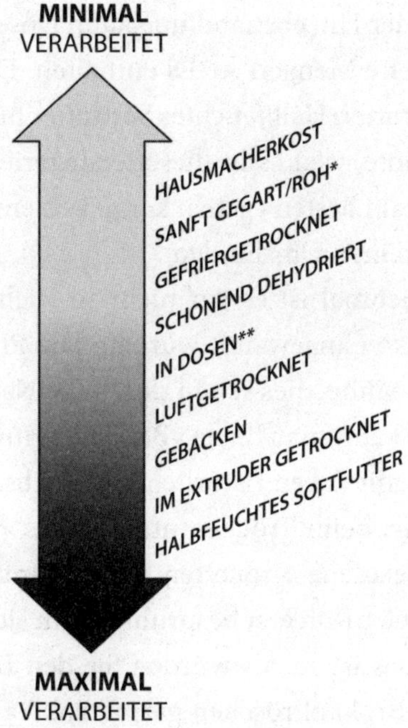

* AUF KRANKHEITSERREGER UNTERSUCHT

** KANN VERSCHIEDENE MENGEN AN AGES ENTHALTEN

Wir haben mit dem AGE-Experten Dr. David Turner von der Medical University of South Carolina gesprochen. Er erklärte uns die neuesten Forschungsresultate aus dem Vergleich von Produktionstechniken für Hundefutter und dessen Gehalt an AGEs. Dosenfutter (bei 121 Grad Celsius haltbar gemacht) hat den höchsten AGE-Gehalt. Das liegt vermutlich am Stärke- respektive Zuckergehalt der Ausgangsstoffe und deren AGE-Gehalt, der sich akkumuliert, und an der Tatsache, dass die Hitzebehandlung vergleichsweise lange dauert. Andere Studien hingegen zeigen, dass Futter mit höherem Feuchtigkeitsgehalt (wie Dosenfutter) die

AGE-Produktion abfedert. Je nach Stärkegehalt, Temperatur und Länge der Hitzebehandlung kann Dosenfutter also durchaus verschiedene Mengen AGEs enthalten. Daher das Sternchen beim Dosenfutter. Halbfeuchtes Softfutter hingegen erhält die schlechteste Note, weil es in dieser Kategorie keine Einteilung in »gut, besser, am besten« geben kann. Wir empfehlen Softfutter nie und unter keinen Umständen.

Manchmal ist es gar nicht so leicht herauszufinden, welche Techniken angewandt wurden. Die Produzenten geben sich die größte Mühe, dies schon durch die Namensgebung zu verschleiern. So kauft man heute »Bissen«, »Hundemenüs« oder »Kennerfleisch mit vielen natürlichen Fleischstücken«. Das neueste Verwirrspiel beim Trockenfutter ist das »Coaten« oder Besprühen: AGE-geladene Kroketten werden mit einer Schicht gefriergetrockneter Rohkost besprüht, damit sich das Ganze gesünder anhört. Das ist so, als würden Sie den Big Mac plus Pommes mit einem Brokkoliröschen garnieren. Das Quotengemüse kann die negativen Auswirkungen der Hauptbestandteile der Mahlzeit nicht ausgleichen.

Ohnehin ist der Begriff »minimal verarbeitet« das neue Schlagwort schlechthin. Es taucht in fast jedem Werbespot auf, ganz egal, wie das Futter produziert wurde. Obwohl man die Tierfutterindustrie schon seit Jahren dazu zu bringen versucht, sich klare Richtlinien zu geben, wird neuerdings jedes Futter als »minimal verarbeitet« bezeichnet, sofern es nicht aus dem Extruder stammt. Daher würden wir Ihnen eher raten, Ihre Futter-Hausaufgaben zu machen und sich nicht auf Marketingbehauptungen zu verlassen. Nur so können Sie die Qualität Ihres Futtermittels unvoreingenommen einschätzen. Wenn Sie aus der Packung oder der Webseite des Herstellers allein nicht schlau werden, was die

Verarbeitungsschritte angeht, rufen Sie die Firma an, oder schicken Sie eine E-Mail. Fragen Sie nach, wie oft die Zutaten erhitzt wurden, bei welcher Temperatur und wie lange.

Wir fanden es auch interessant, dass selbst rohes Hühnerfleisch hohe Mengen AGEs enthalten kann, wenn das Huhn aus der Massentierhaltung stammt und vor dem Schlachten mit hochverarbeitetem Tierfutter ernährt wurde (das voller AGEs und Glyphosat steckte). AGEs werden über die Nahrungskette weitergegeben. Bei der AGE-Studie zu Tierfutter galt extrudiertes Hundefutter (bei 128 Grad Celsius verarbeitet) als zweitschlechteste Qualität, was den AGE-Gehalt betrifft. Und natürlich hat Rohfutter den geringsten Anteil. Auch »luftgetrocknetes« Futter hat einen hohen AGE-Anteil, weil es viel Stärke enthält und bei ganz unterschiedlichen Temperaturen getrocknet wird. Es lohnt sich also, beim Produzenten anzurufen (wenn Sie diese Informationen nicht auf der Webseite der Firma finden).

Verarbeitungsschritte einschätzen

- **Gut**: *Bereits verarbeitete* Zutaten vermengt und *einmal hitzebehandelt* (viele getrocknete/dehydrierte Produkte).
- **Besser**: *Rohe, frische* Zutaten, vermengt und gefriergetrocknet oder hochdruckpasteurisiert (HPP) sowie rohe, frische Zutaten, vermengt und *nicht oder nur bei niedriger Temperatur und schonend hitzebehandelt* (viele dehydrierte rohe Fleischprodukte und sanft gegartes Futter).
- **Am besten**: *Rohe, frische* Zutaten, vermengt und entweder gleich serviert oder tiefgefroren *(ohne Hitzebehandlung)*, zum Verzehr innerhalb von drei Monaten (Hausmacherfutter, kommerzielles Tiefkühl-Rohfutter).

Synthetische Zusatzstoffe berechnen

Die letzte Aufgabe der Futter-Hausaufgaben hilft Ihnen, die *Herkunft* der Nährstoffe im Produkt einzuschätzen. Kurz zusammengefasst: Die Anzahl der zugesetzten Vitamine und Mineralstoffe spiegelt den Vitamin- und Mineralstoffmangel der Ausgangsstoffe wider oder den Nährstoffverlust durch die Hitzebehandlungen, die solche Nährstoffe zerstören. Die erforderlichen Vitalstoffe können aus zwei Quellen stammen: aus Grundzutaten mit hoher Nährstoffdichte oder aus der Retorte (nachträglich zugesetzte Vitamine, Mineralstoffe, Amino- und Fettsäuren aus dem Labor). Je geringer die Nährstoffdichte der Zutaten und/oder je intensiver und länger die Hitzebehandlung, desto mehr synthetische Nährstoffe müssen am Ende zugegeben werden.

Die Einschätzung als »gut«, »besser« oder »am besten« ist an dieser Stelle eher subjektiv, denn sie hängt allein von Ihrer Futter-Philosophie ab. Unserer Erfahrung nach reagieren Hundeeltern in dieser Hinsicht auf die ein oder andere Weise recht empfindlich. Wer sich daran nicht stört, wendet meist ein, dass wir ja schließlich alle synthetische Vitamine und Mineralstoffe zu uns nehmen, weil wir zahlreiche damit angereicherte Produkte verzehren. Viele Hundeeltern nehmen selbst eine ganze Phalanx solcher Vitalstoffe ein. Daher haben sie nichts dagegen, dass auch ihr Hund seine Dosis aus der gleichen Quelle bezieht. Aber das ist ja das Schöne an den Rechenaufgaben zur Hundegesundheit: Sie entscheiden, was für Sie und Ihre Fellnase wichtig ist. Die Berechnung soll Ihnen nur genügend Informationen liefern, damit Sie diese Entscheidung auf eine gute Grundlage stellen können.

Bei der Kalkulation der chemischen Veränderungen in Ihrem Hundefutter geht es darum, wie viele synthetische Nährstoffe hinzugefügt werden müssen, um das Produkt zu einem artgerechten Futtermittel zu machen. Zutaten von minderer Qualität (meist nur Futtermittel-, nicht Lebensmittelqualität) oder mit geringer Nährstoffdichte (immer eine Frage der Kosten) verlangen am Ende mehr synthetische Zusatzstoffe. Neben der Anzahl zugesetzter Vitamine und Mineralstoffe sollten Sie das Etikett auf der Packung danach durchforschen, ob Stoffe aus dem »dreckigen Dutzend« enthalten sind: Ethoxyquin, Menadion, Farben und Farbstoffe (inklusive Karamell), Geflügelhydrolisat, Tierfette, Propylenglykol, Sojabohnenöl, tierische Nebenerzeugnisse, Maiskleber, BHA/BHT, Fleischmehle und Natriumselenit.

Wie aber machen Sie das? Sie zählen, wie viele synthetische Nährstoffe auf dem Etikett genannt sind. (Dieses finden Sie auf der Packung oder auf der Webseite des Futtermittelproduzenten.) Und während Sie die Webseite studieren, sollten Sie Ihre Futter-Philosophie im Hinterkopf behalten. Zugesetzte Vitamine und Mineralstoffe finden Sie gewöhnlich nach der Zutatenliste (siehe unten). Die Nährstoffe werden voneinander durch Komma getrennt. Sie können sie also zählen, auch wenn man ihre Bezeichnungen kaum aussprechen kann:

- **Gut:** Hundefutter, das keinen einzigen der Bestandteile des dreckigen Dutzends enthält (siehe Seite 400) und *weniger als zwölf* synthetische Nährstoffe.
- **Besser:** Hundefutter, das keinen Bestandteil des dreckigen Dutzends und *weniger als acht* synthetische Nährstoffe enthält, aber einige gesunde Merkmale aufweist: biologisch-organisch produzierte Zutaten, Zutaten ohne gentechnisch veränderte Organismen et cetera.

- **Am besten:** Hundefutter, das keinen Stoff aus dem dreckigen Dutzend und *weniger als vier* synthetische Nährstoffe enthält, stattdessen eine Menge gesunder Elemente vorweisen kann: Zutaten in Lebensmittelqualität, biologisch-organisch, frei von gentechnisch veränderten Organismen, Wildsammlung, Weidetiere, artgerechte Haltung und so fort.

Diese Übung soll Ihnen zeigen, wie Sie entscheiden, was für Sie und Ihren Hund wichtig ist, und dabei Ihre Wertmaßstäbe, Überzeugungen und Ihr Budget berücksichtigen. Dabei gibt es viele Punkte zu beachten. Rohfutter zum Beispiel wurde nicht erhitzt. (Es kommt also nicht zum Nährstoffverlust, und es entstehen auch keine AGEs.) Wenn Sie aber auf dem Etikett eine Menge synthetischer Nährstoffe entdecken, heißt dies, das Unternehmen braucht trotzdem Zusätze, um das Futter artgerecht zu machen und mit dem nötigen Nährstoffgehalt auszustatten. (Auf dem Etikett drückt sich dies meist in einer kurzen Zutatenliste aus – zum Beispiel nur Fleisch und Innereien –, gefolgt von einem langen Schwanz synthetischer Vitamine und Mineralstoffe.) Dieses Futter ist billiger, weil das Unternehmen keine teuren frischen Zutaten kauft, um die Nährstoffe auf diese Weise ins Futter zu bringen. Vergleichen Sie das mit Rohfutter, das nur zwei zugesetzte synthetische Vitamine hat (Vitamin E und D). Letztere Futtermittel enthalten eine lange Liste teurer Zutaten, weil ebendiese die notwendigen Nährstoffe liefern.

Wie schätzen Sie Trockenfuttermarken ein?

(Diese Information ist für alle Leser, die trotzdem weiter Trockenfutter [plus 10 Prozent Langlebens-Superfoods] reichen wollen.)

Letztlich genauso wie Nassfutter. Machen Sie Ihre Futter-Hausaufgaben. (Berechnen Sie den Kohlenhydratanteil, die Anzahl der Verarbeitungsschritte und die Anzahl der synthetischen Zusatzstoffe.) Dann bewerten Sie das Futter auf der »Gut-besser-am-besten«-Skala. Hier ist es besonders wichtig, nach Elementen aus der Liste des dreckigen Dutzends Ausschau zu halten. Bei Trockenfutter gibt es eine ganze Reihe Verarbeitungstechniken: Neuere Formen, die mit niedrigeren Temperaturen arbeiten, sind »kalt extrudiert«, »sanft gebacken« oder »schonend getrocknet«. Auch der Stärkeanteil kann unterschiedlich hoch sein.

Jedes Produkt, das Sie für Ihren Hund kaufen, sollte Ihrer Futter-Philosophie entsprechen. Sie stellen also die gleichen Fragen, die Sie auch bei Nassfutter stellen würden. Wenn es um die Kosten geht, ist ein kluger Vergleich angebracht, vor allem bei den teuren Sorten. Wenn der Preis für Sie ein Thema ist, dann sollten Sie sich klarmachen, dass »Premium«-Trockenfutter mitunter teurer ist als TK-Frischkost, die Ihnen ins Haus geliefert wird. Auch hier zahlt sich Recherche aus.

Ein Tipp: Trockenfutter wird leichter ranzig als andere Hundefuttersorten. Sie müssen es also auf jeden Fall an einem kühlen, trockenen Ort aufbewahren (idealerweise im Gefrierschrank) und immer nur kleine Mengen kaufen, die Sie innerhalb von drei Monaten verfüttern können. Idealerweise sogar innerhalb von dreißig Tagen.

Die Futter-Hausaufgaben bieten Ihnen Richtlinien, um Futtersorten einzuschätzen. Sie sind der Prüfstein, wie Sie mehr über die Marken herausfinden, die Sie verfüttern (oder meiden) wollen. Es gibt hier keine richtigen oder falschen Antworten. Es geht einfach nur darum, dass Sie sich das Wissen aneignen, um kluge Entscheidungen treffen zu können, die zu Ihnen, Ihrem Lebensstil und Ihren Überzeugungen passen. Und natürlich zu den Bedürfnissen Ihres Hundes. Wichtig ist auch hier, Ideal und Wirklichkeit auseinanderzuhalten. Niemand kann immer alles richtig machen. Es geht letztlich darum, irgendwo anzufangen und jene kleinen Schritte zu tun, in denen Sie sich wiederfinden, damit Ihr Hund immer gesünder wird. Manchmal fühlen wir uns schuldig, weil wir jetzt besser wissen, was gut wäre. Und je mehr wir dazulernen, desto unzulänglicher fühlen wir uns. Lassen Sie sich also nicht entmutigen. Wenn Sie Ihr neu erworbenes Wissen sinnvoll einsetzen, dann machen Sie auch Fortschritte.

Die steigende Beliebtheit von Rohfutter

Hundeeltern 2.0 wenden sich immer mehr dem Rohfutter zu: Weniger Stärke, weniger AGEs und weniger synthetische Zusatzstoffe bedeutet, dass das Futter bei den Hausaufgaben automatisch bessere Noten bekommt. Flüchtige, nicht hitzebeständige

Enzyme, essenzielle Fettsäuren und sekundäre Pflanzenstoffe bleiben erhalten und finden ihren Weg in den Körper Ihres Hundes. In den USA werden etwa 40 Prozent der Rohfuttermarken hochdruckpasteurisiert (was wichtig ist, um Salmonellen zu vermeiden). Achten Sie darauf, dass Ihr Rohfutter eine klare Auszeichnung aufweist. Vor allem soll es artgerecht sein, denn dies ist das größte Problem bei dieser Futterkategorie.

Natürlich ist auch die »Gut-besser-am-besten«-Skala nicht das Maß aller Dinge. Ein bisschen gesunder Menschenverstand ist immer hilfreich. Die Futtermittel-Hausaufgaben zu machen ist nur dann sinnvoll, wenn Sie ein »Alleinfuttermittel« oder ein »Komplettfuttermittel« prüfen. Bei Snacks oder Leckerlis (die nicht die ganze Breite der Nährstoffe aufweisen müssen) kann es dagegen sein, dass sie nach den oben genannten Kategorien als »am besten« gelten, zum Beispiel weil keine Vitamine oder Mineralstoffe zugesetzt sind. Das heißt aber nicht, dass sie wirklich zu den »besten« Futtermitteln gehören (außer natürlich, Sie gleichen damit Nährstoffdefizite aus). So haben wir vor Kurzem im Bioladen ein Futter mit folgender Zutatenliste entdeckt: »Entenfleisch aus Freilandhaltung, Entenherz, Entenleber, Spinat und Heidelbeeren aus biologisch-organischem Anbau, Kurkuma aus biologisch-organischem Anbau.« Das liest sich wunderbar, nur dass darin keine Jodquelle enthalten ist, was der Hund für eine gesunde Schilddrüsenfunktion braucht. Und auch andere Vitamine und Mineralstoffe fehlten. Sie haben vielleicht im Moment – oder überhaupt – nicht genug Informationen, um festzustellen, dass ein Futter nicht genug Jod enthält. Aber Sie können lernen, die richtigen Fragen zu stellen.

Das Tolle an der boomenden Tierfutterindustrie ist doch, dass wir mittlerweile eine schöne Bandbreite an Alternativen haben. Außerdem kommen fast wöchentlich neue Marken auf den Markt. Daher würden wir Ihnen empfehlen, dass Sie Unternehmen finden, denen Sie vertrauen können, und zwischen verschiedenen Marken und Proteinen abwechseln. Dieses Rotationsverfahren ist die beste Möglichkeit, Ihrem Hund eine große Nährstoffvielfalt zu bieten. Das scheint am Anfang fast unmöglich, aber mit der Zeit werden Sie lernen, Ihre Optionen auch wahrzunehmen. Schließlich gibt es inzwischen für jeden Menschen (und jeden Hund) etwas im Angebot, abhängig von Ihrer Futter-Philosophie, von Zeit und Budget. Mischen Sie Futtersorten mit unterschiedlichen Werten auf der Skala. Wechseln Sie bei Marken, Proteinquellen und Futtersorten ab. Es gibt Hunderte Alternativen, aus denen Sie die perfekte Langlebens-Mahlzeit für Ihren Bello zusammenstellen können. Schon die nächste Packung oder Dose kann einen Unterschied machen. Wenn Sie vor dem Kauf Ihre Hausaufgaben erledigt haben.

Übung 2: Wie Sie die Frischkost für Ihren Hund auswählen

Es gibt also keine unumstößliche Regel für die Auswahl Ihres Hundefutters, weil es eben so viele Punkte zu berücksichtigen gilt. Nur Sie können letztlich entscheiden, was davon für Sie passt und den besonderen Bedürfnissen Ihres Hundes entspricht. Ist Frischkost für Sie etwas völlig Neues, ist es mitunter nicht ganz leicht, diese Umstellung zu vollziehen.

Denn auch Frischkost kommt in den unterschiedlichsten Formen daher: Hausmacherkost, handelsübliches Rohfutter, gekochtes, gefriergetrocknetes und dehydriertes Futter. All das können Sie vor Ort kaufen (im Laden um die Ecke). Oder Sie können es online bestellen, was manchmal lange Lieferwege bedeutet, aber gut ankommt. Doch Frischkost zu füttern setzt wieder eine ganze Reihe von Entscheidungen voraus, die ebenfalls mit Ihrer Futterphilosophie und Ihrem Lebensstil zusammenhängen. Wir werden also die zur Verfügung stehenden Futtermittel untersuchen und einige verwirrende Fragen klären, die bei Ihnen vielleicht auftauchen mögen. Unser Ziel ist es, Ihnen die verfügbaren Frischfuttersorten vorzustellen, damit Sie diejenigen aussuchen können, die am besten zu Ihren Bedürfnissen passen.

FRISCHKOST: ROH ODER MINIMAL VERARBEITET

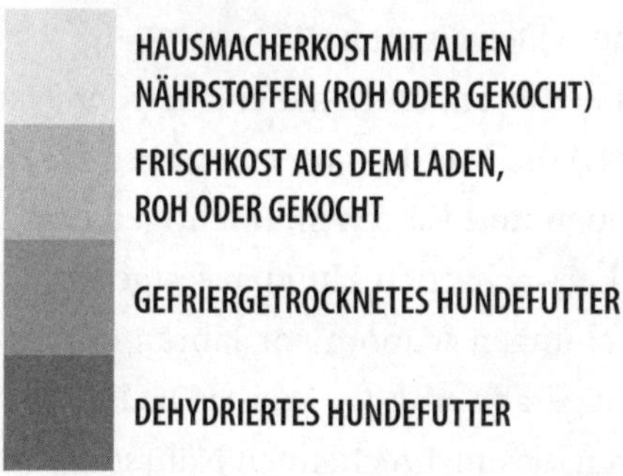

Hausmacherkost, kommerzielle Frischkost oder Fertigmahlzeiten

Hausmacherkost

Wenn Sie die Mahlzeiten für Ihren Hund zu Hause zubereiten, haben Sie ein Maximum an Kontrolle über die Zutaten. Gleichzeitig kann das teuer sein und viel Zeit verschlingen. Außerdem brauchen Sie einen großen Gefrierschrank, wenn Sie nicht alles täglich frisch zubereiten. Natürlich wäre das toll, aber auch ganz schön anstrengend. Viele Hundeeltern bereiten Frischkost einmal wöchentlich zu und frieren sie dann in kleinen Portionen ein, sodass sie leicht aufzutauen sind. Tierärzte warnen häufig davor, Hundefutter selbst zuzubereiten, weil der Nährstoffbedarf möglicherweise nicht gedeckt ist. Das gilt aber nur, wenn die Hundeeltern sich *nicht* mit den Bedürfnissen ihrer Fellnase auseinandersetzen. Hier nun kurz die Geschichte der »ausgewogenen Ernährung« (ein Begriff, der nichts besagt, weil jeder davon eine andere Definition hat).

Wie wir bereits erläutert haben, hat der National Research Council (NRC) die Mindestanforderungen für den Nährstoffbedarf von Welpen und Kätzchen, trächtigen und säugenden Tiermüttern und erwachsenen Hunden festgelegt. Die entsprechenden Untersuchungen wurden vor Jahren durchgeführt, und das auch auf nicht gerade ethische Weise: Die Forscher enthielten den Versuchstieren die entsprechenden Nährstoffe vor und protokollierten, was klinisch passierte oder nicht passierte. Anschließend wurden die Tiere getötet, um herauszufinden, ob und was sich körperlich verändert hatte. Wir wissen also mit Sicherheit – hier gibt es keine Debatten –, welche Nährstoffe ein Tier *mindestens* braucht, um durch einen Nährstoffmangel bedingte Krankheiten zu vermeiden. In manchen Fällen konnte man auch feststellen, was geschah, wenn Nährstoffe in zu hoher Dosierung oder im falschen Verhältnis verfüttert wurden. Nachdem die NRC ihre Mindestanforderungen veröffentlicht hatte, definierten die AAFCO (in den USA) und die FEDIAF (European Pet Food Industry in Europa) auf Basis dieser Werte eigene Standards. Kritiker aber bemängeln, dass diese Standards fehlerhaft sind, und wir teilen diese Meinung. Aber sicher will niemand solche Versuche zu Hause am eigenen Tier durchführen. Die Forschungsarbeiten geben uns klare Antwort auf die Frage, wie viel Milligramm von allen Vitaminen, Mineralstoffen und Fettsäuren ein Hund pro 1000 Kalorien zugeführter Energie braucht, um am Leben zu bleiben. Das Problem hat nun zwei Seiten: Zum einen wollen wir ja nicht nur, dass unsere Tiere leben. Wir wollen, dass sie *möglichst lange leben*! Zum anderen ist es schwierig herauszufinden, auf welche Weise (und in welcher Menge) man diese grundlegenden Nährstoffe dem Tier zur Verfügung stellen kann. Viele Menschen liegen bei dieser Einschätzung daneben. (Das ist der Grund, weshalb der Tierarzt häufig gegen Hausmacherkost ist.) Wir haben dieses Buch geschrieben, damit unsere Hundeliebhaber-Kollegen wissen, warum Nahrung mit hoher Nährstoffdichte wichtig ist und wie sie diese herstellen können.

Einige Anbieter für Rohkost-Hundefutter kritisieren, dass die NRC ihre Mindeststandards mit hochverarbeitetem Tierfutter festgelegt habe, nicht mit jenen naturbelassenen Fleischsorten, die Hunde und Katzen entwicklungsgeschichtlich verzehrt haben. Hier stimmen wir zu. Das könnte die Resultate sicher verzerren. Doch bis die Wissenschaft genügend Daten von Tieren gesammelt hat, die rohes oder minimal verarbeitetes Futter bekommen, müssen wir uns auf die vorhandenen Daten verlassen, wenn wir einschätzen wollen, ob wir den Nährstoffbedarf unserer Tiere decken. Eine gute Nachricht aber gibt es: Die Forschung belegt, dass frisches Futter leichter verdaulich ist und vom Körper besser verwertet werden kann. Prüfen wir auf der Grundlage aktueller Standards, ob rohes und minimal verarbeitetes Futter die Mindestanforderungen erfüllt, dann landen wir einen Volltreffer! Frischkost liefert *optimale* Mengen vollwertiger Nährstoffe. Anders ausgedrückt: Wenn Ihr rohes oder minimal verarbeitetes Hundefutter den aktuell gültigen, nicht idealen Standards genügt, dann versorgen Sie Ihr Tier im Vergleich zu anderen Futtersorten besser mit Nährstoffen.

Das Problem: Viele wohlmeinende Tierfreunde gehen davon aus, dass ihr Hund alles bekommt, was er an Nährstoffen braucht, wenn sie nur Frischfleisch, frische Innereien und verschiedene Gemüsesorten durchwechseln. Das kann aber katastrophale Folgen haben. Wir haben viele Klienten trauern sehen. Und wir haben (immer wieder) von Tierärzten und Futtermittelproduzenten gehört, dass es gefährlich ist, Tiere mit Hausmacherkost zu ernähren. Natürlich haben Tierärzte viel Schmerz aufseiten wohlmeinender Hundeeltern und ihrer Tiere gesehen und raten deswegen von dieser Art der Ernährung ab. Wir tadeln die Ärzte daher nicht für ihre Skepsis: Aus ebendiesem Grund kann Hausmacherkost das Beste, aber auch das Schlechteste sein, was Sie für Ihren Hund tun können.

Wir haben eine Lösung, die Ihnen bei dieser Entscheidung hilft. Sie wird Ihnen die nötige Gewissheit und Sicherheit geben, um die Gesundheit Ihres Hundes zu verbessern. Und so sieht sie aus: Beweisen Sie Ihrem Tierarzt, dass Sie es richtig machen können, indem Sie einem Rezept oder Empfehlungen folgen, welche die bekannten Bedürfnisse Ihres Hundes erfüllen. Erklären Sie

Ihrer Tierärztin, dass Sie sich über Tiernahrung informieren und dabei Richtlinien befolgen, die jeden Nährstoffmangel verhindern. So bauen sich keine unüberwindlichen Spannungen auf.

Wenn Sie sich dafür entscheiden, Ihr Hundefutter selbst herzustellen, dann applaudieren wir Ihnen! Lehnen Sie sich kurz zurück, und freuen Sie sich, dass Sie diese Möglichkeit haben! Viele andere Tierhalter können das nicht. Wir bewundern Ihren Einsatz, um das Leben Ihrer Fellnase auf gesunde Weise zu verlängern. Sie werden für diesen Aufwand reich belohnt!

Wir bitten Sie, für die Herstellung Rezepte oder Nährstofftabellen zu benutzen, die sicherstellen, dass in puncto Vitamine, Mineralstoffe, Aminosäuren und essenzielle Fettsäuren die grundlegenden Mindeststandards erfüllt sind. (Sie können auch – in englischer Sprache – die Beispielrezepte auf unserer Webseite studieren.) Hausmacherkost können Sie roh (ungekocht) oder gegart reichen. (Wir empfehlen das Pochieren, bei dem am wenigsten AGEs entstehen, aber garen Sie ruhig nach Ihren eigenen Vorstellungen.) Fast alle Menschen, die Zeit, Energie und Geld investieren, um für ihre Tiere Hausmacherkost zuzubereiten, sind sich einig, dass eine *nährstofftechnisch optimale* Versorgung etwas anderes ist, als *Mindeststandards* zu erfüllen. Menschen, die Nahrung als Heilmittel sehen, haben begriffen, was vollwertige Ernährung heißt, und wollen diese auch ihrem Tier zukommen lassen.

Was sind synthetische Nährstoffe?

Vitamine und Mineralstoffe aus dem Labor sind synthetisch produziert. Der Mensch stellt sie her und verwendet sie dazu, tierische und menschliche Nahrung aufzuwerten. Es gibt eine ganze

Reihe synthetischer Nährstoffe, die sich in Form und Typ unterscheiden (was Verdaulichkeit, Bioverfügbarkeit und Sicherheit angeht), aber auch in Qualität und Reinheit. Je mehr Vitamine und Mineralstoffe Sie und Ihr Hund aus vollwertiger Nahrung beziehen, desto weniger synthetische Nährstoffe brauchen Sie.

Es gibt zwei Arten von Hausmacherkost für Hunde: Rezepte aus vollwertigen Zutaten (frei von synthetischen Stoffen) und solche, die synthetische Nährstoffe verwenden.

Hausmacherkost ohne synthetische Nährstoffe

In die erste Kategorie fallen Rezepte, bei denen die Nährstoffe einzig aus vollwertigen Zutaten stammen. Sie müssen keine Vitaminpaste oder Mineralstoffpillen kaufen, um die Bedürfnisse Ihres Hundes zu decken. Manche der Zutaten sind allerdings schwer zu bekommen oder relativ teuer wie Paranüsse für die Selenzufuhr und Austern oder Muscheln, die Zink liefern sollen. Wenn die Vitamine und Mineralstoffe aus Lebensmitteln kommen, kann Ihr Hund sie optimal verarbeiten, *weil sie eben aus echter Nahrung stammen.* Allerdings müssen Sie die Rezepte exakt umsetzen, um auch die Versorgung mit Nährstoffen, an denen nur ein minimaler Bedarf besteht, sicherzustellen. In der Wildnis jagen Hunde die unterschiedlichsten Beutetiere und fressen auch alle Körperteile (inklusive Augen, Gehirn und Drüsen). So bekommen sie alles, was sie brauchen. Nehmen wir beispielsweise Zink: Wir kennen nicht viele Menschen, die ihren Hunden auch Hoden, Zähne und Haare von Nagern füttern (worin viel Zink enthalten ist). Ein Zinkmangel ist also durchaus möglich.

Selbst wenn Sie die verschiedensten Fleischarten und -sorten durchwechseln und viele verschiedene Gemüse anbieten, ist der minimale Zinkbedarf Ihres Hundes nicht gedeckt. Zinkmangel schlägt sich in schlechter Haut nieder, einer verzögerten Wundheilung sowie in Problemen mit dem Magen-Darm-Trakt, dem Herzen und den Augen. Und das gilt gleichermaßen für andere, nicht so leicht erhältliche Vitalstoffe: Vitamin D und E, Jod, Mangan und Selen, um nur ein paar zu nennen.

Unglücklicherweise sind auch Vollversorgungs-Vitaminpräparate für Hunde hier keine Lösung, um Hausmacherkost aufzuwerten. Zu solchen »diätetischen Problemen« kommt es auch, wenn man von einem Rezept die ein oder andere Zutat weglässt, wodurch es seine Ausgewogenheit verliert. Das führt automatisch zu Nährstoffmangel. Da hilft es auch nichts, solche nährstofftechnisch unausgewogenen Rezepte durchzuwechseln. Hierüber regt sich Ihr Tierarzt zu Recht auf.

Hausmacherkost für den Hund können Sie roh verfüttern oder schonend gegart (pochiert, gedünstet, gedämpft). Wenn Sie rohes Fleisch geben beziehungsweise zurichten, dann sollten Sie sich einige sichere Techniken zu seiner Verarbeitung und Lagerung aneignen. Letztlich gelten hier die gleichen Regeln wie für Carpaccio oder Grillfleisch, ob nun Sie es verspeisen oder Ihr Hund. Gesunde Hunde sind allerdings von der Evolution darauf ausgelegt, mit einer größeren Ladung Bakterien zurechtzukommen. Ihre extrem sauren Magensäfte erledigen ohnehin viele Mikroben. Im Magen-Darm-Trakt gesunder Hunde finden sich Escherichia coli (E. coli), Salmonellen und Clostridien, selbst wenn die Tiere nur Trockenfutter bekommen. Sie gehören einfach zu den Mitbewohnern.

Wie Sie Futter pochieren

Pochieren ist eine sanfte Garmethode, bei der Nährstoffe und Feuchtigkeit erhalten bleiben. Wenn das Futter pochiert wird, wird es nicht gebräunt, Maillard-Reaktionsprodukte entstehen also in viel geringerem Maße. Legen Sie das Fleisch in den Topf, geben Sie gefiltertes Wasser (oder Hausmacher-Langlebens-Knochenbrühe von Seite 343 beziehungsweise Hausmacher-Heilpilzbrühe von Seite 322) dazu, bis das Fleisch leicht bedeckt ist. Experten empfehlen, noch einen Schuss biologischen Apfelessig hinzuzugeben, damit die Proteine »weicher« werden. Wir haben dazu keine wissenschaftlichen Untersuchungen vorliegen, wir machen es nur, weil die Profis es raten. Dann erhitzen Sie das Ganze auf 70 Grad Celsius, was die Bakterien abtötet, aber keine Unmengen AGEs erzeugt. Die Kochzeit hängt von der Größe des Fleischstücks ab, das Sie zubereiten wollen. (Üblicherweise liegt sie bei 5 bis 8 Minuten für kleine Mengen.) Mit der nährstoffreichen Brühe können Sie unmittelbar vor der Fütterung die Mahlzeit noch aufwerten. Wenn Sie wollen, können Sie auch Kräuter und Gewürze hinzugeben. (Auf Seite 335 ff. finden Sie Tipps für polyphenolreiche und schmackhafte Kräuter.)

Vollwertige Hausmacherkost gehört zum Teuersten, was Sie verfüttern können (vor allem, wenn Sie biologisch-organisch gezogenes Gemüse und Fleisch aus artgerechter Tierhaltung verwenden). Aber sie ist auch das nährstoffreichste und frischeste Futter. Gemüse aus konventionellem Anbau und Fleisch aus Massentierhaltung können die Kosten verringern. Aber natürlich ist Fleisch aus artgerechter Haltung oder Wildfang auch nährstoffreicher und chemisch weniger belastet (zum Beispiel mit Antibiotika). Außerdem empfehlen wir, die Bauern vor Ort zu unterstützen. In Städten können Sie im Naturkostladen einkaufen oder sich einer Einkaufsgenossenschaft für Bioware anschließen. Auf jeden Fall können die Mitarbeiter von Naturkostläden Ihnen Tipps geben, wo Sie günstig gutes Fleisch und Gemüse für Ihren Hund bekommen. Wenn Sie das Futter selbst zubereiten, können Sie auch mal seltenes Fleisch füttern oder Superfoods zugeben, die speziell auf Ihren Hund zugeschnitten sind. Und das Wichtigste: Sie wissen genau, was er zu fressen bekommt, weil Sie alles handverlesen haben. Und Sie finden im Internet eine ganze Reihe von Webseiten mit Tipps für Rohkost für Hunde (Stichwort: BARF – biologisch artgerechte Rohfütterung).

Braucht Ihr Hund aus medizinischen Gründen eine spezielle »therapeutische« Diät, dann sollten Sie einen Tierernähungsspezialisten aufsuchen, der Rezepte speziell für Ihren Hund erstellt. Adressen und Telefonnummern finden Sie unter dem Stichwort »Tierärztliche Ernährungsberatung« im Internet. Die Spezialisten auf www.petsdiet.de liefern rohe oder sanft gegarte Menüs für Hunde mit speziellen Gesundheitsproblemen.

Hausmacherkost für Hunde

Wenn Sie auf Google nach »Hausmacherkost für Hunde« suchen, erhalten Sie eine Unmenge Links zu Webseiten, die Ihnen schick zurechtgemacht Menüs für den Hund präsentieren. Auch hier können wir Ihnen nur zur Vorsicht raten. Hausmacher-Menüs (ob sie nun aus dem Internet oder einem Buch stammen) sollten auf jeden Fall den Hinweis tragen: »Nährstofftechnisch als Alleinfuttermittel geeignet«. Des Weiteren sollte das Rezept nicht nur eine Liste von Zutaten enthalten, sondern auch die jeweiligen Gewichtsangaben. Außerdem sollte der Kaloriengehalt angegeben sein sowie der exakte Gehalt an Vitaminen, Mineralstoffen, Amino- und Fettsäuren im Rezept. Rezepte, die diese Angaben nicht liefern, sollten Sie nicht verwenden – außer vielleicht als Leckerei (bis zu 10 Prozent der täglichen Kalorienaufnahme Ihres Hundes) oder zur einmaligen Fütterung. Wenn Sie nach Rezepten arbeiten, bei denen diese wichtigen Angaben fehlen, riskieren Sie, dass Ihr Hund einen Nährstoffmangel entwickelt, der seine Lebenserwartung verkürzen kann. Eine ganze Reihe von geeigneten Rezepten haben wir auf unserer Webseite (www.foreverdogs.com) veröffentlicht (in englischer Sprache). Weiter unten steht ein entsprechendes Beispiel. Gerade am Anfang finden es viele Leute einfacher, sich Tiefkühlware kommen zu lassen (zum Beispiel von Pet's Deli) und diese entsprechend aufzupeppen. Wenn Sie Ihrem Hund trotzdem lieber selbst etwas zubereiten, können Sie sicher sein, dass Sie Ihre Fellnase sehr glücklich machen.

Nachstehend finden Sie ein Beispiel für ein nährstofftechnisch ausgewogenes Rezept für einen erwachsenen Hund, das seine Vitalstoffe einzig aus vollwertigen Zutaten bezieht. (Die Ernährung von Welpen ist komplexer, da diese einen anderen Stoffwechsel haben.) Bitte verwenden Sie extra mageres (mehr als 90 Prozent mageres) Rinderhack, und geben Sie Superfoods zu, um bestimmte Nährstofferfordernisse zu erfüllen. Naturbelassene gemahlene Sonnenblumenkerne decken den Vitamin-E-Bedarf. Hanfsamen liefern Alpha-Linolensäure (ALA) und Magnesium. Lebertran enthält viel Vitamin A und 1300 IE Vitamin D.

Ingwerpulver liefert Mangan, und jodreiche Algen bieten alles, was eine gesunde Schilddrüse braucht. Wenn in diesem Rezept auch nur eine Zutat weggelassen oder verringert wird, ist es nicht mehr ausgewogen. Dann können Sie es einmal reichen oder als Leckerli geben, aber nicht als Grundnahrungsmittel für Ihren Hund verwenden. Gute Rezepte kommen mit Nährstoffanalyse, sodass Sie überprüfen können, ob auch alles enthalten ist, was Ihr Tier langfristig braucht.

Sehen Sie sich die Nährstoffanalysen an (Seite 544+550), und Sie merken, wie komplex das Ganze ist. Daher ist es so wichtig, dass Sie sich bei der Hausmacherkost für Ihren Hund an klare Richtlinien halten, vor allem wenn er keine andere Nahrung erhält.

HAUSMACHER-RINDFLEISCHFUTTER

FÜR ERWACHSENE HUNDE

5 Pfund[25]	(2227 g)	extra mageres Rinderhack, pochiert oder roh
2 Pfund	(900 g)	Leber vom Rind, pochiert oder roh
1 Pfund	(454 g)	Spargel, fein gehackt
4 Unzen	(114 g)	Spinat, fein gehackt
2 Unzen	(57 g)	naturbelassene Sonnenblumenkerne, gemahlen
2 Unzen	(57 g)	naturbelassener Hanfsamen, geschält
	(25 g)	Calciumcarbonat (aus Naturkostladen oder Apotheke)
	(15 g)	Lebertran
	(5 g)	Ingwerpulver
	(5 g)	Algenpulver

Hausmacherkost plus synthetische Nährstoffe

Wenn Sie Hausmacherkost mit synthetischen Nährstoffen zubereiten, verwenden Sie Vitamine, Mineralstoffe und andere Vitalstoffe, die künstlich hergestellt wurden. Dann geben Sie für den Selenanteil keine Paranüsse ins Futter, sondern Selenpulver aus dem Drogeriemarkt oder dem Tierfutterladen. Wie bei allen Supplements gibt es auch hier enorme Qualitätsunterschiede und Darreichungsformen. Das kann Ihnen ein gutes Gefühl geben oder Sie einschüchtern, je nachdem, wie viel Sie bereits wissen und wie Ihre persönliche Futter-Philosophie aussieht.

Diese synthetischen Stoffe lassen sich in zwei Kategorien einteilen: Do-it-yourself-Vitamin-und-Mineralstoff-Mischungen und kommerzielle Komplettlösungen, die speziell zusammengestellt wurden, um der Hunde-Hausmacherkost das ganze Spektrum an nötigen Nährstoffen mitzugeben (nicht zu verwechseln mit den handelsüblichen Vitaminpasten).

Do-it-yourself-Lösungen: Viele Rezepte für Hunde-Hausmacherkost empfehlen die individuelle Zugabe von Vitaminen und Mineralstoffen (das heißt Zink, Calcium, Vitamin E und D, Selen, Mangan und so weiter) und liefern dafür auch eigens Mengenangaben. Was Sie dann tatsächlich zugeben müssen und in welcher Menge, hängt letztlich davon ab, welchen Vitalstoffgehalt das Futter konkret aufweist. *Was nicht drin ist, muss hinzugefügt werden*. Der Nachteil dieser Methode: Es ist ganz schön anstrengend, ein Dutzend Supplements vorzuhalten. Pillen zu Pulver zu zermahlen oder Kapseln zu öffnen und dann die richtige, meist minimale Menge abzumessen erfordert sehr genaues Arbeiten. Außerdem müssen die Mikronährstoffe gleichmäßig im Futter verteilt werden. Auch hier ist es absolut möglich, etwas grundverkehrt zu machen. Weiter unten finden Sie ein Rezept für Hausmacherkost mit Do-it-yourself-Supplementen. (Im Anhang finden Sie mehr zu den Nährstoffen.) Achtung: Da hier ein hoher Anteil an Rinderleber eingearbeitet wird, müssen weder Kupfer noch Eisen extra zugegeben werden.

Der Vorteil dieser Methode: Sie können Rezepte auswählen, die Ihre bevorzugten Supplements verwenden. Sagen wir mal, dass Ihr Hund dazu neigt, Harngrieß aus Oxalatkristallen zu entwickeln. Sie wissen aus Ihren Recherchen, dass Ihr Hund Calciumcitrat bekommen sollte, um dem entgegenzuwirken. Also verwenden Sie Hausmacherrezepte, bei denen Sie Calciumcitrat einarbeiten können. Setzen Sie, wenn möglich, auf Chelate. Hier die volle Kontrolle zu haben ist für manche Hundehalter aufregend, für andere erschreckend. Wenn Sie tatsächlich ein Alleinfuttermittel mischen wollen, das alle Nährstoffanforderungen erfüllt, können Sie sich auf www.animaldietformulator.com anmelden. Dort erfahren Sie, was Sie Ihrem Hund geben müssen, um die europäischen FEDIAF-Standards zu erfüllen.[26]

HAUSMACHER-TRUTHAHNMAHLZEIT

FÜR ERWACHSENE HUNDE, MIT SUPPLEMENTS NACH DER DO-IT-YOURSELF-METHODE

5 Pfund[27]	(2270 g)	mageres Truthahnfleisch, roh oder sanft gekocht
2 Pfund	(908 g)	Rinderleber, roh oder pochiert
1 Pfund	(454 g)	Rosenkohl, fein gehackt
1 Pfund	(454 g)	grüne Bohnen, gekocht
8 Unzen	(227 g)	Endiviensalat, fein geschnitten

Supplements aus dem Drogerie- oder Tierfuttermarkt:

1,8 Unzen	(50 g)	Lachsöl
	(25 g)	Calciumcarbonat
	(1200 IE)	Vitamin D
	(200 IE)	Vitamin E
	(2500 mg)	Kalium
	(600 mg)	Magnesiumcitrat
	(10 mg)	Mangan
	(120 mg)	Zink
	(2,5 mg)	Jod

Auch **Komplettlösungen** für den Vitamin- und Mineralstoffgehalt haben so ihre Vor- und Nachteile. Das dickste Minus: Die meisten sind nicht korrekt zusammengesetzt, um Hunde-Hausmacherkost richtig aufzuwerten. Der Großteil der Multivitamin- und Mineralstoffprodukte folgt keinen ausgewiesenen Nährwertvorschriften. Das kann auf Dauer zur Unter- oder Überversorgung führen. Komplettlösungen, die sich weder bei der Minimal- noch bei der Maximalmenge an den Standards orientieren, können zu ernsthaften gesundheitlichen Problemen führen (zum Beispiel Blasensteine, Herzprobleme, Leber- und Nierenstörungen, Schilddrüsenunterfunktion sowie Wachstums- und Entwicklungsstörungen).

Bei Sprüchen wie »Ein Teelöffel davon genügt, und Ihr Hund bekommt alles, was er braucht!« stellt sich bei uns beiden stets Misstrauen ein. Tierärzte führen gesundheitliche Probleme bei ihren Patienten gewöhnlich nicht auf Fehlernährung zurück, dabei ist dies eine ganz reale Möglichkeit. Der Vorteil einer Komplettlösung für Vitamine und Mineralstoffe, die mit dem Zweck zusammengestellt wurde, eventuelle Mängel einer Hausmacherkost auszugleichen, ist natürlich, dass Sie nur ein Produkt brauchen und nicht lange herumrechnen müssen! Sie geben dem Futter die empfohlene Menge zu, mischen alles gut durch und fertig. Komplettlösungen sind natürlich praktischer als Dutzende Einzelpräparate. Damit sinkt auch das Risiko, dass Sie Fehler machen.

Im Allgemeinen **ist Hausmacherkost mit der richtigen Menge an zusätzlichen Nährstoffen die billigste Art, Ihren Hund mit Selbstgemachtem zu ernähren. Dann kann auch der Tierarzt nichts gegen diese Form der Ernährung einwenden.** Doch diese Bequemlichkeit hat ebenfalls einen Nachteil: Die Vitamine und Mineralstoffe sind synthetischer Natur und stammen nicht aus vollwertiger Nahrung. Je nachdem, wie Ihre Futter-Philosophie aussieht, ist das ein Plus oder ein Minus. Unter dem Stichwort »BARF« (biologisch artgerechtes rohes Futter) finden Sie im Internet eine ganze Reihe von Komplettlösungen, häufig sogar mit natürlichen Zutaten wie Bierhefe oder Seealgen. Achten Sie aber darauf, dass Welpen gewöhnlich einen anderen Nährstoffbedarf haben als erwachsene Hunde, und suchen Sie gezielt nach Komplettlösungen für Welpen, wenn Ihr Fido noch ein Fellknäuel ist. Es gibt auch spezielle Produkte für Tiere mit Nierenproblemen (die ein anderes Mineralstoffprofil brauchen) oder Tiere mit Allergien beziehungsweise Nahrungsmittelsensitivität.

Do-it-yourself-Lösungen für Nahrungsergänzungsmittel

Rezepte finden Sie hier:

- www.foreverdog.com (kostenlos!),
- www.planetpaws.ca,
- www.animaldietformulator.com (mit dieser App können Sie – in englischer Sprache – Ihre Menüs selbst zusammenstellen),
- www.freshfoodconsultants.org (hier wird auf viele professionelle Ratgeber verlinkt).

Hier können Sie Ihre eigenen Mahlzeiten zusammenstellen und die Zutaten selbst auswählen, dazu kommt dann ein Komplett-Ergänzungsmittel:

- www.balanceit.com,
- www.mealmixfordogs.com.

Hier sind Tierernährungsspezialisten am Werk, die mit Ihnen zusammen Mahlzeiten entwerfen, die auf die spezifischen medizinischen Bedürfnisse Ihres vierbeinigen Freundes zugeschnitten sind:

- www.acvn.org,
- www.petdiets.com.

Hier können Sie sich von Frischkost-Spezialisten beraten lassen, um nährstofftechnisch ausgewogene Mahlzeiten für Ihren Hund zusammenzustellen:

- www.freshfoodconsultants.org.

Aber Sie können auch die folgende Software kaufen und all das in Eigenregie erledigen:

- www.animaldietformulator.com (nach den AAFCO- und FEDIAF-Richtlinien),
- www.petdietdesigner.com (nach den NRC-Richtlinien).

Handelsübliche Frischkost

Wenn Sie weder Zeit noch Lust haben, für Ihren Hund ständig zu kochen, können Sie sich auch bei Ihrem lokalen Tierfutterladen mit Frischkostalternativen versorgen. Oder diese im Internet bestellen und sich frei Haus liefern lassen. Das Angebot ist riesig mit allen Vor- und Nachteilen. Natürlich sollte Frischkost eine Nährstoffangabe haben. Das ist vor allem deshalb wichtig, weil es Angebote gibt, deren Nährstoffgehalt den Mindestanforderungen nicht genügt. In den DACH-Staaten muss bei allen Futtermitteln klar erkennbar sein, ob es sich um ein Alleinfuttermittel oder ein Ergänzungsfuttermittel (Snack) handelt. Als Hundeeltern 2.0 sind Sie vielleicht willens, diese Snacks dergestalt zu aufzuwerten, dass sie mit den nötigen Supplements zum ausgewogenen Alleinfuttermittel werden. Solche Produkte sind gewöhnlich billiger als Alleinfuttermittel. Und unter dem Stichwort »BARF« finden Sie ganze Webseiten, die Ihnen erklären, wie Sie Fleisch, Knochen und Organe mit Gemüse und Vitalstoffen ergänzen können. Auch hier müssen Sie viel rechnen. (Excel-Tabellen sind hilfreich.) Sogenannte Whole-Prey- oder Franken-Prey-Angebote werben damit, dass der Hund das *ganze* Tier zu fressen bekommt (Whole Prey) oder zumindest eine Zusammensetzung, die dem nahekommt (Franken Prey). Es heißt, dass solche Produkte die ganze Bandbreite an nötigen Nährstoffen liefern, aber gewöhnlich finden sich keine Angaben, ob sie den Richtlinien von NRC, AAFCO oder FEDIAF folgen. In diesem

Fall sollten Sie das Futter nur als Leckerei geben, nicht als Hauptfuttermittel (außer Sie gleichen die Nährstoffdefizite in Eigenregie aus). Es gibt eine ganze Reihe guter Rohkostangebote, mit denen Sie füttern können. Sie sollten nur die Etiketten immer genau studieren.

Rohe oder schonend gegarte Alleinfuttermittel (mit oder ohne Zusatz von synthetischen Nährstoffen)

Diese Art der Fütterung ist einfach praktisch. Sie müssen die Sachen nur auftauen oder auspacken, fertig. Häufig wird aber die Größe der Gefriertruhe zum Problem. Und Sie müssen immer daran denken, das Futter für den nächsten Tag aufzutauen. Aber natürlich sollten Sie vorher Recherchen anstellen, bevor Sie einem Unternehmen Ihr Vertrauen schenken. Achten Sie darauf, welche Zutaten verwendet werden (Lebensmittelqualität oder nicht) und ob das Futter den Nährwertrichtlinien entspricht. Gewöhnlich ist das auf der Packung angegeben. Eines der größten Probleme am wunderbaren weltweiten Trend zur gesunden Rohfütterung ist die Tatsache, dass es so unglaublich viele Menschen gibt, die eben *nicht die ganze Bandbreite der nötigen Nährstoffe* verfüttern (oder Unternehmen, die sich nicht an Nährstoffrichtlinien halten).

Natürlich gilt für alle Tierfutterhersteller eine Nulltoleranzpolitik für Krankheitserreger im Futter. Das Unternehmen gibt auf seiner Webseite gewöhnlich an, auf welche Weise es für Sicherheit beim Futter sorgt.

Auch der Nährstoffgehalt von schonend gegartem Hundefutter kann ausgewogen sein oder eben nicht. Wie immer: Roh oder sanft gegartes Hundefutter aus dem Laden kann die beste, aber auch die schlechteste Option bei der Fütterung sein. Letztlich hängt alles davon ab, ob das Unternehmen sich an die Richtlinien hält, ob es qualitativ hochwertige Zutaten verwendet und eine Qualitätssicherung hat, die auch greift. Manche der handelsüblichen Futtermittel halten als Kühlware über sechs Monate, was unserer Ansicht nach nicht möglich ist, ohne künstlich nachzuhelfen. Wir gehen davon aus, dass Frischfleisch innerhalb einer Woche verzehrt werden sollte. Die beste Qualität mit wenigen Konservierungsmitteln findet sich tatsächlich im Tiefkühlregal. Aber auch hier müssen Sie Ihre Hausaufgaben machen, um die Spreu vom Weizen zu trennen.

Gefriergetrocknetes Futter

Dieses kann sich schnell zur teuersten Fütterung überhaupt auswachsen, weil die Technik des Gefriertrocknens teuer ist. Aber wenn Sie nach einem minimal verarbeiteten Produkt suchen, das trotzdem lange hält, dann ist dies die beste Wahl. Es handelt sich dabei um Rohfutter, das im Vakuum schockgefrostet wird. Beim Gefriertrocknen wird das Produkt bei niedrigem Druck eingefroren. Das dabei entstehende Eis wird durch Sublimation entfernt (wobei ein Stoff wie Eis direkt vom festen in den gasförmigen Zustand übergeht, ohne sich vorher zu verflüssigen). Das entzieht dem Produkt fast die gesamte Feuchtigkeit.

Wie bereits erwähnt sollte gefriergetrocknetes Hundefutter mit Wasser, Brühe oder abgekühltem Tee (siehe Seite 340 f.) wieder befeuchtet werden, bevor Sie es verfüttern. (Keine große Sache, aber Sie können es nicht einfach aus dem Beutel geben.) Gefriergetrocknetes Futter ist sehr lange haltbar, was für Mensch und Hund praktisch ist. Sie brauchen keinen Platz im Gefrierschrank und müssen nicht daran denken, das Futter am Vortag aufzutauen. Manche gefriergetrockneten Produkte gelten als »Snack«, weil sie nicht alle Nährstoffe enthalten. Überzeugen Sie sich vom vollständigen Nährstoffgehalt, wenn Sie dieses Futter als Alleinfuttermittel verwenden wollen.

Dehydriertes Hundefutter

Die Futter-Hausaufgaben sind beim dehydrierten Hundefutter noch wichtiger als anderswo. Diese Futtersorte muss gründlich überprüft werden. (Deshalb steht sie in unserer Liste auch an letzter Stelle.) Denn es gibt zwei Methoden, um Hundefutter zu dehydrieren. Da sind zum einen die Anbieter, die ein klassisches Allein-Rohfutter schonend dehydrieren. Das ist die beste Version, weil sie auf rohe Zutaten setzt und weder viel Getreide noch Stärke enthält. Das ist eine ganz ausgezeichnete Art, Ihren Hund mit Futter zu versorgen.

Problematisch ist die zweite Produktionsmethode: Die Unternehmen kaufen bereits dehydrierte (getrocknete) Rohmaterialien, unter anderem viele stärkehaltige Kohlenhydrate, und machen dann Hundefutter daraus. Daher sind viele dehydrierte Futtermittel stark stärkehaltig, und weil die Zulieferer die Zutaten bei ganz unterschiedlichen Temperaturen trocknen (was sich auf Nährstoff- und AGE-Gehalt auswirkt), fallen einige dehydrierte Futtermittel nicht mehr unter die Kategorie »minimal verarbeitet«. Die gute Nachricht ist: Viele dehydrierte Futtersorten sind trotzdem nur minimal verarbeitet.

Schonend dehydriertes Futter heißt, dass man den Rohstoffen bei ausschließlich niedrigen Temperaturen langsam Feuchtigkeit entzieht. Viele Unternehmen, die »luftgetrocknetes« Futter herstellen, behaupten, »Lufttrocknung« und »Dehydration« beruhten auf der gleichen Technik. Das stimmt prinzipiell. (Beide Techniken verwenden Luft, um die Feuchtigkeit zu entziehen.) Aber bei der Lufttrocknung sind weit höhere Temperaturen erlaubt. Und dabei entstehen Maillard-Reaktionsprodukte (MRP). Haken Sie beim Hersteller nach, bei welcher Temperatur Ihre bevorzugte Futtermarke getrocknet wird. Und entscheiden Sie sich für Marken, die auf niedrige Temperaturen setzen. Natürlich sollte auch dieses Futter rehydriert werden … kein Säugetier ist auf lebenslange Fütterung ohne Feuchtigkeit eingestellt.

Übung 3: Wie viel Prozent Frischkost wollen Sie geben?

Nun ist es an der Zeit, sich ein erstes Futterziel zu stecken: Wie viel frisches, minimal verarbeitetes Hundefutter streben Sie bei den einzelnen Mahlzeiten beziehungsweise im Laufe einer Woche an? Wenn Sie jetzt noch keine Vorstellung haben, fragen Sie sich, um welchen Anteil Sie das hochverarbeitete Futter reduzieren wollen. Um das Ganze so einfach wie möglich zu gestalten, haben wir uns für gerade Bruchteile entschieden: um ein Viertel, um die Hälfte oder ganz. Sie können also 25, 50 oder 100 Prozent des hochverarbeiteten Futters durch frische minimal verarbeitete Ernährung ersetzen. Doch für welchen Prozentsatz Sie sich auch entscheiden: Die 10-Prozent-Regel für Superfoods bleibt bestehen. Wenn Sie nicht gleich umstellen wollen, überlesen Sie das Folgende einfach nur.

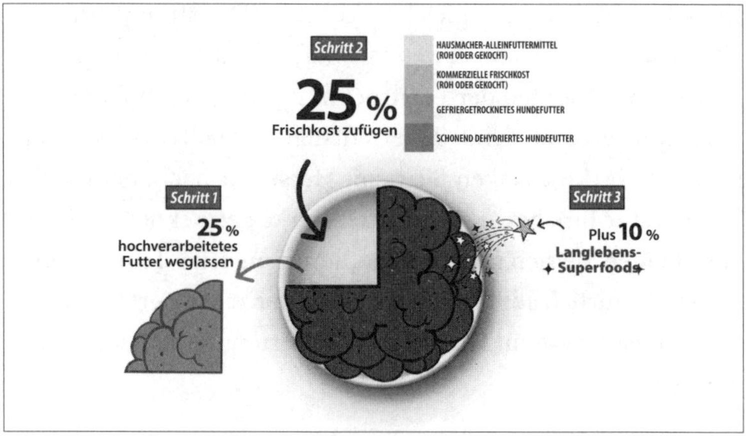

Werten Sie hochverarbeitetes Futter auf: 25 Prozent Frischkost bringen schon eine ganze Menge. Es tut Ihrem Hund gut, wenn Sie ein Viertel seines Kalorienbedarfs mit frischen oder minimal verarbeiteten Nahrungsmitteln decken. Wenn Sie dann noch 10 Prozent Langlebens-Superfoods dazugeben, füttern Sie Ihren Hund zu einem guten Drittel frisch. Das macht sichtbar einen Unterschied.

50 Prozent Frischkost: Auch hier gilt, dass Sie zu *beinahe* zwei Dritteln gesunde Frischkost füttern, wenn Sie das hochverarbeitete Futter zu 50 Prozent ersetzen und dann noch die Superfoods zugeben. Das ist schon wirklich *sehr frisch*! Ihr Hund erhält 60 Prozent der aufgenommenen Kalorien aus frischen Quellen.

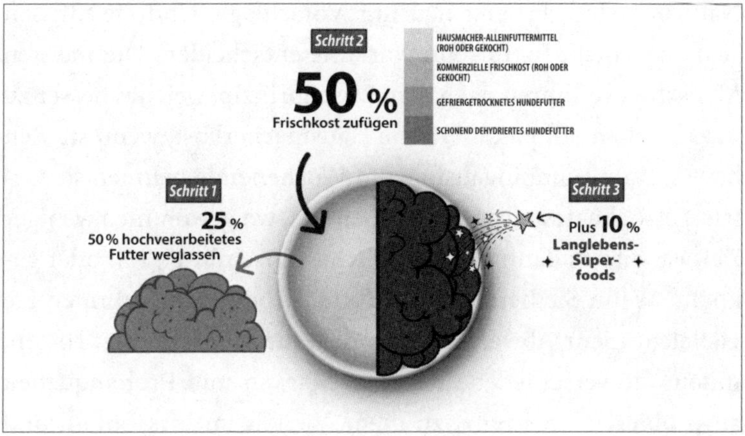

100 Prozent Frischkost: Wenn Sie sich für diese Option entscheiden (die für Langlebens-Fans den Goldstandard darstellt) – bravo! Ihr Hund erhält 100 Prozent seiner täglichen Kalorienaufnahme aus Frischkostquellen. Und dazu noch 10 Prozent Langlebens-Superfoods. Wie Sie wissen, ist unser Ziel, so viel Frischkost mit hoher Nährstoffdichte zu füttern, wie Zeit und Budget es erlauben. Und besser als 100 Prozent geht nicht!

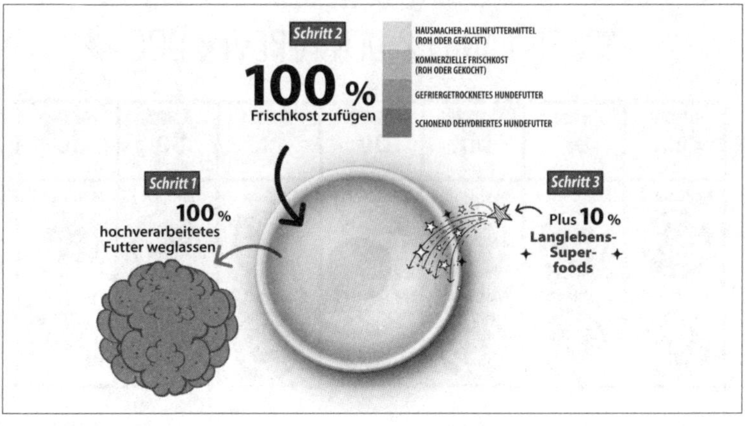

Natürlich sind das erst mal nur Vorschläge. Und Sie müssen sich auch nicht fix für eine Variante entscheiden. Die meisten Menschen verfahren nach dem Mischprinzip, weil das besser zu ihrem Lebensstil passt: Frische Hausmacherkost, wenn sie Zeit haben. Zum Campingausflug am Wochenende nehmen sie Gefriergetrocknetes mit. Und wochentags, wo gewöhnlich weniger Zeit ist, gibt es dann handelsübliches Frischfutter, roh oder gekocht. Wenn Sie bereits Frischfutter geben, dann könnten Sie vielleicht mehr Abwechslung in die Hundeernährung bringen, indem Sie verschiedene Rezepte, Marken und Proteinquellen ausprobieren. Das führt zu mehr Vielfalt im Mikrobiom und im Nährstoffspektrum. Ist Ihr Hund an so viel Wechsel nicht gewöhnt, fangen Sie langsam an, damit sein Körper und sein Mikrobiom sich daran gewöhnen können. Nach dieser Gewöhnungsphase können Sie die unterschiedlichsten Futtersorten mischen, abhängig von Zeit, Budget und Platz im Gefrierschrank.

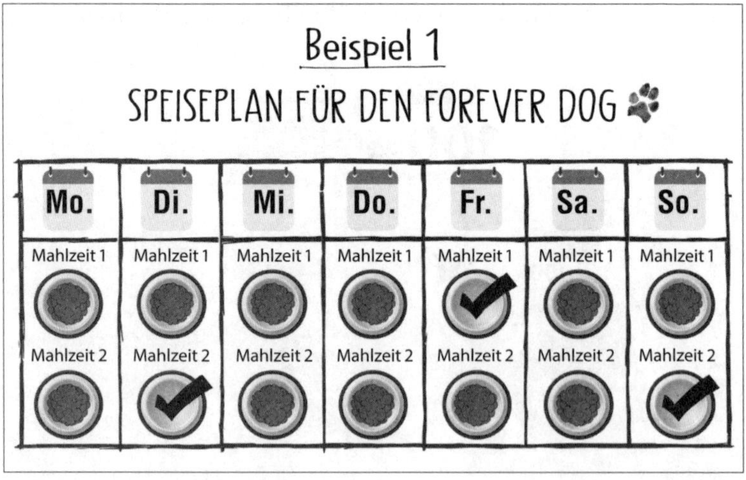

Unser erstes Beispiel für einen Forever-Dog-Speiseplan beruht auf einer 100-Prozent-Frischkostfütterung mit drei Mahlzeiten pro Woche (mit Häkchen gekennzeichnet). Hausmacherkost gibt es am Wochenende und vielleicht an einem Tag, an dem Sie früher von der Arbeit zurückkommen. Zu den verbleibenden Mahlzeiten füttern Sie 10 Prozent Langlebens-Superfood-Energie.

Beim zweiten Beispiel bestreiten Sie sechs der vierzehn wöchentlichen Mahlzeiten zu 50 Prozent mit Frischkost: Das können 50 Prozent Rohfutter zu 50 Prozent Trockenfutter sein oder 50 Prozent gefriergetrocknetes Futter zu 50 Prozent schonend Gegartem. Bei diesem System gibt es unzählige Möglichkeiten zu wechseln. Zu allen verbleibenden Mahlzeiten verfüttern Sie 10 Prozent Langlebens-Superfoods.

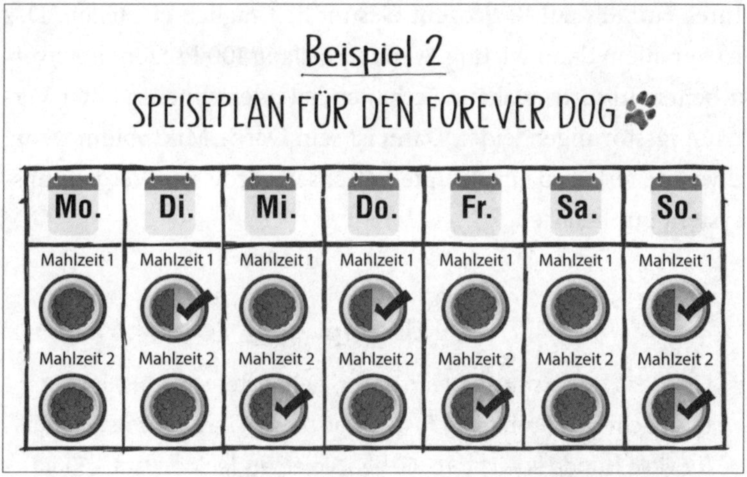

Die Ernährung Ihres Hundes zu verbessern ist keine Alles-oder-nichts-Operation. Steigen Sie mit einigen Mahlzeiten die Woche ein. Also klein anfangen. Ist es in Ordnung, erst mal nur die Qualität der Leckerlis zu verbessern? Absolut! Gefriergetrocknete oder dehydrierte reine Fleischleckerlis sind besser als die hochverarbeiteten Kohlenhydrathäppchen aus dem Supermarkt. Ist es in Ordnung, wenn ich drei Monate brauche, um auf 25 Prozent Frischfutter zu kommen? Aber ja doch. Ist es okay, wenn ich anfangs nur ein besseres Trockenfutter auswähle? Auch das. Fangen Sie einfach irgendwo an. Am besten dort, wo Sie ein gutes Gefühl haben.

Neues Futter einführen

Gewöhnen Sie Ihren Hund *ganz, ganz langsam* an die neue Ernährung. Behalten Sie Ihr aktuelles Futter bei, und stellen Sie ihm die Langlebens-Superfoods vor. So kann sich das Mikrobiom Ihres Hundes auf 10 Prozent Gesundheit täglich einstellen. Das ist vor allem dann wichtig, wenn er bislang 100 Prozent hochverarbeitete Industrienahrung erhalten hat oder ohnehin unter Verdauungsstörungen leidet. Dann ist sein Darm-Mikrobiom wenig diversifiziert, und ein abrupter Wechsel würde sein Verdauungssystem nur belasten.

Ein Tipp!

Ein Klecks Kürbismus (oder frischer, gedünsteter Kürbis) im Futter macht den Stuhlgang fester, was die Ernährungsumstellung für viele Hunde erleichtert. (Geben Sie einen Teelöffel auf 4,5 Kilo Körpergewicht.) Auch ein wenig Slippery-Elm-Pulver (Rotbuchenrinde) aus dem Drogeriemarkt oder dem Internet wirkt hier Wunder, wenn Sie zu schnell umgestellt haben oder der neue Snack Fido Probleme verursacht. Wir nennen das immer das »Pepto-Bismol« der Natur. Kommt es zu Durchfall, können Sie Ihrem Hund Aktivkohle geben (zum Beispiel aus der Apotheke). Eine Kapsel auf 11 Kilo Körpergewicht genügt normalerweise. Warten Sie, bis sich der Stuhlgang normalisiert hat, bevor Sie neue Futtermittel anbieten.

Bei der Umstellung auf facettenreiches Futter ist Langsamkeit Trumpf. Verträgt Ihr Hund bestimmte Nahrungsmittel nicht, dann sollten Sie auch die Langlebens-Superfoods nur langsam einführen. Und bewahren Sie Geduld: Wenn Ihr Liebling heute ein Stückchen Jicamawurzel ablehnt, versuchen Sie es morgen wieder. Der Weg zum Wohlbefinden ist ein Marathonlauf, kein Sprint.

Für den sensiblen Magen

Wenn Sie Ihrem Hund vor der Umstellung Probiotika und Verdauungsenzyme zu seinem üblichen Futter geben, bereitet dies den Magen-Darm-Trakt auf das neue Futter vor. Das ist vor allem für Hunde wichtig, die zu Blähungen und Verdauungsstörungen neigen. Probiotika (siehe Kapitel 8) sind positive Bakterien, die den Magen-Darm-Trakt fit halten. Verdauungsenzyme helfen bei der Verdauung. Hier gibt es ein breites Angebot: Enzyme liefern mehr Amylase (zur Verarbeitung von Stärke), Lipase (zur Verdauung von Fett) und Protease (die Proteine aufspaltet). Fragen Sie im Tierfutterhaus nach, oder recherchieren Sie im Internet. Und probieren Sie ruhig mehrere Marken durch, damit Sie eine größere Vielfalt hinbekommen.

Vielfalt ist das Salz des Lebens

Wenn Sie mehr Vielfalt in seine Ernährung bringen, bekommt Ihr Hund mehr Nährstoffe, was seinem Darm-Mikrobiom guttut und damit seinem Immunsystem. Ob Sie nun frische Kräuter und Gewürze einführen, eine neue Proteinquelle für Leckerlis ausprobieren oder eine ganz neue Futtersorte, die Geschmacksknospen und der Körper Ihres Hundes sind zu dieser Art Abenteuer durchaus fähig. Wie oft Sie Mahlzeiten, Proteinquellen und Rezepte abwechseln, hängt ganz von Ihrem Hund und Ihrem Lebensstil ab. Manche Leute geben ihrem Hund jeden Tag etwas Neues, wie sie es für sich selbst auch tun würden. Andere wechseln nur, wenn sie eine neue Schachtel oder Dose kaufen, also vielleicht einmal im Monat oder je nach Jahreszeit oder alle Vierteljahre. Auch hier gibt es kein Richtig oder Falsch. Machen Sie, was für Sie, Ihren Zeitplan und die Physiologie Ihres Hundes funktioniert.

Ist Ihr Hund eher heikel oder hat er eine empfindliche Verdauung, brauchen Sie viel Zeit, um neue Futtermittel einzuführen. Leidet Ihr Hund an bestimmten Problemen wie Nahrungsmittelallergien oder Reizdarmsyndrom, dann finden Sie vielleicht nur eine gewisse Anzahl an Snacks, Proteinen, Futtermarken und Rezepten, die Ihrem Hund guttun. Wechseln Sie also nur zwischen den Futtermitteln durch, deren Wirkung Sie bereits kennen. Führen Sie Buch über die Futtersorten, die Ihr Hund mag, und jenen, die er anfangs verschmäht. Versuchen Sie es ruhig nochmals (vielleicht lieber gedünstet als roh), wenn Sie neues Futter ausprobieren. Das Experimentieren sollte Spaß machen, ob Sie nun Futtersorten, Mahlzeiten oder Forever-Dog-Speisepläne ausprobieren. Schneiden Sie das Füttern ganz auf sich und

Ihren Hund zu. Und bitte vergleichen Sie sich und Ihren Hund nicht mit anderen. Sie sind beide einzigartig, und das gilt auch für Ihre Futter-Philosophie und Ihren Ansatz.

Das Rotationsprinzip

Ihr Hund wird nicht alles gern fressen, was wir hier vorschlagen. Aber genau das ist es ja, was diesen Weg so spannend macht: Wir garantieren Ihnen, es wird Ihnen beiden Spaß machen herauszufinden, was er wirklich gern frisst. Auf dem Weg zu einer gesünderen Ernährung für Ihre Fellnase werden Sie unglaubliche Entdeckungen machen, mit denen Sie nie gerechnet hätten. Und Ihr Hund genauso. Wenn Sie ihm winzige Bissen frischer Nahrung geben, stimulieren Sie seine Geschmacksknospen und sein Gehirn. Selbst wenn er beschließt, dass die ein oder andere Leckerei ihm nicht mundet, sollten Sie ihm immer wieder hundesichere Leckerbissen aus dem Kühlschrank anbieten. Sie beide befinden sich auf einer kulinarischen Entdeckungsreise, die ihm für den Rest seines Lebens guttun wird.

Den Fokus auf Fäzes

Der Stuhlgang ist ein ausgezeichnetes Barometer für die Reaktion des Magen-Darm-Trakts auf neues Futter (und er zeigt außerdem an, wie gesund der Darm ist). Wir empfehlen daher, dass Sie am Kot Ihres Hundes ablesen, wie schnell Sie seine Ernährung umstellen beziehungsweise ihn mit Langlebens-Superfoods becircen. Wenn der Stuhl weich wird, sollten Sie langsamer vorgehen. Reduzieren Sie die Menge des neuen Futters. Jeder Hund ist anders, daher sollten Sie sein physiologisches Naturell verstehen und würdigen. Wenn Ihr Hund nie frische und ungewohnte Ernährung bekommen hat, interessiert er sich vielleicht nicht mal für die Superfoods. Aber keine Sorge, probieren Sie einfach die Liste durch, bis Sie ein oder zwei Superfoods gefunden haben, die er mag. Dann führen Sie immer mal wieder etwas Neues ein, sodass sein Körper und sein Kopf sich daran gewöhnen können. Ihr Hund schult dabei sozusagen seinen Gaumen. Und Sie erfahren, was er zu schätzen weiß und wie ihn dies verändert.

Wenn der Stuhlgang stabil bleibt und Sie bereit für die nächste Stufe sind, zeigen Ihnen die Stuhlgang-Studien, wie schnell Sie neues Futter geben und altes reduzieren können. Als Faustregel beim Übergang zu einer ganz anderen Form der Ernährung gilt: Ersetzen Sie 10 Prozent des alten Futters durch die neue Sorte. Läuft beim Gassigehen am nächsten Tag alles top, dann können Sie weitermachen: täglich 5 bis 10 Prozent des alten Futters austauschen, bis Sie es ganz ersetzt haben. Wird der Stuhlgang davon weich, steigern Sie die Dosis zunächst nicht mehr, bis alles wieder in Ordnung ist. Erst dann machen Sie weiter. Haben Sie Ihre Futter-Hausaufgaben gemacht und wollen Ihre aktuelle Sorte ersetzen, dann kaufen Sie das neue Futter, lange bevor das alte zu Ende geht. So kommt es nicht zu Verdauungsstörungen, weil Sie zu schnell umstellen müssen. Es ist nie eine gute Idee zu warten, bis das alte Futter aufgebraucht ist, und dann sofort komplett auf ein neues umzustellen. Der Körper kommt am besten zurecht, wenn das Darm-Mikrobiom sich langsam umstellen kann.

Sobald Ihr Hund das neue Futter gut verträgt, können Sie anfangen, weitere Marken, Rezepte oder Proteinquellen einzuführen. Hat sich das Mikrobiom erst mal diversifiziert und ist dadurch widerstandsfähiger geworden, ist es meist so, dass Sie von Proteinquelle zu Proteinquelle wechseln können, aber auch zwischen verschiedenen Marken und Frischkostanteilen, ohne dass der Hund davon Bauchschmerzen bekommt. Der Mensch ernährt sich ja schließlich auch so vielfältig wie möglich. Dieser Facettenreichtum ist das Salz des Lebens, nicht nur für uns, sondern auch für das Mikrobiom und die Nährstoffversorgung in der Tierwelt.

Zu den wichtigsten Maßnahmen gehört, dass Sie einen Forever-Dog-Speiseplan erstellen, der zu Ihrem Lebensstil passt. Langlebens-Fans finden gewöhnlich Spaß daran, mehrmals die Woche durchzuwechseln und verschiedene Rezepte auszuprobieren. Andere können sich nur dazu aufraffen, ein neues Futter mit einer anderen Proteinquelle zu kaufen, sobald das alte halb aufgebraucht ist. Dann mischen sie das alte mit dem neuen Futter, bis sie das alte ganz verfüttert haben. Ist das neue Futter zur Hälfte verbraucht, wiederholt sich das Spiel. Sie diversifizieren das Darm-Mikrobiom ihres Hundes, indem sie Marken und Geschmacksrichtungen ändern und 10 Prozent Langlebens-Superfoods zugeben. Dabei richten sie sich schlicht nach dem Inhalt ihres Kühlschranks. Auch das ist eine absolut akzeptable Art, das Nährstoffangebot im Hundefutter zu vergrößern. Wählen Sie einfach die Methode, die für Sie am besten passt.

Was Trockenfutter dramatisch verbessert

- **Erdbeeren und Brombeeren** schützen vor oxidativem Schaden durch Mykotoxine.
- **Karotten, Petersilie, Staudensellerie, Brokkoli, Blumenkohl und Rosenkohl** reduzieren die krebserregende Wirkung von Mykotoxinen.
- **Brokkolisprossen** hemmen die durch AGEs hervorgerufenen Entzündungen.

- **Kurkuma und Ingwer** lindern die Schäden durch Mykotoxine.
- **Knoblauch** reduziert die krebserregenden Effekte von Mykotoxinen.
- **Grüner Tee** verringert die von Mykotoxinen verursachten DNS-Schäden.
- **Schwarzer Tee** schützt die Leber vor Schädigungen durch Mykotoxine und verhindert, dass sich im Körper AGEs bilden.

Falls Ihr Ex-Gatte die Hunde übers Wochenende hat und ihnen nur Trockenfutter gibt, füttern Sie unter der Woche lieber frisch. Wir können es nicht oft genug sagen: Nahrung kann heilen und schaden. Sie haben gute Instrumente in der Hand, um klügere Entscheidungen zu treffen, aber lassen Sie sich trotzdem nicht stressen. Ihr Ziel ist, Ihren Hund, so gut Sie können, zu versorgen. Schließlich wissen Sie jetzt genug, um ihm eine gesunde Ernährungsvielfalt anzubieten. Mehr Sorgen sollten Sie sich nicht machen. Wie wir können auch Hunde gelegentlich »Fast Food« essen, ohne gleich tot umzufallen. Das hochverarbeitete Futter sollte nur nicht zum Alleinfuttermittel auf Lebenszeit gemacht werden.

Kalorienkontrolle

Wenn Sie die Grundernährung Ihres Hundes jetzt nicht ändern wollen und Ihr Liebling das optimale Gewicht hat, dann müssen Sie auch nichts an der Kalorienmenge des Futters ändern. Sie sollten nur das Zeitfenster beachten, in dem Ihr Hund frisst (idealerweise acht Stunden). Stellen Sie jedoch um und ersetzen sein gewohntes Futter durch 25, 50 oder 100 Prozent Frischfutter (oder irgendeinen Wert zwischendrin), dann sollten Sie nachrechnen, wie viele Kalorien Sie Bello jetzt geben (nicht die Menge oder die Portion).

Woher aber wissen Sie, wie viel Sie von dem neuen Futter geben müssen? Vermutlich haben Sie sich bei der alten Futtersorte an eine gewisse *Menge* gewöhnt (zum Beispiel 1 Tasse[28] zweimal täglich). Vielleicht wissen Sie aber nicht, wie viele *Kalorien* Ihr Hund damit zu sich nimmt. Sie finden diese Informationen auf der Futterpackung. Fehlt diese Angabe, dann fragen Sie beim Hersteller nach. Wissen Sie, wie viele Kalorien Ihr Hund aktuell bekommt, können Sie ausrechnen, wie viel Sie mit dem neuen Futter zuführen müssen, damit er sein Gewicht hält. Kurz gesagt: Ihr Hund braucht die gleiche Kalorienmenge wie bisher, um sein Gewicht zu halten. Da die einzelnen Futtermittel sich im Kaloriengehalt teils erheblich unterscheiden, müssen Sie ein bisschen rechnen.

Wie Sie Futterkalorien berechnen

Wenn Sie die Kalorienangaben auf der Futterpackung entdeckt haben, geht es ans Kopfrechnen: Angenommen, eine Tasse Ihres Hundefutters hat 300 Kalorien. Wenn Ihr Hund nun zwei Tassen täglich bekommt, frisst er 600 Kalorien. Wollen Sie 50 Prozent Frischkost geben, müssen Sie dafür sorgen, dass diese 300 Kalorien ausmacht. Hat das neue Futter nur 200 Kalorien pro Tasse, braucht er davon also 1,5 Tassen täglich (300 Kalorien) plus 1 Tasse vom alten Futter (300 Kalorien). Sie berechnen den täglichen Kalorienbedarf Ihres Hundes, indem Sie sein Gewicht in Kilo mit 30 multiplizieren und dann 70 addieren. Ein Beispiel für einen 22,7 Kilogramm schweren Hund: 22,7 × 30 + 70 = 751 Kalorien täglich. Dazu kommen noch die Bewegungskalorien, je nachdem, wie aktiv Ihr Hund ist.

Mythen über das Mischen von Futtersorten

Es gibt zahllose moderne Mythen über die Fähigkeit (beziehungsweise angebliche Unfähigkeit) von Säugetieren, rohe und gekochte Lebensmittel gleichzeitig verzehren und verarbeiten zu können. Wir sind auf derart viele solcher Legenden gestoßen, dass wir ihnen hier ein eigenes Kapitel widmen. Die tiermedizinische Internistin und Ernährungsspezialistin Dr. Lea Stogdale meint dazu: »Hunde sind physiologisch darauf ausgelegt, einfach *alles* zu fressen: roh oder gekocht, Fleisch oder Getreide oder Gemüse … manchmal wälzen sie sich vorher noch im Essen.« Forschungsarbeiten belegen hinreichend, dass es keine negativen Folgen für die Verdauung (von Hund und Mensch) hat, wenn sie in einer Mahlzeit rohe und gekochte Proteine, Fette und Kohlenhydrate zu sich nehmen. Ein gesunder Mensch kann einen Salat (rohes Gemüse) mit Croûtons (gebackene Kohlenhydrate) essen und danach eine Hühnerbrust (gegrilltes Protein) oder ein paar Sushi (Rohprotein und gekochte Kohlenhydrate) mit Algensalat (rohes Gemüse), ohne davon Verdauungsprobleme zu bekommen, die mit Durchfall oder Erbrechen enden. Genauso kann ein gesunder Hund rohes und gegartes Futter in einer Mahlzeit zu sich nehmen (was der Hund ja seit Jahrtausenden tut). Studien zeigen, dass Hunde Fette, Proteine und Kohlenhydrate (Zucker) perfekt verarbeiten können, wenn alles in einer Mahlzeit vermischt ist (genauso wie wir). Wenn Sie Ihre eigenen Mahlzeiten nach Art und Zubereitung trennen (also gekochte und rohe Kohlenhydrate, Fette und Proteine in einer bestimmten Ordnung essen) und das Gefühl haben, Sie müssten das für Ihren Hund genauso handhaben, dann ist das okay, aber unnötig. Hunde fressen Kot, lecken sich den Hintern und haben einen sehr viel widerstandsfähigeren Verdauungstrakt als wir Menschen. Wenn Ihr Hund schon mal eine Bauchspeicheldrüsenentzündung hatte oder einen »empfindlichen Magen« hat, dann geben Sie ihm Verdauungsenzyme und Probiotika. Diese helfen ihm, neues Futter besser zu verarbeiten.

Die Macht des richtigen Zeitpunkts

Erinnern wir uns: Die Wissenschaft sagt uns, dass es genauso wichtig ist, *wann* wir essen, wie, *was* wir zu uns nehmen. **Tatsächlich sind dies die beiden Eckpunkte, die über unsere gesunde Lebenserwartung bestimmen.** Wenn Sie im Moment keine Möglichkeit sehen, die Ernährung Ihres Hundes umzustellen, dann ändern Sie erst mal nur das Timing. Satchidananda Panda und David Sinclair haben uns beide ans Herz gelegt, zum einen die Kalorienaufnahme zu reduzieren und die Mahlzeiten so zu legen, dass dem zirkadianen Rhythmus des Körpers Rechnung getragen wird, was den Stoffwechsel anheizt. »Jedes Hormon, jeder Verdauungssaft, jeder Botenstoff im Gehirn und jedes Gen (auch in unserem Genom) hat im Verlaufe des Tages gewisse Hochs und Tiefs«, meint Professor Panda. Auch das Darm-Mikrobiom folgt dem zirkadianen Rhythmus des Körpers. Wenn wir mehrere Stunden lang nichts essen, sieht die Bakteriengemeinschaft in unserem Darm schon ganz anders aus. Es gedeihen andere Bakterien, und die sorgen für eine bessere Reinigung. Wenn wir gewisse Ess- und Fastenzeiten einhalten, entstehen dadurch andere Darmbakterien. Unsere Darmflora verändert sich täglich, zum Besseren oder auch zum Schlechteren, je nachdem, wann wir essen. Und das hat viel mit dem Sonnenlicht zu tun beziehungsweise mit Ebbe und Flut bei den Hormonen.

Professor Panda tritt für eine Intervallfütterung bei Tieren ein. Er erklärt uns das an einem Beispiel: Wenn man von typischerweise nachtaktiven Tieren einmal absieht, frisst kein Tier in der Dunkelheit. Hunde jagen nachts nicht, und das heißt: Wenn die Sonne untergeht, gibt es nichts mehr zu fressen. Leider leben viele Hunde in einem Umfeld, das mit Jalousien auch tagsüber beschattet wird. Sie merken gar nicht, wann die Sonne auf- oder untergeht. Panda ist für Intervallfütterung (innerhalb eines bestimmten Zeitfensters) und nicht für Intervallfasten, einfach weil Fasten meist zum Tricksen animiert. Nehmen wir mal an, Sie wollen das Frühstück weglassen. Aber dann stopfen Sie sich abends vor dem Schlafengehen noch voll. Und das ist wirklich nicht die beste Zeit, um etwas zu essen.

Wenn Sie den zirkadianen Rhythmus Ihres Hundes verstehen und akzeptieren, hat dies viele Vorteile: bessere Widerstandskraft, bessere Reproduktionsgesundheit, verbesserte Verdauung, mehr Herzgesundheit, bessere Hormonspiegel, weniger Depressionen, mehr Energie, weniger Krebsrisiken, weniger Entzündungen, weniger Körperfett, guter Blutdruck, bessere Koordination, weniger Belastungen für die Darmflora, verbesserter Blutzuckerspiegel, bessere Muskelfunktion, erhöhte Langlebigkeit, weniger schwere Infektionen, bessere Gehirnfunktion, besserer Schlaf, weniger Demenzrisiko, weniger Ängste und bessere Konzentration. Und die Liste ließe sich noch fortsetzen, aber Sie haben längst verstanden.

Dr. Mattsons Labor am National Institute on Aging hat diese Resultate bestätigt: Mäuse, die nur während eines acht- bis zwölfstündigen Zeitfensters fressen, leben länger als Mäuse, die ungehinderten Zugang zu Futter haben, *auch wenn sie die gleiche Anzahl Kalorien verzehren*. Also noch einmal kurz zusammengefasst: Wenn unsere zirkadiane Uhr sagt, dass der Körper jetzt bereit zum Essen ist, ist die Nahrung gesund. Wenn die Uhr hingegen Nein sagt, kann die gleiche Nahrung dem Körper schaden. Respektieren wir den zirkadianen Rhythmus unserer Hunde, tun wir ihrer Gesundheit etwas Gutes und schützen sie vor Krankheiten im Alter.

Professor Sinclair stimmt ihm hier zu. Als wir ihn fragten, welche seiner wissenschaftlichen Erkenntnisse er auch auf seine Hunde anwenden würde, meinte er schlicht und durchschlagend: So schlank wie möglich. Nicht zu viel füttern. Und viel, viel Bewegung. »Es ist ganz in Ordnung, auch mal Hunger zu haben«, unterstreicht er immer wieder. Überlegen Sie nur mal: Weder unsere Vorfahren noch die unserer Hunde hatten den Luxus, jeden Tag mehrere Mahlzeiten und Snacks einnehmen zu können. Und sie brachen das nächtliche Fasten nicht mit einem üppigen Frühstück pünktlich am nächsten Morgen. Hunde fraßen die Beutetiere, die sie erwischten. Dann fasteten sie zwangsläufig, bis sie das nächste Mal erfolgreich waren. Unsere moderne Ernährungsform ist eher ein Produkt von Kultur und Gewohnheiten im Land des Überflusses. **Wenn Sie auf den natürlichen zirkadianen Rhythmus Ihres Hundes achten, dann stärken Sie damit seine Gesundheit.** So einfach ist das.

Dabei können Sie das Intervallfüttern ganz individuell gestalten. Fangen Sie an, indem Sie ein Zeitfenster für die Fütterung festlegen. Wenn Sie zu den wenigen Menschen gehören, die Ihrem Hund den ganzen Tag über eine Schüssel mit Futter hinstellen, ist Ihr erster Schritt, diese Schüssel wegzunehmen. Schluss mit dem All-you-can-eat-Buffet. Im Grunde ist das die beste Beschreibung für den Himmel. Solange wir aber auf der Erde leben, müssen wir uns an irdische und physiologische Prinzipien halten. Wir achten also auf die Physiologie unseres Hundes. Fido ist ein Hund, keine Geiß! Wiederkäuer und andere vegan lebende Tiere (zum Beispiel Kühe und Pferde) müssen den ganzen Tag fressen. Sie haben massige Körper und decken ihren Energiebedarf nur mit Gras. Daher müssen sie *viel* Gras fressen, um etwa 1000 Pfund Körpergewicht zu nähren. Ihr Körper ist darauf eingestellt: von den breiten Backenzähnen (zum Kauen, Kauen, Kauen) über den extra langen Magen-Darm-Trakt, um alles an Energie aus dem Gras herauszuholen. Sie müssen beinah ständig fressen, um ihren Stoffwechsel bedienen zu können. Hunde sind das genaue Gegenteil.

Tierärzte empfehlen für bestimmte Hundekrankheiten immer einige Fastentage, zum Beispiel um die Chemotherapie besser verträglich zu machen, gravierende Nebenwirkungen auszuschließen oder akutes Erbrechen und Durchfall zu behandeln. Aber nur Tierärzte, die sich auch mit einer gesunden Lebenserwartung für das Tier auseinandersetzen, wissen, wie wertvoll das Intervallfüttern für Hunde ist, und empfehlen es daher auch in der Praxis. Wie Sie das konkret umsetzen, möchten wir Ihnen und Ihrem Tierarzt überlassen. Doch eines sollte klar sein: Intervallfüttern ist nicht gleich Fasten. Sie geben dabei *die gleiche Kalorienmenge, die Ihr Hund normalerweise bekommt, nur eben im Rahmen eines bestimmten Zeitfensters.*

Wir nennen dies »gezielten Kalorienkonsum«. Bei den meisten Hunden von normalem Körpergewicht füttert man im Rahmen eines Zeitfensters von *idealerweise acht Stunden* und lässt zwei Stunden vor dem Schlafengehen alle Kalorien weg. Gezielter Kalorienkonsum innerhalb von acht Stunden ist unsere Empfehlung zum Intervallfüttern. Sie enthalten Ihrem Hund dabei nichts vor, sondern gestalten seine Kalorienaufnahme nur strategisch.

Wir haben die Intervallfütterung vielen Klienten empfohlen, und die Resultate fielen sehr gut aus: Jeder im Haus schläft besser. Hunde haben tagsüber weniger Angst. Die Verdauung funktioniert besser, und die Hunde haben einen gesünderen Schlaf. Die Intervallfütterung hat eine Menge gesundheitlicher Vorzüge, auch ohne das Futter zu wechseln. **Sie können den Stoffwechsel Ihres Hundes und sein Wohlbefinden positiv beeinflussen, indem Sie alle Kalorien innerhalb des von Ihnen festgelegten Zeitfensters geben!**

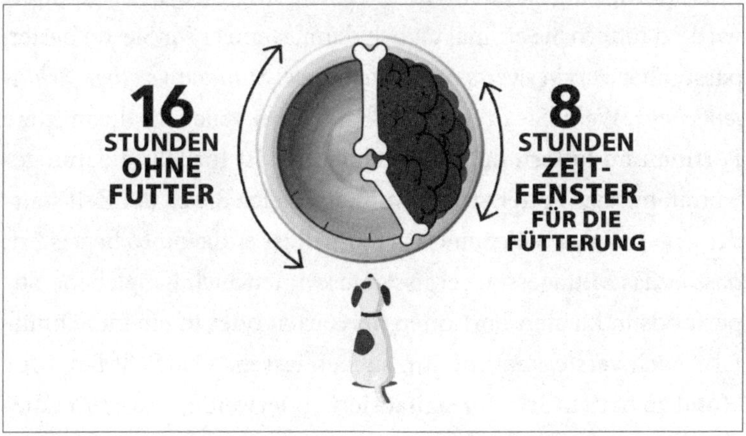

Kein Zweifel: Ihren Hund daran zu gewöhnen, dass er nach dem Abendessen keine Leckereien mehr bekommt, wenn er an diese Art der Fütterung gewöhnt ist, wird nicht leicht. Wie wäre es denn, wenn Sie die Nach-Abendessen-Fütterung in einen Abendspaziergang verwandeln? Ist Ihr Hund an ein Fütterungsritual nach dem Abendessen gewöhnt, dann ersetzen Sie seine üblichen Snacks mit Knochenbrühe-Eiswürfeln (Rezept auf Seite 343). Wenn Sie dann mal zu spät fürs Abendessen nach Hause kommen, lassen Sie ruhig mal eine Mahlzeit aus. Und sollte Ihr gesunder Hund Ihnen signalisieren, dass er keinen Appetit hat, dann lassen Sie ihm seinen Willen. **Es ist durchaus in Ordnung, mal eine Mahlzeit wegzulassen. Das ist sozusagen ein therapeutisches Mini-Fasten.** Shubie ist Rodneys Hund. Sie entscheidet sich manchmal ganz von selbst für ein 24-stündiges Fasten. Wenn sie dann nach 36 oder 48 Stunden wieder Hunger hat, meldet sie sich einfach. Wenn Ihr Hund also kein Frühstück will und es ihm gut geht, dann warten Sie ab, bis er Ihnen signalisiert, dass er hungrig ist. Diese Mahlzeit markiert dann den Anfang des Fütterungszeitfensters.

Ist es Ihrem gesunden Hund gleichgültig, wie oft er gefüttert wird, so füttern Sie einmal täglich dann, wenn es für Sie am besten passt (aber *vorzugsweise mindestens zwei Stunden vor dem Schlafengehen*). Wenn Sie dreimal täglich füttern, teilen Sie die mittlere Portion und füttern nur zweimal täglich. Ist Ihr Hund daran gewöhnt, mittags Futter zu bekommen, spielen Sie zu der Zeit stattdessen »Hol das Bällchen«. Vermutlich ist er davon so begeistert, dass er das Mittagessen vergisst. Sie können auch Langlebens-Superfoods in kleinen Portionen im Garten oder in einem Schnüffelteppich verstecken und ihn suchen lassen. Vielleicht fängt Ihr Hund zu betteln an oder signalisiert anderweitig, was er von dieser ganzen Geschichte hält. Lassen Sie sich nicht weichklopfen, wie niedlich (oder gereizt) er auch sein mag: Hunde sind entwicklungsgeschichtlich an Fastenzeiten angepasst. Wenn Sie hier stark bleiben, schenken Sie Ihrem vierbeinigen Gefährten Gesundheit. Zwei Dinge, die Sie nicht vergessen sollten: Hunde sind keine Kühe. Sie *werden* sich anpassen. Zwei niedrigglykämische Mahlzeiten am Tag erlauben dem Verdauungstrakt eine kurze *(aber wohltuende)* Pause zwischen den Fütterungszeiten.

Die meisten Experten, mit denen wir sprachen, empfahlen auch, die *Fütterungszeiten* innerhalb des Zeitfensters öfter zu ändern. Das macht den Stoffwechsel flexibler. Wenn Sie normalerweise starre Fütterungszeiten einhalten, dann geben Sie ihm zu Anfang die erste Mahlzeit eine halbe Stunde früher, die zweite eine Viertelstunde später. Das klappt auch bei Hunden, die quasi aufs Stichwort Magensäure produzieren und Galle erbrechen, wenn sie nicht pünktlich gefüttert werden. Indem Sie die Fütterungszeiten immer wieder umstellen, zwischendrin Langlebens-Superfoods als Trainingsleckerlis geben und das Betteln ignorieren, trainieren Sie den Stoffwechsel Ihres Tieres auf mehr Flexibilität. Damit aktivieren Sie all die Langlebens-Vorteile der Intervallfütterung, ohne die Kalorienaufnahme Ihres Hundes zu ändern.

Der Körper bestimmt das Zeitfenster

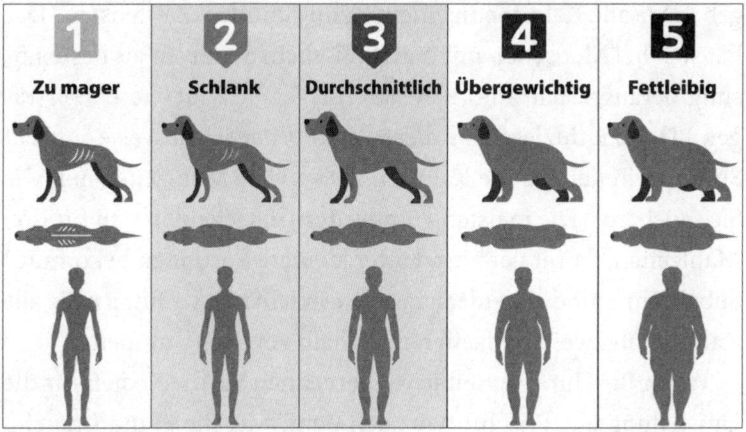

Hunde mit Untergewicht: Bestimmen Sie (mit der Hilfe des Tierarztes, wenn Ihnen dabei wohler ist) das *Idealgewicht* Ihres Hundes und die Kalorien, die er braucht, um es aufrechtzuerhalten. Geben Sie diese verteilt auf drei verschiedene Mahlzeiten innerhalb eines Zeitfensters von zehn Stunden. Sobald Ihr Hund sein Idealgewicht erreicht hat, verteilen Sie die Kalorien auf eine oder zwei Mahlzeiten täglich, um sein Gewicht zu halten.

Schlanke Hunde (mit Idealgewicht): Füttern Sie alle Kalorien auf ein oder zwei Mahlzeiten verteilt innerhalb eines Acht-Stunden-Zeitfensters. So bleibt Ihr Hund gesund.

Gesunde übergewichtige oder fettleibige Hunde (ohne Diabetes): Wenn Ihr Hund abnehmen muss, vereinbaren Sie mit Ihrem Tierarzt Etappenziele, damit Ihr Vierbeiner auf sichere Weise an Gewicht verliert. 1 Prozent Gewichtsverlust pro Woche genügt. Ein 22 Kilo schwerer Hund, der 4,5 Kilo abnehmen muss, sollte ungefähr ein halbes Pfund pro Woche abspecken oder 2 Pfund pro Monat. Wiegen Sie ihn wöchentlich, um das Gewicht im Auge zu behalten. Während der ersten beiden Wochen geben Sie alle Kalorien in einem Zehn-Stunden-Zeitfenster. (Das hat sich bei Menschen mit metabolischem Syndrom als beste Lösung herausgestellt und ließ sich im Versuch auf Tiere übertragen.) Dann reduzieren Sie dieses Zeitfenster schrittweise auf acht Stunden. Teilen Sie die Kalorien auf so viele Mahlzeiten auf, wie Sie möchten. (Die meisten Hundeeltern entscheiden sich für drei Mahlzeiten, damit der Hund öfter kleinere Portionen bekommt.) Sobald Ihr Hund sein Idealgewicht erreicht hat, verfüttern Sie alle Kalorien in zwei Mahlzeiten innerhalb von acht Stunden.

Wenn Ihr Hund fettleibig ist, berechnen Sie die Kosten für die Umstellung auf Frischfutter nach dem, was Ihr Hund braucht, um sein *Idealgewicht* aufrechtzuerhalten. Sie wollen ja nicht seine Fettpölsterchen füttern. Wir kennen viele Hundeeltern, die die Qualität des Futters ohne großen finanziellen Mehraufwand dramatisch verbessern konnten, weil sie weniger, aber deutlich besseres Futter verabreichten. Eine kluge Entscheidung.

Die Vorteile einer einzigen Fütterung pro Tag

Die Wissenschaftler, mit denen wir sprachen, waren sich einig: Eine Mahlzeit pro Tag ist für gesunde Hunde ideal, weil sie die Stoffwechselbelastung reduziert und die Autophagie ankurbelt. Professor Panda meint, alle Kalorien in einem Acht-Stunden-Zeitfenster zu verabreichen sei der wichtigste Punkt, ob diese nun auf sechs kleine oder eine große Mahlzeit verteilt werden. Dr. Jason Fung weist darauf hin, dass der Körper unseres Hundes den Verjüngungsmodus abbricht, wenn er zu fressen bekommt. **Weniger Mahlzeiten kurbeln also die Verjüngung und die Autophagie an.** Wir füttern unsere Hunde einmal am Tag, damit sie sich der gesundheitlichen Vorteile erfreuen, die nur im Verjüngungsmodus eintreten können (also dann, wenn sie nicht fressen und verdauen). Professor Panda empfiehlt: **Das Zeitfenster der Fütterung auf weniger als zehn Stunden täglich einzuschränken (idealerweise acht) ist der wichtigste Schritt, unabhängig davon, wie viele Mahlzeiten Sie verabreichen.**

Zeit für Leckerlis

Leckereien für Ihren Hund sind wie Snacks für Sie: Was Sie naschen, wie viel und wie oft, entscheidet über Ihre Gesundheit und Ihr Wohlbefinden. Wenn Sie ohnehin keine Snacks mögen und auch Ihr Hund nicht, können Sie diesen Abschnitt überspringen. (Wir vermuten aber, dass er für die meisten von uns interessant ist.)

Idealerweise sollten wir Leckerlis zu einem bestimmten Zweck nutzen, zum Beispiel als Belohnung, um mit dem Hund strategisch zu kommunizieren: »Gut gemacht!« Wenn Sie Leckerlis geben, weil er so unglaublich süß ist und Sie ihn lieben, verstehen wir das. (Sie *sind* nun mal süß, und wir *lieben* sie doch!) Trotzdem möchten wir Ihnen empfehlen, Anzahl und Größe dieser Leckereien zu verringern und die Kalorien durch Knuddeln, Bussi, Spielen und Spazierengehen zu ersetzen. Leckerli-Snacks (»Eben mal so«) schieben der Autophagie einen Riegel vor, wenn wir sie zu oft, zu viel davon oder zur falschen Zeit geben. Einer unserer Ratschläge für Leckerlis lautet: Geben Sie kleine Stückchen von der Futterportion Ihres Hundes als Belohnung. Das ist zwar langweilig, aber es funktioniert.

Wie Sie für Ihren Hund zum Snack-Ersatz werden

Manchmal verwenden wir Futter als Ersatz für fehlende emotionale Präsenz. Präsenz – Achtsamkeit – ist für das menschliche Wohlbefinden wichtig. Wenn Sie Ihrem Hund immer weniger massive Leckereien geben und sie durch weniger und gesündere Bissen ersetzen, sollten Sie die fehlenden leeren Kalorien durch aktive Zuwendung ausgleichen. Legen Sie das Handy weg. Schauen Sie Ihren Hund an. Reden Sie mit ihm. Seien Sie ganz im gegenwärtigen Augenblick. Nehmen Sie sich ein paar Minuten Zeit, um mit Ihrem Hund zu schmusen. Das bringt Ihnen *beiden* jede Menge Oxytocin. Achtsamkeit ist ein Wundermittel – für Sie und Ihren Hund.

Wie alle Hundetrainer und -Verhaltensforscher wissen, gibt es viele wichtige Anlässe, Ihren Hund mit kleinen Leckerlis zu belohnen – vor allem fürs Training und für die Förderung erwünschter Verhaltensweisen (zum Beispiel sein Geschäft draußen zu machen oder einen neuen Trick zu lernen). Unser Ziel dabei ist es, mit kleinen Happen (erbsengroß oder kleiner) zu füttern, um keine Insulinausschüttung hervorzurufen. Am gesündesten sind Leckereien aus Langlebens-Superfoods, die wir in Kapitel 7 vorgestellt haben. Sie können den 10-Prozent-Anteil auch als Leckerei verwenden (statt ihn in die Futterschüssel zu mischen). Heidelbeeren sind für große Hunde ideal. Eine in dünne Scheiben geschnittene Karotte gibt vier bis sechs Trainings-Leckerlis. Zwei kleine Karotten, in dünne Scheiben geschnitten, versorgen Sie für einen ganzen Tag mit Belohnungen, wenn Sie Ihrem Hund ein »Gut gemacht« signalisieren wollen. Keines der von uns vorgeschlagenen Langlebens-Superfoods hat den Blutzuckerspiegel unserer Hunde ansteigen lassen, wenn wir sie beim Training als Belohnung benutzten. Wir haben dies mit einem Blutzuckermessgerät untersucht.

Und machen Sie ruhig auch mal Bestandsaufnahme, was Ihr Hund neben seinem Futter noch so alles bekommt. Eine Ecke von Ihrem Sandwich? Die knusprigen Ränder der Pizza? Schluss damit. Es ist okay, wenn Sie ihm etwas von Ihrem Essen abgeben, aber das sollte trotz allem artgerecht sein, das heißt, geben Sie ihm keine Kohlenhydrate. Sie können ihm einen Happen Fleisch anbieten, frisches Gemüse, Samen und Nüsse. Entsorgen Sie die hochverarbeiteten Leckerlis, die Sie noch im Schrank haben. Glücklicherweise hat die Futtermittelindustrie den Trend erkannt und bietet reihenweise gefriergetrocknete oder dehydrierte Fleischleckereien an. Wenn Sie neben den Langlebens-Superfoods noch Leckerlis aus dem Laden geben wollen, studieren Sie genauestens das Etikett. Wir empfehlen Einzelfuttermittel (nur eine Zutat) und reine Fleisch- oder Gemüse-Leckerlis. All das hat einen niedrigen glykämischen Index, enthält keine Füll- oder

Konservierungsstoffe, dafür aber für den menschlichen Verzehr geeignete, biologisch-organische Zutaten aus Freilandhaltung. Die Angaben auf der Zutatenliste sollten leicht verständlich und einfach sein, zum Beispiel »Schonend getrocknetes Hasenfleisch aus Freilandhaltung«, »Gefriergetrocknete Lunge vom Lamm« oder »Rinderleber mit Heidelbeeren und Kurkuma«. Frische oder minimal verarbeitete Leckereien aus wenigen Zutaten sind immer die beste Wahl. Außerdem sollten die Snacks in erbsengroße Stücke zerteilt werden können. Alles, was Ihr Hund neben seiner Mahlzeit frisst, sind Extras. Und natürlich sollten Sie auch diese Kalorien (10 Prozent) zählen! Winzige Mengen gesunder Frischkost als Leckerei durchbrechen den Tagesrhythmus der Fütterung nicht und belasten daher auch den Stoffwechsel nicht.

Sobald Sie frische Alternativen gefunden haben, die Ihr Hund mag, bleiben Sie dabei, aber experimentieren Sie ruhig weiter. Es macht Spaß herauszufinden, was Ihr Feinschmecker-Fido goutiert. Wenn er noch nie Frischkost hatte und nicht sonderlich interessiert scheint oder gar verwirrt, ist das kein Grund zur Panik. Viele Hunde verstehen anfangs nicht, was das soll. Aber wenn ihr Gaumen sich erst einmal an den frischen Geschmack gewöhnt hat, probieren sie mit Sicherheit auch andere Dinge aus, die sie früher ablehnten. Geben Sie also nicht auf.

Angesichts der Informationsflut wissen Sie nicht, wo Sie anfangen sollen? Nun, wenn Sie vorsichtig sind oder Ihr Haushaltsgeld zusammenhalten müssen, geben Sie zunächst das übliche Futter, konzentrieren sich aber auf ein besseres Timing. (Bestimmen Sie ein Zeitfenster, und achten Sie darauf, dass Ihr Hund nur so viel frisst, wie er für sein Idealgewicht braucht.) Dann fangen Sie an, langsam seine Leckerlis auszutauschen. Geben Sie auch mal Superfoods in die Schüssel. Beginnen Sie mit täglicher Bewegung, und sorgen Sie dabei öfter mal für Abwechslung. Lassen Sie Ihren Hund einmal täglich nach Herzenslust herumschnüffeln, oder geben Sie ihm anderweitig Gelegenheit, die Umgebung zu erkunden. (Happy Hour für Ihren Hund!) Beseitigen Sie Umweltbelastungen im Haus. Achten Sie auf saubere Luft, entsorgen Sie chemische Keulen zum Saubermachen, und geben Sie acht, dass Ihr Hund durch Bewegung und soziale Kontakte Stress abbauen kann.

Wenn Sie dann noch mehr machen wollen, führen Sie schrittweise Futter guter Qualität ein (Übergang von »gut« zu »besser«), das weniger verarbeitet ist. Dann gehen Sie zu mehr Frischkost über (25 oder 50 Prozent). Achten Sie nach wie vor auf gutes Timing bei der Fütterung, und geben Sie so viele Langlebens-Superfoods wie möglich.

Wenn Sie dann den Schritt zum Forever-Dog-Speiseplan machen wollen, streichen Sie alle hochverarbeiteten Futtersorten aus dem Programm. Füttern Sie nur noch mit vollwertiger Nahrung. Entscheiden Sie sich für ein gutes Timing, und füttern Sie, wann immer möglich, Langlebens-Superfoods. Gleichzeitig richten Sie Ihr Augenmerk auf eine von Umweltbelastungen freie Umgebung und geben Fido die Möglichkeit, sich den Stress von der Seele zu laufen und mit seinen Kumpels zu spielen.

Was für den Forever Dog wichtig ist

- Zu Beginn (Schritt 1): Mischen Sie Langlebens-Superfoods ins Futter. Des Weiteren entscheiden Sie sich für gesunde Leckereien, die Sie zu Eiswürfeln machen oder in Naturform verfüttern können: Heidelbeeren, Erbsen, Karotten, Pastinaken, Kirschtomaten, Staudensellerie, Zucchini, Rosenkohl, Äpfel,

Topinambur, Spargel, Brokkoli, Gurken, Pilze, grüne Bananen, Beeren, Kokosnuss, Stückchen von Innereien und naturbelassene Sonnenblumen- oder Kürbiskerne.

- Zum Weitermachen (Schritt 2): Prüfen Sie Ihr Normalfutter, und erhöhen Sie den Frischkostanteil.
  - Machen Sie Ihre Futter-Hausaufgaben: Berechnen Sie den Kohlenhydratanteil und die Zahl der Verarbeitungsschritte. Achten Sie auf synthetische Zusatzstoffe.
  - Welche Frischkost wollen Sie verfüttern? Rohe oder schonend gegarte Hausmacherkost? Rohe, schonend gegarte, gefriergetrocknete oder dehydrierte kommerzielle Ware? Oder eine Kombination aus beidem?
  - Wie hoch soll der Frischkostanteil sein? 25, 50 oder 100 Prozent?
- Halten Sie Erfolge, Fehlschläge und neue Ideen im Forever-Dog-Tagebuch fest.
- Führen Sie Frischkost und Langlebens-Superfoods Schritt für Schritt ein, sodass Ihr Hund sich langsam daran gewöhnen kann und davon keinen Durchfall bekommt.
- Machen Sie den Gewichtstest, damit Sie Ihrem Hund nur die Kalorien geben, die er braucht, um sein Idealgewicht zu halten beziehungsweise zu erreichen.
- Bestimmen Sie das Zeitfenster für die Fütterung (Ziel: acht Stunden) und die Anzahl der Mahlzeiten. Es macht nichts, wenn Ihr gesunder Hund mal eine Mahlzeit auslässt. Geben Sie ihm zwei Stunden vor dem Schlafengehen nichts mehr zu fressen.

10

So wird Ihr Hund zum Forever Dog

Fitness, Genetik und Umweltbelastung in den Griff bekommen

Wer sagt, dass Diamanten die besten Freunde einer Frau sind, hat nie einen Hund gehabt.

Unbekannt

Darcy, ein 21-jähriger Mischling (wir durften ihm via Videochat zum Geburtstag gratulieren), bekommt einmal täglich eine ausgewogene Mahlzeit. Wie Professor Panda es empfiehlt. Darcys Hundeeltern trafen auch sonst eine Menge kluger Entscheidungen, die dem Kleinen zugutekamen. Sie schreiben sein langes Leben der Tatsache zu, dass er seit seinem siebten Lebensjahr mit Hausmacherkost gefüttert wird. Zwei Drittel seines Lebens bekam er also für den menschlichen Verzehr geeignete Nahrungsmittel, mit wenig Kohlenhydraten und frisch zubereitet. Dazu gab es frischen Lachs, hin und wieder frische Muscheln, Kurkuma und Apfelessig. Wenn er keine Lust hatte zu fressen, wurde ihm dies gewährt, solange er wollte. Manchmal ließ er mehr als eine Mahlzeit aus.

Als Darcy noch jung war, brachte er viel Zeit im Freien zu, wo er mit seinem Spanielmischlings-Bruder spielte. Die beiden Hunde hatten viel Kontakt zu gesundem Erdreich, sie atmeten frische Luft und suhlten sich im chemiefreien Gras. Ihre Umgebung war geistig und sinnlich stimulierend. Darcy bekam weder viele Medikamente verabreicht, noch hatte er mit Chemie im Haushalt zu kämpfen. Er wurde als Welpe immunisiert, bekam aber nicht jährlich neue Impfungen. (Wie Sie mithilfe des Antikörperspiegels prüfen, ob Ihr erwachsener Hund eine Auffrischungsimpfung braucht, erfahren Sie später.) Als er älter wurde und ein bisschen steif, bekam er eine Hydrotherapie (Wassertraining), damit seine Gelenke und Muskeln beweglich blieben. Sein Training war weiter nicht fordernd. Darcys Hundeeltern folgten den Forever-Dog-Prinzipien, und ihr Hund hatte ein langes und glückliches Leben.

Nun, da wir Sie mit Ernährungsregeln bombardiert haben, ist es an der Zeit, die noch verbleibenden Punkte des Forever-Dog-Prinzips anzugehen:

- **O**ptimale Bewegung.
- **G**enetische Anlagen.
- **S**tress und Umwelt.

Optimale Bewegung

Während wir dieses Buch schreiben, hat die deutsche Regierung einen Gesetzesentwurf vorgelegt, dem zufolge Hunde bis zu zweimal täglich insgesamt eine Stunde Auslauf haben sollten. Alle Forever Dogs, die wir je kennengelernt haben, waren täglich *sehr aktiv*. Alle Hunde sind geborene Sportler (wenn man die Rassen außer Acht lässt, die Probleme mit der Atmung haben oder sich nicht mehr natürlich bewegen können). Tierärzte und Physiotherapeuten, die Hunde nach einer Krankheit wieder fit machen, gehen davon aus, dass Hunde dann am besten drauf sind, wenn sie wenigstens einmal täglich ohne Leine laufen und springen können und *dazu noch* aerobes Training bekommen. Schwimmen ist fast noch besser, denn es erlaubt dem Hund, sich fließend zu bewegen, wie es für ihn natürlich ist. Dabei werden alle Gelenke trainiert, was an der Leine einfach nicht geht.

Dr. Enikő Kubinyi, die Forschungsleiterin der Methusalem-Hunde-Studie, erzählte uns, dass die 27-jährige Buksi und der 22-jährige Kedves ein »freies Leben« hatten. Sie konnten selbst entscheiden, wurden nicht in ihren Bewegungen behindert und verbrachten viel freie Zeit draußen. Sie wies uns auch darauf hin, dass Bluey und Maggie, die ältesten Hunde Australiens, ein sehr ähnliches Leben geführt hatten. Alle diese Hunde verbrachten Tag für Tag viel Zeit im Freien. Andere interessante Parallelen: Alle wurden zumindest teilweise frisch und naturbelassen ernährt. Alle hatten reichlich Zugang zu Gras und Pflanzen in der Umgebung. Ihr Impfplan wurde individuell erstellt, und sie wurden nie vom Tierarzt mit Insektenvernichtungsmitteln (gegen Flöhe, Zecken et cetera) behandelt.

Stadthunde glauben vielleicht, sie hätten ein tolles Leben mit ihren Besitzern, aber Studien zeigen, dass sie weniger Bewegung haben, mehr Stress abbekommen und folglich einen höheren Cortisolspiegel aufweisen. Sie zeigen öfter Verhaltensprobleme, sind schlechter sozialisiert und haben kaum Kontakt mit der Erde und deren immunsystemstärkenden Mikroorganismen. Seien wir ehrlich: In einer Stadt zu leben (beziehungsweise in den

Vororten) heißt, einen hektischeren und stressigeren Lebensstil zu haben. Stadtbewohner (das heißt Hundebesitzer) arbeiten länger und verbringen den Großteil ihrer Zeit im Kunstlicht hinter Mauern. Ihre Hunde haben keine Wahl, was ihre Schnüffelaktionen angeht. Sie bestimmen auch nicht selbst, wie viel Bewegung sie bekommen, wenn sie (hoffentlich) für eine bestimmte Zeit auf dem Pflaster spazieren geführt werden.

Leben in der Stadt: Mit kreativen Bewegungsprogrammen

Wie die Designerin Ingrid Fetell Lee so richtig schreibt, war die Natur 80 000 Generationen lang kein Ort, den wir aufsuchen mussten. Sie war der Ort, wo wir lebten. Gut 600 Generationen sind ins Land gegangen, seit die landwirtschaftliche Revolution zur Sesshaftigkeit führte. Und vor etwa zwölf Generationen erhoben sich die modernen Städte mit ihrem Beton und den überall fehlenden Grünflächen. Hunde leben seit weniger als sechs Generationen in der Stadt, wir müssen ihnen also Auslauf gewähren. Ob Sie nun Ihrem Hund beibringen, auf dem Laufband zu trainieren, ihn bei einer bewegungsfreudigen Tagesmutter abgeben, einen Hundesitter engagieren, mit ihm die Treppen zu Ihrer Wohnung hinaufsprinten, ihn zur Gymnastik auf dem Unterwasser-Laufband anmelden oder nach der Arbeit auf einem leeren Fußballfeld Frisbees apportieren lassen, es gibt viele kreative Möglichkeiten, Ihrem Hund die täglich nötige Bewegung zu verschaffen, selbst wenn Sie im Betondschungel leben. Lassen Sie nicht zu, dass Ihr persönlicher Mangel an Fantasie Ihren Hund zum Stillsitzen verdammt. Er braucht Bewegung für seine körperliche und seelische Ausgeglichenheit!

De facto aber bekommen die meisten Hunde nicht genug Bewegung. Sie haben schon gar nicht die Gelegenheit, sich so auszutoben, wie sie das bräuchten. Der sich ergebende Energiestau kann zu Hyperaktivität, zu Angstzuständen oder zu klassischem Zerstörerverhalten führen – mit die üblichen Gründe, weshalb Hunde schließlich im Tierheim landen. Die Wissenschaft kann belegen, dass ein müder Hund ein guter Hund ist. (So wie Eltern wissen, dass körperlich ermüdete Kinder brav sind.) Manchmal fragen uns Klienten, wie viel Bewegung ihr Hund braucht. Und unsere Antwort lautet stets: »So viel, dass er zur Schlafenszeit müde ist.« Natürlich gibt es Richtlinien für den Auslauf, ähnlich wie für den Menschen. Aber ganz allgemein gesprochen brauchen Hunde täglich *sehr viel* aerobes Training, um geistig und körperlich fit zu bleiben – weit mehr als wir. Und das ist das eigentliche Problem.

Wir haben mit den Hütern einiger der ältesten Hunde auf der Welt gesprochen. Augies Dad berichtete, dass sie täglich eine Stunde schwamm, selbst mit fünfzehn Jahren noch. Sie erreichte ihr zweites Lebensjahrzehnt und starb im Frühjahr 2021. Brian McLaren erzählte, die dreißigjährige Maggie sei ihm immer hinterhergelaufen, wenn er Traktor fuhr. Sie lief zweimal täglich fast 5 Kilometer von einem Ende der Farm bis zum anderen und zurück. Das sieben Tage die Woche und über zwei Jahrzehnte. *Maggie legte also täglich 20 Kilometer zurück.* Was haben alle ältesten Hunde der Welt gemeinsam? Tagtäglich viel Bewegung, ob es nun regnete, schneite oder die Sonne schien. Ann Heritage schreibt, dass Bramble, ihr 25-jähriger Hund, mehrere Stunden täglich über ihr Land streifte. Die Bankhar-Hunde in der Mongolei leben mit den Nomaden und können selbst mit achtzehn Jahren noch ihre Aufgabe erfüllen: die Herden zu hüten. Diese einzigartigen Hunde sind große, agile Beschützer, die für ihre Größe erstaunlich wenig Futter brauchen (auch ein Hinweis darauf, dass es sich auszahlt, schlank zu sein).

Wir alle wissen, dass Bewegung gut für uns ist. Wir werden uns hier nicht mit den unzähligen Studien beschäftigen, die dies für den Menschen bestätigen. Nur so viel sei gesagt: Es gibt Forschungsarbeiten, die belegen, dass Menschen sich besser fühlen und glücklicher sind, wenn sie ihren Hund Gassi führen. Auch die Belege, dass Bewegung die Gesundheit (sowie Haltung und Verhalten) von Hunden massiv verbessert, sind zahlreich. Wir haben uns ja schon in Teil I mit den Vorteilen eines aktiven Lebensstils beschäftigt. Es folgt eine Liste wissenschaftlich belegter Resultate:

- Bewegung lindert Ängstlichkeit und Nervosität.
- Der Hund ist weniger reaktiv und zeigt positives Verhalten. (Bewegung reduziert oder beseitigt Verhaltensstörungen, die auf Langeweile zurückgehen.)
- Der Hund ist weniger empfindlich gegen Lärm und leidet weniger unter Alleinsein. (Bewegung lindert Trennungsängste.)
- Bewegung führt zur Entgiftung über den Lymphfluss. (Das Lymphsystem ist ein wichtiger Teil der Immunfunktion. Wird die Lymphzirkulation nicht behindert, ist das Immunsystem stark.)
- Bewegung reduziert das Risiko für bestimmte Erkrankungen vom Übergewicht bis zu Gelenkproblemen, von der Herzerkrankung bis zu Störungen des Nervensystems.
- Sie sorgt für eine starke Muskulatur, was gerade im Alter wichtig ist.
- Sie hilft, das Verdauungssystem zu normalisieren und zu regulieren.
- Bewegung fördert die Produktion des Meister-Antioxidans

Glutathion und sorgt für mehr AMPK, das Anti-Aging-Molekül schlechthin.

- Sie sorgt für einen gesunden Blutzuckerspiegel und reduziert somit das Risiko für Insulinresistenz und Diabetes. (Ein Tipp: Selbst ein flotter zehnminütiger Spaziergang nach dem Essen kann Blutzuckerspitzen verringern.)
- Bewegung schenkt Selbstvertrauen, sodass es dem Hund leichter fällt, ruhig zu bleiben.

Je hyperaktiver und reaktiver Ihr Hund ist, umso mehr Bewegung braucht er. Hunde mit Angstzuständen und Stressbelastungen schaffen es, durch intensives Kardiotraining Stresshormone wieder auf ein gesundes Niveau zu bringen. Alle Hunde brauchen Bewegung, ganz egal, welcher Rasse, Größe, Alters- oder Fitnessgruppe sie angehören. Leider leiden die meisten Hunde an Bewegungsmangel. Aus ebendiesem Grund machen ihnen Übergewicht, kaputte Gelenke, Langeweile und so weiter zu schaffen. Alte Hunde kommen dabei noch schlechter weg. Sie brauchen mehr Zeit, um ihre Umgebung zu erkunden, eben weil ihr Körper und ihre Sinne nicht mehr das sind, was sie mal waren. Älteren Hunden die Gelegenheit zu geben, jeden Tag draußen herumzuschnüffeln, ist nicht nur für ihren körperlichen Zustand wichtig, sondern auch für ihren Kontakt zur Außenwelt.

Ohnehin könnten auch die meisten Menschen mehr Bewegung vertragen. **Hunde brauchen mindestens dreimal wöchentlich ein absolutes Minimum von zwanzig Minuten Laufen am Stück (sodass sich ihr Herzschlag beschleunigt), um zu verhindern, dass ihre Muskeln sich zurückbilden. Den meisten Hunden tut mehr und häufigere Bewegung gut. Eine halbe oder ganze Stunde ist besser als zwanzig Minuten, und sechs oder**

sieben Tage die Woche sind besser als drei. Die Vorfahren Ihres Fido haben ihre Tage damit zugebracht, Beute zu jagen, ihr Revier zu verteidigen, zu spielen, sich zu paaren und sich um den nächsten Wurf Welpen zu kümmern. Sie verbrachten ihr Leben im Freien und waren ausgesprochen aktiv. Sie hatten jede Menge soziale Kontakte, was hieß, dass sie sowohl geistig als auch körperlich gefordert waren. Hunde, die mit anderen Hunden zusammen sind, liegen nicht so viel herum – um fast 60 Prozent weniger. Wie wir brauchen auch unsere Hunde Gründe, körperlich aktiv zu bleiben. Selbst der größte und grünste Hinterhof beziehungsweise ein zweiter oder dritter Hundekumpel kann Ihren Hund nicht zu so viel Bewegung motivieren, wie er braucht, um körperlich und geistig (verhaltensmäßig) in guter Verfassung zu bleiben. Daher müssen Sie Ihren Hund regelmäßig motivieren, aktiv zu werden. Hat er nicht ausreichend Gelegenheit, herumzulaufen, zu spielen und so aerobes Training zu erhalten, dann wird er, selbst wenn er nicht übergewichtig ist, Arthrose und andere Krankheiten entwickeln, die seinen Knochen, Gelenken, Muskeln und inneren Organen schaden. Sein Verhalten und seine kognitiven Fähigkeiten leiden gleichfalls, falls er nicht regelmäßig körperliche und mentale Anregung erfährt. Zu den unerwünschten Verhaltensweisen, die auf fehlende Anregung zurückgehen, zählen beispielsweise: das Herumkauen auf allen möglichen Dingen, Rowdytum, Anspringen von Leuten, ständiges Kratzen und Lecken, Herumbuddeln, unangemessenes Beutespiel, Ausleeren von Mülltonnen, Grobheiten beim Spielen, reaktives Verhalten, Hyperaktivität und das Betteln um Aufmerksamkeit.

Hunde blühen förmlich auf, wenn sie die Möglichkeit zu täglicher »Bewegungstherapie« erhalten. Wechseln Sie zwischen verschiedenen Formen der Bewegung, damit auch alle Gelenke ausgelastet sind, ein guter Muskeltonus entsteht und Bänder und Sehnen gekräftigt werden. Regelmäßige tägliche Bewegung bringt langfristig gesundheitliche Vorteile, die für ein langes Leben unverzichtbar sind. Eines der Hauptprobleme, das wir bei alten Hunden sehen, ist der Verlust des Muskeltonus. Das aber zieht eine ganze Reihe von negativen Zuständen nach sich: körperliche Schwäche, geringen Bewegungsradius, Schmerzen, Verletzungen, Aggression und Verhaltensänderungen (die häufig nicht als Resultat einer schwachen Muskulatur erkannt werden).

Und noch etwas: Die Wochenend-Gassigeher haben hier keineswegs die Nase vorn. Manche Hundeeltern hoffen, dass sie so die fehlende Bewegung unter der Woche ausgleichen können. Doch wenn Ihr Hund sich nur samstags und sonntags sportlich betätigt, sind Verletzungen programmiert. Hat der Hund nicht täglich Bewegung, führt die vermehrte Belastung am Wochenende nur zu mehr Verletzungen und zur übermäßigen Belastung der Gelenke. (Das trifft übrigens auch auf Menschen zu!)

Vermutlich liegt Ihr Hund den ganzen Tag faul in der Wohnung und wartet darauf, dass Sie nach Hause kommen. Was bedeutet, dass auch seine Bänder, Muskeln und Sehnen auf der faulen Haut liegen. Wenn Sie dann nach Hause kommen und ihm noch ein paar Bälle werfen, kommt es gern mal zu Kreuzbandschäden (die häufigste Knieverletzung in der Tiermedizin). Ein paar Minuten intensives Spielen ersetzt nicht die dreißig Minuten kontrollierter Kardio-Aktivität zum Muskelaufbau. Hunde sind innerhalb von Sekunden auf hundert – sie warten ja darauf, dass wir uns ihnen zuwenden. Das Problem ist nur, dass sie keinen Ausschaltknopf haben. Daher müssen wir dafür sorgen, dass der Körper des Hundes sich langsam aufwärmt, bevor wir ihn intensiver beschäftigen. Und wir müssen wissen, wann es Zeit ist zum Aufhören (indem wir ihre Körpersprache studieren). Hunden geht es am besten, wenn sie täglich die Gelegenheit haben, ihren Bewegungsapparat zu trainieren, und zwar auf eine Weise, die ihnen Spaß macht. *Alle* Hunde lieben den Aufenthalt im Freien (auch die kleinen). Ihr Körper ist für *viel* Bewegung geradezu geschaffen.

Die einzige Möglichkeit, den altersmäßigen Abbau an Muskeln, Bändern und Knochen zu verhindern, ist, Ihren Hund täglich zu bewegen. Muskeltonus kann man nicht durch Pillen erzeugen. Und eben diesen brauchen Hunde, wenn sie altern. Darauf sollten Sie vor allem bei Hunden in mittleren Jahren achten, wenn Sie Ausdauer, Muskelmasse und -tonus noch steigern können, um Ihren Hund gesund in seine alten Jahre zu bringen. Wenn Sie Ihren Hund in mittleren Jahren richtig trainieren, ist dies die beste Versicherung fürs Alter. Das gilt vor allem für große Hunde. Das Ziel ist, ihnen einen Körper mit hoher Resilienz zu verschaffen.

Da es ohnehin für viele Hundeeltern schwierig ist, genug Zeit für ihren besten Freund auf vier Pfoten aufzubringen, wäre ein tägliches Bewegungsprogramm doch eine gute Wahl. Vielleicht sind wir dazu nicht immer bereit, unsere Hunde aber sind es mit Sicherheit. Dabei sollten Sie wissen, dass ein gemütlicher Spaziergang kein richtiges Work-out darstellt. Wenn Sie gern Walking machen, dann braucht Ihr Hund einen Power-Walk mit mindestens 6 bis 7 Kilometer pro Stunde, um eine gute kardiovaskuläre Intensität hinzubekommen und die Fettverbrennung anzukurbeln. (Das sind etwa 1,5 Kilometer pro Viertelstunde.)

Solche intensiven Spaziergänge schenken nicht nur Ihrem Hund mehr Gesundheit, sondern natürlich auch Ihnen. So reduzieren Sie das Risiko für Übergewicht, Diabetes, Herz- und Gelenkerkrankungen. Natürlich müssen Sie Ihr Fellknäuel erst mal umprogrammieren, wenn es gewöhnt ist, gemütlich durch den Park zu schlendern und hierhin und dorthin zu schnuppern. Solche Spaziergänge sind *toll*, weil sie geistige Anregung bieten (der Schnüffel-Walk). Als Kardiotraining zählen sie aber keineswegs. Erwarten Sie nicht, dass Ihr Hund von heute auf morgen auf den Power-Walk umschalten kann. Es wird schon ein paar Märsche brauchen, bevor er so weit ist. Und vielleicht ein paar Monate, um seine Ausdauer zu stärken. Sie können Ihrem Hund signalisieren, welche Art von Bewegung ihn erwartet, wenn Sie dafür verschiedene Halsbänder beziehungsweise Leinen einsetzen. Wir verwenden ergonomisches Geschirr und kurze Leine fürs Kardio und lange Leinen mit breitem, gepolstertem Halsband für den Schnüffel-Walk.

Falls Sie nicht in der Lage sind, Ihrem Hund solch einen Kardio-Walk zu bieten, suchen Sie nach anderen Möglichkeiten zum Training wie zum Beispiel Schwimmen. Der Hauptgrund, warum ich (Dr. Becker) ein Zentrum für Tier-Rehabilitation und -Physiotherapie eröffnet habe, war, dass ich Hunden im Winter einen sicheren Platz zum Bewegen verschaffen wollte. Unterwasser-Laufbänder sind tolle Geräte für ein Work-out, gerade für alte und außer Form geratene Hunde beziehungsweise für Hunde mit Bewegungsproblemen. Wenn Sie die Grundlagen für ein solches Bewegungsprogramm erlernt haben, können Sie gerade kleinen Hunden auch ein Schwimmtraining in der Badewanne ermöglichen. Viele Hundesitting-Zentren bieten heute Laufbänder für große Hunde an. Und Tier-Physiotherapeuten in Ihrer Region erstellen Ihnen gern ein auf die speziellen Bedürfnisse Ihres Hundes zugeschnittenes Programm. Im Internet finden Sie Tipps für Spiel und Spaß mit Ihrem Tier. **Denn Abwechslung ist ebenso wichtig wie Spaß. Wählen Sie Ihre gemeinsamen Aktivitäten aus dem Blickwinkel des Hundes aus.** Schließlich sollten sie zu seiner Persönlichkeit und seinen Fähigkeiten passen. Wenn Ihr Hund dann älter wird, müssen Sie sein Bewegungsprogramm entsprechend adaptieren. Ältere Hunde profitieren von Übungen zum Muskelaufbau. Hier sind Trainingseinheiten gut, die ihn vom Sitzen zum Stehen bringen und umgekehrt. (Viele Rehabilitationsexperten bieten Telekonferenz-Sprechstunden an, bei denen Sie erfahren, was für Ihren Hund am besten ist.) Regelmäßige Massage- und Stretching-Sitzungen zu Hause sind wunderbar, damit Ihr Hund sich gut fühlt. Außerdem können Sie so nach Knoten, Beulen und anderen Veränderungen am Körper Ihres Hundes tasten. Auf www.foreverdog.com finden Sie (in englischer Sprache) weitere Informationen, wonach Sie Ausschau halten sollten.

Hunde müssen auch ihren Kopf trainieren, nicht nur ihren Körper. Natürlich ist körperliches Training wichtig, aber Denksportaufgaben sorgen dafür, dass Ihr Hund bis weit ins Alter geistig fit bleibt (und sich nicht langweilt). Hunde, die ihr Leben lang »Nasenarbeit« betreiben durften und ein gutes Fitnesstraining hatten, bauen im Alter nicht so schnell geistig ab. Nina Ottosson und My Intelligent Pets haben solche Aufgaben entwickelt. Sie können sich aber auch in entsprechenden Büchern informieren und selbst welche ersinnen.

Auf jeden Fall sollten Sie Ihre Bewegungsaktivitäten auf den Körpertyp Ihres Hundes und auf seine Fitness abstellen. Brachycephalische (das heißt kurznasige) Rassen haben spezielle Anforderungen, was das Atmen angeht. Auch das Temperament (Hunde, die sich anderen Hunden gegenüber aggressiv verhalten, brauchen andere Formen der Bewegung) und das Alter (vor allem wenn das Tier bereits altersbedingte Einschränkungen hat) spielen eine Rolle. Art, Dauer und Intensität des Trainings ändern sich, doch Ihr Hund sollte nicht aufhören, sich zu bewegen.

Manche Rassen sind anfällig für neurodegenerative Erkrankungen. Andere Hunde hatten Unfälle und Verletzungen, die den Bewegungsapparat beeinträchtigen. Gerade wenn Ihr Hund dazu gehört, sollten Sie ein speziell auf ihn zugeschnittenes Programm durchführen, das sich mit Hilfsmitteln meist gut hinbekommen lässt. Lassen Sie sich dabei von Profis helfen.

Der zirkadiane Rhythmus und das Herumschnuppern

Wenn Sie morgens das Haus verlassen, öffnen Sie bitte die Jalousien und ziehen die Vorhänge auf. Lassen Sie Ihren Hund niemals im Dunkeln zurück! Professor Panda meint, dass Tiere, die im Halbdunkel leben, hinter geschlossenen Vorhängen, Depressionen entwickeln. Außerdem wissen sie nicht, welche Tageszeit gerade ist, was ihren Rhythmus durcheinanderbringt. Panda schlägt einen zehnminütigen Spaziergang am Morgen und am Abend vor. Nur so kann der Körper Ihres Hundes die nötigen Botenstoffe produzieren, um richtig wach beziehungsweise abends müde zu werden. Das passt zu Dr. Horowitz' Rat, dass wir unseren Hunden wenigstens einmal täglich erlauben sollten, nach Herzenslust herumzuschnüffeln. Wir empfehlen **einen zirkadianen Schnüffel-Walk zweimal täglich, am Morgen und am Abend.** Schnüffel-Walk heißt, dass Ihr Hund entscheidet, wo er schnüffelt und wie lange. Das ist eine *Denksportaufgabe* für Ihren Fido, also ziehen Sie nicht an der Leine! Dass Sie Ihrem Hund Gelegenheit zum Erschnüffeln der Umwelt geben, ist zentral für seine geistige und emotionale Gesundheit. (Forschungsarbeiten zeigen übrigens, dass Menschen, die nach dem Essen fünfzehn Minuten gemütlich spazieren gehen, ihren Blutzuckeranstieg für den ganzen Tag reduzieren!)

Wir hoffen, dass Sie Ihrer Fellnase mehr Bewegung verschaffen. Und dass Sie sich als Wellness-Partner Ihres Hundes verstehen. Dazu müssen Sie nur den DOGS-Prinzipien aus diesem Buch folgen.

Zuerst aber sollten Sie den Eid ablegen.

Der Eid

Wir als Hüter unserer Tiere sind dafür verantwortlich, auf ihre körperliche und seelische Gesundheit zu achten. Sie sind das Sprachrohr Ihres Hundes. Unten finden Sie einen Eid, den meine (Dr. Beckers) Freundin Beth und ich vor vielen Jahren entworfen haben. Er soll Hundeeltern an diese wunderbare und wichtige Aufgabe erinnern. Wir möchten Sie bitten, zum Wellness-Partner Ihres Hundes zu werden:

Ich bin verantwortlich für meine Gesundheit und mein Wohlbefinden, ebenso aber für das der Hunde in meiner Obhut. Ich werde mich informieren und mich in allen Lebensbereichen für mich und meine Hunde einsetzen. Ich verstehe, dass Leben, Heilkraft und Gesundheit sich ständig wandeln. Daher muss ich selbst lernen und mich weiterentwickeln, weil ich meine Aufgabe sonst nicht erfüllen kann. Ich werde diese Verantwortung an niemand anderen abtreten, auch nicht an den Tierarzt. Die emotionale und körperliche Gesundheit meiner Hunde liegt ganz in meinen Händen.

Halten Sie Ihre Wellness-Maßnahmen im Forever-Dog-Tagebuch fest. Alle paar Monate sollten Sie darüber hinaus das Gewicht Ihres Lieblings kontrollieren. Beschreiben Sie auch eventuelle Beulen, Warzen oder Knoten, die Sie während der Massage finden. Bitten Sie um Kopien der Laborergebnisse und Blutuntersuchungen. So können Sie selbst überprüfen, wie gesund die Organe Ihres Hundes sind. Wenn Sie neue Symptome feststellen, schreiben Sie das auf. Das Gleiche gilt für Verhaltensänderungen sowie für die Nahrung und die Ergänzungsmittel, die Ihr Tier erhält. Dieses Gesundheitstagebuch ist eine unschätzbare Hilfe, um sich wieder zu erinnern, wann Sie die Fütterung umgestellt, an welchem Tag Sie das Herzwurm-Halsband angelegt haben oder in welchem Monat Ihre Kleine angefangen hat, mehr zu trinken als üblich. Bewahren Sie Ihr Hunde-Tagebuch so auf, dass Sie es jederzeit griffbereit haben. Wir verwenden dafür die Day-One-Tagebuch-App fürs Smartphone, weil man damit auch Fotos und Sprachmemos aufnehmen kann.

Eine gute Frage: Woher wissen Sie, wie gesund das Innenleben Ihres Hundes ist? Da bleibt letztlich nur der Labortest. Es gibt spezielle Blutwerte für junge und alte Hunde, aber auch bestimmte Werte, die der Langlebens-Fan braucht, der etwas mehr Information verlangt. Dass Ihr Hund äußerlich gesund erscheint, regelmäßig frisst und Ihnen ansonsten auch ganz normal vorkommt, heißt nicht, dass Sie auf Blutwerte verzichten können. Denn die meisten Stoffwechsel- und Organprobleme, die Ihr Hund bekommen kann, fangen mit biochemischen Veränderungen an, die man im Blut Monate oder Jahre vor dem Auftauchen von Symptomen feststellen kann. Wie viele unserer Klienten sich wünschen, früher Bescheid gewusst zu haben, wenn ihr Tier die Diagnose Leber-, Nieren- oder Herzerkrankung erhält, können wir nicht mehr zählen. Dank moderner Technik haben wir die *Möglichkeit*, dies früher zu erfahren. Auch Sie sollten die Möglichkeit nutzen, biochemische Störungen durch einfache diagnostische Mittel rechtzeitig zu erkennen, *bevor* sich Symptome zeigen – dann nämlich, wenn sich noch etwas machen lässt.

Wenn Sie warten, bis Ihr Hund Krankheitsanzeichen zeigt, ist es vielleicht zu spät, die Krankheit zu bekämpfen und Ihrem Hund die Gesundheit zurückzugeben. Hundeeltern 2.0 und engagierte Tierärzte konzentrieren sich auf Veränderungen bei Routineuntersuchungen, die erste Anfänge von zellulären Störungen zeigen können.

Lassen Sie jährlich ein Blutbild machen, können Sie sich aber vergewissern, ob die Organe Ihres Hundes optimal funktionieren. Im Laufe der Alterungsprozesse verändern sich diese Werte natürlich auch. Ihr Tierarzt wird Sie darauf hinweisen, wenn Sie reagieren müssen, und auch zur Nachkontrolle anhalten. An diesem Punkt kann es sich lohnen, eine zweite Meinung einzuholen oder sich Hilfe zu besorgen. So kann ein Ernährungsexperte Sie bei der Zubereitung der Hundemahlzeiten unterstützen. Oder Sie engagieren einen Hundesitter beziehungsweise einen gelegentlichen Besuch im Rehabilitationszentrum für Hunde, um die gesundheitlichen Probleme von Fido in den Griff zu bekommen. Schließlich erwarten wir ja auch nicht, dass der Hausarzt im Alleingang alle Probleme der langsam alternden Familie behandeln kann. Ähnlich ist es mit den Gesundheits- und Vorsorgeleistungen für Ihren Hund. (Über neue diagnostische Mittel informieren wir Sie [in englischer Sprache] auf unserer Webseite www.foreverdog.com.)

Genetik und Umweltbelastungen

Wir haben Ihnen sehr viel Information an die Hand gegeben, die den Einfluss des Lebensstils auf die Lebenserwartung belegt. Doch es wäre verfehlt, die Macht der Genetik zu übersehen. Gerade für Zuchthunde hat sie enorme Auswirkungen. Der beste Weg, für ein gesundes Hundegenom zu sorgen, ist, deren Zucht gründlich zu überdenken. Tatsächlich sind klare Regeln für die Hundezucht der *einzige* Weg zu einem gesunden Genom. Wir haben bereits erwähnt, dass DNS-Tests immer leichter verfügbar werden. Sie sind sehr nützlich, wenn wir über die genetischen Anlagen und Risiken unserer Tiere Bescheid wissen wollen. Sicher wird sich dies in den folgenden Jahren weiter verbessern. Leider ändert das nichts an der Tatsache, dass die Hundezucht immer noch davon bestimmt wird, dass das Aussehen der Tiere den Wünschen der Käufer entspricht.

Obwohl es viele ausgezeichnete Züchter gibt, für die Gesundheit an oberster Stelle steht, befeuert das Verlangen nach süßen Welpen eine durch und durch korrupte Industrie von Züchtern, die über keinerlei Ausbildung verfügen und folglich keinerlei Ahnung von Zuchtlinien haben. Diese Sorte Züchter erfüllt fehlgeleitete Konsumentenwünsche bedenkenlos. Dass man bei der Zuchtwahl auf Gehirn und einen gesunden Körper zugunsten einer angeblichen »Schönheit« verzichtet, hat viele Hunderassen verdorben. Die Züchter, die genau Buch führen über ihre Abstammungslinien, geraten zunehmend ins Hintertreffen, weil die künftigen Hundebesitzer lieber bei Hinterhof-Züchtern bestellen. Diese Welpenfabriken haben in den letzten Jahrzehnten Zehntausende kranker Tiere hervorgebracht. Eine sorgsame Zuchtwahl verliert gegen den massenproduzierten, kranken Hund.

Die Corona-Pandemie hat diese ausbeuterische Zucht noch verstärkt. Betrügerische Züchter erlebten einen großen Ansturm, weil sich viele Menschen in der Isolation der Quarantäne unbedingt einen Hund wünschten. Statt sich an einen verantwortungsvollen Züchter zu wenden, geht man einfach in den nächsten Laden.[29] Die meisten Läden, die in den USA Hunde verkaufen, suchen sich ihre Welpen billig bei Züchtern, für die genetische Gesundheit ein Fremdwort ist. Das gilt noch mehr für all die Webseiten, auf denen süße, teure und schlecht gezüchtete Welpen angeboten werden, die man dann auch noch frei Haus liefert. Diesem Betrug und dem unvermeidlichen Kummer, weil Sie Ihren Welpen wegen tödlicher Krankheiten einschläfern lassen müssen, können Sie nur mit Information entgegentreten.

Die Gesetzmäßigkeiten von Angebot und Nachfrage lassen keinen Zweifel, dass die inflationäre Produktion von Hunden mit schlechten genetischen Voraussetzungen erst aufhören wird, wenn die Nachfrage schwindet. Das bedeutet: Kaufen Sie *niemals* einen Hund aus einer Laune heraus. Sich einen Hund zuzulegen erfordert ebenso viel Recherche, Zeit und Planung, wie ein Kind zu adoptieren. (Im Anhang finden Sie eine Liste von Fragen, die ein guter Züchter beantworten können muss, bevor Sie ihm Ihr Vertrauen schenken. Dieser Fragebogen ist schon deshalb wichtig, weil er Ihnen erste Hinweise liefert, welche epigenetischen Faktoren das Leben Ihres Hundes positiv beeinflussen können. Wenn die trächtige Hündin und später auch die Welpen Frischkost bekommen, dann ist der Hund einer neuen Studie zufolge vor Verdauungsstörungen und atopischer Dermatitis weitgehend geschützt. Bei den Umweltfaktoren haben wir die volle Kontrolle, bei der Genetik besteht unsere Kontrolle darin, dass wir verantwortungsvolle Züchter auswählen, die sich bemühen, den Genpool der Tiere zu verbessern. Ein Züchter, der an der Erhaltung der Rasse interessiert ist, züchtet nach bestimmten Regeln. Er hat mit Sicherheit alle nötigen DNS-Tests und gesundheitliche Vorsorgeuntersuchungen gemacht. Er wird Ihnen die Resultate gern zeigen. Im Normalfall versuchen diese Züchter, genetische Fehler aus dem Genpool herauszuzüchten. Solche Züchter diversifizieren den Genpool und achten auf Gesundheit, Temperament und Leistungsfähigkeit. Sie wissen, dass mehr erforderlich ist, als nur einfach nach genetischen Krankheitsmarkern zu suchen und keine Hunde mit bekannten genetischen Fehlern zu züchten.)

Dr. Carol Beuchat vom Institute of Canine Biology erklärt, warum Gentests und selektive Zuchtwahl allein die Probleme unserer Rassehunde nicht lösen können. Kurz zusammengefasst: Wenn ein geschlossener Genpool (reinrassige Hunde, die alle von der gleichen Vorfahrenfamilie abstammen) reinrassige Welpen hervorbringt, ohne eine kluge genetische Auswahl zu treffen (ob die Inzucht nun bewusst geplant ist oder unabsichtlich geschieht), kommt es zu verschiedenen negativen Folgen: verstärkte genetische Ähnlichkeit, erhöhte Expression rezessiver Mutationen, verminderte genetische Vielfalt und am Ende ein Schrumpfen des Genpools.

Je mehr reinrassige Hunde miteinander gekreuzt werden, desto mehr genetische Unfälle passieren, und desto schlimmer sind deren Konsequenzen, zum Beispiel geringere Lebenserwartung. Genetiker nennen dies die »Inzuchtdepression«. Aber es gibt noch mehr Grund zur Depression: Auch das Risiko für multigenetische Störungen wie Krebs, Epilepsie, Krankheiten des Immunsystems und der Leber, der Nieren und des Herzens steigt. Was ist dann mit Züchtungen mit den »Besten der Besten«, das heißt mit den besten 25 Prozent der Champions von Hundeshows? Dr. Beuchat erklärt, dass gerade die ausschließliche Zucht mit einer reinrassigen Hundeelite die Chancen auf gesunde Rassen um sage und schreibe 75 Prozent verringert. Wir zerstören buchstäblich unser Potenzial, jene genetischen Rohdiamanten aufzutreiben, die einer Rasse neues Leben einhauchen können. Auf lange Sicht sind Menschen, die reinrassige Welpen kaufen, weniger daran interessiert, wie berühmt der Vater war. Wenn sich nämlich die Tierarztrechnungen stapeln, rückt die Frage nach der (fehlenden) Gesundheit des Vaters immer mehr in den Vordergrund. Dr. Beuchat schließt daraus: »Wenn hier kein vernünftiger Eingriff erfolgt, wird die Gesundheit sämtlicher Rassen über Generationen hinweg immer weiter abnehmen.«

Mit »Eingriff« meint sie das Ersetzen verlorener Gene durch »Auskreuzen« in gesunde Bestände (die Kreuzung mit bestimmten Rassen, um gewisse genetische Probleme zu vermeiden) oder die Einführung neuen genetischen Materials durch Kreuzungsprogramme, die den Genpool der reinrassigen Hunde auffrischen können. Viele Züchterpuristen wenden sich gegen die Methoden. Doch jeder Genetiker, mit dem wir sprachen, unterstrich diesen Punkt: Um die Gesundheit aller Hunde (ob Rassehund oder nicht) auf Dauer zu verbessern, ist genetisches Management erforderlich. Nicht vergessen: **Genetische Störungen entstehen aus dem Verlust von Genen, die der Körper braucht, um richtig zu arbeiten.** Sie können alles richtig machen, aber wenn Ihr Hund nicht die DNS für ein gesundes Herz hat, wird er eine Herzkrankheit bekommen. Sobald eine Mutation bei einem der Tumor-Suppressorgene auftaucht, entsteht Krebs. Schalten Sie das Gen für eine gesunde Netzhaut aus, und Sie bekommen eine Dysplasie der Retina. Wenn bestimmte Gene für das Immunsystem fehlen, funktioniert es nicht richtig. Wenn Tiere bestimmte genetische Varianten (SNPs) tragen, dann können wir deren Wirkung durch epigenetische Faktoren beeinflussen. Wenn aber Genmaterial verloren geht, dann lässt es sich nicht ersetzen, wenn wir nicht den Genpool erweitern (also neue DNS einführen). Und das bedeutet: Auskreuzen.

DNS-Tests allein führen nicht zu gesünderen Hunden, wenn es keine weltweite Strategie gibt, um die Folgen der selektiven Züchtung in einem geschlossenen Genpool bewusst zu verringern. Das lässt sich nur durch wohldurchdachtes genetisches Management bewirken, wie es die International Partnership for Dogs plant. Die DNS-Tests mögen vielleicht das Problem der reinrassigen Tiere nicht lösen, für Sie aber, als Sprachrohr Ihres Hundes, sind sie enorm wichtig. Mit Gentests stellen Sie mögliche genetische Belastungen fest, die auf das Wohlbefinden von Fido langfristig Einfluss haben. Denn unser Lebensstil beeinflusst unsere Gene. Und das ist eine Supersache, denn: **Wir können die Expression unserer Gene beeinflussen, und das wirkt sich direkt auf Gesundheit und Lebenserwartung aus.** Das gilt auch für unsere vierbeinigen Begleiter, mit einer bereits mehrfach erwähnten Ausnahme: Wir sind es, die für sie kluge Entscheidungen treffen müssen.

Bedauerlicherweise sind viele DNS-Schäden durch Züchtung bereits Fakt. Angststörungen beispielsweise treten bevorzugt bei bestimmten Rassen auf. Eine norwegische Studie aus dem Jahr 2020 untersuchte den Zusammenhang zwischen Rasse und Verhalten. Die Forscher stellten unter anderem fest, dass der Lagotto Romagnolo (ein großer, wuscheliger Apportierhund aus Italien), der Wheaten Terrier und Mischlingshunde im Allgemeinen besonders empfindlich gegen Lärm sind. Fast ein Zehntel der Mini-Schnauzer ist aggressiv und ängstlich gegenüber Fremden, beim

Labrador Retriever hingegen kommen diese Verhaltensweisen nur selten vor. Eine finnische Studie aus dem Jahr 2019 stellte fest, dass die Gene, die für ein positives Sozialverhalten verantwortlich sind, sich auf demselben DNS-Abschnitt befinden wie die Gene für Lärmempfindlichkeit. Das legt nahe, dass eine Zuchtwahl auf sozialverträgliche Hunde vom Züchter unbeabsichtigt auch deren Lärmempfindlichkeit steigert. Und solche »Unfälle« kommen öfter vor, als man denken möchte. Da die DNS-Forschung immer bessere Resultate bringt, können wir negative Zuchtwirkungen in Zukunft hoffentlich vermeiden und ein besseres genetisches Management betreiben, das uns keine neuen Probleme einträgt. Es ist einfach nicht fair, einzelne Rassen auf bestimmte Krankheiten und Probleme quasi zu programmieren, wenn wir diese durch gutes Gen-Management vermeiden können. Manche Rassen löschen wir durch eng begrenzte Zuchtwahl förmlich aus. Englische Bulldoggen beispielsweise sind genetisch vermutlich am Ende. Die Rasse ist für ihre kurzen Schnauzen und ihre kleinen, faltigen Körper bekannt. Mittlerweile sind die einzelnen Exemplare einander genetisch so ähnlich, dass manche Experten meinen, es sei unmöglich, sie noch in einer gesunden Form zu züchten.

Es gibt nur zwei verantwortungsbewusste Optionen, sich einen Hund zuzulegen

Alternative 1: Wenn Sie einen Züchter unterstützen wollen, entscheiden Sie sich bitte für einen, der sich aktiv bemüht, den Genpool der Rasse zu verbessern. Stellen Sie ihm die Fragen, die wir im Anhang für Sie zusammengestellt haben. Auch im Internet finden Sie Tipps, wie Sie herausfinden, ob ein Züchter etwas taugt.

Alternative 2: Adoptieren Sie einen Hund aus einem Tierheim oder über eine verantwortungsvolle Organisation. Viele Tierheime arbeiten mit Tierschutzorganisationen in anderen Ländern zusammen und vermitteln auch junge Hunde. (Aber Vorsicht: Viele Welpenfabriken tarnen sich als Tierschutzorganisation, vorzugsweise aus Osteuropa. Fragen Sie im Zweifelsfall bei Ihrem örtlichen Tierschutzverein nach.) Wenn Sie einen solchen Hund bei sich aufnehmen, wissen Sie natürlich nichts über seine DNS. (Wenn Sie sind wie wir, interessiert Sie das auch gar nicht. Sie wollen dem Tier einfach ein gutes Zuhause bieten oder gar sein Leben retten.) Viele Menschen wollen schon deswegen keine Rassehunde, weil das örtliche Tierheim überfüllt ist mit heimatlosen Hunden. Manche Tierschutzorganisationen machen auch DNS-Tests. Das kann für die Vermittlung durchaus Sinn haben. Stellen Sie zum Beispiel fest, dass der Hund Gene von Hütehunden hat, heißt dies, dass er viel Auslauf braucht. Für seinen neuen Besitzer ist dies gut zu wissen. Denn ein Tier aus dem Tierheim zu holen ist nichts für Feiglinge: Vielen frischgebackenen Hundebesitzern brach das Herz ob der Probleme mit dem neuen Haushaltsmitglied. So werden in manchen Tierheimen Hunde schon mit acht Wochen sterilisiert oder kastriert.[30] Doch diese entscheidenden Hormone vor der Pubertät zu neutralisieren führt zu einer ganzen Reihe von gesundheitlichen und trainingstechnischen Problemen, vom lebenslangen Ungleichgewicht des Hormonspiegels und den Schwierigkeiten mit dem Immunsystem mal ganz abgesehen. Ob Sie nun einen Hund adoptieren oder von einem Züchter kaufen wollen, ist eine sehr persönliche Entscheidung. Wichtig ist, dass Sie beides verantwortungsbewusst tun. Gründliche Recherche ist die Grundvoraussetzung für die lebenslange Verantwortung, die wir für unseren neuen pelzigen Hausgenossen tragen.

Im Rahmen dieses Buches können wir nicht jeden Genfehler aufführen, der durch Züchtung entstanden ist. Die empfohlenen Tests finden Sie, nach Rasse aufgeschlüsselt, beispielsweise auf den (englischsprachigen) Webseiten www.caninehealthinfo.org oder www.dogwellnet.com. Das Beste, was Sie für Ihren Hund tun können, ist, seine Gene analysieren zu lassen und möglichen Belastungen mit epigenetischen Maßnahmen zu begegnen. Der technologische Fortschritt (das heißt DNS-Tests) ermöglicht uns, auf die Genexpression unserer Hunde Einfluss zu nehmen, indem wir ihr Umfeld und ihr Leben verbessern. Wenn Sie wissen wollen, wie das Genom Ihres Hundes aussieht, machen Sie einen Test, und entwerfen Sie mithilfe der Informationen aus diesem Buch einen Wellness-Plan, der sein einzigartiges Genom sein Leben lang stützt. Wollen Sie lieber nicht wissen, welche Probleme auf Ihren Hund zukommen könnten, dann finden Sie hier wissenschaftlich erprobte Vorschläge, wie Sie seine gesunde Lebenserwartung trotzdem verlängern können.

Also noch einmal in Kürze: Wir können die DNS unserer Hunde nicht ändern (oder fehlende Gene nachliefern), doch wir können bestimmen, wie seine DNS exprimiert wird, wenn wir über seinen Lebensstil epigenetisch Einfluss nehmen. (Auf Seite 147 finden Sie epigenetische Trigger, die Sie durchweg unter Kontrolle haben.) Wann immer wir Experten interviewten, kamen regelmäßig die wissenschaftlichen Erkenntnisse zur emotionalen Gesundheit unserer Tiere zur Sprache: Wir (Menschen) haben die Auswirkungen des Soziallebens auf unsere Hunde (und ihr körperliches Wohlbefinden) massiv unterschätzt. Hunde sind soziale Tiere und brauchen ein Umfeld, in dem sie soziale Kompetenz erlernen, ihrer Persönlichkeit Ausdruck verleihen und einfach Spaß haben können.

Wie Sie chronischen Stress verringern

Wie viele Freunde hat Ihr Hund? Es ist wohl nicht überraschend, dass einer der drei Grundpfeiler der über Hundertjährigen in den Blauen Zonen gute Sozialbindungen sind. Was für uns heißt, dass wir unseren Tieren ein funktionierendes soziales Netz geben müssen. Unterschätzen Sie niemals die Macht des Knuddelns und Schmusens (wenn Ihr Hund Körperkontakt mag). Ihre Freundschaft ist Ihrem Hund wichtig. Möglicherweise sind Sie sein einziger Sozialkontakt.

Daher sollten wir als Erstes überlegen, welches Vorbild wir unseren Hunde geben: Verringern Sie Ihren eigenen Stress, und seien Sie so achtsam, spielerisch und einfühlsam wie nur möglich. Eine tiefinnere Bindung zu Ihrem Hund zu entwickeln ist eine Lebensaufgabe. Ein Tipp: Sobald Sie wissen, welche frischen Leckerlis Ihr Hund bevorzugt, sollten Sie sie für kurze Trainingssitzungen tagsüber oder vor und nach der Arbeit nutzen.

Selbst wenn Sie einen älteren, gut trainierten Hund haben, ist es wichtig, jeden Tag ein bisschen an Ihrer Kommunikation mit ihm zu arbeiten. Hunde brauchen Aufgaben oder sonst etwas Interessantes, das sie mental fordert. Wenn Sie die paar Minuten für das tägliche Training beziehungsweise das Einüben von Tricks nicht erübrigen können, stellen Sie ihm »Denksportaufgaben«, oder besorgen Sie ihm ein entsprechendes Spielzeug, das möglichst noch mit Leckereien gefüllt ist. Und mindestens einmal täglich sollten Sie mit ihm spielen. In ihrem Buch *Der Trick mit dem Glück* schreibt Emma Seppälä, Psychologin an der Universität Stanford, dass der Mensch das *einzige* erwachsene Säugetier ist, das sich keine Zeit zum Spielen nimmt. Dabei wären unsere Hunde *begeistert*, wenn wir mehr mit ihnen spielten … Sie warten ja förmlich darauf, dass es losgeht. Mehr spielen … das ist auch für uns gut.

Ein Tipp: Stellen Sie Ihr Handy auf Flugmodus, wenn Sie ein paar Minuten Freizeit mit Ihrem Hund verbringen wollen. So stellen Sie nicht nur eine innigere Bindung zu Ihrem Hund her, Sie üben sich auch noch in Achtsamkeit.

Wir wissen, dass die Erfahrungen, die ein Hund in seiner Jugend macht, ihn für sein Leben prägen. Studien zeigen, dass das Maß an angemessener Sozialisierung in der Welpenzeit (zwischen vier Wochen und vier Monaten) sich direkt auf die Ängste des Tieres (vor anderen Hunden und fremden Menschen) im späteren Leben auswirkt.

Das Temperament eines Hundes beruht sowohl auf seiner Genetik *als auch* auf seinen Erfahrungen (oder deren Fehlen) während der ersten 63 Lebenstage. Aus diesem Grund hat die erfahrene Hundetrainerin und -züchterin Suzanne Clothier ihr *Enriched Puppy Protocol* (»Erfahrungsprogramm für Welpen«) entwickelt. Es wurde bei über 15 000 Hunden eingesetzt, die anschließend häufig als Dienst- oder Begleithunde eingesetzt wurden. Dr. Lisa Radosta, Spezialistin für Tierverhalten, fügt hinzu, dass auch die Erfahrungen und das Stresslevel der trächtigen Hündin Einfluss darauf haben, wie viel Angst, Nervosität, Aggression und Phobien die Welpen später an den Tag legen. Sie sagt: »Diese Erfahrungen mit der unmittelbaren Umwelt beeinflussen die Entwicklung des Gehirns und des Temperaments und damit das spätere Verhalten des Tieres.« Noch ein entscheidender Faktor bei der Auswahl des Züchters mehr.

Dr. Gayle Watkins von avidog.com weist darauf hin, dass Hündinnen in Welpenfabriken aufgrund von Umwelteinflüssen, Ernährung und den Erfahrungen, die sie dort machen, ständigem Stress ausgesetzt sind, weil sie ja Dutzende Welpen liefern müssen – die wiederum durch den Stress und die traumatischen Erfahrungen der Mutter epigenetisch negativ geprägt sind. Das ist der Nährboden für zahlreiche Verhaltensprobleme.

Studien zur Entwicklung von Welpen zeigen, dass es hier drei entscheidende Phasen gibt: Die erste erlebt das Tier noch beim Züchter oder im Tierheim im Alter von vier Wochen. Bereits da sollten Welpen sozialisiert werden. Die in dieser so wichtigen Zeit gemachten sinnlichen Erfahrungen sind von *unschätzbarem* Wert und lassen den Welpen zu einem anpassungsfähigen, gelassenen Hund werden.

Wenn der Welpe dann mit ungefähr neun Wochen bei Ihnen einzieht, spielen sich die nächsten beiden wichtigen Zeitfenster schon in Ihrem Haushalt ab. Die folgenden Monate sind entscheidend, weil sie die Grundlage für das Verhalten und die Persönlichkeit des erwachsenen Hundes bilden. Nun lernt er, mit Veränderungen fertigzuwerden. Eine angemessene Sozialisierung lehrt Ihren Welpen alles, was er für sein Leben braucht. Gut sozialisierte Welpen sind anpassungsfähig und haben eine geringere Ausschüttung von Cortisol. Sie leiden weniger unter Ängsten und sind weniger aggressiv. Hunde, die als Welpen richtig sozialisiert wurden, können auch später mehr Stress (beziehungsweise Cortisol) vertragen.

Angst vor neuen Situationen nimmt man dem Welpen, wenn er schon mit vier Wochen sozialisiert wird. Welpen, die im Alter von vier Wochen bis vier Monaten achtsam und sicher an neue Erfahrungen herangeführt werden, lernen, dass es keinen Grund für Panik gibt, wenn sich bestimmte Ereignisse wiederholen (Staubsauger, Schüsse oder andere laute Geräusche, Feuerwerk, Stürme, Rollstühle, Kinder, Türglocken, um nur ein paar zu nennen). Diese frühen Erfahrungen befähigen die Hunde zu einem souveränen und abenteuerlustigen Auftreten, oder sie verdammen sie zu einem Leben voller Angst vor neuen Erfahrungen in einer schreckenerregenden Welt. Dr. Watkins unterstreicht, dass der wichtigste Aspekt beim Welpentraining der ist, ihn nicht in die furchterregende Welt hineinzuzwingen. Es geht vielmehr darum, ihm (im Laufe dieser kurzen Zeitspanne) Vertrauen zu vermitteln, sodass er sich die ganze Fülle des Lebens zutraut.

Programme für die Welpenschule zu Hause beziehungsweise Welpenspielgruppen gibt es mittlerweile überall. So können die Hunde lernen, der Welt auf dem richtigen Fuß zu begegnen. Sie sind nicht nur empfehlenswert, sondern unentbehrlich, wenn Sie einen gelassenen Hund haben wollen. Kurz gesagt: **(Gute und schlechte) Erfahrungen, die Ihr Hund vor dem Alter von vier Monaten macht, beeinflussen sein Verhalten und seine Persönlichkeit sein Leben lang.** Das wirkt sich auf die Produktion von Stresshormonen aus, die wiederum die Lebenserwartung beeinflussen. Also sorgen Sie dafür, dass der Welpe, den Sie nach Hause holen, ein gutes, ansprechendes und emotional sicheres Sozialisierungsprogramm bekommt.

Dr. Watkins meint darüber hinaus, dass ein beziehungsorientiertes, angstfreies Training *zumindest* für das erste Lebensjahr fortgesetzt werden sollte. Auch die Jugendjahre (sechs bis zwölf oder sechzehn Monate) sind eine Herausforderung. (Ihr Welpe ist jetzt ein »Teenager«.) Auch hier ist es wichtig, diese Situationen zu überstehen, ohne zu aversiven Strafen zu greifen. Dies ist der Grundstein für das langfristige seelische Wohlbefinden Ihres Gefährten. Oder wie Dr. Watkins meint: »Wir dürfen nicht vergessen, dass die Hunde in diesem Alter schon erwachsen aussehen, sich aber kognitiv immer noch im Entwicklungsstadium befinden.« Die während der Corona-Pandemie nicht sozialisierten Welpen sind nun wilde Teenager, die den Eltern eine ganze

Reihe von Problemen bereiten. Also machen Sie am besten jetzt schon einen Plan, wie Sie diese Situation in den Griff bekommen (am besten mithilfe von Profis, die auf freundliche, wissenschaftlich fundierte Trainingsmethoden setzen). »Wenn Sie einen tollen Welpen erziehen, haben Sie später einen tollen Hund.«

»Zeig mir, welche Art Hund ich für dich sein soll«

Wir können den Tier-Verhaltensforschern nur beipflichten: Ein lebenslanges, beziehungsorientiertes Training für Hunde ist keine Option, sondern Pflicht. Sie fangen damit auch nicht erst an, wenn Ihr Welpe, ob vom Züchter oder aus dem Tierheim, unerwünschte Verhaltensweisen zeigt. Mit der Welpenschule können Sie solchen Problemen einfach vorbeugen.

Es ist nie zu spät, Ihrem Hund neue Erfahrungen zu ermöglichen, solange Sie darauf achten, dass Sie ihm dadurch keine Ängste verursachen. »Sie müssen die Körpersprache Ihres Hundes erlernen. Das ist das Wichtigste, was Sie für ihn tun können«, meint Dr. Radosta. Die nonverbale Kommunikation Ihres Hundes zu erlernen ist aus den verschiedensten Gründen wichtig. Einer davon ist, dass Sie frühzeitig eingreifen können, wenn negative Erfahrungen beim Hund Stress auslösen. (Es gibt eine ganze Reihe guter Bücher über das Ausdrucksverhalten unserer Hunde.) Pupquest.org berichtet, dass bis zu 50 Prozent der Welpen schon im ersten Jahr wieder abgegeben werden. Nur einer von zehn Hunden bleibt sein ganzes Leben bei einer Familie. Tiere, die neu vermittelt werden müssen, können Zeichen einer posttraumatischen Belastungsstörung zeigen, aber auch andere Verhaltensstörungen, die sich allerdings mit professioneller Hilfe beheben lassen. Ist Ihr Welpe nicht gut sozialisiert worden, können Sie in jedem Alter ein Programm zur Schadensbegrenzung (Verhaltensmodifikation) einführen. So verhelfen Sie Ihrem Hund zu mehr Sicherheit und Glück. Je nachdem, wie reaktiv oder scheu Ihr Hund ist, brauchen Sie hier professionelle Unterstützung. Wir empfehlen Ihnen, vorher unbedingt zu recherchieren, welche Qualifikation der ins Auge gefasste Hundetrainer mitbringt. Aber je eher Sie diese Probleme angehen, umso schneller wird sich das Verhalten Ihres Hundes verbessern. Gehen Sie bei der Auswahl des Trainers sorgfältig vor. Mindestens so sorgfältig, als würden Sie den richtigen Kindergarten für Ihr Kind aussuchen.

Sie vermitteln Ihrem Hund also alle sozialen und emotionalen Fähigkeiten, die er braucht, um glücklich, funktional und beziehungsorientiert in Ihrem Haushalt zu leben. (Oder Sie finden Methoden, mit einem Hund umzugehen, der das noch nicht kann.) Darüber hinaus sollten Sie potenzielle Stressquellen erkennen, um seine Ängste zu verringern. Tierarztbesuche, Krallen kürzen, Ohren säubern oder das Baden sind Erfahrungen, die Ihren Hund ängstigen können. **Mit den Stressreaktionen Ihres Tieres richtig umzugehen ist ein wichtiger Punkt in Ihrem Instrumentarium und ein ewiges Geschenk für Ihren Hund.**

Die Stärke unserer Freundin Susan Garrett ist es, Weltklasse-Hunde zu trainieren. Sie war zehnmal Weltmeisterin im Agility-Training für Hunde, aber sie ist auch großartig darin, Alltagsprobleme zu lösen, wie wir sie alle kennen, wenn wir mit einer anderen Spezies kommunizieren wollen. Susan meint, dass wir alle Hundetrainer sind, wenn wir einen Hund besitzen. Gutes Hundetraining ruht immer auf zwei Säulen: auf dem Selbstvertrauen Ihres Tiers und seinem Vertrauen zu Ihnen. Beides bauen

Sie mühelos auf, wenn Sie sich klarmachen, dass Ihr Hund mit der Erziehung, die Sie ihm angedeihen ließen, immer sein Bestes tun wird. Hunde möchten uns nicht enttäuschen. Dummerweise werden sie häufig ausgeschimpft, wenn sie sich so verhalten, wie Hunde das nun mal tun. Das aber bringt das vertrauensvolle Band zum Reißen. Wie wir bereits sagten: Unsere Beziehung zum Hund beruht auf Vertrauen und einer guten Kommunikation in beiden Richtungen. Ob Sie nun einen Hund aus dem Tierheim zu sich holen oder einen jungen Welpen, es braucht tägliche Erziehung (Training), damit Ihr Hund Sie immer besser versteht.

Wenn Hunde Stress oder Angst erleben (Feuerwerk, Fremde an der Tür, ein piepender Rauchmelder, ein neues Geschirr, Autofahrten, Staubsauger und so weiter), reagieren sie reflexartig, ohne dass dem eine irgendwie geartete Entscheidung vorausgeht. Ihr ganzer Körper ist auf Selbstschutz ausgerichtet. Als ihre Hüter müssen wir im Hinterkopf behalten, **dass Stress und Angst jedes Lernen verhindern,** wie Susan ganz klar sagt. Es ist unmöglich für Mensch oder Tier, etwas zu »lernen«, wenn ein Angstimpuls ausgelöst wird. Dann werden Stresshormone freigesetzt, die eine Flucht-, Kampf- oder Totstellreaktion in Gang setzen. Durch diesen entwicklungsgeschichtlichen Mechanismus schützt der Hund sich vor Gefahr. Der Körper lenkt alle Ressourcen so, dass das Überleben sichergestellt wird. Bei Hunden besteht die Angstreaktion in Knurren, Schnappen, Bellen, Zusammenkauern, Springen und anderem Flucht- oder Panikverhalten.

Unter Stress wird Ihr Hund nicht so auf Ihre Worte reagieren, wie er es im Normalfall tut – außer wir haben ihn auf eine andere, gesündere Reaktion hin trainiert, sodass er mit stressigen Situationen besser zurechtkommt. Er hört uns nicht, wenn er im Panikmodus ist. Also bestrafen Sie Ihren Hund bitte nicht, wenn er Angst hat. Machen Sie es sich vielmehr zur Aufgabe (notfalls mithilfe von Profis), bei Ihrem Hund eine »konditionierte emotionale Reaktion« hervorzurufen, wenn er Anzeichen von Stress oder Angst zeigt. Wir können unseren Hund zwar nicht »trainieren«, wenn er gestresst ist, aber wir können ihn darauf konditionieren, die Stresssituation anders zu erleben. **Wir können unseren Hunden helfen, mit stressigen Situationen und ihrer Angst besser fertigzuwerden, wenn wir ihr Vertrauen in uns stärken, statt es zu untergraben.**

Durch entsprechende Bemühungen können wir die Bedeutung der Trigger verändern, sodass der Hund, wenn er damit in Berührung kommt, das von uns erwünschte Verhalten zeigt. Er sieht zu uns auf, weil er von uns Bestärkung und Belohnung erwartet, nicht, dass wir ihn einfach seiner Angst überlassen.

Auf fearfreepets.com finden sich Adressen von Tierärzten und Hundefriseuren, die es sich zur Aufgabe gemacht haben, Stress in der Praxis beziehungsweise im Salon zu vermeiden. Das Fear-Free-Konzept wird auch in Europa angeboten. Tierärzte, die danach arbeiten, finden Sie im Internet unter den Stichworten »angstfreies Tier« oder »fear free zertifiziert«. Letztlich geht es darum, Ihren Hund bestmöglich dabei zu unterstützen, seine emotionalen Probleme abzulegen, die immer wieder zur Ausschüttung von Stresshormonen führen, was seinem Körper nicht guttut. Unternehmen Sie alles, um Ihrem Hund zu emotionaler Ausgeglichenheit zu verhelfen … und natürlich auch sich selbst.

Natürlich können Sie Ihren Hund nicht vollständig gegen jede Art von Stress abschirmen. Die Welt ist ein irrer Ort voller unvorhersehbarer, verrückter Ereignisse. Aber täglich wiederkehrende Stressfaktoren unter Kontrolle zu bekommen, das ist machbar. Und wir sind es unseren Hunden schuldig, den zwar arbeitsreichen, aber lohnenden Weg der Desensibilisierung und Gegenkonditionierung einzuschlagen. (Darunter versteht man Techniken zur Verhaltensmodifikation, die der Hundetrainer einsetzen wird.) Dann wird das nächste Jahr auf jeden Fall weniger stressig als das jetzige. Wenn Sie hingegen nichts unternehmen (außer selbst auf solche Trigger zu reagieren), wird sich sein Verhalten vermutlich verschlechtern. Und mit ihm auch die Beziehung zu Ihrem Hund.

Unser Ziel ist es, in unserem Verhalten vertrauenswürdig, beständig und zuverlässig zu sein für alle, die mit uns leben. Das ist der entscheidende Punkt, wenn wir keine verrückten Hunde erziehen wollen. Ich (Dr. Becker) lernte schnell, dass es tabu war (und ich einen Biss riskierte), wenn ich Homers Pfoten anfasste. Auch Bäder waren eine Art Nahtoderfahrung für ihn (was hieß: Panikanfälle für einen älteren Herrn). Sechs Monate nach der Adoption (eine sehr kurze Zeit) kann ich mit Stolz berichten: Homer futtert frische Leckerlis, während er im Fußbad steht, ohne dass ich ihn irgendwie festhalten muss. Engagieren Sie sich für eine wissenschaftlich unterfütterte »Schadensbegrenzungstherapie«, um unerwünschtes Verhalten bei Ihrem Hund Schritt für Schritt abzustellen. Schon deswegen, weil alles andere weder für Sie noch für Ihren Hund gesund ist.

Dog Days – Tage, an denen der Hund das Kommando übernimmt

Wenn wir unseren Hund einmal bestimmen ließen, was er einen ganzen Tag lang tun will, wofür würde er sich wohl entscheiden? Wir sollten uns des Öfteren mal das Leben aus der Hundeperspektive ansehen. Welche Aktivitäten findet er aufregend? Was frisst er am liebsten? Woran will er schnuppern, und mit wem will er sich anfreunden? Wenn wir über die Vorlieben unserer Hunde Bescheid wissen, sind wir bessere Hüter. Außerdem stärkt das unsere Bindung und die Lebensqualität unserer Fellknäuel. Je öfter wir uns Zeit nehmen, Fidos Vorlieben zu erkunden, desto besser können wir seine sozialen, körperlichen und emotionalen Bedürfnisse erfüllen.

Nehmen Sie Ihren Hund nicht mit in den Hundepark, wenn Sie nicht wissen, wie er darauf reagiert. Sonst machen Sie ihm nur mehr Stress (und damit auch sich selbst). Suzanne Clothier betonte das ausdrücklich bei dem Interview, das wir mit ihr führten: **Hundeparks sind für schlecht sozialisierte oder scheue Hunde die Hölle.** Wenn Sie Ihrem ängstlichen oder reaktiven Hund eine positive Outdoor-Erfahrung vermitteln wollen, warten Sie ab, bis Sie seine Reaktionen verändert haben – in einem Tempo und mit Trainingstechniken, die seine Angst nicht noch weiter verstärken. (Die Wissenschaft spricht hier eine klare Sprache: Trainingstechniken, die auf Strafe beruhen, verstärken die Angst nur und damit den Stresshormonspiegel.) Viele Hundefreunde retten schlecht sozialisierte Hunde aus dem Tierheim in der falschen Annahme, dass eine liebevolle, stabile Umgebung alles ist, was er braucht, um seine mentalen und emotionalen Probleme abzubauen. »Das ist falsch«, sagt Dr. Radosta. Wenn Sie einen Hund adoptieren, der Verhaltensprobleme (wie Angst oder Aggression) zeigt, dann wird alle Liebe der Welt daran nichts ändern. Sie müssen sich auf der Stelle damit beschäftigen und, nach Möglichkeit, Profis um Rat und Hilfe bitten: »Stellen Sie ein Verhaltensmodifikationsteam zusammen, als würden Sie Ihre Hochzeit planen«, rät sie. Verhaltenstierärzte und Hundetrainer helfen Ihnen dabei.

Das Wichtigste, was wir für unsere Fellnasen tun können, ist, ihnen sichere Erfahrungen, Aktivitäten und Übungen zu vermitteln, die *sie* wirklich mögen, ganz nach Persönlichkeit und körperlichem Vermögen. Hunde haben Vorlieben, genau wie wir. Zu erkunden, was ihnen Freude macht, ist gut für unsere Seele. Wenn Sie nicht wissen, was Ihr Hund gern macht, dann bieten Sie ihm einfach Verschiedenes an. Selbst wenn er bestimmte Aktivitäten als Jungspund nicht mochte, weiß er sie in mittleren Jahren oder als Senior vielleicht zu schätzen. Also versuchen Sie es ruhig öfter!

Außerdem wirkt sich eine dauernde geistige Stimulation auch auf das Gehirn aus. Wir haben bereits auf Studien hingewiesen, die belegen, dass die Kombination einer antientzündlichen Ernährung mit sozialen Erfahrungen und genug Bewegung bewirkt, dass der Körper einen sehr wichtigen Wachstumsfaktor – BDNF – herstellt. So nährt das Gehirn seine Zellen und sorgt dafür, dass neue entstehen – was in jedem Alter gut ist!

Verhaltenstierarzt Dr. Ian Dunbar ist der Ansicht, das Beste, was wir für unsere Hunde tun können, ist, **ihnen ein reiches Sozialleben zu ermöglichen.** Finden Sie heraus, welche Hunde Ihr Fido mag, und vereinbaren Sie dann Treffen zum Spielen. Hunde brauchen ohnehin ständig Gelegenheit, Hund zu sein: in voller Geschwindigkeit hochzuspringen, in der Erde herumzuwühlen, sich auf dem Boden zu wälzen, sich gegenseitig den Hintern zu beschnuppern, zu spielen, zu schubsen, zu knurren, zu bellen und sich gegenseitig zu jagen. *Sie* müssen diese Gelegenheiten schaffen. Denn als Hundehüter sind wir auch Langeweile-Verhinderer. Viele innig geliebte Hunde führen ein schrecklich ödes Dasein, und zwar nicht aus eigenem Antrieb. Sie haben nur einfach nicht die Kontrolle über ihr Leben.

Julie Moriss erzählte uns, dass sie regelmäßig Spieldates für Tigger, ihren 22 Jahre alten Pitbull, vereinbart habe, vor allem im

Alter. Tigger konnte sich also immer mit Hundefreunden treffen. So banal sich das anhört: Dr. Kubinyis Forschungsarbeiten bestätigen, dass dies für Hunde ebenso wichtig ist wie für die Blaue-Zonen-Bewohner der Menschenwelt. Wir sind beide soziale Arten und brauchen unser Leben lang Möglichkeiten für ein positives, soziales Engagement.

Wenn Ihr Hund die sozialen Fähigkeiten nicht hat, um in Gruppen mit anderen Hunden zu spielen, finden Sie etwas, das er wirklich gern macht, was Kopf und Körper gleichermaßen anspricht. Und tun Sie das dann regelmäßig: Nasenarbeit (Fährtenarbeit) ist unsere Empfehlung für aggressive, reaktive und scheue Hunde, aber auch für solche mit posttraumatischer Belastungsstörung. (Für Arbeitshunde können Sie daraus eine Aufgabe machen.) Dr. Radosta meint, es sei unsere Aufgabe als Hundehüter, ihnen die *fünf Freiheiten* zu ermöglichen:

- **Freiheit** von Stress (Angst/Nervosität).
- **Freiheit** von Schmerz oder Verletzungen.
- **Freiheit** von Umweltbelastungen und Unbehagen.
- **Freiheit** von Hunger und Durst.
- **Freiheit,** Verhaltensweisen zu zeigen, die dem Wohlbefinden dienlich sind, und sich arttypisch zu verhalten.

Professor David Mellor, Spezialist für tierisches Wohlbefinden an der tiermedizinischen Fakultät der Massey University in Neuseeland, geht noch einen Schritt weiter. Er hat Richtlinien für fünf Bereiche entwickelt. Sein Modell zielt darauf ab, mehr positive Erfahrungen zu ermöglichen und nicht nur negative zu verringern. Das hat in seinen Augen große Auswirkung auf die gesunde Lebensdauer unserer Hunde:

- **Gute Ernährung:** Eine Diät, die den Hund gesund, fit und stark und die Nahrungsaufnahme zu einer positiven Erfahrung macht.
- **Gutes Umfeld:** Sorgen Sie dafür, dass Ihr Hund mit so wenig schädlichen Umweltchemikalien wie möglich in Kontakt kommt.
- **Gute Gesundheit:** Beugen Sie Krankheiten und Verletzungen vor, oder sorgen Sie dafür, dass sie so schnell wie möglich erkannt und behandelt werden. Achten Sie auf einen guten Muskeltonus und intakte Körperfunktionen.
- **Angemessenes Verhalten:** Sorgen Sie für Gesellschaft, die Ihr Hund mag, und verschaffen Sie ihm Abwechslung. Achten Sie darauf, dass er keine Bedrohung erfährt und sein Verhalten nicht unangebracht eingeschränkt wird. Bemühen Sie sich um aktive Bewegung und lohnende Aufgaben.
- **Positive geistige Erfahrungen:** Geben Sie ihm Gelegenheit, artgemäße positive Erfahrungen zu machen. Der Hund braucht unterschiedliche Formen des Wohlbefindens, Vergnügens und Interesses. Er braucht Selbstvertrauen und das Gefühl, sein Leben beeinflussen zu können.

Gute Ernährung, ein stress- und schadstofffreies Umfeld, ein gesunder Körper, interessante Aktivitäten und positive mentale Erfahrungen – jeder Forscher, der schon mal mit Blauen Zonen zu tun hatte, weiß, dass dies die Grundlagen für ein langes Leben sind.

Last but not least: Beobachten Sie Ihren Hund, und hören Sie ihm zu. Achten Sie auf alles – Körper, Körpersprache und Verhalten. Lernen Sie Ihren Hund kennen, so gut, wie Sie Ihre Kinder oder den Menschen kennen, dem Sie auf der Erde am nächsten stehen. Lernen Sie zu spüren, wann Ihr Hund sich unwohl fühlt und was ihm gefällt: wann er am liebsten spielt, wo und wie er gern berührt werden mag, was er gern tut und welches Futter er *wirklich* schätzt. Wenn Sie Ihren Hund zu Ihrem besten Freund machen oder ihn zumindest als wichtiges Familienmitglied betrachten, werden Sie ein besserer Hundehüter (und können die Lebensqualität Ihres Hundes ebenso verbessern wie Ihre Beziehung zu ihm).

Sie werden mehr sehen, werden anders auf ihn eingehen, werden sensibler und besser verbunden. Und Sie werden sich bessere Fragen stellen: Warum hat sie sich jetzt zwei Abende nacheinander die rechte Pfote geleckt? Sie werden nicht mehr fragen: »Warum kotzt mein Hund, wenn er den Teppich ableckt?«, sondern: »Warum leckt er nur dauernd den Teppich ab?« Sie werden immer leichter die wahren Wurzeln seines Verhaltens erkennen. Sie werden das Verhalten Ihres Hundes als täglichen Wegweiser betrachten, der Ihnen sagt, was Sie als sein Hüter tun müssen. Wir versuchen, das Verhalten unserer Hunde zu verstehen, statt nur darauf zu reagieren. So können wir wirklich für die Tiere, die sich auf uns verlassen, das Beste tun. Wir dürfen sie nicht enttäuschen. Damit das gelingt, müssen wir unsere Hunde gut kennen. Und damit sie auch in unseren vier Wänden gesund bleiben, müssen wir das unmittelbare Umfeld unserer Tiere in Augenschein nehmen.

Wie Sie Schadstoffe in der Umwelt erkennen und reduzieren

Kapitel 6 hat Sie vielleicht animiert, hinaus ins Grüne zu gehen und zu erkennen, wie schädlich unser modernes Leben ist und all das, was uns täglich umgibt. Von dem Moment an, in dem wir morgens aus dem Bett steigen (das seinerseits schon giftige Gase verströmen kann), haben wir Kontakt zu Umweltschadstoffen. Manche sind harmlos, manche unvermeidlich wie Zecken- und Flohhalsbänder oder Mittel gegen Herzwurmbefall. Manche Medikamente des Tierarztes sind unverzichtbar, um Krankheiten vorzubeugen. Trotzdem muss der Körper Ihres Hundes sie verarbeiten. Ich (Dr. Becker) sehe immer wieder, wie die Leberenzyme von Hunden im Sommer ansteigen und im Winter dann auf Normalmaß zurückgehen, wenn die Tiere den allgegenwärtigen Pestiziden nicht mehr so stark ausgesetzt sind. Die vom Tierarzt verschriebenen Stoffe verstärken die chemische Belastung noch, die wir »Körperlast« nennen. Damit aber steigt auch das Risiko für bestimmte Krankheiten. Wie haben Sie beim Fragebogen auf Seite 266 ff. abgeschnitten?

Keine Angst, falls Sie sich jetzt »vergiftet« fühlen! Wenn wir Sie auf diese Dinge hinweisen, dann nur, um Sie in die Lage zu versetzen, sich und Ihren Hund davor zu schützen. Unser Ziel ist, jene Chemikalien zu vermeiden, die wichtige Körperfunktionen durcheinanderbringen und beispielsweise DNS, Zellmembranen und Proteine angreifen. Nachfolgend eine Checkliste mit zwölf Punkten, die Ihnen hilft, Ihre Umwelt schadstofffrei zu machen. Uns ist klar, dass wir einiges davon schon in früheren Kapiteln erwähnt haben. Trotzdem wird es hilfreich sein, alles noch mal in einer Liste zu versammeln. Also:

1. **Mit der Nahrung fängt alles an:** Reduzieren Sie Nahrung, die den Stoffwechsel belastet und Cortisol- oder Insulinspiegel in die Höhe treibt. (Schluss mit der Stärke!) Wenn Sie das bereits erledigt haben, sind Sie auf dem richtigen Weg. Frischkost sorgt auch dafür, dass Ihr Hund weniger Mykotoxine sowie Chemierückstände in der Nahrung abbekommt. Von den Nebenprodukten der Behandlung bei hohen Temperaturen (AGEs und ALEs) ganz abgesehen.
2. **Schluss mit Plastik-Wasserschüsseln:** Diese stecken voller Phthalate, die das Hormonsystem stören. Verwenden Sie stattdessen Schüsseln aus rostfreiem Stahl, aus Porzellan oder Glas. Achten Sie darauf, dass die Metallschüsseln aus Edelstahl sind, der keine Stoffe an die Umgebung abgibt. (Erinnern Sie sich noch an die Rückrufaktion für PetCo-Stahlschüsseln vor einigen Jahren?) Auch die Glasur von Porzellan- und Keramikschüsseln kann Blei und andere Schwermetalle enthalten. Kaufen Sie bitte nur solche Schüsseln, die für den Kontakt mit Lebensmitteln zugelassen sind. Wir schätzen Pyrex- oder Duralexglas am meisten, weil sie haltbar und ungiftig sind – anders als manche Glasprodukte, die ebenfalls mit Blei oder Cadmium belastet sind. Tiereltern neigen außerdem dazu, zu große Schüsseln zu besorgen, was letztlich dazu führt, dass sie zu viel Futter geben, weil es sonst so sparsam aussieht. Wenn Sie eine zu große Futterschüssel haben, verwenden Sie sie besser fürs Wasser. In vielen Haushalten mit Tier ist die Futterschüssel riesig, die Wasserschüssel klein. Dabei ist Wasser einer der wichtigsten Nährstoffe in der Hundeernährung.
3. **Filtern Sie das Wasser für den Hund:** Ganz egal, ob Sie den Geschmack des Wassers mögen, das aus Ihrer Leitung

kommt, oder ob Ihre Stadtwerke voller Begeisterung von der Qualität dieser Ressource schwärmen: Besorgen Sie einen Wasserfilter zumindest für das Wasser, das Sie zum Trinken und Kochen verwenden. Die Chemie, die auf unseren Äckern und in unseren Industrieprodukten landet, schafft es irgendwann auch ins Trinkwasser. Ein Wasserfilter beseitigt eine ganze Reihe von Schadstoffen, die Ihr Hund aus dem Leitungswasser oder dem Brunnen aufnimmt. Mittlerweile stehen hierfür mehrere Techniken zur Verfügung: einfache Filterkrüge, die Sie per Hand füllen, Filtersysteme mit Wassertanks, die direkt mit Ihrem Wasserhahn verbunden sind, und Carbonfilter, die das Wasser für das ganze Haus filtern. Letzteres ist die beste Lösung, vor allem wenn Sie einen Servicevertrag abschließen, sodass der regelmäßige Austausch der Filter gewährleistet ist. Auf diese Weise sind Sie nicht nur in der Küche sicher, sondern auch im Badezimmer. Entscheiden Sie sich für eine Filtertechnik, die zu Ihren Lebensumständen und Ihrem Geldbeutel passt: Carbonfilter für das ganze Haus, individuelle Carbonfilter an Wasserhähnen und für den Kühlschrank, Umkehrosmosefilter in der Küche. Stellen Sie Ihre eigenen Recherchen an, denn jeder Filtertyp hat seine Vor- und Nachteile. Es gibt keinen Filter, der alle Probleme lösen können.

4. **Schluss mit Plastik:** Verwenden Sie so wenig Kunststoff wie möglich in Ihrem Leben. Es ist fast unmöglich, Plastik generell zu vermeiden, aber Sie können es beschränken und damit Ihre Phthalat- und Bisphenol-A-Belastung reduzieren. Setzen Sie Ihren gesunden Menschenverstand ein, wenn es um die Aufbewahrung von Hundefutter oder Getränken geht. Benutzen Sie, wenn möglich, Behälter aus hochwertigem Glas,

Porzellan oder Edelstahl. Bewahren Sie keine Lebensmittel in Plastikbeuteln auf. Außerdem darf Kunststoff nie und unter keinen Umständen in die Mikrowelle, in den Backofen oder auf den Herd. Wenn Sie Spielzeug für Ihren Hund kaufen, lassen Sie die Plastikdinger liegen. Suchen Sie nach »BPA-freien« Alternativen aus Naturgummi, Baumwolle oder anderen Naturfasern.

5. **Putzen Sie sich die Schuhe ab, wenn Sie Ihr Haus betreten, und Ihrem Hund die Pfoten:** In vielen Ländern ist es üblich, die Schuhe abzustreifen, bevor man das Haus betritt. Das bezeigt Achtung für das Heim und seine Bewohner. In einigen westlichen Ländern aber (die USA inbegriffen) ist es unüblich, die Schuhe an der Tür (oder davor) zurückzulassen. Dabei ist das eine der simpelsten Methoden, um sich vor Umweltschadstoffen zu schützen, zum Beispiel vor Krankheitserregern, Viren, Fäkalien und Giftstoffen. Unsere Schuhe tragen Staub von kontaminierten Baustellen herum, Chemikalien von der Rasenfläche im Park oder den Gehsteigrandstreifen, die so häufig gespritzt werden. Hunde sind dem Boden näher als wir, für sie ist das noch wichtiger. Putzen Sie Ihrem Hund mit einem feuchten Tuch die Pfoten ab. (Verwenden Sie einfache Schmierseife, wenn nötig.) Für alle, die in kalten Klimazonen leben, wo man die Gehsteige mit Salz vom Schnee befreit, ist dies besonders wichtig. Das Streusalz macht Hunde krank, ja es kann sie sogar töten. Wenn Sie selbst Streusalz verwenden, suchen Sie nach Sorten, die »tier«- beziehungsweise »hundefreundlich« sind, oder verwenden Sie Sand.
6. **Halten Sie die Luft sauber:** Sorgen Sie dafür, dass in Ihrem Haushalt keine flüchtigen organischen Verbindungen (VOC)

und andere Chemikalien an die Luft abgegeben werden. Besorgen Sie sich einen guten Staubsauger mit HEPA-Filter, falls Sie noch keinen haben. HEPA steht für »High Effective Particle Absorption«, was heißt, dass selbst kleinste Partikel Luftschadstoffe herausgefiltert werden. Um als HEPA-Filter durchzugehen, muss das Produkt 99,97 Prozent Schwebstoffe mit einem Durchmesser größer als 0,3 Mikrometer aus der Luft entfernen. Nur so als Beispiel: Ein menschliches Haar hat einen Durchmesser von 17 bis 181 Mikrometer. Ein HEPA-Filter fängt Teilchen ein, die mehrere Hundert Mal kleiner sind, darunter Staub, Bakterien und Schimmelsporen. VOCs sind häufig an Staub gebunden, ein HEPA-Filter hilft also auch, die Luft von Flammschutzmitteln, Phthalaten und anderen flüchtigen organischen Verbindungen zu reinigen. Achten Sie vor allem auf sogenannte Raumluftverbesserer, ob sie nun als Kerze, als Duftstäbchen oder als Diffusoren daherkommen. Auch Teppichreiniger gehören zu den üblichen Verdächtigen. Wir möchten Ihnen empfehlen, alle Raumduftprodukte aus Ihrem Haushalt zu verbannen, weil sie häufig voller Chemie stecken. **Im Zweifelsfall raus damit!** Haben Sie Teppiche oder Teppichböden, dann saugen Sie so oft wie möglich (mindestens einmal die Woche). Sie können auch in den Räumen, die Sie am häufigsten nutzen (Wohnzimmer, Arbeitszimmer, Schlafzimmer und so weiter), HEPA-Filter einbauen lassen. Wo es geht, sollten Sie Abluftfilter verwenden: in der Küche (während des Kochens), im Badezimmer (beim Baden, Duschen oder Versprühen von Hygieneartikeln) und im Waschraum (während des Waschens). Reinigen Sie Fensterbretter regelmäßig mit einem feuchten Tuch, die Jalousien saugen Sie am besten ab. Kunststoffböden sollten

Sie feucht wischen, Holzböden saugen oder mit dem Mopp bearbeiten, und zwar mindestens einmal die Woche. Schädliche Stoffe, die Sie brauchen, wie Leim, Farben, Lösungs- oder Reinigungsmittel, sollten Sie gesondert aufbewahren (in der Abstellkammer oder der Garage).

7. **Überdenken Sie Ihre Rasenpflege:** Alles, was Sie auf Ihrem Rasen versprühen (Pestizide, Herbizide, Düngemittel et cetera), ist für Hunde weit gefährlicher als für Menschen. Sie tragen schließlich weder Handschuhe noch Schuhe. Und sie duschen auch nicht regelmäßig, um die Chemikalien wieder loszuwerden. Immerhin gibt es mittlerweile genügend Mittel zur Rasenpflege, die Tieren nicht schaden. Fort mit Roundup und anderen synthetischen Pestiziden. Es gibt mittlerweile biologische Alternativen für die Unkrautbekämpfung (siehe www.avengerorganics oder www.neudorff.de). Selbst wenn Sie professionelle Rasenpflege in Anspruch nehmen, können Sie vom Anbieter heute eine biologische Lösung verlangen. Nur so bleiben Sie, Ihre Kinder und Ihre Haustiere frei von schädlichen, ja krebserregenden Chemikalien. Zur Unkrautbekämpfung sollten Sie Ausschau nach Produkten halten, die nicht klingen wie aus der Chemiefabrik, zum Beispiel Zitronensäure, Nelkenöl, Zimtöl, Zitronengrasöl, D-Limonene (aus Zitrusfrüchten) und Essigsäure (Essig). Ein natürliches Herbizid, das Maismehl, ist häufig in Hundefutter enthalten, dabei entfaltet es seine großartige Wirkung auch gegen das Rasenunkraut Fingerhirse. Außerdem können Sie Nematoden (Fadenwürmer) kaufen, die sich im Garten an Flohlarven, Zecken, Blattläusen, Milben und anderen Insekten laben. Für Menschen, Pflanzen und Haustiere sind sie ungefährlich. Informieren Sie sich auf der Plantura-Web-

seite (https://shop-plantura-garden) und der Webseite der Firma Compo (www.compo.de). Ersetzen Sie den traditionellen Gartenschlauch (der mit dem Wasser Blei, Bisphenol A und Phthalate in den Garten schleudert) durch ein schadstofffreies Modell. Wenn Sie einen Schlauch aus natürlichen Materialien wie Kautschuk bekommen, umso besser. Dann können Sie Ihren Hund damit absprühen, vor allem, wenn er gerade aus dem Swimmingpool (Chlor) kommen sollte! Nachhaltiges und biologisches Gärtnern ist mittlerweile Mode geworden. Es sollte also nicht schwerfallen, hier die nötigen Informationen aufzutreiben.

Chemie vom Tierarzt

Wenn es um Floh-, Zecken- und Herzwurmhalsbänder geht, empfehlen wir, die Risiken gegen die Vorteile abzuwägen. Falls Ihr Malteser nur selten den Hinterhof verlässt, der überdies mit Unkrautvernichter behandelt wird, ist sein Risiko, eine Zecke abzubekommen, viel geringer, als wenn Sie mit Ihrem Hund häufig in Wald und Wiese unterwegs sind. Leben Sie in einem der Hochrisikogebiete für Zeckenbefall, dann sollten Sie Ihren Hund mit einem entsprechenden Halsband schützen und die Entgiftung bei ihm anregen (siehe dazu Kapitel 4).

Es gibt auch natürliche Mittel gegen Flöhe und Zecken, aber sie wirken meist nicht ganz so gut. An sich müssen alle derartigen Mittel auf Unbedenklichkeit geprüft werden. Aber auch wenn sie vom Tierarzt empfohlen werden, haben sie meist Nebenwirkungen. 2003 hat das Landwirtschaftsministerium der

USA Spinosad, einem umweltfreundlichen Insektizid, sozusagen »Bio-Status« zuerkannt. Es handelt sich um ein vergleichsweise neues Insektizid, das aus der Fermentation eines Bodenbakteriums namens Saccharopolyspora spinosa gewonnen wird. Es ist giftig für Insekten, aber nicht für Säugetiere, also eine weit bessere Option als Isoxazolinprodukte wie Bravecto, Simparica und NexGard. Erst kürzlich kam es zu einer Befragung von Hundebesitzern, die Isoxazolinprodukte verwenden, und 66 Prozent von ihnen gaben an, bei ihrem Hund eine Reaktion zu bemerken. Am 20. September 2018 gab die Lebensmittelüberwachung FDA bekannt, dass Produkte, die Isoxazolin enthalten, bei Haustieren unerwünschte Nebenwirkungen verursachen können, zum Beispiel Muskeltremor, Ataxie und Krampfanfälle. Die Behörde hat die Hersteller solcher Produkte verpflichtet, auf der Packung einen Warnhinweis anzubringen. Jedes einzelne Pestizid hat Risiken und Vorzüge, die letztlich davon abhängen, wie häufig das Mittel angewandt wird, wie gut die Entgiftung bei Ihrem Hund funktioniert, wie gut sein Immunsystem ist und von vielen anderen gesundheitlichen Faktoren. Sie müssen die Risiken also bei jedem Hund *einzeln abwägen*. Vergessen Sie nicht: Viele Hundeparasiten wie Zecken verursachen Krankheiten, die auch den Menschen befallen können. Sie sind also genauso gefährdet wie Ihr Tier. Daher empfehlen wir, dass Sie für Ihren Hund das Gleiche tun wie für sich und Ihre Kinder: ihn vor Parasiten schützen. Bei der Auswahl einer geeigneten Methode sollten Sie folgende Fragen berücksichtigen:

- Hat mein Hund medizinische Probleme, die die körperliche Entgiftung beeinträchtigen (Lebershunt, anderweitig schlechte Leberwerte oder entsprechende angeborene Krankheiten)?

- Lebe ich in einem Hochrisikogebiet, was den Befall mit bestimmten Parasiten angeht?
- Wenn ich in einem Hochrisikogebiet lebe, wie oft kommen wir mit den Parasiten in Berührung: täglich, wöchentlich, monatlich?
- Sind wir dieser Belastung das ganze Jahr über ausgesetzt?
- Bin ich bereit, bei mir und meinem Hund regelmäßig und gründlich nach einem Befall (also nach Flöhen oder Zecken) zu suchen? Das ist eine sehr wichtige Frage, weil dies die wichtigste Methode ist, um der Krabbeltiere Herr zu werden, die man von draußen so mitbringt.
- Habe ich ein Entgiftungsprogramm? Wenn Sie in einem Hochrisikogebiet leben und viel Zeit draußen verbringen, bleibt Ihnen vermutlich nur der Griff zur Chemie. Aber auch hier können Sie die Anwendung in Monaten mit geringen Risiken vielleicht verringern. Falls Sie also zur chemischen Keule greifen müssen, sollten Sie darauf achten, dass Sie Ihren Hund regelmäßig entgiften. Sonst wird seine Körperlast zu groß. Die Mikrobiologen, mit denen wir gesprochen haben, empfehlen hier Probiotika und andere Dinge, die das Darm-Mikrobiom unterstützen.

Wenn Sie in einem Hochrisikogebiet leben, aber selten draußen sind, oder in einem Gebiet mit niedrigem Risiko, in dem Sie häufig unterwegs sind, können Sie ja mischen: Wechseln Sie zwischen natürlichen Mitteln und Chemie einfach ab. In einer von Zecken hochgradig befallenen Region würden wir Ihnen empfehlen, beim Tierarzt einmal jährlich eine Vorsorgeuntersuchung zu machen, egal, welche Strategie Sie zur Vorbeugung gewählt haben (siehe Anhang).

Do-it-yourself-Spritzmittel gegen Schädlinge

1 Teelöffel (5 ml) Neemöl (aus dem Naturkostladen oder vom Hersteller reiner biologischer Duftöle)
1 Teelöffel (5 ml) Vanilleextrakt (aus dem Küchenschrank; es macht das Neemöl länger haltbar)
1 Tasse[31] Hamameliswasser (worin Sie das Neemöl auflösen)
¼ Tasse Aloe-vera-Gel (bindet die Mischung)

Geben Sie alle Zutaten in eine Sprühflasche, und schütteln Sie diese, bis sich alles gut vermischt hat. Sprühen Sie Ihren Hund damit ein. (Achtung auf die Augen!) Wiederholen Sie dies alle vier Stunden, wenn Sie draußen unterwegs sind. Waren Sie mit dem Wuffwuff draußen, sollten Sie ihn mit einem Flohkamm behandeln. Nach Möglichkeit sollten Sie auch immer ein Zeckenset dabeihaben, um die Biester professionell zu entfernen. (Keine Pestizide oder natürliche Mittel gegen Flöhe und Zecken sind hundertprozentig wirksam.) Am besten setzen Sie das Mittel alle zwei Wochen neu an, um seine Wirksamkeit zu sichern.

Do-it-yourself-Halsbänder gegen Schädlinge

10 Tropfen Öl von Eukalyptus citriodora (alle ätherischen Öle bitte nur von Anbietern höchster Qualität kaufen, nach Möglichkeit biologisch)
10 Tropfen Geraniumöl
5 Tropfen Lavendelöl
5 Tropfen Zedernöl

Vermischen Sie die Öle, und beträufeln Sie ein Halstuch (oder ein Stoffhalsband) damit, das Ihr Hund trägt, wenn er draußen unterwegs ist. Nach dem Spaziergang nehmen Sie das Tuch ab. Geben Sie von der Mischung täglich erneut 5 Tropfen auf das Tuch, bevor Sie mit Ihrem Hund rausgehen. Und vergessen Sie nicht, sein Fell nach dem Spaziergang mit einem Flohkamm zu behandeln.

Achtung: Wenn Ihr Hund gegen einen der Stoffe allergisch ist, können Sie dieses Produkt nicht verwenden.

Auch hier sollten Sie Vorsicht walten lassen: Wenn Sie nicht sicher sind, welche Auswirkungen ein Stoff hat, oder ihn nicht kennen, dann sollten Sie Ihren Hund dem nicht aussetzen. So vermeiden Sie spätere Probleme. Das gesündeste Prinzip: »When in doubt, take it out« – im Zweifelsfall also weg damit!

8. **Überlegen Sie, was Sie im Haus haben wollen:** Besorgen Sie ein Hundebett aus organischen Materialien, zum Beispiel aus Wollfilz. Wenn Sie nicht bereit sind, in eine neue Matratze aus Naturmaterialien zu investieren (irgendwann landen sämtliche Hunde auf dem Bett), dann kaufen Sie eine Decke aus Bio-Baumwolle, Wolle oder Seide. Das können Sie auch fürs Hundebett machen. Auch ein einfaches Baumwoll-Leintuch tut es da. Waschen Sie es jede Woche mit duftstofffreiem Waschmittel (keine VOCs), und verwenden Sie keinen Weichspüler. Wenn Sie Wasch- und Putzmittel kaufen oder Fleckentferner beziehungsweise Desinfektionsmittel, achten Sie auf »grüne« Produkte, die wir schon seit Jahrhunderten verwenden (Essigessenz, Borax, Wasserstoffperoxid, Zitronensaft, Natron und Schmierseife). Dass diese natürlichen

Putzmittel mehr und mehr durch Chemie ersetzt werden, ist für unsere Hunde eine Katastrophe, gerade wenn sie viel Zeit in Innenräumen verbringen. Achten Sie also genauestens darauf, was Sie nach Hause tragen. Vorsicht bei Begriffen wie »sicher«, »giftfrei«, »grün« oder »natürlich« – sie sind alle nicht gesetzlich definiert. Studieren Sie also genau, was drin ist. Beachten Sie vor allem die Warnhinweise. Sie können mit unschädlichen und günstigen Mitteln selbst Putzmittel machen. (Der Versender Waschbär bietet eine Öko-Putzkiste an.) Sie werden Dutzende Rezepte im Internet finden. Vergessen Sie nicht die Sache mit den Duftstoffen: Sie müssen nicht extra aufgeführt werden, wenn sie nicht zu den besonders häufig allergenen Stoffen gehören. Viele Unternehmen nutzen dieses Schlupfloch, um schädliche Stoffe zu »maskieren«. Wenn Sie durchaus etwas verwenden müssen, auf dem steht: »Bei Verschlucken sofort den Arzt oder den Giftnotruf anrufen!«, dann gehen Sie hinterher besser noch ein- bis zweimal mit klarem Wasser darüber, um alle Schadstoffe sicher zu entfernen.

9. **Hunde-Hygiene:** Verwenden Sie stets chemiefreie Produkte für den Hund, ob nun Shampoos oder Zahnpasta beziehungsweise Ohrreinigungsmittel. Achten Sie auf die Inhaltsstoffe: Viele Mittel gegen übermäßiges Tränen beim Hund sind niedrig dosierte Antibiotika (Tylosin), die sich auf Dauer negativ auf das Darm-Mikrobiom auswirken. Mittel, die gegen Koprophagie (Fressen von Hundekot) wirken sollen, enthalten Monosodium-Glutamat, das im Tierversuch Verhaltensstörungen und neurologische Probleme ausgelöst hat.

Hausmacher-Zahnpasta

2 Esslöffel Natron

2 Esslöffel Kokosöl

1 Tropfen Pfefferminzöl (wahlweise)

Verrühren Sie die Zutaten gut, und bewahren Sie die Paste in einem Glasbehälter auf. Umwickeln Sie den Finger mit Verbandsmull, tauchen Sie ihn in die Paste, und reiben Sie mit der Mixtur abends nach der Futtergabe die Zähne von Fido ab.

10. **Halten Sie Ihren Hund mundgesund:** Wir alle unterschätzen das Thema »orale Hygiene« ganz massiv. Doch die Wissenschaft bezieht hier ganz klar Stellung: Mundgesundheit beeinflusst alles in unserem Körper, vor allem aber die systemischen Entzündungen, die ihn schwächen. Sind Mundhöhle und Zahnfleisch sauber und frei von Infektionen, reduzieren wir nicht nur das Risiko für Erkrankungen des Zahnapparates, sondern auch für gefährliche Entzündungen. Man schätzt, dass etwa 90 Prozent der Hunde eine Form von Parodontose haben. Viele menschliche Zahncremes aber enthalten Xylitol, einen Süßstoff, der für Hunde tödlich ist. Auch Fluoridzusätze sind für den Hund gefährlich. Verwenden Sie stattdessen Zahnhygieneprodukte extra für Tiere. Ein gutes Mittel, um den Hund mundgesund zu halten, ist auch das Kauen von massiven Knochen. Eine Studie aus Australien besagt, dass bei Hunden 90 Prozent des Zahnsteins entfernt werden können, wenn man ihnen rohe, fleischige Knochen anbietet! (Regeln für den Umgang mit Knochen finden Sie im Anhang.)

11. **Lassen Sie regelmäßig den Antikörpertiter der verschiedenen Impfungen prüfen:** Ein Titertest ist ein Bluttest, der Ihnen Auskunft gibt darüber, wie gut Ihr Hund gegen Krankheiten, gegen die er geimpft wurde, immer noch immunisiert ist. Erwachsene Menschen müssen sich auch nicht Jahr für Jahr impfen lassen. Meist besteht die Immunität Jahrzehnte oder sogar ein ganzes Leben. Auch eine Welpenimpfung führt zu einer langjährigen Immunität. Wenn Sie den Titer testen lassen, statt automatisch regelmäßig nachzuimpfen, verringern Sie ebenfalls die chemische Körperlast Ihres Hundes. Mit Ausnahme der Tollwut, bei der eine regelmäßige Impfung vorgeschrieben ist, muss das auch gar nicht sein. Auf diese Weise erhält der Hund nur die Impfungen, die er wirklich braucht, um das Immunsystem zu aktivieren. Ein positiver Antikörpertiter bedeutet, dass Ihr Hund gegen diese Krankheit noch ausreichend geschützt ist und keinen zusätzlichen Impfstoff braucht. Alle Forever-Dog-Eltern, die wir kennengelernt haben, handhaben Impfungen auf diese Weise. Die Hunde werden als Welpen geimpft, aber dann nicht mehr, solange sie noch immun sind.
12. **Achten Sie auf Lärm- und Lichtverschmutzung:** Sorgen Sie dafür, dass Ihre Wohnräume so viel natürliches Licht wie möglich erhalten. Dann brauchen Sie weniger künstliches Licht. Weder Neonröhren noch Glühlampen können Ihnen das volle Tageslichtspektrum bieten. Wenn Sie Ihrem Hund das Tageslicht vorenthalten, hat dies bekanntermaßen schwerwiegende Auswirkungen auf seine Gesundheit. Es stört den zirkadianen Rhythmus und führt häufig zu Depressionen. Wir sollten viel mehr auf unsere biologische Uhr hören. Spätestens nach dem Abendessen beziehungsweise nach 20 Uhr

sollten Sie das Licht in Ihren Räumen dimmen. Achten Sie darauf, dass auch die bekannten Blaulichtquellen wie Handys, Computer und Tablets ausgeschaltet bleiben. Professor Satchidananda Panda macht in seinem Haus nach 20 Uhr alle Deckenbeleuchtungen aus. Wir folgen seinem Beispiel. Und er hat dazu auch einen guten Merkvers: »Gut zu sehen ist nicht dasselbe wie gut für die Gesundheit.« Gute Dimmer gibt es schon für unter 10 Euro. Wenn es auf die Schlafenszeit zugeht, können Sie das Licht noch weiter herunterdrehen, sodass die Melatoninproduktion einsetzt. Das Schlafzimmer sollte ohnehin der ruhigste Ort im Haus sein. Laute Geräuschquellen (Fernseher) sollten nun schweigen. Stellen Sie auch den Router ab: So schaffen Sie für Ihren Hund eine dunkle, kühle und ruhige Ecke im Flur, wenn Sie selbst eher bis in die Puppen fernsehen. Ihr Hund geht gewöhnlich früher schlafen.

13. **Stellen Sie sich Ihr Wellness-Team zusammen:** Kleine, unabhängige Unternehmen sind die besten Helfer, wenn es um das Wohlbefinden Ihrer Tiere geht. Gerade solche kleinen Firmen werden häufig von absoluten Hunde- oder Katzenliebhabern geführt, die bestens darüber informiert sind, was ihre Marken zu bieten haben. Häufig sind sie auch mit anderen Wellness-Anbietern vernetzt und können Ihnen Tipps geben, wenn Sie zum Beispiel eine Physiotherapeutin oder einen Rehabilitationsspezialisten suchen, einen Hundetrainer oder einen alternativmedizinischen Tierarzt. Denn am Ende brauchen Sie ein Team, wie Sie es ja auch für sich selbst zur Verfügung haben: einen Hausarzt, einen Familienzahnarzt, einen Masseur und eine Chiropraktikerin. Vielleicht noch jemanden für die Fußpflege und einen Personal Trainer oder Ernährungsberater. Von der Psychotherapie ganz zu schweigen. Wenn wir älter werden, haben wir vielleicht auch unseren eigenen Onkologen, Kardiologen, Internisten, Chirurgen und so weiter. Das Ziel ist hier, unser Wohlbefinden à la carte zu fördern, sodass wir später keine Spezialisten brauchen, weil wir so gut vorgebeugt haben. (Wir arbeiten mit vielen Leuten zusammen, die jeweils eine ganz eigene Sicht auf den Körper haben.) Die Tage, in denen der Landarzt alles für uns erledigte, sind längst entschwunden. Und diese Diversität in der gesundheitlichen Versorgung ist auch in der Tiermedizin angekommen. Viele Haustierbesitzer haben einen festen Tierarzt, daneben noch einen, der alternativmedizinisch arbeitet, einen Zahnarzt, eine Notfallversorgung für Feiertags- und Nachtstunden, einen Physiotherapeuten und eine Akupunkturspezialistin oder Chiropraktikerin. Wenn Sie auf dem Land wohnen, wo es gar nicht

so viele Auswahlmöglichkeiten gibt, keine Sorge: Mit diesem Buch haben Sie einen guten Anfang gemacht, und das Internet bietet Ihnen eine ganze Menge Information über hilfreiche Dienstleistungen, sodass Sie für sich und Ihren Hund zum Gesundheitsmanager werden können.

Es gibt also eine ganze Menge Dinge, *die keinen Cent kosten*, wenn es ums Wohlbefinden geht. Sie müssen nicht gut verdienen oder auf den Jahresbonus warten, um die Ideen in diesem Buch umzusetzen.

Bewegung ersetzt leicht zwei Dutzend Nahrungsergänzungsmittel und ist ein natürlicher Motor für die Entgiftung Ihres Hundes. Ein *kostenloses Detox-Programm*! Wenn Sie gerade sparen müssen, dann nutzen Sie Bewegung als starkes Anti-Aging-Tool. Wir brauchen unseren Hunden nur täglich die Möglichkeit zu geben, sich zu bewegen. Dann stellt ihr Körper genug vom Wachstumsfaktor BDNF her, den es gar nicht als Supplement gibt. BDNF wird von Stress und freien Radikalen abgebaut, aber jede aerobe Bewegung und viel Vitamin B_5 (in Pilzen!) fördert die Produktion.

Behalten Sie im Hinterkopf, dass der Morgenspaziergang Melanopsin fördert, der Abendbummel Melatonin. Öffnen Sie die Jalousien, ziehen Sie die Vorhänge zurück, und lassen Sie das Sonnenlicht herein. Schalten Sie nachts den Router aus. Spielen Sie mit Ihrem Hund täglich Denksportaufgaben durch. Achten Sie darauf, dass er Zeit zum Spielen mit anderen Hunden bekommt und sein Gewicht hält, zum Beispiel durch Intervallfüttern. Geben Sie ihm zwei Stunden vor dem Schlafengehen nichts mehr zu futtern. Schon die Einführung eines bestimmten Zeitfensters fürs Fressen bringt den Stoffwechsel in Schwung und stärkt sein Immunsystem.

Das sind nur ein paar Vorschläge, die Ihrem Hund bessere Karten im Langlebensspiel verschaffen. So können Sie ihm mit geringem finanziellem Aufwand allerhand Gutes tun. Wenn Sie Obst und Gemüse kaufen, entscheiden Sie sich für die Sonderangebote, die schon ein wenig älter sind, und frieren Sie diese ein. Und mit übrig gebliebenem Gemüse (ohne Sauce) können Sie die Futterschüssel ebenfalls aufpeppen. Ziehen Sie Ihr eigenes Gemüse. Schließen Sie sich einer Naturkost-Kooperative an. Bestellen Sie eine Öko-Kiste. Freunden Sie sich mit den Leuten im Naturkostladen an. Verwenden Sie die Petersilie, die schmückend auf Ihrem Take-away-Menü liegt, als Leckerei für Fido. Peppen Sie sein Abendessen mit sicheren Gewürzen aus Ihrem Gewürzregal auf. Kochen Sie die Hühnerknochen vom Brathähnchen aus, und machen Sie Suppe daraus. Machen Sie Kräutertee für zwei. (Lassen Sie ihn abkühlen, bevor Sie ihn unters Futter mischen.) Nehmen Sie Ihren Hund mit in den Wald, wo er auf dem duftenden Erdboden spielen oder im See schwimmen kann. Alles ist möglich, wenn Sie nach innovativen und preisgünstigen Lösungen suchen, die Ihrem Hund ein längeres Leben ermöglichen können!

Schritt für Schritt den Weg zu einem gesünderen und besseren Leben für Fido zu wagen ist ein evolutionärer Prozess. Hunde und Menschen entwickeln sich seit Jahrtausenden Seite an Seite. Sie verlassen sich aufeinander, lernen voneinander, hören einander zu und verbessern in symbiotischer Gemeinschaft das Leben beider Spezies. Wenn Sie aus Ihrem Hund einen Forever Dog machen wollen, dürfen Sie nicht vergessen: Hunde leben ganz im Hier und Jetzt. Daher sollen wir auch hier und jetzt ihr Leben verbessern, damit wir so lange wie möglich Seite an Seite bleiben können.

Was für den Forever Dog wichtig ist

- Hunde brauchen ein absolutes Minimum von zwanzig Minuten herzfrequenzsteigerndem Training mindestens dreimal die Woche. Den meisten Hunden tut es gut, wenn sie länger und öfter Bewegung haben. Eine halbe oder ganze Stunde sind besser als zwanzig Minuten. Und sechs oder sieben Tage die Woche sind besser als drei. Werden Sie kreativ, was die Bewegung angeht. Finden Sie heraus, was Ihr Hund gern macht.
- Gehirntraining ist genauso wichtig wie Körpertraining. (Auf www.foreverdog.com zum Beispiel finden Sie Tipps [in englischer Sprache].)
- Neben der täglichen Bewegung sollte Ihr Hund morgens und abends Gelegenheit zum Schnüffel-Walk haben. Und lassen Sie ihn wenigstens einmal täglich dort herumschnüffeln, wo er will – und so lange er will. Ziehen Sie nicht an der Leine.
- Ob Sie nun einen Hund kaufen oder aus dem Tierheim holen, Sie sollten in beiden Fällen verantwortungsbewusst handeln. Wollen Sie einen Hund kaufen, entscheiden Sie sich für einen qualifizierten Züchter, der sich bemüht, den Genpool der Rasse zu erhalten und gesunde Welpen heranzuzüchten. (Im Anhang finden Sie Fragen, die Sie einem Züchter unbedingt stellen sollten.)
- Wenn Sie einen Hund aus dem Tierheim holen, macht es nichts, falls Sie seine DNS nicht kennen. Sind Sie aber neugierig, können Sie ruhig einen DNS-Test machen. Denn selbst wenn er genetisch vorbelastet sein sollte, können Sie durch den Lebensstil diese Belastung vielleicht epigenetisch unter Kontrolle bekommen.

- Verringern Sie chronischen Stress für Ihren Hund, indem Sie ihm soziale Kontakte zu Artgenossen ermöglichen und ihm geistige Anregungen geben. Lassen Sie ihn Hund sein und Dinge machen, die er mag.
- Verringern Sie Umweltbelastungen und die chemische Körperlast Ihres Hundes, indem Sie sich an die Dreizehn-Punkte-Checkliste halten.

Sehen wir uns nun noch an, wie ein beliebiger Tag im Leben eines Forever Dog aussehen könnte. Der Großteil der Menschen, die dieses Buch lesen, lebt vermutlich nicht auf einem Bauernhof, wo man nur die Tür zu öffnen braucht, damit Fido sich den ganzen Tag nach Herzenslust vergnügen kann. Die meisten unserer Hunde warten auf *uns*. Wir tragen die Verantwortung dafür, ihnen die Gelegenheit zu Bewegung, zum Lösen von Aufgaben und zum Spielen zu bieten. Nehmen Sie sich fest vor, ganz bewusst »gute Hundstage« einzuführen, die Ihrer Fellnase Erfahrungen ermöglichen, welche ihren Körper und ihr Gehirn stärken.

Und wie sieht so ein guter Tag für den Hund nun aus? Das ist von Mensch zu Mensch anders, aber wir haben ja das Glück, dass wir eine ganze Community haben, welche die Forever-Dog-Prinzipien für ihre Hunde umsetzt, sodass sie zum jeweiligen Lebensstil passen. Hier das Beispiel von Stacey und Charm.

Stacey ist eine professionelle Hunde-Gassigeherin aus Pittsburgh. Charm ist ein acht Jahre alter Yorkipoo aus dem Tierheim. Wenn Stacey früh zu arbeiten anfängt, hat sie keine Zeit für einen Morgenspaziergang. Dann sieht ihr Tag so aus:

- Als Erstes am frühen Morgen werden alle Jalousien hochgezogen.
- Charm bekommt frisches gefiltertes Wasser in seine Pyrexglas-Schüssel.
- Hundefrühstück: ein wenig Hausmacherkost, gemischt mit einem Esslöffel natürlichem Trockenfutter (ohne synthetische Zusatzstoffe). Darüber gibt Stacey Knochenbrühe. Nahrungsergänzungsmittel kommen ins Futter. (Sie füttert morgens nicht viel, damit Charm nicht nach draußen muss, bevor sie wieder da ist.)
- Zehnminütiger Schnüffel-Walk zum Aufwachen. (Charm darf schnüffeln, seine Geschäfte erledigen und weiterschnüffeln. Stacey gönnt sich einen Kaffee, während sie frische Luft schnappt.)
- Stacey geht zur Arbeit – für sechs Stunden. Sie kommt für ein spätes Mittagessen nach Hause und macht sich ihr Essen warm, während sie Superfoods als Trainings-Leckerlis einpackt. Die beiden arbeiten einige Minuten lang an »Sitz«, »Komm« und »Platz«. Dann füllt Stacey ein interaktives Slider-Spielzeug mit gefriergetrocknetem Fleisch, sodass Charm etwas zu tun hat, während sie isst.
- Zwanzigminütiger Power-Walk mit Charm, dann geht's zurück an die Arbeit.
- Stacey kommt von der Arbeit nach Hause und spielt zum Aufwärmen ein wenig Tauziehen mit Charm. Dann wird im Hinterhof der Ball gejagt. Abends das Dinner für den Hund (wobei Charm den Großteil seiner Kalorien verspeist): gefriergetrocknetes Futter mit Hausmacher-Heilpilzbrühe (siehe Seite 322), dazu ein paar Wellness-Supplemente. Stacey gibt die gleichen Gemüse in den Mixer und mischt sie unter Charms Futter, die

sie auch für sich selbst zubereitet. Das sind seine Langlebens-Superfoods.

- Dann verteilt sie einen Esslöffel kommerzielles Rohfutter auf einer Schleckplatte, damit Charm etwas zu tun hat, während sie isst.
- Zehnminütiger Schnüffel-Walk zum abendlichen Abschalten. Dabei trifft Charm Nachbarhunde, die er mag und mit denen er spielen kann.
- Danach werden zu Hause die Lichter gedimmt und die Jalousien runtergelassen.
- Schlafenszeit: Stacey macht den Fernseher und den Router aus, putzt Charms Zähne, gibt ihm eine leichte, beruhigende Massage (wobei sie ihn von Kopf bis Fuß abtastet) und macht das Licht ganz aus.

Und wie sieht Ihr Forever-Dog-Tag morgen aus?

Nachwort

Es gibt immer mehr überzeugende wissenschaftliche Belege dafür: Es tut uns gut, einen Hund zu haben. In der Corona-Pandemie wurden sehr viele Hunde adoptiert, dies zeigt doch, wie sehr wir darauf vertrauen, dass ein Hund unsere geistige Gesundheit fördern und unsere Einsamkeit lindern kann. (Der Datenbank Shelter Animals Count zufolge ist allein im Jahr 2020 die Anzahl derer, die einen Hund aus dem Tierheim holten, um 30 Prozent gestiegen.) Was wir seit Jahrtausenden geahnt haben, ist nun wissenschaftlich bewiesen: Eine Studie nach der anderen zeigt, wie sehr ein Haustier uns hilft, dem Leben voller Optimismus zu begegnen. Das Zusammenleben mit einem Tier verringert Depressionen und Angstzustände. Hunde sind gut für die Seele – und für die körperliche Gesundheit. Die Tierfreundin und Schriftstellerin Karen Winegar drückt dies meisterhaft aus: »Die Bande zwischen Tier und Mensch sind keine intellektuellen. Sie berühren direkt unser Herz und unsere Gefühle. Und sie stärken uns wie nichts sonst.« Genau! Unsere Hunde bestärken unsere Seele wie nichts sonst. Sie bereichern unser Leben. Wenn wir sie verlieren, kann uns das ebenso tief schmerzen wie der Verlust eines menschlichen Familienmitglieds oder eines guten Freundes.

Sie geben *uns* so viel. Daher sind wir jetzt an der Reihe, ihnen etwas zurückzugeben. Wir hoffen, dass dieses Buch die Menschen inspiriert, ihren Hunden das Allerbeste zuteilwerden zu lassen. Wenn wir die Verantwortung übernehmen, uns um ein Tier zu kümmern, haben wir auch die moralische Verpflichtung, es richtig zu tun. Wir gehen einen stillschweigenden Pakt ein, denn wir wollen gute Hundeeltern sein. Wir *wollen* alles richtig machen, wenn es um unsere Tiere geht. Wir wollen unseren geliebten Fellnasen ein glückliches, erfülltes und gesundes Dasein ermöglichen – damit sie ihre Hundeseele ausleben können. Der beste Weg dahin ist es, ein Umfeld zu schaffen, das unser Tier anregt und nährt – körperlich, geistig und seelisch.

Wir bitten Sie nachdrücklich, sich jetzt keine Vorwürfe zu machen, weil Sie Ihrem Hund das bislang nicht gegeben haben. Die Tierfutterindustrie hat die Hundehüter überzeugt, dass ihr hochverarbeitetes, nährstoffarmes Futter alles ist, was unsere Hunde für ein gesundes, langes Leben brauchen. *Aber jetzt wissen Sie es besser.*

Nun, nachdem Sie dieses Buch gelesen haben, wissen Sie genug: Sie haben die wissenschaftlichen Fakten (das Warum) und die Instrumente (das Wie), um einen Forever-Dog-Wellnessplan zu erstellen, der Ihren Hund für immer verändern wird. Dabei müssen Sie nicht von heute auf morgen alles umkrempeln. Schon kleine Schritte bringen große Erfolge. Sie müssen nicht Ihr ganzes Hundefutter umstellen. Schon ein paar Heidelbeeren täglich verpassen Fido genügend Antioxidanzien, um sein Genom anzusprechen. Unser Ziel ist es, Ihnen alle Informationen an die Hand zu geben, damit Sie für sich und für Ihr Fellknäuel die richtigen Entscheidungen treffen können. Nachdem Sie jetzt besser Bescheid wissen, können Sie es auch besser machen. Heben Sie das Buch auf. Sehen Sie vielleicht gelegentlich online nach, ob es Updates gibt. So können Sie gute Mahlzeiten planen und Ihrem Hund ein aktives Leben ermöglichen. Vergessen Sie nicht: Er braucht Abwechslung. Abwechslung ist das Salz des Lebens – und für den Forever Dog am allerwichtigsten!

Vielleicht fühlen Sie sich von all den Informationen jetzt ein wenig eingeschüchtert und haben Zweifel, ob Sie das alles richtig hinbekommen. Lassen Sie sich nicht irritieren. Wir versprechen Ihnen: Sie schaffen das! Es ist wirklich *nicht* so schwer. Es braucht Engagement und Zeit, aber wir wissen, Sie wollen sich engagieren. Sonst hätten Sie das Buch doch gar nicht erst gelesen! Wir versprechen Ihnen: Der Tag wird kommen, an dem Ihr Selbstvertrauen mit Ihrem Wissen Schritt halten kann. In der Zwischenzeit befassen Sie sich mit der Umstellung. Lesen Sie weiter (Etiketten, Artikel, Bücher)! Recherchieren Sie weiter! (Es finden sich so viele nützliche Informationen im Internet.) Engagieren Sie sich in der Wellness-Bewegung für Tiere. Wir sind zahlreich! Sie müssen sich nur umsehen, dann finden Sie Gruppen und Communitys, bei denen Sie sich wohlfühlen. Mit der Zeit werden Ihre Bedenken sich legen, und Ihr Selbstvertrauen wächst. Sie werden alles Mögliche ausprobieren. Das eine passt und wird für die Forever-Dog-Wellness beibehalten, das andere lassen Sie einfach wieder. Genauso läuft es nämlich.

Und das Beste daran: Eines Tages werden Sie es einfach *wissen*. Sie wissen, dass Sie Ihrem Hund ein gutes Leben ermöglichen, weil Ihr Hund es Ihnen klar zeigt. Sie sehen, wie viel Energie er hat, wie schön sein Fell glänzt, wie vital er ist, wie gesund. Er läuft ganz anders als früher, seine Augen glänzen – und Sie wissen nun, woran das liegt. Sie haben ihm dieses unglaubliche Geschenk gemacht: Gesundheit und ein langes Leben. Kein Gefühl auf Gottes Erdboden ist befriedigender als das Wissen, dass Sie das Ihre getan haben, um aus Ihrem Hund einen Forever Dog zu machen. Gut gemacht!

Wir wünschen Ihnen nun das Allerbeste. Für immer und ewig.

Danksagung

Es gibt so unendlich viele Menschen, denen wir Dank schulden. So viele Leute, denen wir wie verrückt und zutiefst demütig dankbar sind. Das Buch war von Anfang an eine freudvolle Zusammenarbeit mit vielen Menschen, die ihre Eindrücke, ihre Zeit und ihr Fachwissen mit uns teilten, um aus diesem Buch das zu machen, was wir im Sinn haben: eine globale Revolution, was die Gesundheit von Hunden angeht. Wir haben Leute kontaktiert, interviewt und um Mitarbeit gebeten, die sich sofort begeistert zeigten. Da waren zunächst einmal all die Wissenschaftler, die auf ihrem Fachgebiet absolute Experten sind. Ihr Enthusiasmus, ihre Bereitschaft, uns in ihre Forschungsarbeiten einzuweihen, haben uns zutiefst inspiriert. Ihr grundlegendes Ziel ist es, dass Hunde länger und gesünder leben. Auch dass wir einige der ältesten Hunde der Welt und ihre beeindruckenden Besitzer kennenlernen durften, war eine unvergessliche Erfahrung. Unser Dank an Cindy Meehl, die Rodney mit Joni Evans bekannt machte, die wiederum vorschlug, er solle mit Kim Witherspoon reden, die uns dann das ganze Buch-Abenteuer über begleitete. Wir schätzen alles, was HarperCollins für uns getan hat: Brian Perrin arbeitete mit Kenneth Gillets und Mark Fortiers Teams zusammen und mit unserem Team: Rachel Miller, Marc Lewis und Bea Adams. Alle zusammen sorgten sie dafür, dass das Buch während der Corona-Pandemie überhaupt erscheinen konnte.

Karen Rinaldi von HarperWave organisierte das ganze Projekt und stellte den Kontakt zu unserer wertvollsten Ressource her: der Wissenschaftsjournalistin Kristin Loberg. Danke, Kristin: Du hast den Überblick behalten bei Hunderten von Referenzen und Interviews und hast uns geholfen, das wissenschaftliche Wissen, das Rodney über die Jahre angesammelt hat, in einem Buch zu organisieren. Es war eine enorme Leistung, so viel Information für ein so breites Publikum zu ordnen. Du hast uns versprochen, dass es klappen wird. Und es hat geklappt. Wir sind unheimlich dankbar, dass wir dies gemeinsam geschafft haben. Auch Bonnie Solow, die unschätzbare editorische Vorschläge beitrug, um das Manuskript zu optimieren.

Wir wissen die Anregungen zu schätzen, die wir erhalten haben: von Tante Jo (Dr. Sharon Shaw Elrod), Steve Brown, Susan Thixton, Tammy Akerman, Dr. Laurie Coger, Sarah Mackeigan, Jan Cummings und von meiner (Karens) besten Freundin Dr. Susan Recker. Wir sind immer noch unglaublich beeindruckt davon, dass wir Teil eines Teams talentierter Experten für die Gesundheit von Haustieren sind. Renee Morin: Deine unerschütterliche Unterstützung unserer Online-Community von Hundeeltern 2.0 hat dafür gesorgt, dass sich dort wirklich jeder willkommen fühlt. Deine Hilfe hinter den Kulissen ist unbezahlbar.

Viele andere Menschen haben uns auf unserem Weg geholfen: Niki Tudge, Whitney Rupp, das ganze Team von Planet Paws und natürlich unsere Familien. Da waren die gesunden, köstlichen Hausmacher-Mahlzeiten unserer Mütter Sally und Jeannine. Ihr habt bestens für unser leibliches Wohl gesorgt, während wir das Buch schrieben! Vielen Dank, Mama Becker, die du nicht nur Dr. Becker's Bites gemacht, sondern auch alle meine Tiere mit Hausmacherkost versorgt hast, wenn ich (Karen) mal wieder keine

Zeit hatte. Herzlichen Dank an Annie (Karens Schwester): Du hast nächtelang redigiert, redigiert und noch mal redigiert, bis der Text vor Klarheit nur so funkelte.

Wir sind auch all den Tierfreunden unserer Wellness-Community dankbar, die immer wieder nach einem Buch gefragt haben. Unser internationales Netzwerk von Langlebens-Parteigängern für Tiere wächst Tag für Tag. Eure Hinweise und eure Unterstützung für das Forever-Dog-Programm sind Labsal für unsere Seele und befeuern nach wie vor unsere Mission.

Doch es wäre Unsinn, wenn wir jenen Wesen nicht danken würden, die unsere wichtigsten Lehrer und engsten Freunde sind: unseren Hunden. Sie machen uns zu besseren Menschen. Unsere Hoffnung ist es, dass dieses Buch uns allen hilft, das zu sein, wozu wir auf der Welt sind: unserer Hunde Hüter.

Anhang

Tests, die Sie in Betracht ziehen sollten

Jährliche Kontrolluntersuchungen sind wichtig für die Gesundheit. Da Hunde so viel schneller altern als Menschen, sehe ich viele meiner tierischen Patienten alle sechs Monate. Dann gibt es ein Update für ihr Wellness-Programm je nach Alter oder je nach Symptomen. Das Wohlbefinden ist ein dynamischer Vorgang, daher müssen Ernährung und spezifische Gesundheitsprogramme regelmäßig angepasst werden, um die gesunde Lebenserwartung zu verlängern. Einmal im Jahr wird der Hund gründlich untersucht. Dazu kommen ein großes Blutbild, ein Test auf Parasiten im Stuhl und eine Analyse des Urins. Mitunter sollten noch andere Bluttests vorgenommen werden, damit Sie ein korrektes Bild davon haben, wie gut Ihr Hund altert. Diese Werte können auf eine beginnende Erkrankung hinweisen, noch ehe Symptome auftreten:

- **Vitamin D**: Hunde und Katzen können Vitamin D nicht aus Sonnenlicht produzieren wie der Mensch. Daher muss es zugefüttert werden. Unglücklicherweise kann der Tierkörper das synthetische Vitamin D in den meisten Futtermitteln nicht gut verarbeiten. Die überwiegende Mehrheit der Futtermittel enthält im Übrigen auch zu wenig Vitamin D. Daher sollten Sie beim Blutbild auch einen Vitamin-D-Text machen lassen. Ein niedriger Vitamin-D-Spiel beeinflusst Ihren Hund auf vielfache Weise, zum Beispiel wird dadurch die Immunreaktion geschwächt.

- **Dysbiose-Test**: 70 Prozent des Immunsystems sind im Darm angesiedelt. Viele Tiere leiden unter Erkrankungen des Verdauungssystems wie Resorptions- und Verdauungsstörungen, aus denen eine schlechte Immunantwort entsteht. Daher ist es so wichtig für die Gesundheit, dass der Darm gut funktioniert, vor allem wenn Ihr Tier geschwächt, chronisch krank oder einfach nur alt ist.
- **C-reaktives Protein (CRP)**: Das ist einer der aussagekräftigsten Marker für systemische Entzündungen beim Hund. Heute kann der Tierarzt diesen Wert sofort vor Ort testen.
- **Kardiale Marker (BNP oder B-natriuretisches Peptid)**: Ein einfacher Bluttest genügt, um diese Substanzen zu messen, die das Herzmuskelgewebe produziert, wenn es angegriffen ist. Ein guter Test für Herzmuskelentzündung, Kardiomyopathien und Herzinsuffizienz.
- **HbA1c**: Ursprünglich galt dies als Biomarker für diabetische Erkrankungen. Mittlerweile verwenden es Stoffwechselforscher und die Vertreter einer funktionalen Medizin als Signal für die Stoffwechselgesundheit. HbA1c ist ein AGE (Advanced Glycation Endproduct). Es zeigt, wie viel Hämoglobin (dieses Molekül dient dem Sauerstofftransport) an Zuckermolekülen hängt (also der Glykation unterliegt). Je höher dieser Wert, desto mehr Entzündungen, AGEs und Stoffwechselstress haben Sie. Und Ihr Hund.
- **Kombinierter Test auf durch Zecken und Herzwurm verursachte Krankheiten**: Vorüber sind die Tage, da es in vielen Teilen der Welt genügte, einen Hund einfach auf Herzwürmer zu untersuchen. Zecken sind heute überall und bringen tödliche Krank-

heiten mit sich, die viel verbreiteter sind als der Herzwurm. Lyme-Borreliose und andere von Zecken übertragene Krankheiten entwickeln sich langsam zu einer schleichenden Epidemie. Bitten Sie Ihren Tierarzt um einen SNAP-4Dx-Plus-Test (von Idexx Labs) oder um einen AccuPlex4-Test (von Antech Diagnostics). Damit wird auf Herzwurm untersucht, aber auch auf Borrelien und auf zwei Stämme von *Ehrlichia* und *Anaplasma*. Fällt auch nur einer der Tests positiv aus, heißt das, dass er Kontakt mit Zecken hatte. **Es heißt noch nicht, dass er die Lyme-Borreliose tatsächlich hat**. Forschungsarbeiten zeigen, dass das Immunsystem der meisten Hunde tut, was es soll: Es baut eine Immunantwort auf die Bakterien auf und beseitigt sie. Doch in ungefähr 10 Prozent der Fälle wird der Körper der Hunde nach der Infektion mit den Spirochäten nicht fertig. Diese Hunde brauchen eine Behandlung, bevor die Krankheit ausbricht. Der Test, der zeigt, dass Ihr Hund nicht nur Kontakt mit Zecken hatte, sondern sich tatsächlich infiziert hat, nennt sich Quantitativer C6-Test (QC6). Lassen Sie Ihren Tierarzt keine Antibiotika verschreiben, wenn kein positiver QC6-Test vorliegt. Wenn Sie aber häufig Antibiotika geben, dann achten Sie darauf, dass Sie mithilfe der Strategien in diesem Buch die Darmflora wieder aufbauen. Der einfache Bluttest, der als Nachweis für den Kontakt mit Zecken dient, sollte alle sechs bis zwölf Monate wiederholt werden (je nachdem, ob Ihr Wohnort zu den Hochrisikogebieten zählt und ob Sie häufig hochdosierte Mittel gegen Zecken und Flöhe geben). Nutzen Sie natürliche Methoden, sollten Sie öfter testen. Sie sind nicht so effektiv wie die harten Medikamente (aber eben auch nicht so giftig). Wenn Sie Floh- und Zeckenhalsbänder vom Tierarzt verwenden, dann machen Sie einmal jährlich einen der oben genannten Tests. Und entgiften Sie häufiger!

Nährstoffanalyse für die Rindfleisch-Mahlzeit

GRAMM	PROZENT	ZUTATEN
2270	58,07	Rinderhack, 93 % mageres Fleisch, 7 % Fett, pochiert oder gedünstet
908	23,23	Rinderleber, pochiert oder gedünstet
454	11,61	Spargel, roh
113,5	2,90	Spinat, roh
57	1,45	Sonnenblumenkerne, gemahlen
57	1,45	Hanfsamen, geschält
25	0,64	Calciumcarbonat
15	0,38	Lebertran, 400 IE/TL
5	0,13	Ingwerpulver
5	0,13	Algenpulver

Makronährstoffanalyse (nach Atwater)

ZUSAMMENSETZUNG	ANTEIL AM REZEPT	ANTEIL TROCKENMASSE	ANTEIL DER GESAMTKALORIEN
Protein	25 %	66 %	54 %
Fett	9 %	23 %	42 %
Rohasche	2 %	6 %	
Feuchtigkeit	63 %		
Faserstoffe	1 %	2 %	
Kohlenhydrate	2 %	4 %	3 %
davon Zucker	0 %	1 %	1 %
davon Stärke	0 %	0 %	0 %
Gesamt			100 %

Nährwert-Info

Gesamtkalorien	7098
Kalorien pro kg	1817
Kalorien pro Tag	342
Für … Tage	20,7
Kalorien pro kg Trockenmasse	4863
Tagesmenge in g	188

Nach Gewicht Ihres Tieres
Wunschgewicht: 4,5 kg

AKTIVITÄT (FEDIAF 2016)	K-FAKTOR	KCAL/TAG	G/TAG	PROZENT DES KÖRPERGEWICHTS	KCAL/KG KÖRPERGEWICHT	EINHEITEN PRO TAG
Erwachsen						
Bedarf in Ruhe	70	218	120	2,6 %	47,9	3,8
Indoor	85	265	146	3,2 %	58,2	4,7
Weniger aktiv	95	296	163	3,6 %	65,1	5,2
Aktiv	110	342	188	4,2 %	75,3	6,0
Aktiver	125	389	214	4,7 %	85,6	6,9
Sehr aktiv	150	467	257	5,7 %	102,7	8,2
Arbeitshund	175	545	300	6,6 %	119,9	9,6
Schlittenhund	860	2677	1473	32,5 %	589	47,2

Wunschgewicht: 18,2 kg

AKTIVITÄT (FEDIAF 2016)	KCAL/TAG	G/TAG	PROZENT DES KÖRPERGEWICHTS	KCAL/450 G KÖRPERGEWICHT
Erwachsen				
in Ruhe	616	339	1,9 %	15,4
Indoor	748	412	2,3 %	18,7
Weniger aktiv	836	460	2,5 %	20,9
Aktiv	969	533	2,9 %	24,2
Aktiver	1101	606	3,3 %	27,5
Sehr aktiv	1321	727	4,0 %	33,0
Arbeitshund	1541	848	4,7 %	38,5
Schlittenhund	7572	4167	23,0 %	189,3

Mineralstoffe (AAFCO-Angaben 2017 – für aktive, erwachsene Hunde)

MINERALSTOFFE	EINHEIT	MINIMUM	MAXIMUM	IM REZEPT ENTHALTEN	EMPFOHLENE TAGESDOSIS
Calcium (Ca)	g	1,25	6,25/4,5 kg	1,67	0,54
Phosphor (P)	g	1,00		1,66	0,57
Ca/P-Verhältnis		1:1	2:1	0,95:1	
Kalium (K)	g	1,50		2,27	0,78
Natrium (Na)	g	0,20		0,41	0,14
Magnesium (Mg)	g	0,15		0,22	0,08
Chlor (Cl)	g	0,30		0,01	0,00
Eisen (Fe)	mg	10,00		21,81	7,47

MINERAL-STOFFE	EIN-HEIT	MINI-MUM	MAXIMUM	IM REZEPT ENTHAL-TEN	EMPFOHLENE TAGESDOSIS
Kupfer (Cu)	mg	1,83		19,02	6,51
Mangan (Mn)	mg	1,25		1,59	0,54
Zink (Zn)	mg	20,00		30,74	10,53
Jod (J)	mg	0,25	2,75	0,475	0,16
Selen (Se)	mg	0,08	0,50	0,124	0,04

Vitamine
(AAFCO-Angaben 2017 für aktive, erwachsene Hunde)

VITAMINE	EIN-HEIT	MINI-MUM	MAXI-MUM	IM REZEPT ENTHALTEN	EMPFOHLENE TAGESDOSIS
A	IE	1250,00	62 500	42 940,13	14 704
D	IE	125,00	750	252,63	87
E	IE	12,50		12,90	4
Thiamin, B_1	mg	0,56		0,73	0,3
Riboflavin, B_2	mg	1,30		5,24	1,8
Niacin, B_3	mg	3,40		46,56	15,9
Pantothensäure, B_5	mg	3,00		11,95	4,1
Pyridoxin, B_6	mg	0,38		2,91	1
B_{12}	mg	0,01		0,099	0,034
Folat	mg	0,05		0,432	0,148
Cholin	mg	340,00		860,95	295

Fette
(AAFCO-Angaben 2017 für aktive, erwachsene Hunde)

FETTE	EINHEIT	MINIMUM	MAXIMUM	IM REZEPT ENTHALTEN	EMPFOHLENE TAGESDOSIS
Total	g	13,80	82,5	47,06	16,11
Gesättigt	g			15,89	5,44
Einfach ungesättigt	g			15,19	5,20
Mehrfach ungesättigt	g			7,11	2,43
LA	g	2,80	16,30	5,12	1,75
ALA	g			0,65	0,22
AA	g			0,44	0,15
EPA + DHA	g			0,41	0,14
EPA				0,18	0,06
DPA	g			0,09	0,03
DHA	g			0,23	0,08
Omega-6 zu Omega-3-Fettsäuren			30:1	5,25:1	

Aminosäuren
(AAFCO-Angaben 2017 für erwachsene, aktive Hunde)

AMINOSÄUREN	EIN-HEIT	MINI-MUM	MAXI-MUM	IM REZEPT ENTHALTEN	EMPFOHLENE TAGESDOSIS
Gesamtprotein	g	45,00		135,74	46,48
Tryptophan	g	0,40		0,99	0,34
Threonin	g	1,20		5,26	1,80
Isoleucin	g	0,95		5,98	2,05
Leucin	g	1,70		10,84	3,71
Lysin	g	1,58		10,69	3,71
Methionin	g	0,83		3,40	1,17
Methionin-Cystin	g	1,63		5,08	1,74
Phenylalanin	g	1,13		5,69	1,95
Phenylalanin-Tyrosin	g	1,85		10,06	3,44
Valin	g	1,23		6,97	2,39
Arginin	g	1,28		9,09	3,11

Nährstoffanalyse für Hausmacher-Truthahn-Mahlzeit mit Nahrungsergänzungsmitteln

(Rezept von Animal Diet Formulator)

ZUTATEN	GRAMM	PROZENT DER GESAMTMENGE
Truthahnhack, 85 % mageres, 15 % fettes Fleisch, gedämpft	2270,00	51,23 %
Rinderleber, gekocht oder gedünstet	908,00	20,49 %
Rosenkohl, gekocht, pochiert, abgegossen, ohne Salz	454,00	10,25 %
Zuckerschoten, roh, oder grüne Bohnen gekocht	454,00	10,25 %
Endivien, natur	227,00	5,12 %
Lachsöl	50,00	1,13 %
Calciumcarbonat	25,00	0,56 %
Vitamin D_3 (400 IE)	3,00	0,07 %
Kalium	25,00	0,56 %
Magnesiumcitrat (200 mg/Tablette)	3,00	0,07 %
Manganchelat (10 mg)	1,00	0,02 %
Zink – 30 mg/Tablette	4,00	0,09 %
Jod, 360 µg/Kapsel	7,00	0,16 %
Vitamin E, 400 IE	0,13	0,00 %
Gesamt	4431,13	100,00 %

Makro-Nährstoffanalyse
(Natürliche Lebensmittel unterscheiden sich im Nährstoffgehalt mitunter erheblich. Die Angaben hier sind also Näherungswerte.)

ZUSAMMENSETZUNG	ANTEIL AM REZEPT	ANTEIL TROCKENMASSE	ANTEIL DER GESAMTKALORIEN
Protein	19,33 %	54,01 %	39,78 %
Fett	11,23 %	31,36 %	56,1 %
Rohasche	2,52 %	7,05 %	
Feuchtigkeit	64,2 %		
Faserstoffe	0,71 %	1,99 %	
Kohlenhydrate	2 %	5,59 %	4,12 %
davon Zucker	0,24 %	0,67 %	0,49 %
davon Stärke	0,16 %	0,44 %	0,32 %
Gesamt			100 %

Nährwert-Info

Gesamtkalorien	7538,38
Kalorien pro Tag	2068,33
Kalorien pro kg	1701,20
Für … Tage	3,64
Kalorien pro kg Trockenmasse	2108,97
Tagesmenge in g	1215,80
Ketogene Ratio: Gramm Fett/(Gramm Proteine + Gramm Kohlenhydrate)	0,53

Mineralstoffe

MINERAL-STOFFE	EIN-HEIT	MINI-MUM	MAXI-MUM	IM REZEPT ENTHAL-TEN	EMPFOH-LENE TA-GESDOSIS
Calcium (Ca)	g	1,25	0,00	1,54	3,19
Phosphor (P)	g	1,00	4,00	1,45	3,00
Ca/P-Verhältnis		1:1	2:1	1,06:1	
Kalium (K)	g	1,25	0,00	1,79	3,70
Natrium (Na)	g	0,25	0,00	0,37	0,77
Magnesium (Mg)	g	0,18	0,00	0,22	0,45
Chlor (Cl)	g	0,38	0,00	0,00	0,00
Eisen (Fe)	mg	9,00	0,00	15,33	31,71
Kupfer (Cu)	mg	1,80	0,00	17,85	36,92
Mangan (Mn)	mg	1,44	0,00	2,16	4,47
Zink (Zn)	mg	18,00	71,00	33,62	69,53
Jod (J)	mg	0,26	0,00	0,33	0,69
Selen (Se)	mg	0,08	0,14	0,15	0,32

Vitamine

VITAMINE	EIN-HEIT	MINI-MUM	MAXI-MUM	IM REZEPT ENTHALTEN	EMPFOHLENE TAGESDOSIS
A	IE	1515,00	100 000,00	39 365,19	82 661,27
C	mg	0,00	0,00	12,02	24,85
D	IE	138,00	568,00	242,30	501,16
E	IE	9,00	0,00	9,00	18,62
Thiamin, B_1	mg	0,54	0,00	0,62	1,29
Riboflavin, B_2	mg	1,50	0,00	5,03	10,41

VITAMINE	EIN-HEIT	MINI-MUM	MAXI-MUM	IM REZEPT ENTHALTEN	EMPFOHLENE TAGESDOSIS
Niacin, B_3	mg	4,09	0,00	45,14	93,37
Pantothensäure, B_5	mg	3,55	0,00	13,10	27,10
Pyridoxin, B_6	mg	0,36	0,00	2,75	5,70
B_{12}	mg	0,01	0,00	0,09	0,19
Folat	mg	0,07	0,00	0,41	0,86
Cholin	mg	409,00	0,00	749,15	1549,50
Vitamin K_1 (Mindestdaten)	mg	0,00	0,00	158,03	326,87
Biotin (Mindestdaten)	mg	0,00	0,00	0,00	0,00

Aminosäuren

AMINOSÄUREN	EIN-HEIT	MINI-MUM	MAXI-MUM	IM REZEPT ENTHALTEN	EMPFOHLENE TAGESDOSIS
Gesamtprotein	g	45,00	0,00	113,65	235,07
Tryptophan	g	0,43	0,00	1,32	2,72
Threonin	g	1,30	0,00	5,00	10,34
Isoleucin	g	1,15	0,00	5,08	10,51
Leucin	g	2,05	0,00	9,56	19,78
Lysin	g	1,05	0,00	9,55	19,76
Methionin	g	1,00	0,00	3,16	6,54
Methionin-Cystin	g	1,91	0,00	4,61	9,53
Phenylalanin	g	1,35	0,00	4,83	9,99
Phenylalanin-Tyrosin	g	2,23	0,00	8,91	18,43
Valin	g	1,48	0,00	5,70	11,80

AMINOSÄUREN	EIN-HEIT	MINI-MUM	MAXI-MUM	IM REZEPT ENTHALTEN	EMPFOHLENE TAGESDOSIS
Arginin	g	1,30	0,00	7,65	15,83
Histidin	g	0,58	0,00	3,33	6,89
Purine	mg	0,00	0,00	0,00	0,00
Taurin	g	0,00	0,00	0,02	0,05

Fette

FETTE	EIN-HEIT	MINI-MUM	MAXI-MUM	IM REZEPT ENTHALTEN	EMPFOHLENE TAGESDOSIS
Total	g	13,75	0,00	66,00	136,52
Gesättigt	g	0,00	0,00	15,85	32,79
Einfach ungesättigt	g	0,00	0,00	19,03	39,35
Mehrfach ungesättigt	g	0,00	0,00	15,42	31,90
LA	g	3,27	0,00	12,96	26,80
ALA	g	0,00	0,00	0,76	1,56
AA	g	0,00	0,00	0,69	1,42
EPA + DHA	g	0,00	0,00	2,12	4,38
EPA	g	0,00	0,00	1,28	2,64
DPA	g	0,00	0,00	0,04	0,08
DHA	g	0,00	0,00	0,84	1,74
Omega-6- zu Omega-3-Fettsäuren				4,75:1	

Zwanzig Fragen an einen Züchter

Genetische und gesundheitliche Tests

1. Sind alle aktuell verfügbaren DNS-Tests an der Mutter durchgeführt worden? (Auf der englischsprachigen Webseite www.dogwellnet.com beispielsweise finden Sie eine Liste aller Tests, die man machen kann.)
2. Wurden alle aktuell verfügbaren DNS-Tests am Vater (Deckrüden) durchgeführt?
3. Wie fielen die Resultate der Untersuchung im Hinblick auf Dysplasie der Hüftgelenke, Ellbogen- und Kniegelenke aus? Bei beiden Eltern.
4. Wie fielen bei anfälligen Rassen die Untersuchungen in puncto Schilddrüse aus?
5. Wurden bei anfälligen Rassen die Augen von Vater und Mutter von einem Augenarzt untersucht?
6. Gibt es rassetypische Erbkrankheiten, die der Züchter durch die Kreuzung speziell dieses Paares zu verbessern suchte?

Epigenetische Merkmale

7. Wie viel Prozent Frischkost bekommen Vater und Mutter?
8. Wie sieht der Impfpass beider Hunde aus?
9. Wurde die Impfung des Welpen abgeglichen mit dem Antikörper-Titer der Mutter, um herauszufinden, ab welchem Tag die Welpenimpfung greift?
10. Wie häufig wurden die Eltern gegen Parasiten behandelt (Herzwurmhalsband oder -medikament, Floh- und Zeckenbehandlung)?

Sozialisierung, frühe Entwicklung und Wellness

11. Welches Programm hat der Züchter für die frühe Sozialisierung (vom ersten bis zum 63. Lebenstag) vorgesehen, also bevor die Welpen ins neue Heim kommen?
12. Sieht der Kaufvertrag vor, dass die Welpen bis zu einem bestimmten Tag sterilisiert oder kastriert sein müssen?[32]
13. Wenn ja: Erlaubt der Kaufvertrag stattdessen auch eine Vasektomie oder Hysterektomie?
14. Verlangt der Kaufvertrag, dass Sie mit Ihrem Welpen eine Hundeschule besuchen?
15. Für anfällige Rassen: Wurden die Augen des Welpen zwischen der sechsten und achten Lebenswoche von einem Augenarzt untersucht?
16. Wurden die Welpen vom Tierarzt des Züchters gründlich untersucht, bevor sie in ein neues Heim kommen? In welchem Alter werden die Welpen abgegeben?

Transparenz

17. Erlaubt der Züchter Ihnen, ihn zu Hause oder in der Zuchtstation zu besuchen (persönlich oder per Videochat)? Gibt es die Möglichkeit, ihn auch später noch telefonisch zu kontaktieren?
18. Wenn etwas nicht klappt und Sie den Welpen nicht behalten können, nimmt der Züchter ihn dann jederzeit zurück?
19. Bietet der Züchter (oder jemand aus seinem Umfeld) Unterstützung an, falls Sie diese brauchen sollten?
20. Gehören folgende Punkte mit zum Programm:
    - Kaufvertrag,
    - Registrierung beim für die Rasse zuständigen Verein und Eintrag ins Zuchtbuch,

- Stammbaum des Welpen (Ahnenpass),
- Kopien der ärztlichen Befunde, wenn vorhanden,
- Ergebnis der Erstuntersuchung durch den Tierarzt nach der Geburt,
- ärztliche Unbedenklichkeitsbescheinigung für den Welpen, eventuell Kopien seiner DNS-Tests,
- ärztliche Unbedenklichkeitsbescheinigung für die Mutterhündin, eventuell Kopien ihrer DNS-Tests,
- ärztliche Unbedenklichkeitsbescheinigung für den Deckrüden, eventuell Kopien seiner DNS-Tests,
- Fotos der Eltern,
- unterstützende Informationen (Vorschlag zur weiteren Fütterung, zur Impfung, Daten für Antikörperbestimmung, um die Wirksamkeit der Impfung zu garantieren, Tipps für Trainingsmöglichkeiten)?

Regeln für den Umgang mit Knochen

Wenn Sie ein knackiges Granola futtern, heißt das nicht, dass Sie keine Plaques mehr an den Zähnen haben. Beim Hund funktioniert das genauso. Und doch glauben viele Hundebesitzer immer noch, dass Hundekekse die Zähne »sauber« halten. Ganz und gar nicht! Das ist einfach nur ein schamloser Marketingtrick. Es gibt drei Wege, um die Plaques von Bellos Zähnen zu bekommen: Entweder Sie lassen vom Tierarzt eine professionelle Zahnreinigung durchführen. (Das ist der effizienteste Weg, doch der Hund muss dafür eine leichte Narkose erhalten.) Sie können Ihrem Hund jeden Abend die Zähne putzen (was wir bevorzugen). Oder Sie können Ihren Hund zum Knabbern von Dingen anhalten, die wirklich Plaques entfernen (das heißt »mechanische Abrasion«).

Wenn Ihr Hund hingebungsvoll einen fleischigen Knochen mit viel Knorpelmaterial und Weichteilen kaut, ist das so, als würde er sich die Zähne putzen und mit Zahnseide nacharbeiten. Das Schöne daran: Er macht die Arbeit, nicht Sie. Eine Studie besagt, das Kauen von rohen Knochen beseitige den Großteil der Plaques und des Zahnsteins von Molaren und Prämolaren – und das innerhalb von nur *drei Tagen*! Man spricht hier auch vom »Freizeitknochen«, weil der Hund sie wirklich abnagen kann, ohne sie zu zerbeißen und zu schlucken. Daher gibt es für die Freizeitknochen bestimmte Regeln.

Zunächst einmal müssen Sie solche Knochen im Tierfutterladen finden. Gut informierte Verkäufer helfen Ihnen dabei: Es geht um rohe (nicht gedämpfte, geräucherte, gekochte oder gebackene) Knochen. Und sie müssen von der Größe her zu Ihrem Hund passen. Wenn Sie keinen unabhängigen Futteranbieter in der Nähe haben, gehen Sie zum Metzger, und lassen Sie sich Oberschenkelknochen vom Lamm oder Rind geben. (Man nennt dies auch Suppenknochen, weil man sie zu Brühe auskocht. Häufig finden Sie die Rohware im Tiefkühlfach.) Auch zu Hause sollten Sie sie im Gefrierschrank aufbewahren und nie mehr als einen Knochen auf einmal auftauen lassen. Im Tierfutterläden gibt es möglicherweise auch sichere Knochen vom Wild oder Bison:

- Achten Sie darauf, dass die Größe zum Kopf Ihres Hundes passt. Zu große Knochen gibt es nicht, aber für manche Hunde können Knochen zu klein sein. Bei zu kleinen Knochen läuft der Hund Gefahr, sich daran zu verschlucken. Außerdem kann es zu Verletzungen in der Mundhöhle (auch zu abgebrochenen Zähnen) kommen.
- Sollte Ihr Hund Zahnersatz haben, zum Beispiel Kronen, oder

sehr weiche beziehungsweise gesplitterte Zähne (sehr alte Hunde), dann sind Freizeitknochen verboten.

- Wenn Bello mit dem Knochen beschäftigt ist, sollten Sie anwesend sein und ihn überwachen. Lassen Sie nicht zu, dass er seinen Schatz in eine dunkle Ecke trägt und dort weiterkaut.
- Haben Sie mehrere Hunde, sollten Sie diese trennen, bevor Sie ihnen Freizeitknochen anbieten. Das bewahrt den Frieden. Das gilt übrigens auch für Hundefreunde und -bekanntschaften. Wacht Ihr Hund eifersüchtig über alles, was ihm gehört, dann ist das mit den Knochen keine gute Idee. Am Ende der Kausitzung (15 Minuten ist ein guter Anfang) sammeln Sie den Knochen wieder ein.
- Knochenmark ist fett und treibt die tägliche Kalorienaufnahme in die Höhe. Hunde mit Bauchspeicheldrüsenentzündung sollten kein Knochenmark fressen. Bei Hunden mit sensiblem Magen kann zu viel Knochenmark Durchfall verursachen. Entfernen Sie das Mark, bis der Magen-Darm-Trakt des Hundes sich wieder erholt hat. Oder Sie lassen den Hund nur kurz kauen, zum Beispiel 15 Minuten lang. Ist Fido ein wenig pummelig, dann sollten Sie ihm Knochen ohne Mark geben.
- Wenn Ihr Hund an rohen Knochen nagt, kann das ganz schön schmutzig werden. Daher lassen viele Leute ihren Fido nur draußen herumnagen oder auf einer anderen Fläche, die man leicht wieder sauber bekommt. Gekochte Knochen sollten Sie nicht anbieten.
- Und das heißt natürlich auch: keine Reste vom Hühnchen, vom Truthahn oder vom Schwein beziehungsweise andere Knochen, die splittern können. Daran kann Ihr Hund sich massiv verletzen, was eine sehr teure Tierarztrechnung zur Folge hat.

Über das Aufwerten von Hundefutter

Auf jeder Tierfutterpackung in den USA müssen genaue Nährwertangaben sein. Wenn Sie in einem Land leben, in dem das nicht der Fall ist, sollten Sie sich diese Informationen selbst besorgen. Wenn Sie in Deutschland ein Futter kaufen, das als »Ergänzungsfuttermittel« (Snack) ausgezeichnet ist oder als »Einzelfuttermittel« (nur aus einer Zutat), dann heißt dies, es enthält nicht ausreichend viele Nährstoffe, um es als »Alleinfuttermittel« zu geben. Es fehlt ihm an Vitaminen und Mineralstoffen, die Sie nötigenfalls selbst zugeben müssen. Wenn das Futter nicht als »Alleinfutter« daherkommt, dann können Sie davon ausgehen, dass Ihr Hund damit nicht alle Nähr- und Vitalstoffe erhält, die er braucht. Stellen Sie fest, wie oft das Futter erhitzt wurde und wie die Qualität der Zutaten aussah. Wenn es Sie diesbezüglich zufriedenstellt, können Sie es als Leckerei oder gelegentlich geben (eine von sieben Mahlzeiten oder zwei von vierzehn). Auf jeden Fall sind diese Futtermittel nicht dazu gedacht, die komplette Nährstoffbilanz für Ihren Hund zu liefern. Leider übersehen das viele Hundebesitzer und verkürzen damit die gesunde Lebenserwartung ihres Lieblings.

Wenn Hunde bestimmte Vitamine nicht im erforderlichen Maß erhalten, die als Cofaktoren für Enzymreaktionen dienen und die Produktion bestimmter Proteine fördern, dann kann der Körper auf Zellebene nicht funktionieren. Mit der Zeit entwickelt sich das zur physiologischen und metabolischen Belastung. Das Problem ist nun, dass es dafür keine äußeren Anzeichen gibt, bis der Körper des Hundes so in Mitleidenschaft gezogen wird, dass das Tier keine Aussicht mehr auf einen Eintrag im *Guinness Buch der Rekorde* hat. Viele Menschen wissen nicht, was sie füttern sollen, oder haben nur wenig Geld zur Verfügung. Wir kennen solche Probleme. Für diese Situation haben Futterproduzenten eine passende Lösung gefunden: günstiges, frisches, aber nicht ausgewogenes Hundefutter (im Vergleich mit Marken, die sich um rohe oder anderweitig frische Alleinfuttermittel bemühen, welche teurer sind). Für die gut informierten Hundeeltern 2.0 aber sind diese fertigen Rohfuttermittel (aus Fleisch, Knochen und Innereien) oder pochierte, schonend dehydrierte oder gefriergetrocknete Fertigmischungen mit Gemüse eine gute Alternative. Für die Brieftasche jedenfalls sind sie eine enorme Erleichterung. Mischen Sie sie unter das übliche Futter Ihres Hundes, oder reichen Sie sie als Leckerei (weniger als 10 Prozent des kalorischen Tagesbedarfs).

Wenn Sie dieses nicht ausgewogene Futter als Grundlage für die täglichen Hundemahlzeiten nutzen wollen, müssen Sie die nährstofftechnischen Leerstellen füllen. Es gibt eine Menge kleiner Unternehmen, die frisches Hundefutter anbieten, die für Ihren Hund potenziell gut sind, wenn Sie die fehlenden Nährstoffe ausgleichen. (Ja, dafür brauchen Sie tatsächlich einen Taschenrechner.) Sind diese Unternehmen dem Prinzip der Transparenz verpflichtet, bieten sie auf der Firmen-Webseite eine genaue Aufstellung dessen, was in ihren Futtermitteln so drin ist. Geben Sie die Informationen auf einer Webseite ein, die einen NRC-Rechner (auf Werten des US-amerikanischen National Research Council gründend) bietet. Dort erfahren Sie schnell, was Ihrem Hund damit noch fehlt. Viele Hundeeltern 2.0 aus unserer Community gehen so vor. Damit können Sie Ihrem Hund eine ausgewogene und frische Mahlzeit bieten, ohne dafür allzu viel Geld auszugeben. Am günstigsten kommen Sie an Hundefutter in Lebensmittelqualität, wenn Sie hier bei Rabattaktionen zuschlagen oder gleich in großen Mengen einkaufen. Oder Sie bereiten das Hundemenü selbst zu und richten sich dabei nach einem Rezept, das Ihnen das volle Nährstoffspektrum bietet. Leider ist gerade das für viele Menschen in unserer Community nicht möglich.

Wenn Sie unausgewogenes Frischfutter so aufpeppen möchten, dass es Ihrem Hund alle erforderlichen Nährstoffe bietet, muss der Hund sich auf Sie verlassen können: Finden Sie heraus, was fehlt und in welcher Menge, damit er zumindest das erforderliche Minimum erhält. Solche »Ergänzungsfuttermittel« sind nicht schlecht. Mit ein wenig Nachforschung und Veränderung stellen sie sich meist als ausgesprochen »geldbeutelschonend« heraus. Letztlich hängt ihre Qualität aber davon ab, wie oft die Zutaten erhitzt wurden und wie die Qualität der Rohstoffe ausfällt.

Für diese Futtersorten ist eines besonders wichtig: die Unternehmensethik des Herstellers. Wie transparent geht der Hersteller mit Nährwertanalysen und Testresultaten um? Dies ist eine ganz entscheidende Frage, die Sie stellen sollten, bevor Sie dieses Futter für eine bestimmte Zeit geben (außer natürlich Sie verwenden es nur als gelegentliche Mahlzeit). Es gibt »Ergänzungsfuttermittel« (häufig solche ohne Nährwertangaben), die Sie im Naturkostladen, im Tierfutterhaus, in den großen Supermärkten und online kaufen können. Aber manchmal gehören dazu auch Rohfuttersorten und schonend Gegartes von kleinen Unternehmen. Sie wissen sicher schon, welche Nachteile diese Futtermittel aufweisen …

Viele Unternehmen bieten mittlerweile »Beutequalität« an (das heißt 80/10/10 Prozent von Fleisch, Knochen und Organen). Man nennt dies auch »Wildfütterung«. Leider wird meist nicht angegeben, welche Nährstoffe in welcher Menge enthalten sind, sodass Sie nicht wissen, was Sie zufüttern müssen. **Es gibt tatsächlich Unternehmen, die keine klare Aussage darüber treffen, was sich in ihren Marken findet**. Das ist erschreckend, denn entweder weiß das Unternehmen selbst nicht Bescheid. Oder es will nicht, dass Sie informiert werden. Manche Firmen behaupten, der Hund bekäme schon, was er brauche, wenn man nur nacheinander all ihre Marken durchwechsle. Beweise gibt es dafür natürlich nicht. Das empört die meisten Tierärzte, weil es eben nicht stimmt. **Wenn Sie, ohne mehr zu wissen, ständig zwischen den verschiedensten Futtermitteln hin und her wechseln, ist nur eines garantiert: die mangelnde Nährstoffversorgung Ihres Fido**. Das ist einer der Hauptgründe, warum Hunde, die rohe, frische, weniger verarbeitete Kost erhalten, manchmal trotzdem leiden. Ihre Ernährung ist zwar frisch, aber nicht ausgewogen.

Seien Sie skeptisch, wenn ein Unternehmen nicht klar angibt, wie Sie dieses Futter zu einem Alleinfuttermittel machen können. Zum Beispiel so: »Fügen Sie Algen und Omega-3-Fettsäuren zu.« Das Rotationsprinzip (verschiedene Fleischsorten, Knochen und Organe) ist ein Ernährungskonzept, das Tierärzte auf die Palme treibt. Nur wenige Menschen oder Unternehmen können nachweisen, dass Sie so tatsächlich alle Vitamine, Mineralstoffe und Spurenelemente verfüttern. Das ist ein Riesenproblem, obwohl die meisten das nicht wissen. Tierärzte schütteln den Kopf, weil mittlerweile viele Menschen mit »alternativen, nichttraditionellen Futtermitteln« experimentieren, um nicht mehr länger hochverarbeitetes Futter aus Fertigzutaten geben zu müssen. Wenn Sie nicht genau wissen, wie Sie dafür sorgen, dass Ihr Hund (zumindest meistens) genau das bekommt, was er braucht, dann geben Sie diese »Ergänzungsfuttermittel« höchstens ein paarmal (maximal zu zwei von vierzehn Mahlzeiten). Oder Sie verwenden sie zum Untermischen beziehungsweise als Leckerei (10 Prozent der täglichen Kalorienaufnahme).

Viele Hundeeltern 2.0 bekommen es hin, ihr Tier »BARF« zu füttern (mit biologisch artgerechter Rohfütterung), das den Anforderungen des Hundekörpers entspricht. Dabei reichen Sie die verschiedensten Sorten von Fleisch, Knochen und Innereien zusammen mit Obst, Gemüse und vielen Supplements, die für eine ausgewogene Ernährung sorgen.

Quellen

Wie schon zu Anfang des Buches dargelegt, hätten die Angaben zu den von uns zitierten Quellen wohl ein eigenes Buch ausgemacht, weil wir so viele unterschiedliche Aufsätze und Bücher anführen müssten. Wir haben Sie auf www.foreverdog.com veröffentlicht, wo wir sie auch regelmäßig updaten.

Was die allgemeinen Aussagen angeht, sind wir sicher, dass Sie in der Lage sind, mit ein paar Mausklicks dazu entsprechende Informationen im Internet zu finden. Achten Sie bitte darauf, dass es sich um von Experten überprüfte Aussagen handelt. Das ist vor allem bei medizinischen und gesundheitlichen Fragen wichtig. Die besten Suchmaschinen für medizinische Fachzeitschriften, bei denen Sie nicht als User angemeldet sein müssen, sind aus unserer Sicht: pubmed.gov (Online-Archiv medizinischer Fachaufsätze in der National Library of Medicine der Nationale Institutes of Health der USA); sciencedirect.com und der zugehörige Link zum Springer-Verlag für Fachliteratur link.springer.com; die Cochrane Library unter cochranelibrary.com; Google Scholar unter scholar.google.com – das Sie unbedingt durchstöbern sollten, wenn Sie die Erstrecherche abgeschlossen haben. Diese Suchmaschinen durchforschen Datenbanken wie Embase (vom Elsevier-Verlag), Medline und Medline Plus. So haben Sie Zugang zu Millionen Studien aus aller Welt, die von Wissenschaftlern überprüft wurden. Wir haben unser Bestes getan, um zumindest auf jene Studien hinzuweisen, die besondere Daten liefern, welche wir im Text genauer erklärt haben. Die Angaben können Sie zur Suche der entsprechenden Artikel verwenden. Und vergessen Sie nicht, sich immer mal wieder auf unserer Webseite www.foreverdog.com zu informieren.

Anmerkungen

1 Uns ist durchaus bewusst, dass die Menschen die Rolle, die sie ihrem Haustier gegenüber einnehmen, mit verschiedenen Namen bezeichnen: Sie nennen sich »Tiereltern«, »Tierhalter« oder »Tierhüter« und so weiter. Manche stoßen sich an der Bezeichnung »Hundebesitzer«, doch was das angeht, gibt es keine allgemein gültige Regel. Wählen Sie die Bezeichnung, die Ihnen am sympathischsten ist. Wir werden uns im Rahmen dieses Buches um eine breit gefächerte Ausdrucksweise bemühen.

2 Aristoteles: »Über die Länge und Kürze des Lebens«, in ders.: *Kleine naturwissenschaftliche Schriften*, Stuttgart 1997, S. 137.

3 Der Begriff »Blaue Zone« tauchte im November 2005 zum ersten Mal auf, und zwar in einem Artikel des *National Geographic* über »Die Geheimnisse eines langen Lebens« von Dan Buettner. Er beruhte auf demografischen Studien von Gianni Pes und Michel Poulain, die diese im Jahr davor in der Zeitschrift *Experimental Gerontology* vorgestellt hatten. Pes und Poulain hatten festgestellt, dass es in der Provinz Nuoro auf Sardinien den höchsten Prozentsatz von Männern über 100 gab. Die beiden Demografen grenzten schließlich die Dörfer ein, in denen die meisten Hundertjährige lebten. Sie taten dies mit blauen Kreisen. Die Zone innerhalb dieser Kreise wurde als »Blue Zone« bezeichnet. Buettner weitete den Begriff dann zusammen mit Pes und Poulain aus, weil er noch andere Langlebigkeits-Hotspots entdeckte: Ikaria in Griechenland, Okinawa in Japan, Loma Linda in Kalifornien und die Nicoya-Halbinsel in Costa Rica.

4 Stichwort: Einschläfern, was in Deutschland allerdings offiziell verboten ist! Anm. d. Übers.

5 Yuval Harari: *Eine kurze Geschichte der Menschheit*, München 2013, S. 104.

6 Für den Privatgebrauch ist er seit Juli 2021 verboten. Anm. d. Übers.

7 Die Übersetzung: ACHTUNG: Bitte achten Sie darauf, dass jede Packung Hundekuchen die Aufschrift Spratt's Patent trägt. Sonst könnten andere Anbieter auf der Suche nach mehr Profit Ihnen gefälschten und womöglich gefährlichen Ersatz verkaufen.

SPRATT'S MEAT FIBRINE PATENT DOG CAKES
Umlaufende Beschriftung des Stempels mittig: Nicht echt, wenn sie nicht diesen Stempel tragen.
Die Fleisch-Fibrin-Hundekuchen haben mittlerweile einen so guten Ruf, dass es keiner Erklärung mehr bedarf, warum sie für jeden Hund das Beste sind. Nur so viel sei gesagt: Sie sind frei von Salz und enthalten »Datteln«. Deren einzigartige Verwendung, zusammen mit Fleisch und Mehl, hat uns ein Patent eingetragen. Ohne dieses Rezept kann es keine wertvollen Hundekuchen geben.
Preis: 22 Schilling für 50 Pfund, Lieferung inbegriffen.
Größere Mengen: 20 Schilling à 50 Pfund, Lieferung inbegriffen.
»Royal Kennels, Sandringham, 20. Dezember 1873
An den Manager von Spratt's Patent.
Sehr geehrter Herr, auf Ihre Anfrage hin kann ich nur sagen: Ich verwende Spratt's Patent nunmehr seit zwei Jahren, und ich hatte nie gesündere Hunde. Ich halte es gerade für Hunde für unverzichtbar, denn auf diese Weise bekommen sie perfekt gegartes Futter, was von größter Bedeutung ist.
Hochachtungsvoll, C. H. Jackson«
»36, North Great George Street, Dublin, 9. Juni 1874
Verehrte Herren, bitte senden Sie an mein oben genanntes Anwesen wie üblich 200 Pfund Hundekuchen – von derselben Qualität, wie ich sie schon die ganze Zeit über beziehe.
Es ist mir ein Vergnügen, Ihnen zu bestätigen, dass sie für Greyhounds passen und ihre Fitness steigern. Dies gilt vor allem für Royal Mary, die Greyhound-Hündin, die für mich letztes Jahr den Waterloo Cup in Altcar gewonnen hat. Sie wurde das ganze Jahr über mit Ihrem Produkt gefüttert.
Voller Hochachtung, William J. Dunbar, M. A.«
»Rhiwlas, Bala, 21. Juni 1873
Sehr geehrter Herr,
ich probiere Ihre Hundekuchen seit nunmehr sechs Monaten und freue mich, Sie ihrer Güte versichern zu dürfen. Ich verwende sie sogar für Pferde, die längere Strecken zurücklegen müssen, wobei Ausdauer ein wichtiger Punkt ist. Meine geschätzten Preisrichter-Kollegen sind ebenfalls der Meinung, dass Hunde nach einer Woche in begrenztem Umfeld nie von besserer Gesundheit waren als die Tiere, die in diesem Jahr in der Crystal Palace Show gezeigt wurden. Soweit mir der Manager dort gesagt hat, füttert er sie ausschließlich mit Ihren Hundekuchen.

R. J. Lloyd Price«.

8 In Deutschland gibt es zwar Vorschriften, aber eine genaue Auflistung der verwendeten Bestandteile wie auf »Menschenfutter« ist hier auch nicht erhältlich. Anm. d. Übers.

9 »So fand die Zeitschrift Öko-Test 2004 in allen 20 untersuchten Hundetrockenfuttern das Schimmelpilzgift Deoxynivalenol (DON) – bei vier Produkten mehr als 1000 Mikrogramm pro Kilo, ein Wert, der bei Schweinen als Richtwert für die Maximalbelastung gilt.« Quelle: Hans-Ulrich Grimm: *Katzen würden Mäuse kaufen*, München 2016, S. 32. Anm. d. Übers.

10 Im deutschen Lebensmittel- und Futtermittelgesetzbuch (LFGB, nicht zu verwechseln mit dem Deutschen Lebensmittelbuch) regelt Abschnitt 2 den Verkehr mit Lebensmitteln und Abschnitt 3 den Verkehr mit Futtermitteln. Für Futtermittel galten in der Vergangenheit nicht dieselben Regelungen wie beim Menschen für Lebensmittel. Weil diverse Lebensmittelskandale ihren Ursprung im Futtermittelbereich hatten, schuf man im Jahr 2005 einen einheitlichen Rechtsrahmen, der für Futtermittel und Lebensmittel gleichermaßen gilt. Anm. d. Red.

11 In Deutschland nicht. Anm. d. Übers.

12 Das deutsche Futtermittelrecht erlaubt die Verwendung von sogenannten K3-Materialien, was im Wesentlichen Schlachtabfälle sind. Auch minderwertiges und überlagertes (Gammel-)Fleisch gehören dazu. Außerdem Abfälle aus Brütereibetrieben (Kükenschreddern), Kadaver aus Wildunfällen sowie Häute, Hufe, Hörner und Borsten. All dies fasst man unter dem Begriff »tierische Nebenerzeugnisse« zusammen. Anm. d. Übers.

13 (In Deutschland ist im Langzeittrend zwar eine Abwärtsbewegung zu verzeichnen, dennoch sterben jährlich immer noch etwa zehntausend Menschen durch Suizid und somit mehr als infolge von Verkehrsunfällen, Drogen und HIV zusammen. Quelle: statista, https://de.statista.com/statistik/daten/studie/248379/umfrage/anzahl-der-suizide-in-ausgewaehlten-laendern-nach-geschlecht/, abgerufen am 16.11.2021. Anm. d. Red.

14 Vgl. Bodanowitz, Jörg: »Müdes Deutschland: Schlafstörungen steigen deutlich an«, DAK Gesundheitsreport 2017, https://www.dak.de/dak/bundesthemen/muedes-deutschland-schlafstoerungen-steigen-deutlich-an-2108960.html#/, abgerufen am 16.11.2021. Anm. d. Red.

15 Vgl. Splendid Research: »Studie: Wie einsam fühlen sich die Deutschen?«, https://www.splendid-research.com/de/studie-einsamkeit, abgerufen am 16.11.2021. Anm. d. Red.

16 Vgl. Wagner, Patrick: »Träges Deutschland«, statista, https://de.statista.

com/infografik/14936/bewegungshaeufigkeit-der-bundesbuerger/, abgerufen am 16.11.2021.

17 Blei in Wasserleitungen ist in Deutschland zwar seit 2003 verboten, doch erst 2013 wurden die Grenzwerte so weit gesenkt, dass Hauseigentümer bleihaltige Rohre austauschen müssen. Anm. d. Übers.

18 Auf den Etiketten werden weniger als 10 Prozent der Inhaltsstoffe angegeben. Das Umweltbundesamt empfiehlt stattdessen häufiges Lüften. Anm. d. Übers.

19 1 Tasse = 237 ml gemäß dem amerikanischen Küchenmaß *cup*. Anm. d. Red.

20 1 Tasse = 237 ml (s. o.).

21 1 Tasse = 237 ml (s. o.).

22 1 Tasse = 237 ml (s. o.).

23 1 Tasse = 237 ml (s. o.).

24 In Europa gibt es dazu eine Kennzeichnungspflicht. Anm. d. Übers.

25 Am. *pound, ounces*: Im Rezept wurden die Mengenangaben des amerikanischen Originals beibehalten, um die Zusammensetzung nicht zu verändern. Anm. d. Übers.

26 Eine deutsche Webseite dafür wäre https://www.barf-kultur.de/nrc-rechner. Auch dort können Sie den Nährstoffbedarf je nach Gewicht des Tieres kalkulieren. Und das ist keineswegs die einzige Webseite. Schauen Sie einfach unter dem Stichwort »NRC-Rechner«. Anm. d. Übers.

27 Am. *pound, ounces* (s. o.).

28 1 Tasse = 237 ml (s. o.).

29 In Deutschland ist der Verkauf im Laden verboten. Der illegale Welpenhandel spielt sich hier hauptsächlich übers Internet ab. Anm. d. Übers.

30 Will man in Deutschland einen Hund oder eine Katze aus dem Tierheim übernehmen, muss man sich mancherorts vertraglich verpflichten, das Tier kastrieren zu lassen. Damit soll der Überpopulation von Hunden und Katzen vorgebeugt werden. Eine derartige Vertragsklausel ist aber unwirksam. Vgl. https://www.der-tieranwalt.de/tierrecht-anwalt-urteile/files/kastration-hund-katze-kastration-rechtens.html, abgerufen am 11.12.2021. Anm. d. Red.

31 1 Tasse = 237 ml (s. o.).

32 Eine solche Klausel wäre in Deutschland allerdings unwirksam (s. o.).

Sachregister